Los algoritmos de la vida

Mª TERESA HERRERO

Los algoritmos de la vida

MATEMÁTICAS, BIOLOGÍA, VIRUS Y PANDEMIAS

Por qué siempre habrá enfermedades emergentes, qué herramientas tenemos para combatirlas y cómo nos enfrentamos a la más reciente: la COVID-19

GUADALMAZÁN

Guadalmazán • Colección Divulgación científica
Director editorial: Antonio Cuesta
Edición de Óscar Córdoba y Ana Cabello
Corrección de Victoria García Ortiz
Maquetación de Miguel Andréu

www.editorialguadalmazan.com
info@almuzaralibros.com

Talenbook, s.l.
C/ Cervantes, 26 • 28014 • Madrid

Imprime: Liberdúplex
ISBN: 978-84-19414-79-3
Depósito Legal: M-17557-2025
Hecho e impreso en España - *Made and printed in Spain*

Índice

Cómo empezó todo

Nuestra memoria es una fuente de sorpresas. Cuando recordamos no hacemos prosa, sino poesía. Nuestra mente construye los recuerdos a partir de imágenes, sonidos, olores y, sobre todo, emociones. Si ahora mismo rememora algún episodio de su infancia, muy probablemente se verá a sí mismo protagonizándolo, lo que no tiene mucho sentido. Puede ser porque lo que recuerde lo haya visto en una foto, o puede ser que, sencillamente, la imagen haya sido inventada por el verdadero creador de todo: nuestra mente.

El papel de las emociones en la memoria es crucial, por eso tenemos recuerdos tan vívidos de los momentos más traumáticos de nuestra vida. Si tenía usted uso de razón en 2001, seguro que conserva en su mente la imagen de un avión chocando con la segunda de las Torres Gemelas, mientras la primera humeaba. Y muy probablemente recuerde con exactitud qué estaba haciendo cuando recibió la noticia.

El atentado contra las Torres Gemelas puede considerarse el hecho de mayor impacto en el mundo de este siglo xxi… hasta que llegó la pandemia de la que malamente fuimos saliendo. La pandemia del coronavirus ha dejado millones de muertos, ha colapsado el sistema sanitario de todo el mundo y ha cambiado nuestra forma de relacionarnos, de vivir y de trabajar. En algunos casos para siempre.

Sin embargo, no hay una imagen, ni una fecha que todo el mundo pueda asignar de manera unánime al comienzo de la pandemia. Para mí, la pandemia comienza el viernes 13 de marzo de 2020. Cierto es que llevábamos semanas viéndolo venir. Vimos las noticias de China, encerrando en su casa a millones de personas. Y las de Italia, con la población confinada, los hospitales colapsados y todo el mundo asomado a los balcones. Era inevitable que la crisis llegara a nosotros, pero por un tiempo logramos convencernos de que lo increíble no podía pasarnos.

El día 9 de marzo se anunció el cierre de los colegios de mi provincia y empezamos a recibir un torrente de correos electrónicos, con instrucciones para que mis hijos pudieran continuar sus clases en remoto. Yo podía trabajar desde casa, al igual que la mayoría de mis compañeros, de modo que eso hice martes, miércoles y jueves. Pero el viernes tuve que ir a la oficina. Necesitaba estudiar con detalle los datos que había estado elaborando los días anteriores, y para eso precisaba tranquilidad y una impresora grande. Estudiar tablas de números de cien filas en busca de pautas no se puede hacer en una pantalla. Así que me fui a una oficina desierta y fantasmagórica a hacer lo que he hecho los últimos quince años: estudiar montañas de datos.[1]

Han pasado cincuenta meses desde entonces, en los que tuvimos que acostumbrarnos a no ver apenas a otras personas, a dejar de lado casi cualquier asunto que requiriese salir de casa. Yo llevo bien la cuenta: me pasé en casa tres navidades, dos Semanas Santas, tres puentes de la Constitución, unos ochenta fines de semana y casi todos los festivos entre 2020 y 2022.

Los primeros meses me dediqué a leer todo el tiempo que no llenaba el trabajo. Dos libros por semana. Pero en septiembre de 2020 decidí que necesitaba algo más para canalizar mi energía y no subirme por las paredes. Entre mis destrezas están la habilidad para estudiar (y explicar) datos y pasión por las matemáticas y la biología. Decidí darles rienda suelta, dedicándome en cuerpo y alma a estudiar la pandemia. Tiene en sus manos el fruto de aquella decisión.

---

1   Estudiar datos de epidemiología, como los que veremos aquí, es una afición. Para ganarme la vida, durante años he estudiado datos de redes de telecomunicaciones y he desarrollado modelos matemáticos a partir de ellos.

PARTE I

0. Crónica de una aventura

Este es un libro sobre la complejidad de la VIDA, escrita con mayúsculas. No la que nos amarga la existencia al intentar hacer la declaración de la renta o hacer un trámite con la Administración (eso es la vida, con minúsculas), sino la que ha hecho que usted y yo, junto con billones de criaturas de todas las formas y tamaños, estemos aquí.

La VIDA es un sistema complejo. El mayor y más importante de todos, ya que ha transformado nuestro planeta en un lugar excepcional. De momento, en el único que conocemos capaz de sustentar vida. Tenemos sistemas complejos por doquier: las organizaciones humanas, los ecosistemas, los sectores económicos, un bosque, un organismo vivo… Todos ellos son sistemas complejos, formados por decenas, miles o millones de componentes únicos cuya interacción genera fenómenos que trascienden sus características individuales[2]. Los sistemas complejos hacen realidad aquello de que el todo es mucho más que la suma de las partes. Usted es mucho más que un montón de células, mucho más que un cúmulo de moléculas reaccionando continuamente, mucho más que 206 huesos y unos 840 músculos acompañados de un puñado de órganos. Lo mismo podemos decir de cualquier ser vivo.

Como entusiasta de la biología y los sistemas complejos, he leído mucho sobre fenómenos biológicos a todos los niveles: desde los fenómenos cuánticos que intervienen en la fotosíntesis, al comportamiento de las nanomáquinas que transportan materiales dentro de las células, o las reacciones químicas que explican los ciclos mundiales del carbono o el nitrógeno. Cada escala de observación y cada

---

2   Que denominamos «propiedades emergentes».

fenómeno deben estudiarse con las herramientas y métodos propios de distintas disciplinas científicas. Podemos analizar los flujos de energía, los flujos de información o la fabricación de herramientas moleculares como esencia de la vida. De hecho, todas estas líneas, que en realidad están estrechamente relacionadas, han constituido el argumento central de las teorías sobre el origen de la vida sobre las que los científicos llevan más de un siglo discutiendo. No seré yo quien resuelva semejante problema. No aspiro a comprender cómo surgió la vida, pero me apasiona descubrir cómo funciona. De qué manera se engranan todas las piezas, formando conjuntos cada vez mayores que se relacionan según sus propias leyes.

Estudiar la vida en conjunto y comprender su extraordinaria naturaleza exige ir desde lo más minúsculo, las moléculas que la caracterizan, hasta los fenómenos de escala planetaria, como pueden ser las migraciones de aves. O las pandemias. Que un fenómeno sea natural no lo hace menos impactante[3].

La aventura de escribir este libro surgió de la pandemia de COVID-19. De mis intentos de comprender lo que estaba ocurriendo, de interpretar los datos, y cómo no, de intentar descubrir cuándo acabaría. La persona que era yo cuando empecé a estudiar las cifras de incidencia en diciembre de 2020 es distinta de la que hace unas semanas escribió las últimas líneas de este libro, cuatro años después. Usted también. Dejando de lado la huella que la terrible experiencia de la pandemia ha dejado en nuestro ánimo, hoy somos mucho más conscientes de la amenaza de las enfermedades emergentes, de la dificultad de obtener vacunas y fármacos eficaces y de la facilidad con que una enfermedad infecciosa puede propagarse a todo el mundo. Este libro refleja esa conciencia de la vulnerabilidad de los humanos que el SARS-COV-2 nos hizo adquirir de forma traumática. Sigue el camino de las preguntas que me iba planteando, los libros y artículos que iba leyendo o releyendo para responderlas, y el puzle que fui componiendo alrededor de un concepto que siempre me ha fascinado: la complejidad de la vida y la interrelación de

---

3 Cuando estaba embarazada no faltaba quien me decía que no había que temer al parto, ya que era algo natural. Yo solía pensar «claro, como las erupciones volcánicas y los huracanes».

los múltiples niveles a los que se puede estudiar esa complejidad para hacerla abordable.

UN LARGO CAMINO

Cuando me preguntan sobre qué he escrito, me resulta muy complicado responder. Este libro es un compendio de conceptos, descubrimientos e ideas de las ramas más variopintas de la ciencia, con un nexo común: explicar cómo se estudia una pandemia y todas las facetas de los seres vivos, a todas las escalas, que nos explican la aparición de enfermedades emergentes[4] y la forma en que podemos combatirlas. Más que como un libro, yo lo veo como un camino. Algo así:

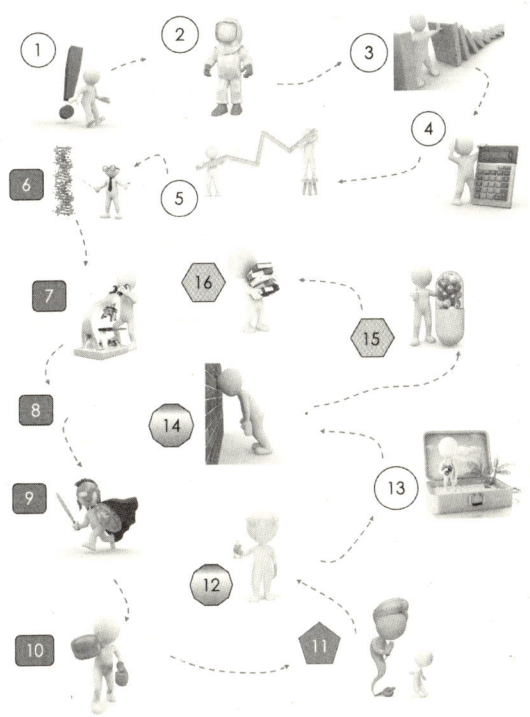

Figura 0-1. Un largo camino. Imagen de Mª Teresa Herrero, con elementos de Adobe Stock (ver Créditos)

---

4   Como fue la COVID-19.

Parece un poco caótico ¿verdad? Lo cierto es que, en la naturaleza, las cosas muy ordenadas resultan poco interesantes. Los cristales, por ejemplo, son estructuras muy ordenadas. No esperen ustedes ver aflorar la vida en un cristal[5]. Nada que sea incapaz de cambiar con el tiempo puede estar vivo. La vida requiere de una equilibrada combinación de orden y azar. Pongamos demasiado orden y no habrá evolución ni adaptación. Pongamos demasiado azar y se echará a perder. En este libro vamos a hablar mucho de ello.

En el camino que vamos a seguir, cada punto marcado con un figura geométrica se corresponde con una pregunta. Las preguntas que me iba haciendo, y poco a poco conseguía responder estudiando datos, artículos y libros. De áreas muy diferentes, porque cada pregunta daba paso a otras, y estas pedían nuevas explicaciones.

DEL SATÉLITE AL MICROSCOPIO ELECTRÓNICO, Y MÁS ALLÁ

Como todo en este mundo, una pandemia es un fenómeno complejo. Lo que vemos es el resultado de millones de interacciones individuales que tienen lugar a muy diversas escalas, desde lo más grande a lo más diminuto[6].

Los datos de incidencia por cada 100 000 habitantes son la con-

---

5   Un cristal, o un sólido cristalino, es una estructura tridimensional en la que los átomos ocupan posiciones fijas de acuerdo con una disposición geométrica determinada. Los copos de nieve, con esa forma de estrella hexagonal, son cristales. Para formar un cristal es necesario que el proceso de incorporación de los átomos a la estructura sea lento y paulatino. Si el proceso es rápido no es posible crear un monocristal. El vidrio de las ventanas es un material amorfo, con los átomos agrupados al tuntún. El cristal de zafiro que cubre la esfera de muchos relojes está formado por átomos ordenados. Lo que define un cristal no es su transparencia, sino cómo están dispuestos sus átomos en el espacio. Los semiconductores con los que se fabrican los aparatos electrónicos son cristales, y no son transparentes. Para los puristas aclararé que los átomos de un cristal ocupan posiciones fijas, pero están vibrando continuamente en torno a esas posiciones como consecuencia de la excitación térmica.

6   Recomiendo vivamente ver el vídeo *Powers of Ten*, de Ray y Charles Eames, para entender mejor de qué estoy hablando. Es una maravilla creada en 1977, e impresiona cómo se pudo realizar con los medios de aquella época. Dejo aquí enlace, pero es más fácil hacer una búsqueda que escribirlo. https://www.youtube.com/watch?v=0fKBhvDjuy0

secuencia de los contagios entre miles de personas que coinciden, toman o no medidas de protección, se exponen, y pueden ser más o menos susceptibles a la enfermedad por las características de su sistema inmunitario. La incidencia se aplica en zonas, que abarcan cientos de kilómetros cuadrados (km²). La capacidad del sistema inmunitario de enfrentarse a un virus depende, entre muchos factores, de unas proteínas llamadas anticuerpos, cuyo tamaño es del orden de las milmillonésimas de metro. Tenemos entre manos fenómenos que se mueven en un margen de dieciséis órdenes de magnitud[7].

Veámoslo con un dibujo. Ya saben lo que decía Einstein: «Si no lo puedo dibujar es que no lo entiendo».

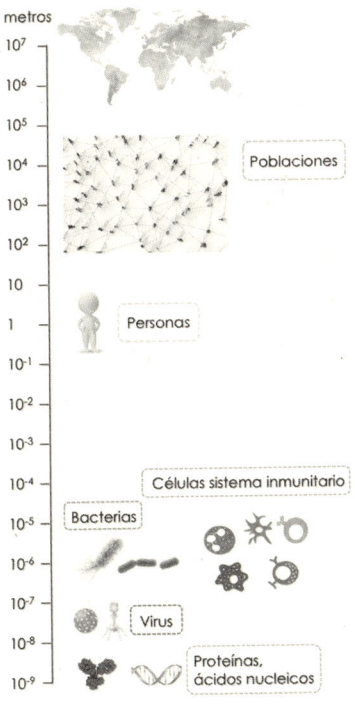

Figura 0-2. Excursión de tamaños. Imagen de Mª Teresa
Herrero, con elementos de Adobe Stock (ver Créditos).

---

7   La diferencia de orden de magnitud entre dos valores es la potencia de 10 por la que habría que multiplicar el más pequeño para que fuese comparable al más grande. Nos permite decir fácilmente si algo es 100, 1000 o 10 000 veces mayor que otra cosa. Respectivamente, la diferencia es de 2, 3 o 4 órdenes de magnitud, ya que 100 es igual a 10^2, 1000 es igual a 10^3 y 10 000 es igual a 10^4.

Lo importante de esta representación es apreciar que una epidemia es consecuencia de la acción de entidades muy distintas: moléculas, virus, células de nuestro organismo, personas, animales, sociedades... que despliegan su actividad a muy distintos niveles. Cada nivel tiene sus propios fenómenos y sus propias técnicas de estudio. Y claro está, sus datos y su tanda de libros y artículos.

Para analizar poblaciones estudiaremos cuán frecuentes son los encuentros entre personas, cómo de prudentes son a la hora de evitar contagios, o su susceptibilidad frente a la infección. En el otro extremo, al estudiar los virus analizaremos, por ejemplo, la facilidad con que sus proteínas consiguen acoplarse a receptores celulares e invadir una célula. Son fenómenos completamente diferentes en cuanto a la escala a la que suceden, las reglas que siguen y las herramientas que nos permiten analizarlos. De hecho, el mundo de lo muy pequeño constituye un reto formidable, y solo se puede estudiar merced a técnicas inimaginables hace solo veinte años.

Lo más evidente para los humanos es aquello que podemos ver con nuestros ojos, de modo que empecé mi exploración por lo más grande: las poblaciones. Investigué los datos de incidencia cada 100 000 habitantes, de casos, de hospitalizaciones, de contagiosidad, de aparición de nuevas cepas... Datos que tienen sentido referidos a grandes grupos de personas y a ubicaciones geográficas. Es el ámbito de la epidemiología.

En el rango intermedio de tamaño tenemos a las personas. Ahí toca estudiar cómo afecta a nuestro organismo la enfermedad, qué órganos y procesos vitales pueden verse atacados, y de qué manera podemos ayudar al enfermo a superarla. Es el terreno de la medicina.

Y mucho más abajo, en el nivel de los micrómetros (10^{-6} m), tenemos las claves de la infección. En ese margen de tamaños están las células de nuestro sistema inmunitario, los virus y bacterias con los que tan estrechamente convivimos. Algunas veces esos microorganismos resultan ser dañinos y atacan a nuestras células. En la gran mayoría de ocasiones son inocuos, o directamente esenciales para nuestra vida. Estamos en el área de interés de la inmunología y la microbiología.

Y más allá, ¿qué hay? Llegando a los nanómetros (10^{-9} m) nos encontramos ya con moléculas y átomos. En esta escala hallamos las moléculas clave de la vida, las piezas que definen qué puede hacer cada organismo, y cómo. Las proteínas y los ácidos nucleicos aparecen en el rango de lo más minúsculo que podemos estudiar, y son las que determinan las posibilidades de cada organismo de sobrevivir en su entorno. Es el dominio de las esdrújulas: genómica, metagenómica, proteómica, epigenética, la biología molecular y la nanociencia. Situemos ahora todas estas ramas de la ciencia en su nivel de aplicación.

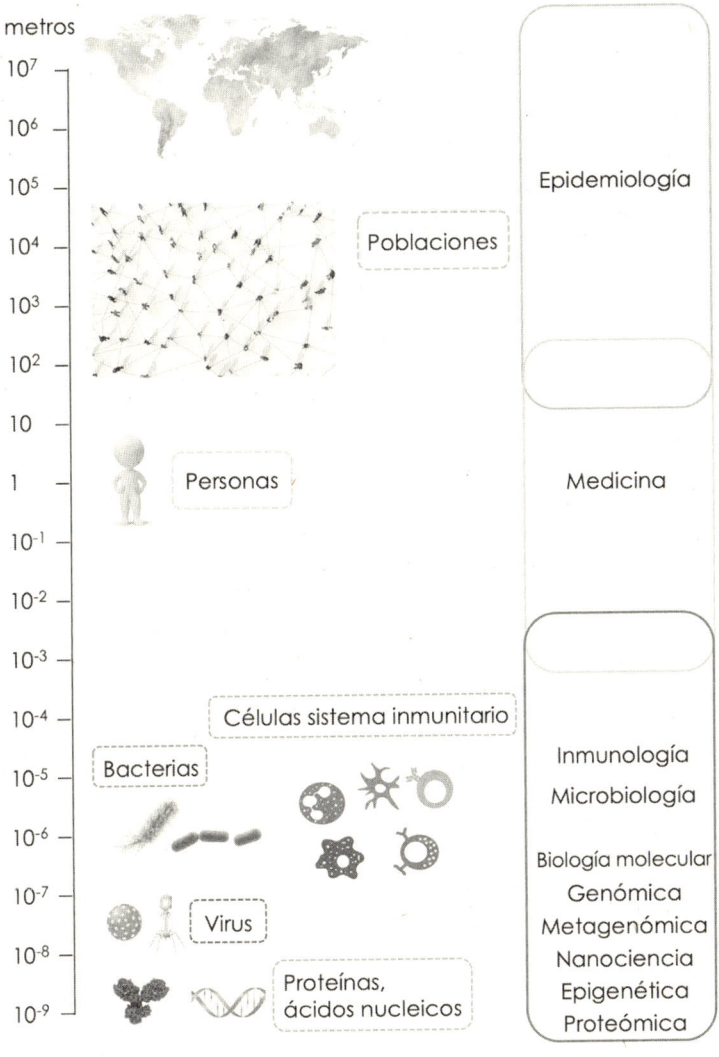

Figura 0-3. Áreas de la ciencia especializadas en cada ámbito. Imagen de Mª Teresa Herrero, con elementos de Adobe Stock (ver Créditos).

De forma muy general, podemos decir que la epidemiología tiene como herramientas principales las matemáticas y la estadística. La medicina se apoya sobre todo en la física y la química. Y estas dos ciencias vuelven a ser la base de todo cuanto hemos conseguido aprender de lo microscópico. Un mundo donde hemos de acostumbrarnos a pensar más en términos de moléculas interaccionando entre sí bajo las leyes de la física. Eso sí, al bajar al mundo de los nanómetros, las leyes de la física dictan comportamientos sorprendentes o cuando menos, poco intuitivos.

Si añadimos al esquema las herramientas propias de cada ámbito, nos queda algo así:

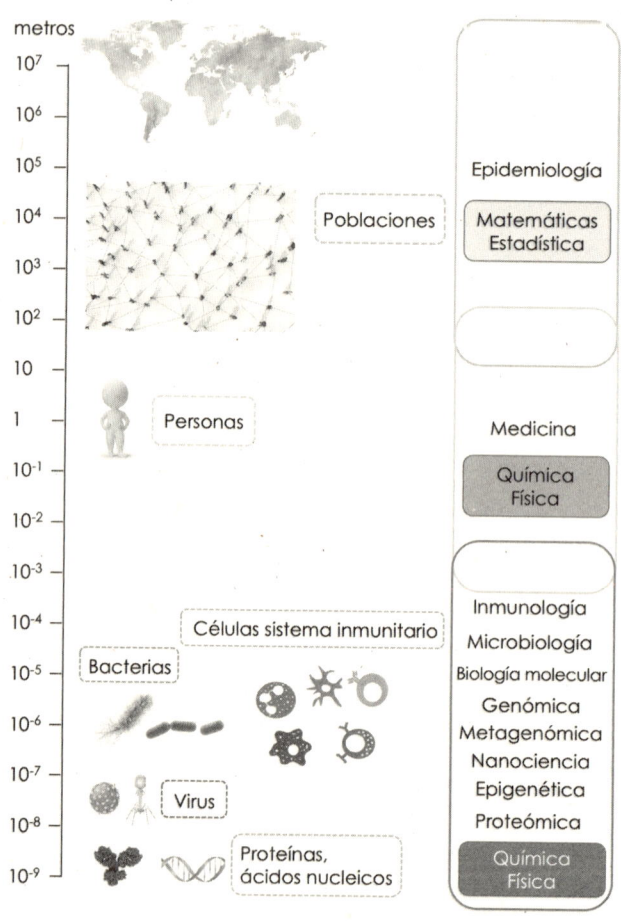

Figura 0-4. Herramientas de investigación propias de cada área. Imagen de Mª Teresa Herrero, con elementos de Adobe Stock (ver Créditos).

He pintado con distinto fondo el recuadro de física y química en el ámbito de la medicina con respecto al correspondiente a las ciencias de lo microscópico. En el mundo de los nanómetros la excitación térmica de las moléculas es una fuerza formidable que no podemos ignorar, cosa que sí haremos en la escala de los metros. Además, en las interacciones entre moléculas los efectos de superficie son mucho más importantes que los de volumen y masa.

Tampoco podemos pensar que cada ciencia es un compartimento estanco. Puede verse que he solapado los tres grandes ámbitos de las ciencias de la vida tal como podemos dividirlas por la escala a la que trabajan. Esto es así porque muchas veces hay que combinar en el puzle piezas obtenidas a diferentes niveles. La Epidemiología hoy en día es inimaginable sin el uso intensivo de la Genómica. Por todo el mundo hay cientos de laboratorios dedicados a reconocer las nuevas variantes que aparecen de los microorganismos considerados peligrosos. Esa información se comparte de modo que puedan detectarse nuevos focos de infección, rastrear su origen y seguir su evolución.

Perseguir un brote infeccioso ahora mismo es una combinación de labor detectivesca y ciencia sofisticada. Para lo primero es necesario indagar sobre los movimientos del paciente, las personas con las que ha estado y los lugares que ha visitado. Para lo segundo tenemos a nuestros científicos recogiendo muestras por todos esos sitios y secuenciando el genoma de los microorganismos que encuentran, hasta dar con el foco infeccioso donde reside el microorganismo que lo ha originado (y no uno parecido).

Pero todo este dibujo tiene aún un componente del que no hemos hablado: la evolución. Todos los organismos y entidades que hemos representado cambian con el tiempo. La supervivencia en su entorno exige adaptarse a los cambios y responder a ellos. Los virus son capaces de mutar con frecuencia, modificando sus capacidades y dando así lugar a nuevas variantes. Bien lo hemos visto con el coronavirus. Nuestro sistema inmunitario es un maestro de la adaptación, respondiendo continuamente a amenazas presentes o por venir. En todos los niveles de complejidad de la vida se producen cambios adaptativos para mejorar las posibilidades de supervivencia. Uniendo todas las escalas de la vida tenemos la fuerza de la evolución, que se estudia gracias a la biología evolutiva. Ya tenemos completo nuestro esquema.

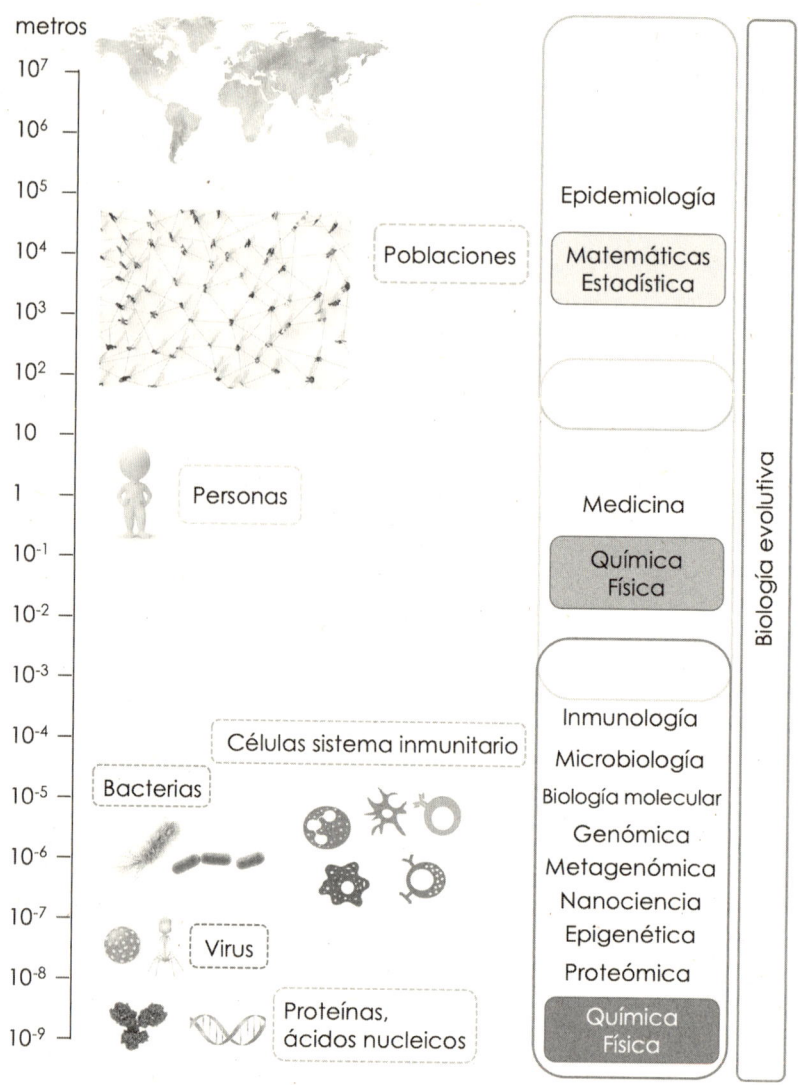

Figura 0-5. Y todo relacionado por la evolución. Imagen de Mª Teresa Herrero, con elementos de Adobe Stock (ver Créditos).

¿CÓMO SE PUEDE EXPLICAR TODO ESTO?

Cuando mis hijos eran pequeños, todas las noches les contábamos una historia antes de dormir. Una vez, el mayor hizo una petición peculiar: «mamá, cuéntame algo científico, pero que me interese a mí». No sé si pueden ustedes imaginar público más exigente a la hora de buscar la manera de contar algo complicado con palabras sencillas. Pero como llevo años entrenando, ya sé que la mejor forma de despertar interés es seguir el mismo camino que seguimos al investigar: olvidarnos (casi) de términos especializados, hacernos preguntas y buscar las respuestas. Es el momento de dar a conocer nuestro índice. Quitemos los dibujos y pongamos las preguntas.

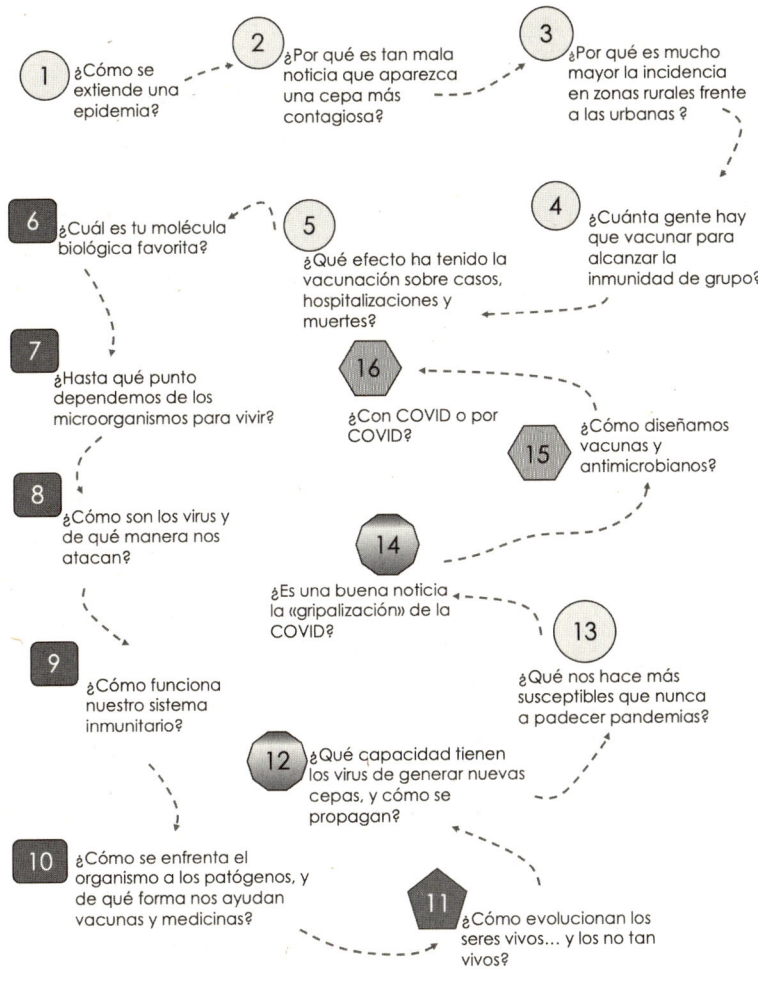

Figura 0-6. Unas cuantas preguntas para mentes inquietas.

Los primeros 5 capítulos junto con el 13 pueden considerarse de epidemiología[8], por lo que los he marcado con la misma forma: un círculo. Del 6 al 10, con cuadrados, tenemos los capítulos que hablan de lo microscópico. El 11 da un salto a la biología evolutiva, así que cambiamos de forma. El 12 y el 14 aglutinan las tres visiones y los he etiquetado con un decágono. El 16 es un «fuera de carta». Trata de explicar las dificultades de recopilar y analizar datos, que es la base de toda investigación. Y el 15 se centra en las posibilidades de combatir a los patógenos. Estos dos últimos se salen también del guion, así que elegí un hexágono.

Según mi amigo Enrique, he escrito el libro que me gustaría haber podido leer cuando comenzó la pandemia. Mi ilusión es que el lector llegue a la misma conclusión.

---

8   Matemáticas, estadística y datos, están avisados.

1. ¿Cómo se extiende una epidemia?

El desarrollo de una epidemia y el grado de afectación en la población se sigue, como hicimos con el coronavirus, con un indicador de variación lenta llamado R_t, o número de reproducción. Este indicador agregado es muy útil para hacernos una idea general, pero nos oculta los saltos que se producen a bajo nivel. Precisamente esas irregularidades hacen impredecible la evolución a corto plazo de una epidemia, dónde van a dispararse los casos y cuándo.

UNAS PINCELADAS INICIALES

Incertidumbre es la palabra que mejor define la situación al declararse una pandemia. En cualquier momento la propagación del virus puede agravarse, provocando nuevas restricciones que harán imposible cualquier plan que tuviéramos en mente. Nadie parece ser capaz de decir cuándo comenzará la próxima ola, o la magnitud del próximo estallido. Entre ola y ola también nos sorprenden las explosiones repentinas de nuevos casos en ciertas zonas. Da la impresión de que es imposible controlar el curso de la epidemia.

Echando la vista atrás, vemos con claridad que no hemos podido convivir con la COVID-19, como hacemos ahora, hasta ser capaces de proteger masivamente a la población frente a la infección. La propagación de esta enfermedad es un fenómeno de crecimiento exponencial. Y las exponenciales son diabólicas.

En primer lugar, debemos aclarar que no todo lo que crece muy rápido es una función exponencial. Aquí se puede ver que una función cuadrática puede efectivamente mostrar un crecimiento mucho más agresivo que una exponencial.

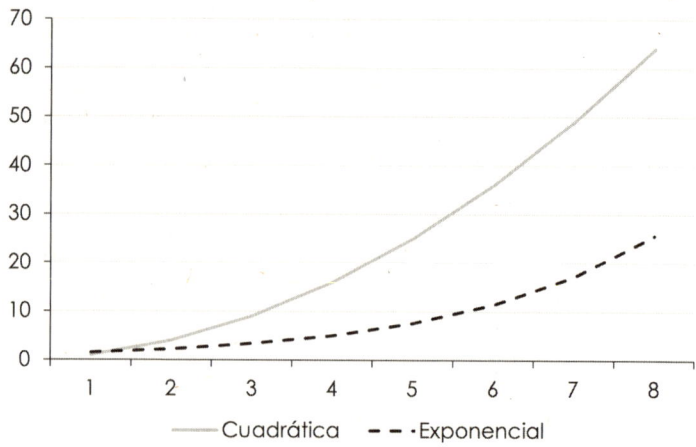

Figura 1-1. Función cuadrática versus exponencial.

Bueno, he hecho un poco de trampa mostrando únicamente los primeros ocho valores de la función (y seleccionando una base adecuada para la exponencial). Las exponenciales solo muestran toda su capacidad de devastación si les dejas un poco de tiempo para hacer funcionar su magia. Echemos un vistazo a las mismas funciones cuando representamos más valores.

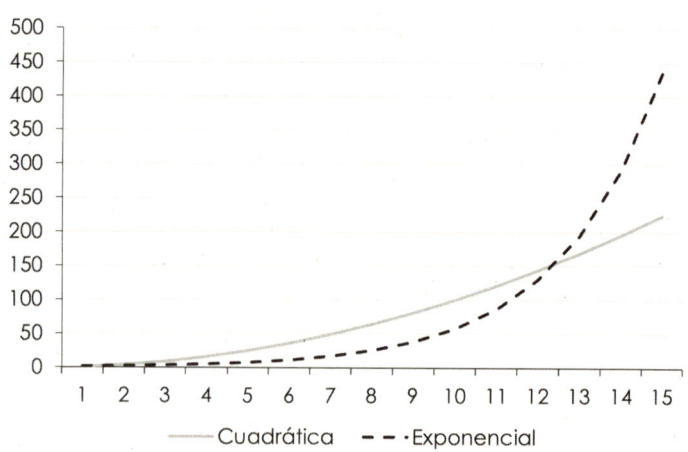

Figura 1-2. Función cuadrática versus exponencial.

Solo el tiempo nos permite conocer todo el potencial de una exponencial. Y en el momento en que nos damos cuenta ya es casi imparable.

¿QUÉ TIENEN QUE VER LAS FUNCIONES EXPONENCIALES CON LA TRANSMISIÓN DE ENFERMEDADES?

Cuando analizamos el «número de reproducción» de la COVID-19 (también conocido como R_t), estamos comparando el número de casos nuevos de un día (o el periodo temporal que elijamos) con el número de casos nuevos del periodo anterior. Las matemáticas que se pueden ver en la literatura científica son más complicadas, con el uso del cálculo diferencial, pero emplearé un modelo simplificado con solo divisiones.

Imaginen que tenemos los siguientes datos sobre el número de nuevos casos detectados en semanas sucesivas. A medida que la enfermedad crezca entre la población, llegará a más y más personas. Ante un brote infeccioso, el R_t se vigila con mucha más frecuencia, normalmente se calcula a diario o cada dos días. No obstante, por simplificar nuestro ejemplo vamos a suponer que lo controlamos semana a semana, con la misma periodicidad con que se publicaban los casos de incidencia.

Semana	Número de nuevos casos
1	2
2	3
3	5
4	7
5	10
6	15
7	23
8	34
9	51
10	76

Tabla 1-1. Nuevos casos por semana.

Si calculamos la proporción entre los casos detectados en una semana y los casos detectados la semana anterior tendremos una idea de la rapidez con que se extiende la enfermedad. En nuestro ejemplo, esta proporción es $R_t = 1,5$.

He usado 1,5 como R_t por simplicidad en los siguientes ejemplos, pero si están familiarizados con los datos que seguimos durante los peores meses de la pandemia, este es un valor muy preocupante. Cualquier cosa por encima de 1 nos dice que la enfermedad está aumentando su capacidad de propagación y en las siguientes semanas tendremos aún más personas infectadas que las semanas anteriores. Necesitamos obtener un R_t por debajo de 1 para estar seguros de que la enfermedad está empezando a retroceder, y la presión sobre nuestro sistema de salud se alivie un poco.

Número reproductivo efectivo

El *número reproductivo efectivo* (R_e o R_t) es la estimación de cuántas personas en promedio se han contagiado cada día a partir de los casos existentes observados durante una epidemia (en el momento en el que son notificados).

A diferencia de R_0[9], que sería un cálculo promediado y teórico, R_t es un valor que tiene en cuenta la observación a tiempo real de la epidemia y permite seguir su evolución dinámica.

En España, el Centro Nacional de Epidemiología (CNE) calculaba diariamente la R_t, lo que era esencial para la toma de decisiones y la evaluación de la efectividad de las medidas de salud pública que se iban adoptando.

En la figura (datos CNE) se puede observar la evolución de la R_t en España. Durante el primer periodo de la epidemia el esfuerzo de la Salud Pública se centró en la *contención*, con la búsqueda exhaustiva y el aislamiento de casos y contactos hasta mediados de marzo. En la segunda fase, de *distanciamiento social*, se adoptaron medidas progresivamente más intensas, desde la supresión de reuniones

---

[9] R_0 es la tasa de contagio esperable cuando no se toman medidas especiales para contener la transmisión de una enfermedad. Lo veremos en mayor profundidad en el capítulo 4.

y eventos multitudinarios a partir de la primera semana de marzo hasta el confinamiento de la población, excepto algunos sectores laborales a partir del 14 de marzo y la intensificación el día 29 de marzo, con una mayoría de trabajadores recluidos en sus domicilios.

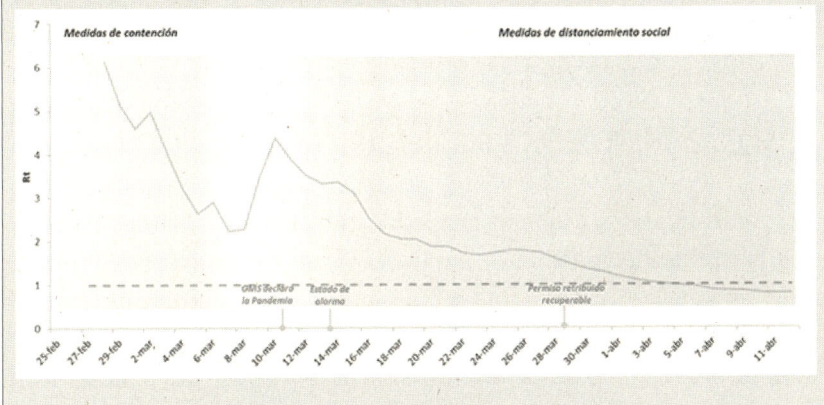

Número de reproducción efectivo (R_e o R_t) en España desde el 25 de febrero de 2020 hasta el 11 de abril de 2021 y medidas de salud implementadas en la pandemia. Fuente: Parámetros epidemiológicos de la COVID-19. (Fuente: Centro de Coordinación de Alertas y Emergencias Sanitarias. España)

Si representamos los datos en la tabla obtenemos el siguiente gráfico:

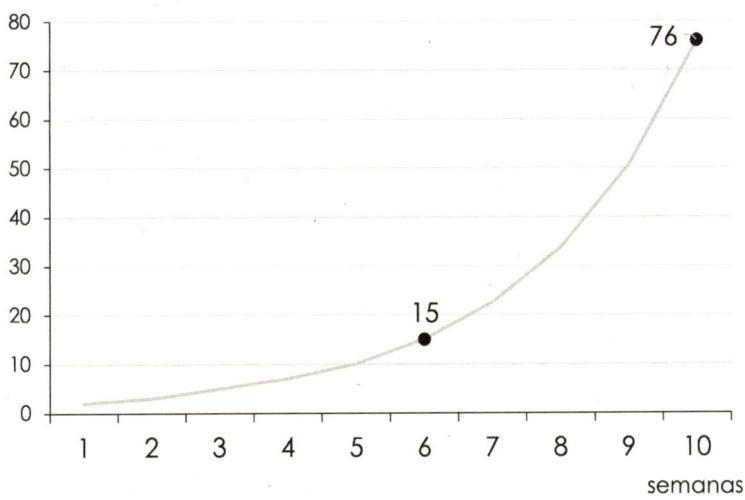

Figura 1-3. Número de nuevos casos por semana con $R_t = 1,5$.

Lo cual, para los que no temen a las matemáticas, corresponde a la función:

$$Casos\ Nuevos\ (semana\ N) = 1,5^{N}$$

He aquí nuestra exponencial. Veamos cómo aparece.

MECANISMOS DE TRANSMISIÓN DE LA COVID-19

Para enfrentarnos a una enfermedad infecciosa, el primer paso es descubrir los mecanismos de contagio. Cómo pasan los patógenos de una persona infectada a una sana. Como con cualquier otra enfermedad, los científicos se volcaron en estudiar los medios de transmisión de la COVID-19 desde el comienzo del brote de cara a identificar las medidas necesarias para evitar el contagio.

Enseguida averiguamos que el virus se transmite principalmente a través del aire, aunque también puede infectarnos al entrar en nuestro sistema digestivo. Pero centremos nuestra atención en la principal fuente de infección de la COVID-19: compartir el aire que respiramos con una persona infectada.

Para infectar a otras personas, la concentración de virus en el aire debe ser relativamente alta, por lo que el contagio solo tiene lugar en situaciones en las que las personas se mantienen juntas durante más de 10-15 minutos sin mascarilla. Por lo tanto, no nos podemos infectar en cualquier lugar ni por cualquier persona. En la gran mayoría de los casos, las personas contraen la enfermedad por contacto con personas con las que mantienen una relación directa, aunque las concentraciones (transporte público, eventos, espectáculos, etc.) también tienen su papel.

Para explicar la propagación de la COVID-19, centraré mi atención en todas nuestras relaciones habituales, que representaré con la ayuda de círculos. He aquí el aspecto que tiene una persona.

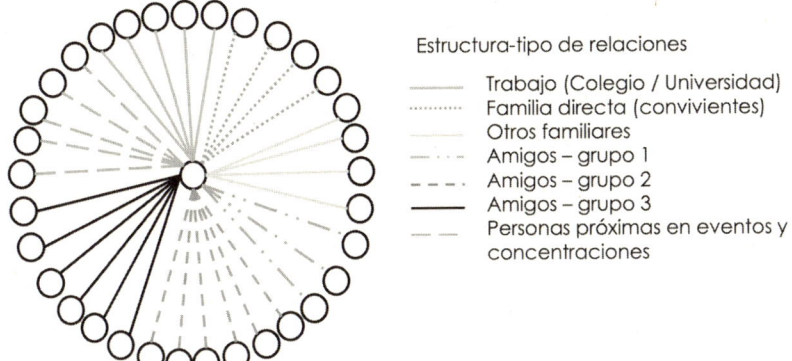

Figura 1-4. Representación ideal de una persona (círculo en el centro), con todas las personas que trata regularmente. He usado diferentes trazos para los vínculos con los distintos grupos, reservando uno de ellos para contactos ocasionales en concentraciones: transporte público, eventos, etc.

Ahora que hemos visto esta particular forma de representar personas, analicemos cómo se transmite el COVID-19 entre nosotros y el tipo de exponenciales a los que nos enfrentamos.

COMPRENDER LO QUE ESTÁ SUCEDIENDO A NIVEL MACRO Y MICRO

Desde los primeros días de la pandemia estuvimos convencidos de estar luchando contra una «curva», lo que podía resultar muy desconcertante para la mayoría de nosotros. No sé cómo, pero la COVID-19 consiguió dos curiosos logros que antes de esta crisis parecían imposibles: que todo el mundo se lavara las manos más de diez veces al día y que las personas que siempre vieron las matemáticas como una especie de amenaza llegaran a obsesionarse con una gráfica.

La famosa «curva» contra la que luchábamos representa el número de nuevos casos que se detectan cada día. Es el indicador que nos permite apreciar si está aumentando la velocidad de aparición de nuevos casos. Pero los nuevos casos no aparecen espontáneamente. Hemos concluido que los nuevos casos ocurren porque una persona ha estado en contacto con una persona infectada que pertenece a su «círculo de relaciones».

Ahora intentaré describir cómo se propaga la enfermedad a lo largo de seis semanas sucesivas. En nuestro ejemplo $R_t = 1,5$[10], por lo que cada persona infectada en la semana N generará 1,5 personas infectadas en la semana N + 1[11]. Como no podemos tener la mitad de una persona infectada, nuestros enfermos infectan a uno o dos de sus amigos o compañeros o parientes o contactos. Las personas enfermas son representadas con el círculo interior negro, mientras que los círculos de las personas sanas son blancos. Tenemos dos casos iniciales, y por cada enfermo habrá una o dos personas recién infectadas en su círculo de parientes y conocidos, representados en color negro.

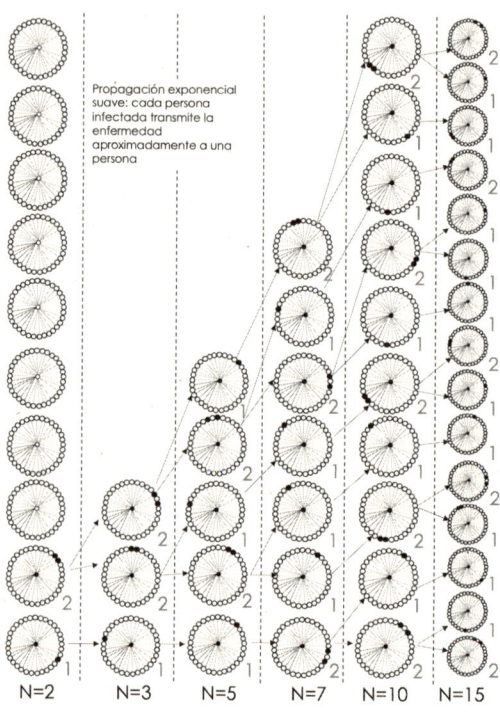

Figura 1-5. Modelo exponencial suave de propagación de enfermedades. En cada etapa sucesiva las personas infectadas transmiten la enfermedad a una o dos personas de su entorno. El número en la parte inferior es el número total de nuevos casos cada semana, mientras que el número en azul al lado de cada individuo es el número de nuevos infectados causados por cada uno.

---

10 No olvidemos que R_t es un promedio.
11 Los ingenieros «hablamos» así como si fuera algo natural. Nos referimos a la diferencia de casos entre una semana (N) y la siguiente (N + 1).

Generando nuevos casos: el factor k

Según diversos estudios, parece que la transmisión del SARS-COV-2 no es homogénea, y que existe una gran variación en el origen de los casos secundarios que sugiere que no todos los casos contribuyen de la misma forma a la transmisión de la enfermedad. Ello hace que haya que considerar otro parámetro denominado *factor de dispersión k*. Este valor representa la variación con la que se distribuyen los casos secundarios a un caso conocido. Es decir, que a pesar de que haya un valor R_0 de 2-3, algunos casos no producirán ningún caso secundario (el 69 % según algunos estudios), otros producirán un número pequeño de casos secundarios y, por último, un pequeño número de casos primarios producirán un gran número de casos secundarios, mucho más elevado que el que correspondería según la R_0. Este fenómeno es lo que se conoce como evento *superdiseminador*. Diversos estudios concluyen que el papel que juegan estos eventos es muy importante en la transmisión del virus, ya que los valores hallados para el factor k oscilan.

Asumimos un período de incubación de una semana, y que las personas solo se vuelven infecciosas cuando la enfermedad se activa, así que en cada semana representamos a las personas que se infectaron la semana anterior.

He llamado a este modelo «exponencial suave» porque nos hace pensar que estamos manejando una exponencial muy «civilizada», que evoluciona lentamente. Entonces, ¿por qué nos sorprendía continuamente un aumento explosivo del número de casos en ciertas áreas? Porque la realidad es muy diferente a la definición con la que normalmente explicamos el significado de R_t. Se puede leer en todas partes que R_t nos dice cuántos casos nuevos son inducidos por cada caso anterior. Así que podemos pensar que, si R_t es 1,5, cada persona infectada está transmitiendo COVID-19 a una o dos personas más.

Lo que realmente sucede es muy distinto. A partir del estudio detallado de los individuos infectados, sabemos que muchos enfermos no transmiten la COVID-19 a nadie, mientras que algunos «supercontagiosos» pueden infectar a cinco, diez, o incluso veinte personas. La razón por la que algunas personas son tan eficaces en la transmisión de esta enfermedad mientras que otras no contagian a nadie es un misterio, pero es exactamente lo que ocurre. La literatura científica sobre COVID-19 también crece exponencialmente, incluyendo estudios sobre contagio. No sé si en este momento mi información está obsoleta, pero permítanme usar en nuestro ejemplo la referencia de que solo un tercio de las personas infectadas son contagiosas. Por otro lado, estas personas son muy efectivas en la transmisión y pueden infectar a muchos de sus parientes, compañeros y amigos.

En la siguiente imagen he representado cómo esta distribución desigual del contagio puede generar el mismo valor agregado en los contagios, pero con dinámicas muy diferentes a nivel micro.

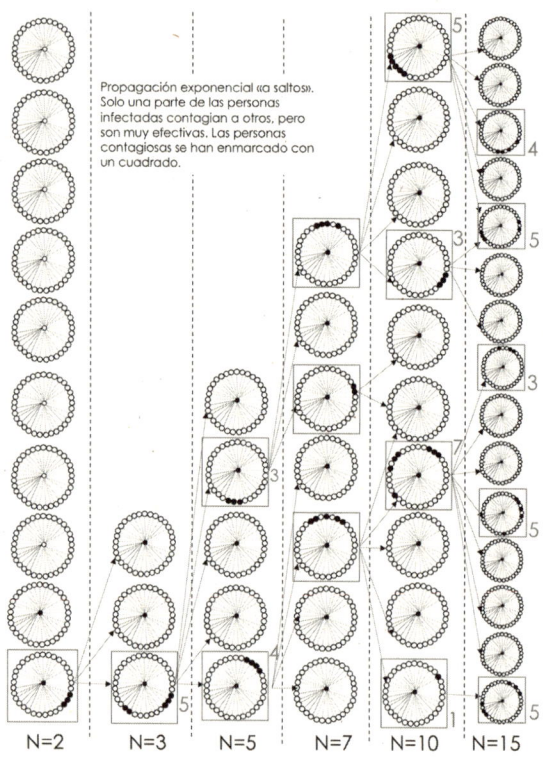

Figura 1-6. Modelo exponencial «a saltos» de propagación de enfermedades. En cada etapa sucesiva, describimos cómo las personas infectadas transmiten la enfermedad a varias personas entre sus parientes y amigos. Solo los individuos contagiosos (rodeados por un cuadrado) pueden infectar a otros. El número que aparece en la parte inferior es el número total de nuevos casos cada semana, mientras que el número en azul junto a cada «persona» contagiosa es el número de nuevos infectados causadas por cada una.

A través de este ejemplo se muestra cómo podemos tener la impresión de estar frente a una exponencial «civilizada», si solo prestamos atención al valor agregado de los contagios (las cifras al pie de la imagen). Pero a nivel micro hay margen para grandes diferencias en la evolución de la infección en cada área o en cada grupo social.

Incubación y transmisión de la enfermedad

El *período de incubación* de una enfermedad está definido como la duración entre la exposición efectiva y el inicio de los síntomas de la enfermedad. El periodo de incubación *mediano* de COVID-19 es de 5,1 días (IC 95 % 4,5 a 5,8). A los 11,7 días (IC 95 % 9,7 a 14,2), el 95 % de los casos sintomáticos han desarrollado ya sus síntomas.

El *intervalo serial* se define como el tiempo que trascurre entre el inicio de la enfermedad en el caso primario y el inicio de la enfermedad en el caso secundario. El intervalo serial medio de COVID-19 en numerosas observaciones epidemiológicas resultó menor que el periodo de incubación.

Sobre la base de estas observaciones y los casos detectados en los estudios exhaustivos de contactos, inicialmente se pudo conocer que la transmisión ya era efectiva 1 o 2 días antes del inicio de síntomas.

¿POR QUÉ DIFERENTES ZONAS DENTRO DE LA MISMA PROVINCIA PUEDEN TENER UNA EVOLUCIÓN MUY DIFERENTE CON EL TIEMPO?

Así pues, al ser R_t un valor agregado (de hecho, es un promedio de muchos valores individuales y dispares), nos oculta la enorme variabilidad en el número de contagios generados por diferentes individuos. A continuación, veremos un par de escenarios de bajo nivel, donde se aprecia el impacto de los eventos individuales de contagio en la evolución de toda un área. Hay que recordar el impresionante efecto multiplicador con el tiempo de las funciones exponenciales.

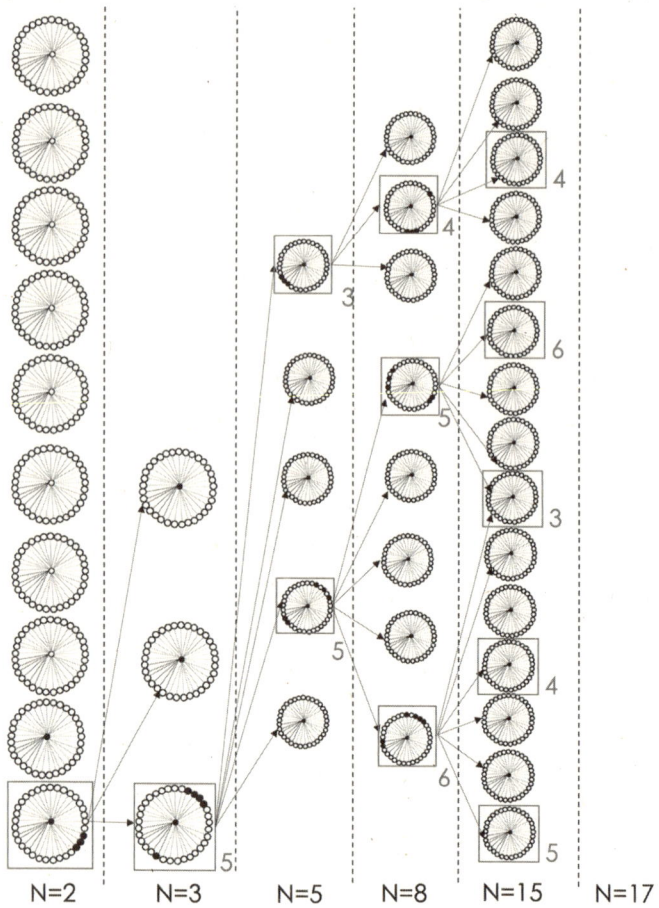

N=2   N=3   N=5   N=8   N=15   N=17

Figura 1-7. «Caso benigno» de propagación de una enfermedad.
Aproximadamente 1/3 de las personas infectadas son
contagiosas, y contagian a entre 3 y 6 personas.

Al igual que en el caso anterior, empezamos con 2 personas infectadas, y observamos cuántos nuevos casos se generan a partir de ellas en el plazo de seis semanas. Primero tenemos un caso benigno, con solo una persona contagiosa en la segunda semana. Seis semanas después del contagio, estos 2 casos iniciales han generado un total de 2 + 3 + 5 + 8 + 15 + 17= 50 casos, y al final tenemos 17 personas listas para infectar a otras.

Imaginen ahora una situación diferente, el «caso problemático». En la segunda semana, tenemos 2 individuos muy contagiosos, en lugar de uno, y en la tercera etapa, tenemos una persona supercontagiosa, que induce 9 nuevos casos. Echemos un vistazo al efecto con el tiempo si tenemos estas personas altamente contagiosas en las primeras semanas.

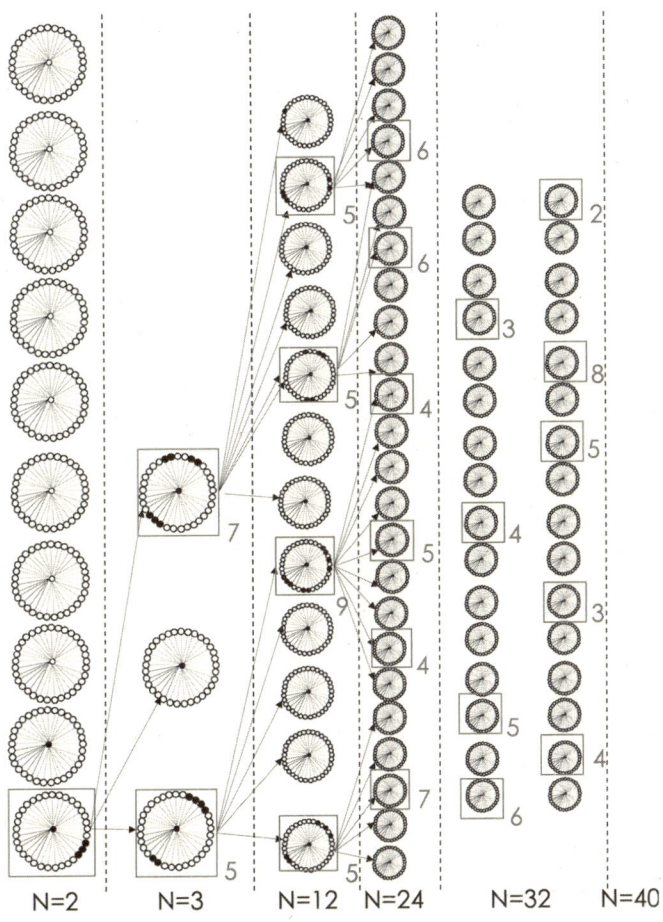

Figura 1-8. «Caso preocupante» de propagación de una enfermedad. Aproximadamente un tercio de las personas enfermas son contagiosas, y pueden contagiar a entre 3 y 9 personas. En las primeras etapas tenemos 3 personas muy contagiosas, que generan 5, 7 y 9 nuevos casos.

En este «caso preocupante», sumamos 2 + 3 + 12 + 24 + 32 + 40 = 113 nuevos casos inducidos por los dos primeros. Hay una enorme diferencia con el caso benigno, y esa diferencia se amplificará con el tiempo, incluso si no tenemos ya ningún otro evento de supercontagio.

Veamos la evolución de los nuevos casos y los casos acumulados en ambos ejemplos:

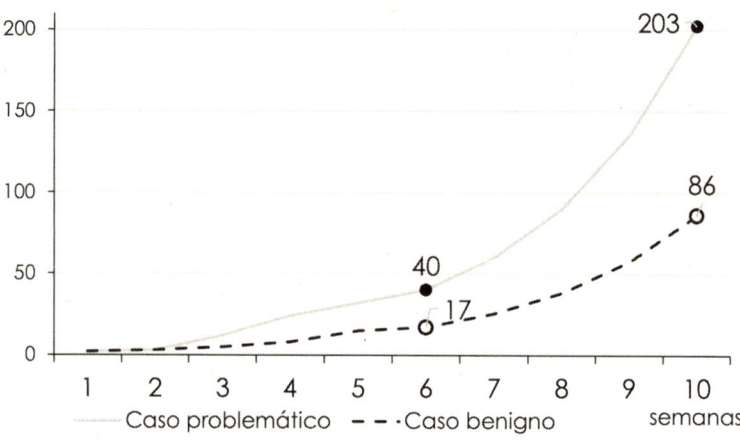

Figura 1-9. Evolución con el tiempo en el número de nuevos casos para un caso preocupante y otro benigno de propagación de una enfermedad. El caso preocupante se genera cuando tenemos dos o tres personas ligeramente más contagiosas en las primeras etapas. El impacto unas semanas después es espectacular. Este es el origen de crecimientos «explosivos» repentinos e inesperados en el número de casos en áreas determinadas.

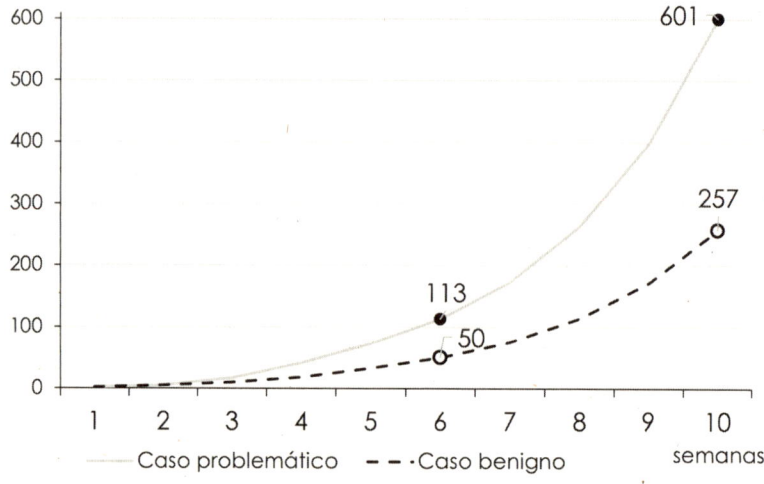

Figura 1-10. La diferencia en la evolución de los casos acumulados entre la situación «problemática» y la «benigna» es aún más impresionante que la de evolución de nuevos casos.

CONCLUYENDO

Se dice que las estadísticas son como los bikinis: ocultan la parte más interesante de lo que supuestamente muestran. A la hora de seguir una epidemia, la tasa de transmisión (R_t) es un valor agregado que nos oculta la enorme variabilidad en contagios y nuevos casos que realmente se están dando a nivel micro. Los humanos estamos limitados en el número de variables que podemos manejar a la vez, por lo que intentamos resumir las situaciones con un número simple.

Está bien seguir esos indicadores globales. Algunas decisiones se deben tomar a partir de números generales agregados. Pero no podemos ignorar que la realidad es mucho más compleja de lo que una simple curva puede hacernos pensar. Hay tres hechos clave:

1) La propagación de enfermedades infeccionas es una consecuencia de las relaciones y la movilidad de las personas.
2) La susceptibilidad a la enfermedad y la capacidad de infectar a otros varían enormemente de una persona a otra.
3) Las oportunidades de transmitir la enfermedad también varían mucho dependiendo de los hábitos y las condiciones de vida.

Esto hace que la transmisión a nivel individual sea una cuestión de azar, o más precisamente, de algo que puede ocurrir millones de veces en cualquier instante. Tantas como oportunidades tenemos de encontrarnos con otras personas en diversos lugares y situaciones cada día. Y estas oportunidades generan tremendas diferencias en la tasa de transmisión entre distintos grupos sociales y áreas geográficas. Esto, combinado con la «magia» de los exponenciales es el origen de los brotes inesperadamente intensos en ciertas áreas.

No olvidemos tampoco que los humanos se mueven, se comunican y viven. Eso implica que para cuando detectamos que se disparan los casos en una zona, otra explosión está gestándose en otro lado; desapercibida hasta que alcanza cierta magnitud, quizá relacionada con la primera, o probablemente sin ninguna relación.

No es un complot, no es una maldición. Es simplemente un sistema altamente no-lineal con millones de elementos interconectados y muchas incógnitas. Más o menos como muchos otros aspectos de nuestra vida de los que no nos damos cuenta.

2. ¿Por qué es tan mala noticia que aparezca una cepa más contagiosa?

De las tres características con que se definen la agresividad de una cepa viral, en el caso del virus causante de la COVID-19, la contagiosidad ha resultado ser la de mayor impacto.

HABLEMOS DE VIRUS

Un virus es una mala noticia envuelta en una capa de proteína. Entre todas las definiciones de «virus» que se pueden encontrar, esta de Jean y Peter Medawar es sin duda la mejor. Esta mala noticia que ha resultado ser el SARS-COV-2[12] no ha dejado de darnos sorpresas, cada vez más inquietantes.

A lo largo de 2020 aprendimos un montón sobre curvas y tasas de contagio, de que estar asintomático puede ser un problema, de

---

12   La enfermedad es la COVID-19, el virus que la causa tiene ese nombre tan original de SARS-COV-2 que veremos repetidas veces a lo largo de estas páginas. El origen de estos nombres es el siguiente:
1. SARS: Síndrome Agudo Respiratorio Severo.
2. COV: el virus pertenece a la familia de los coronavirus.
3. El número «2» con el que identificamos a este coronavirus se debe a que hace años (2003) ocurrió una epidemia de SARS producida por otro coronavirus, que por ser el primero se denominó con los apellidos COV-1 o COV.
La enfermedad es la COVID-19: Coronavirus-Disease de 2019. En la fecha de publicación de este libro sigue dando enormes quebraderos de cabeza y causando muertes.

test genéticos para identificar cadenas de ARN (los famosos PCR) y, sobre todo, de la facilidad con que pueden aparecer nuevas cepas de un virus. Hicimos un cursillo forzoso de muchos temas antes desconocidos para la mayoría de nosotros, y nos sigue faltando contexto para comprender algunas de ellas. En muchos casos, ese contexto es matemático.

De la variante alfa[13], que apareció en diciembre de 2020, supimos que era más contagiosa (hasta un 70 % más), aunque no más letal. En las siguientes páginas analizaremos qué consecuencias tiene la aparición de una cepa más contagiosa.

¿QUÉ ES UNA NUEVA CEPA?

Antes de empezar con las matemáticas dedicaré un apartado a algunos conceptos sobre biología. Empecemos por el principio: un virus no es un ser vivo[14]. Tiene proteínas, tiene ácidos nucleicos y una mala leche increíble. Pero no se considera un ser vivo porque no puede hacer copias de sus ácidos nucleicos a menos que se apoye en la maquinaria genética de la célula que ha invadido. Por entendernos, los ácidos nucleicos son el ADN y el ARN. Moléculas sumamente estables que contienen la información necesaria para construir proteínas.

El ADN es como una lista larguísima de instrucciones de qué piezas es necesario ensamblar, y en qué orden, para fabricar distintas proteínas. Y las proteínas son las armas con las que virus, bacterias y cualquier célula viva se enfrentan al mundo. En cierta forma son material de construcción, y en otros aspectos pueden considerarse herramientas, nanomáquinas o sensores que emiten, transmiten,

---

13   Esta variante se conoció como la variante británica, al ser el primer lugar donde se detectó, del mismo modo que la variante delta, surgida en primavera de 2021, se conoció coloquialmente como la variante de la India. La Organización Mundial de la Salud (OMS) ha insistido en identificar las variantes del coronavirus con una letra griega y evitar en lo posible las connotaciones negativas que acarrea el asociarlas a un lugar. El SARS-COV-2 ha mostrado una gran capacidad para mutar, de modo que acumula ya un buen montón de variantes, que se han ido dando el relevo a la hora de dominar los nuevos casos.

14   En el capítulo dedicado a los virus y a su evolución matizaremos un poco esta afirmación.

reciben o ejecutan señales biológicas. Un virus o cualquier célula pueden hacer aquello que las proteínas que fabrican les permitan. Y pueden fabricar aquello para lo que tienen instrucciones en su ADN (o ARN).

Si el ADN (o ARN) de un virus cambia en algún tramo decimos que ha habido una mutación. Y esa mutación hará que la proteína que antes se sintetizaba con las instrucciones de ese tramo de ácido nucleico ahora sea diferente. Puede ser que el cambio sea desastroso y haga inviable la supervivencia del virus. O puede ser que sea inocuo, o que le otorgue algún tipo de ventaja.

Cada vez que se produce una mutación genética, el virus entra en la lotería de la vida y, en la mayor parte de los casos, el resultado es funesto para el virus. Podemos imaginar el metabolismo de un virus[15] (o de cualquier célula viva) como un gran conjunto de reacciones químicas conectadas entre sí, como si fuera una complicadísima maquinaria de reloj. Si cambiamos una de las ruedecitas, lo más probable es que el reloj deje de funcionar. Pero algunas veces (poquísimas) no es así. El cambio hace que el reloj funcione mejor.

Las mutaciones se producen con relativa frecuencia al copiar las cadenas de ADN cuando un virus se reproduce. Cuando se acumulan suficientes cambios y se observa un comportamiento distinto en una nueva estirpe de virus decimos que se ha detectado una nueva cepa.

Como hemos explicado, un virus de una cepa distinta presenta diferencias en sus cadenas de ADN o ARN y, con ello, en las proteínas que fabrica. Esto hace que, por ejemplo, pueda tener mejor efectividad a la hora de infectar células, o causar daños de diferente alcance. Por esa razón, al percatarnos de la aparición de una nueva cepa nos apresuramos a estudiar en qué medida han cambiado los efectos del virus.

---

15   Con un puñado de proteínas, los virus ponen a su servicio la maquinaria de la célula que invaden. En ese sentido podemos decir que tienen un metabolismo, aunque sea prestado.

CONTAGIOSIDAD, MORBILIDAD Y LETALIDAD

Tres son las características clave que se analizan en cualquier agente infeccioso de cara a evaluar su efecto sobre la población:

1. Contagiosidad: capacidad de transmitir el agente infeccioso.
2. Morbilidad: capacidad de producir enfermedad.
3. Letalidad: capacidad de producir la muerte en casos específicos.

Al aparecer nuevas cepas del SARS-COV-2, como de cualquier otro patógeno, los científicos se vuelcan en obtener información para valorar esos parámetros y ver hasta qué punto la amenaza es mayor.

Cuando nos hablan de las propiedades de una nueva cepa, sin duda la característica que más nos preocupa es la mortalidad o letalidad. Qué probabilidad hay de que si nos infectamos la enfermedad acabe con nosotros. Pero si echamos unas cuentas, debería preocuparnos mucho más la contagiosidad. Una vez más, la clave la tienen las exponenciales.

QUÉ SUPONE UNA CEPA MÁS CONTAGIOSA

Una cepa más contagiosa tiene dos efectos:

1. APARECEN MÁS CASOS NUEVOS POR CADA ENFERMO DE LA NUEVA CEPA de los que inducía cada enfermo de la cepa anterior. Ello implica que el número de casos que van a surgir en las semanas posteriores va a estar por encima de los que habría inducido la cepa original.

Hagamos unos números. El 10 de diciembre de 2020 España presentaba un R_t de 1, más o menos. Esto es, aparecía 1 caso cada semana por cada caso aparecido la semana anterior. Esto quiere decir que por cada nuevo infectado en la semana N habrá 1 nuevo infectado en la semana N + 1. Yo soy bastante crítica con el uso de este R_t, al ser un valor promedio, pero para este estudio podemos darlo por bueno.

La cepa alfa fue detectada oficialmente a mediados de diciembre, así que debía estar circulando desde semanas antes. Esa cepa es un 70 % más contagiosa que la anterior y, por tanto, un infectado inducirá más casos. Veamos la diferencia. Una vez más, la magia de las exponenciales deja ver toda su fuerza al cabo de unas semanas.

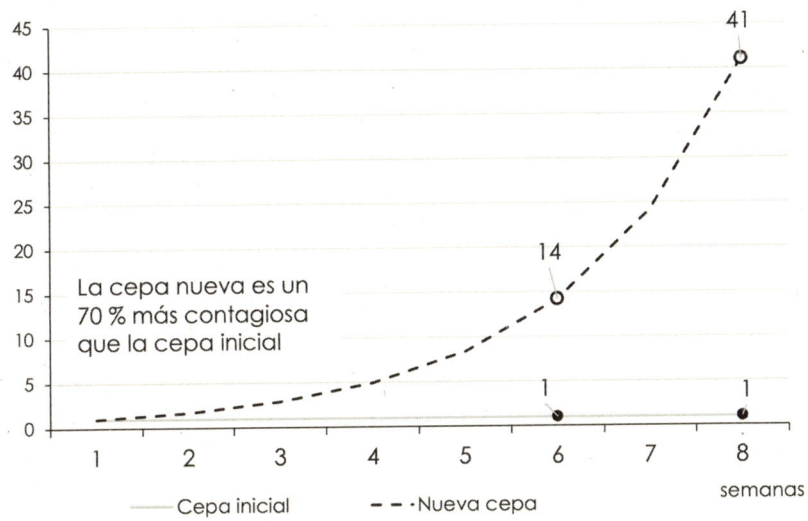

Figura 2-1. Número de nuevos casos inducidos por semana a partir de un paciente con una variante del virus de contagiosidad = 1, frente a un paciente con una variante del virus un 70 % más contagiosa.

La variante del virus que circulaba con anterioridad causa 1 nuevo infectado por cada persona con la enfermedad. La nueva variante causa 1,7 infectados por cada caso. En ocho semanas tenemos 41 nuevos casos debidos a la nueva cepa, y solo 1 nuevo caso de la preexistente. Obsérvese lo importante que es el efecto de la función exponencial que define la transmisión del virus. En la semana 6 «solo» tenemos 14 casos de la nueva cepa. Es una cifra 14 veces superior al número de casos de la cepa preexistente, pero sigue pareciéndonos pequeño comparado con lo que llega solo dos semanas después.

Si, en lugar de ver los nuevos casos aparecidos cada semana, analizamos los casos acumulados en ese tiempo, veremos más claramente los efectos.

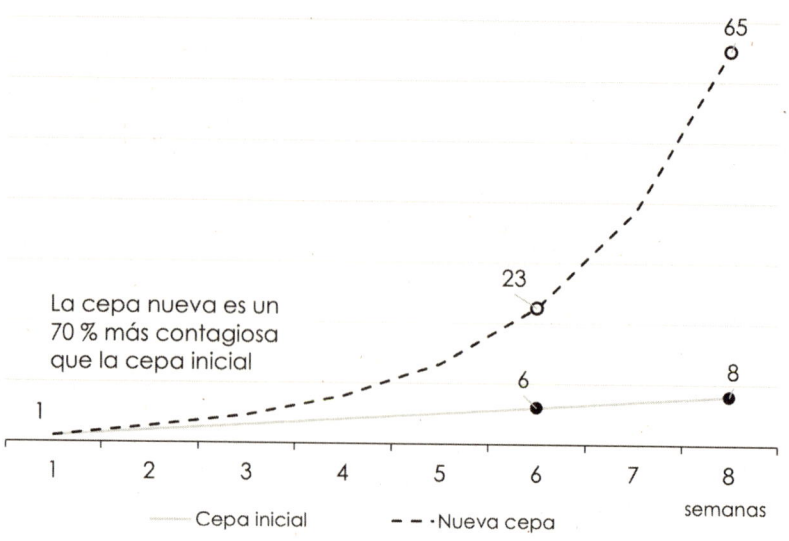

Figura 2-2. Número de nuevos casos acumulados inducidos a partir de un paciente con una variante del virus de contagiosidad = 1, frente a un paciente con una variante del virus un 70 % más contagiosa.

Esta nueva gráfica nos dice que, al cabo de ocho semanas, cada enfermo de la semana 1 con la cepa preexistente habrá inducido 8 casos. Y cada enfermo de la semana 1 con la nueva cepa habrá inducido ¡65 casos!

De modo que sí, una cepa más contagiosa es algo pavoroso.

2) LA NUEVA CEPA ACABA POR CONVERTIRSE EN DOMINANTE. La contagiosidad típica cada vez se asemeja más a la de la nueva cepa.

Aquí debemos considerar cómo funciona la selección natural y la dinámica de poblaciones. Las distintas cepas del virus están compitiendo entre sí por su objetivo: personas a las que contagiar. Si alguna cepa consigue ser mucho más rápida o efectiva que la otra, generará más ejemplares de su estirpe, y acabará siendo la más extendida.

Con ello pasaremos de tener un virus cuya capacidad de propagación venía reflejada por un $R_t = 1$ (1 nuevo caso por semana por cada caso preexistente) a uno cuya propagación viene definida por un $R_t =1,7$ (1,7 casos por cada caso preexistente).

Teniendo en cuenta que para doblegar la epidemia debemos conseguir un R_t menor que 1, semejante salto hacia arriba supone volver a la casilla de salida y endurecer y mantener durante más tiempo medidas de restricción de contactos.

El momento en que la nueva cepa se convierte en dominante depende del número de casos por semana que se estuvieran dando en el momento en que apareció. Analicemos el caso para una población donde tengamos cincuenta casos nuevos por semana y aparece un único caso de la nueva cepa. Ese nivel de nuevos casos por semana era el valor más común en las diferentes zonas básicas de salud de Madrid a principios de diciembre de 2020.

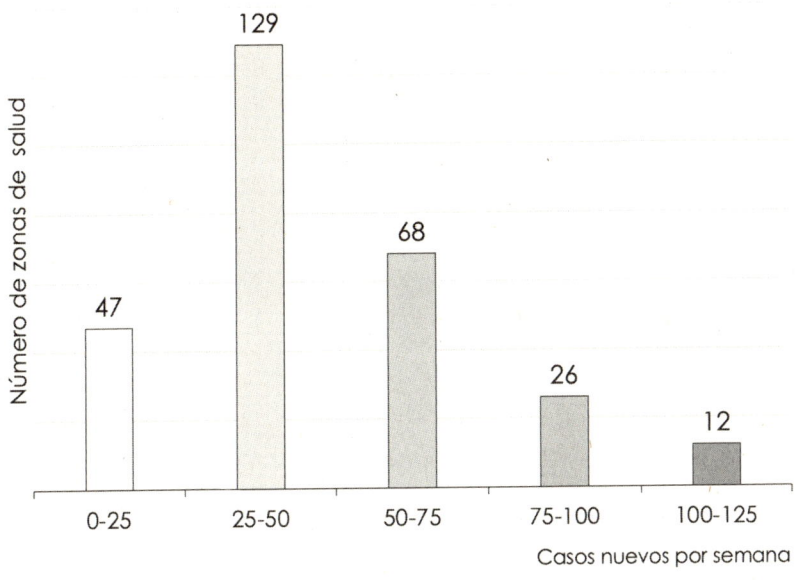

Figura 2-3. Histograma del número de nuevos casos por semana en las 286 zonas básicas de salud de la Comunidad de Madrid a 9 de diciembre de 2020.

Si calculamos la evolución de casos en una población con cincuenta casos nuevos por semana donde aparece un nuevo caso de una cepa mucho más contagiosa nos sale esta gráfica.

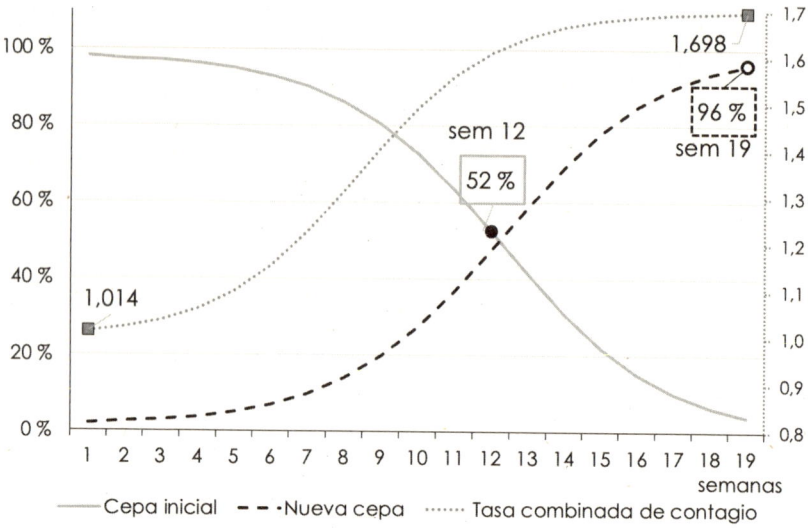

Figura 2-4. Porcentaje de nuevos casos debidos a la cepa preexistente y a la nueva cepa (líneas gris y negra discontinua). La tasa efectiva de contagio que surge de la combinación de ambas cepas (Rt) se representa con la línea de puntos. Se observa que la cepa más contagiosa acaba por imponerse, y la tasa de contagio global pasa a ser la de esta segunda cepa.

Se han destacado los valores de la tasa de contagio (R_t) al principio, próxima a 1; y al cabo de diecinueve semanas, cuando es casi igual a la de la nueva cepa $(R_t =1,7)$. Esto es así porque a esas alturas del 96 % de los nuevos casos ya son de la cepa más contagiosa. La tasa efectiva representada con línea discontinua se calcula matemáticamente a partir del total de casos de ambas cepas.

Es muy importante destacar que este efecto se ha conseguido solo con introducir un caso de la nueva cepa. Por eso, cuando surgen cepas más contagiosas, los gobiernos se apresuran a cerrar fronteras. Aunque lo cierto es que para cuando detectamos que hay una nueva cepa y logramos caracterizar su genoma ya es imposible frenarla[16].

---

16 En todos los países se realiza un seguimiento de la aparición de nuevas variantes de los patógenos más peligrosos, sean virus o bacterias. Se toman muestras de los pacientes y se secuencia el ADN (o ARN) del agente causante. Los datos obtenidos se publican e intercambian a través de organizaciones internacionales, como GISAID, lo que permite hacer un seguimiento de la aparición y extensión de nuevas cepas en todo el mundo. Se vigila de esta forma, por ejemplo, la evolución de las cepas del virus de la gripe, o del ébola. Al surgir la pandemia del

En las gráficas anteriores puede verse claramente que esa nueva cepa tarda semanas en hacerse «visible» por el incremento de casos. Y que cuando la vemos ya estamos en plena avalancha.

¿CÓMO AFECTA EL INCREMENTO DE CASOS AL CURSO DE LA PANDEMIA?

Aparte de la tasa de incidencia de contagios, contabilizada en número de casos nuevos por cada 100 000 habitantes, y la tasa de reproducción, R_t, es muy importante tener otros números en la cabeza. Los relativos a la gravedad de la enfermedad. Vamos a hacer un ejercicio suponiendo el siguiente escenario:

De cada 100 casos, 20 requieren hospitalización, y de ellos, 4 necesitarán cuidados intensivos. Fallece entre un 0,5 % y un 1 %.

Estas eran las cifras que se manejaban para la COVID-19 a principios de 2021, cuando escribí por primera vez sobre este tema[17]. Si lo vemos con la perspectiva y los datos recogidos en los tres años de pandemia, las proporciones serán algo distintas, pero a efectos de ver el impacto de la contagiosidad quedémonos con estos valores. Vamos a representar esas cifras.

COVID-19, por suerte, contábamos con toda una infraestructura de laboratorios especializados en todo el mundo, y de organismos y operativos que permitían obtener e intercambiar rápidamente información sobre las distintas variantes.

No obstante, la secuenciación del material genético de los virus se realiza a partir de un muestreo de la población infectada. Debido a la alta tasa de mutación de los virus y al tiempo que lleva el proceso de secuenciación del material genético, para cuando una variante aparece en las muestras tomadas en una proporción suficiente, podemos estar seguros de que se ha extendido considerablemente entre la población.

17   En el capítulo 5 veremos además con más detalle cómo evolucionó el porcentaje de hospitalizaciones, ingresos en UCI y defunciones con el tiempo, y los factores que influyeron en ello.

Partimos de 100 personas contagiadas, que representaremos así:

De esas 100 personas, 80 se recuperarán sin necesitar ir a un hospital. El resto seguirá esta pauta:

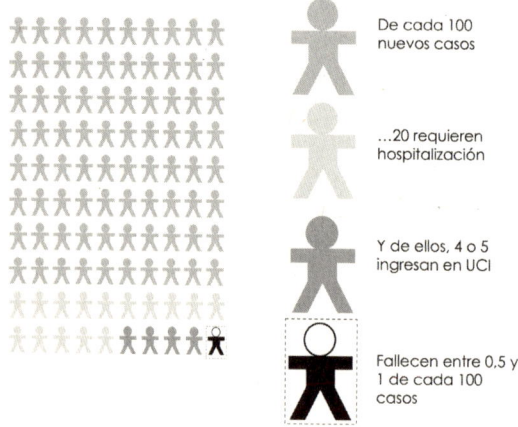

De cada 100 nuevos casos

...20 requieren hospitalización

Y de ellos, 4 o 5 ingresan en UCI

Fallecen entre 0,5 y 1 de cada 100 casos

Figura 2-5. Representación del impacto del COVID-19 en enfermos, hospitalización, UCI y fallecidos, con las cifras manejadas a principios de 2021. Como veremos en el capítulo 5, esta situación cambió más adelante gracias a la vacunación y a la experiencia en el tratamiento de la enfermedad.

Vamos a retomar el impacto de 1 persona infectada por una cepa más contagiosa, que llega a una zona donde teníamos una incidencia de 50 casos (nuevos) por semana.

En ese supuesto, doce semanas después de la llegada del caso importado acumulamos 600 contagiados de la cepa antigua y 544 de cepa más contagiosa. Esto es, tenemos casi el doble de casos de los que habríamos tenido de no haber aparecido esta nueva cepa.

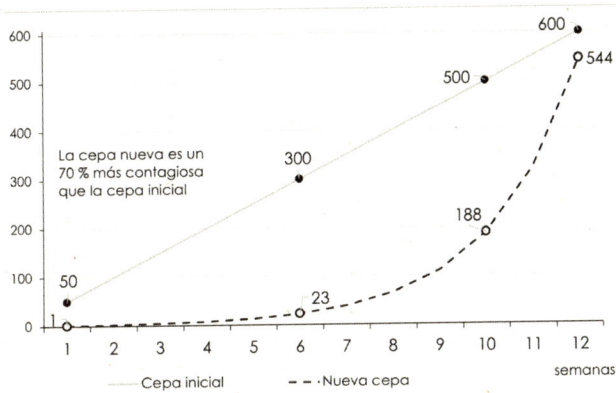

Figura 2-6. Casos acumulados en doce semanas debido a dos cepas de diferente contagiosidad, partiendo de una incidencia inicial de 50 (nuevos) casos por semana. Se observa que, en doce semanas, la cepa más contagiosa ya ha inducido casi tantos casos acumulados como la preexistente.

Podemos ver de otra forma el significado de esta gráfica.

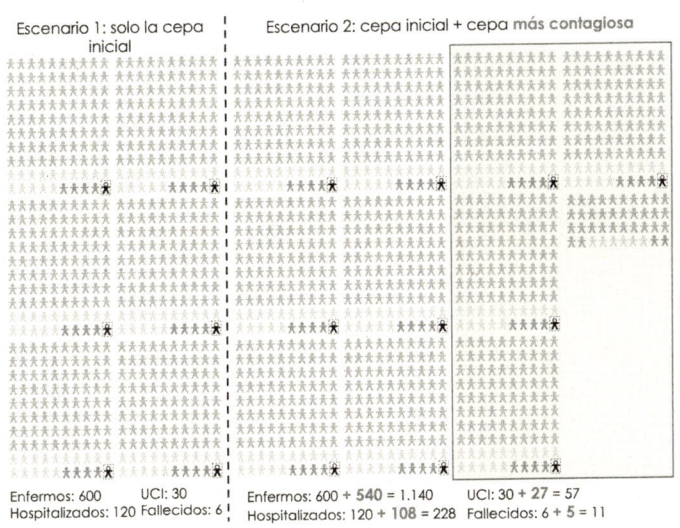

Figura 2-7. Representación gráfica del efecto sobre la población de una cepa más contagiosa en el plazo de doce semanas. Escenario: introducimos un enfermo contagioso en una población donde hay una incidencia de 50 casos nuevos por semana.

El ejemplo anterior muestra el impacto de la aparición de una cepa más contagiosa en una epidemia. En solo doce semanas la cifra de enfermos, hospitalizados y fallecidos prácticamente se ha duplicado.

¿Y SI LA CEPA FUESE UN 70 % MÁS LETAL?

Ya hemos visto el efecto en número de casos de la aparición de una cepa más contagiosa, pero ¿Qué pasaría si apareciera una cepa igual de contagiosa que la anterior, pero con un incremento del 70 % en hospitalización, necesidad de UCI y mortalidad?

En primer lugar, debemos centrarnos en lo que ocurre con el número de casos nuevos si esta segunda cepa no es más contagiosa. Igual que en el caso anterior, asumimos que en una población donde se están produciendo 50 casos nuevos por semana aparece 1 caso de la nueva cepa. Esta nueva cepa es igual de contagiosa que la anterior, de modo que en ambos casos están induciendo todas las semanas el mismo número de casos nuevos.

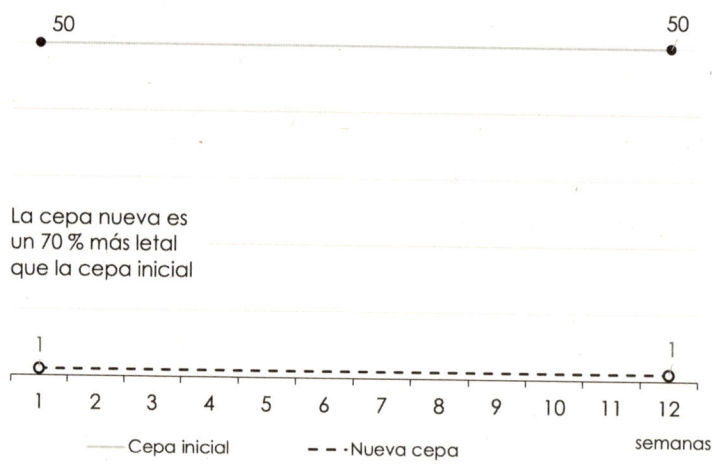

Figura 2-8. Número de nuevos casos inducidos por semana en una población con 50 casos nuevos por semana si aparece 1 enfermo con una nueva cepa de igual contagiosidad.

El número de casos acumulados al cabo de doce semanas apenas ha cambiado.

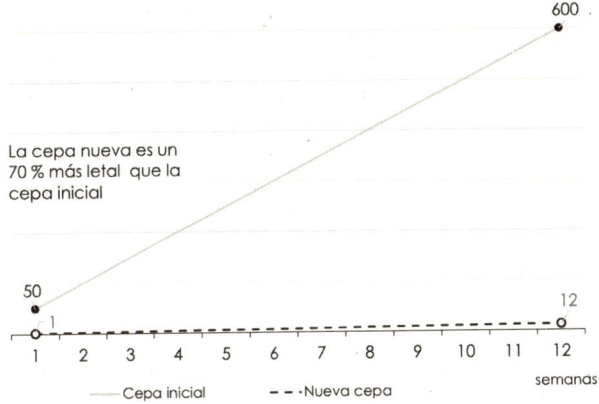

Figura 2-9. Número de nuevos casos acumulados en doce semanas
en una población con cincuenta casos nuevos por semana si aparece
1 enfermo con una nueva cepa de igual contagiosidad.

Las cifras relativas a la gravedad de la enfermedad cuando el causante es este virus más letal reflejarán un incremento del 70 % en hospitalizaciones, UCI y fallecidos, esto es: de cada 100 casos, 34 requieren hospitalización, y de ellos, 12 necesitarán cuidados intensivos. Fallece entre un 0,85 % y un 1,7 %. Traducido a nuestro ejemplo de la nueva cepa más letal, al cabo de doce semanas estaremos ante 12 enfermos más, de los que 4 habrán requerido hospitalización, 2 habrán estado en la UCI y 1 habrá fallecido.

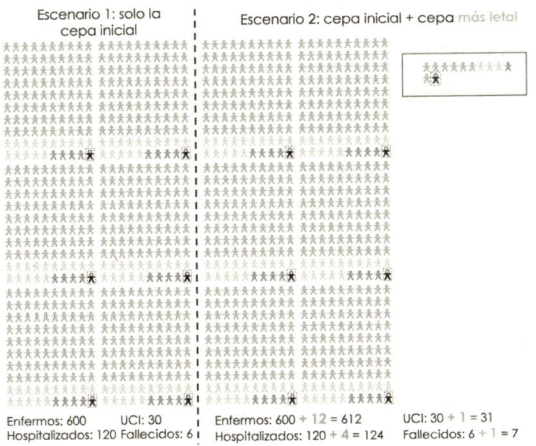

Figura 2-10. Representación gráfica del efecto sobre la población
de una cepa un 70 % más letal en el plazo de doce semanas.
Escenario: introducimos un enfermo contagioso en una población
donde hay una incidencia de 50 casos nuevos por semana.

En suma, existe una gran diferencia entre el impacto de una cepa más contagiosa y el de una cepa más letal. A igualdad de incremento en contagiosidad o letalidad, la característica que mayor impacto tiene es la contagiosidad. Por goleada. Aunque a los legos nos asuste mucho más la mortalidad de un virus.

Efecto en 12 semanas de una nueva cepa de SARS-CoV2 en una población con 50 casos nuevos por semana

	Cepa 1 (R$_t$=1)	Cepa 2 Un 70 % más contagiosa	Cepa 3 Un 70 % más grave	Escenario 1: Aparición de una cepa más contagiosa	Escenario 2: Aparición de una cepa más letal
Enfermos	600	540	12	1140	612
Hospitalizados	120	108	4	228	124
UCI	30	27	2	57	32
Fallecidos	6	5	1	11	7

Tabla 2-1. Número de casos de COVID-19, hospitalizados, ingresados en UCI y fallecidos en dos escenarios diferentes de evolución del virus.

ES UNA VALORACIÓN DE SENSIBILIDAD, NO UNA PROFECÍA

Debemos tener claro que la propagación de una enfermedad es el resultado de los miles o millones de interacciones que tienen lugar cada día entre las personas. Somos nosotros quienes decidimos las condiciones en que esas relaciones tienen lugar.

Los modelos matemáticos solo valen para evaluar la sensibilidad a distintos cambios que puedan producirse. No son un oráculo, únicamente nos advierten de cómo podrían ser las situaciones, y de qué tipo de cambios tienen mayor impacto. En el cálculo del número de casos que podría desencadenar una cepa más contagiosa, se mostró hasta la semana quince. Dado que la propagación de la enfermedad es un proceso exponencial, unas semanas más supone un despegue aún más espectacular de los contagios, como se puede ver abajo.

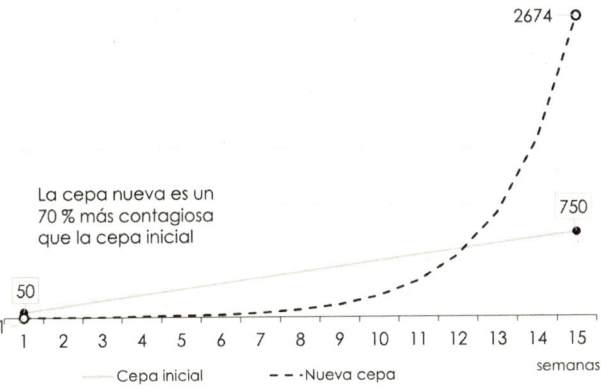

2674

La cepa nueva es un
70 % más contagiosa
que la cepa inicial

750

50

1 2 3 4 5 6 7 8 9 10 11 12 13 14 15

———— Cepa inicial   – – ·Nueva cepa   semanas

Figura 2-11. Casos acumulados en quince semanas debido a dos cepas de
diferente contagiosidad, partiendo de una incidencia inicial de 50 nuevos casos
por semana. Se observa que, en quince semanas, la cepa más contagiosa ya casi
ha cuadruplicado los casos acumulados frente a los de la cepa preexistente.

Al final decidí quedarme con las cifras hasta la semana doce. Por
dos razones:

La primera, que el propósito de este capítulo es hacer ver por qué
una cepa más contagiosa es tan devastadora, no anunciar el apocalipsis.

La segunda, que los sistemas normalmente reaccionan para limitar los crecimientos exponenciales cuando se mantienen por mucho
tiempo. Esto suena muy abstracto, pero aplicado a nuestra experiencia durante la pandemia, el crecimiento de contagios hacía que limi-
táramos mucho más los contactos y fuéramos más prudentes. Las
medidas de precaución, forzosas o voluntarias, actuaban como freno
antes de llegar a una situación como la de la gráfica de las quince
semanas. Y, además, progresiva y rápidamente irían quedando
menos personas susceptibles.

Los médicos nos han dicho desde el principio que la característica
más preocupante del SARS-COV-2 es su elevada contagiosidad, comparado con, por ejemplo, el virus de la gripe. Espero que estas líneas
ayuden a entender por qué esa contagiosidad ha atemorizado tanto a
los responsables de salud, y por qué se extiende tanta alarma ante la
aparición de cepas más contagiosas.

Al fin y al cabo, aunque demos la pandemia por superada, los
organismos de vigilancia epidemiológica siguen muy de cerca la aparición de nuevas cepas y estudian a fondo sus características. Igual
que vienen haciendo desde hace décadas con el virus de la gripe.

3. ¿Por qué es mucho mayor la incidencia en zonas rurales que en las urbanas?

Analizando en detalle los datos disponibles, observamos que, en Castilla y León[18], la incidencia máxima por zona básica de salud (número de casos por cada 100 000 habitantes) en algunos periodos de tiempo casi duplicó la de poblaciones equivalentes en Madrid. Comprender las razones exige analizar geográficamente la forma en que agrupamos y analizamos los datos, y el entramado de relaciones sociales en ambas comunidades.

ALGUNOS DATOS CHOCANTES

Como comentaba en la introducción, este libro recopila la información que fui estudiando a medida que avanzaba la pandemia de COVID-19. Los primeros capítulos abordaban lo más esencial: la dinámica de propagación de la enfermedad, la necesidad de hacer seguimiento y aplicar medidas por zonas geográficas, y por qué debíamos preocuparnos por la mayor contagiosidad de las nuevas cepas.

En los primeros meses de 2021 cambié de tercio y empecé a estu-

---

18 Como veremos más adelante, Castilla y León es la región menos densamente poblada de España, mientras que Madrid es la de mayor densidad de población. Presentan dos casos extremos en cuanto al carácter rural y urbano, pero no hay mayores diferencias por otras razones. Ninguna es zona costera, ni esencialmente turística.

diar los datos de incidencia (número de casos por cada 100 000 habitantes[19]) que se publicaban en distintas comunidades autónomas, prestando especial atención a la fragmentación geográfica por zonas de salud. Todavía tenía el recuerdo de las altísimas incidencias alcanzadas en Burgos y Palencia en verano de 2020, y quería estudiar en profundidad sus causas.

Mi intuición me decía que la razón de esas incidencias tan altas en las provincias castellanas tenía mucho que ver con la forma en que recogíamos los datos[20], y con lo que podríamos llamar el «fenómeno urbano». La vida en las zonas urbanas es mucho más acelerada en muchos aspectos, y las costumbres son diferentes de las de las zonas rurales. Esos diferentes estilos de vida sin duda influían en la propagación de la epidemia.

La disponibilidad de datos comparables en ambas comunidades y la gran diferencia en estilos de vida me llevaron a tomar como casos de estudio Castilla y León y Madrid. No me defraudaron. En cuanto pude pintar unas cuantas gráficas y analizar los datos, vi fenómenos realmente interesantes.

Para que se comprenda mejor mi sorpresa he representado la incidencia a catorce días en la zona más castigada de cada comunidad en los meses de enero-febrero de 2021: La ciudad de Palencia y sus alrededores, por un lado, y la Sierra Norte de Madrid, por otro. Las zonas de salud en ambos casos abarcan entre 15 000 y 22 000 personas, con un total de unos 105 000 habitantes. En la figura aparecen con líneas discontinuas las gráficas de los centros de salud de Palencia, y con líneas continuas las de los centros de salud de la Sierra Norte de Madrid seleccionados para el estudio.

---

19 Los datos de incidencia cada 100 000 habitantes eran publicados con diferente periodicidad según la comunidad autónoma. Unas manejaban datos diarios, otras semanales, e incluso quincenales. Para hacerlos comparables fue necesario un ejercicio previo de homogeneización.

20 En mis charlas sobre análisis de datos siempre dedico unos minutos a explicar cómo podemos condicionar los resultados solo por la manera en que decidimos agrupar la información.

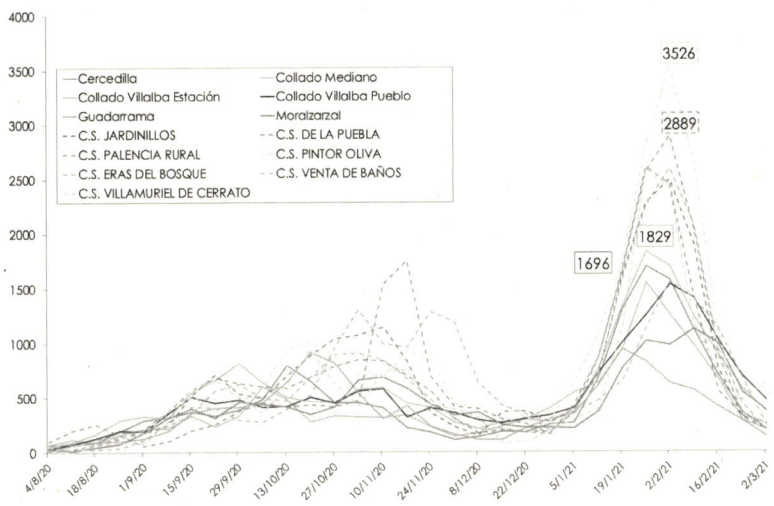

Figura 3-1. Incidencia acumulada a catorce días por cada 100 000 habitantes en el área de Palencia (centro de salud en mayúsculas, líneas discontinuas) y de la Sierra Norte de Madrid (líneas continuas). He elegido las localidades de la Sierra Norte con mayor incidencia, de modo que sumaran la misma población, aproximadamente, que Palencia y sus alrededores.

He destacado en las gráficas los valores pico de los dos centros de salud palentinos con mayor incidencia en las primeras semanas de 2021: Pintor Oliva, con 3609 casos por cada 100 000 habitantes y el de La Puebla con 3021. Las mayores incidencias en esta zona de Madrid fueron las de Collado Villalba Estación, con 1829 y Cercedilla, con 1695. No hay que perder de vista que se trata de proporciones, no de los valores absolutos, pero sin duda reflejan que la intensidad del brote fue mucho mayor en Palencia, ya que el número de personas en los respectivos centros de salud es muy parecido.

La primera explicación que podríamos dar a esta diferencia pasa por mirar al virus y a los palentinos, en ese orden. Podría ser que en Palencia hubiera una cepa del virus más contagiosa, pero no es el caso. La cepa alfa, mucho más contagiosa que la cepa original del SARS-COV-2, acababa de llegar en diciembre de 2020 a España, y estaría presente en todo caso con mayor intensidad en Madrid por su mayor contacto con el exterior.

Otra opción por descartar es que entre los pobladores de Castilla y León haya muchos más «supercontagiadores». No hay razón para creerlo. Hasta el momento no se ha identificado ninguna característica de la biología de los supercontagiadores que influya en su capacidad para transmitir la enfermedad. Y aún menos que se pueda traducir en diferencias genéticas o ambientales significativas entre palentinos o segovianos y madrileños.

También podríamos culpar a los palentinos de no respetar las normas de distanciamiento social, dando pie a un contagio masivo. No se apresuren, porque algo muy parecido a lo que vemos aquí ocurrió en otras ciudades de Castilla y León a lo largo de la pandemia, y no es creíble que los castellanoleoneses sean unos inconscientes.

En mi opinión, la causa no es «biológica» ni de comportamiento individual. Después de muchas horas estudiando los datos y de decenas de simulaciones realizadas con diferentes distribuciones de población, creo que las claves son tres: la geografía, las matemáticas (cómo no) y el entramado de relaciones sociales que constituyen lo que llamamos vida. Veámoslo paso a paso.

HABLEMOS DE GEOGRAFÍA

Es difícil encontrar comunidades más diferentes que Madrid y Castilla y León en cuanto a la distribución de población. Estamos comparando la comunidad más densamente poblada de España, Madrid, con la de menor densidad de población.

	Castilla y León	Com. Madrid
Superficie (km²)	94 224	8028
Población	2 401 307	6 747 068
Densidad media (habitantes/km²)	25	840
Posición entre CC. AA. por superficie (*)	1° (de 17)	12° (de 17)
Posición entre CC. AA. por densidad (*)	17° (de 17)	1° (de 17)
Número de municipios	2694	133

Tabla 3-1. Datos de población y superficie de las comunidades autónomas de Madrid y Castilla y León. (*) no he considerado en los rankings las ciudades autónomas de Ceuta y Melilla.

Hay que fijarse entonces en el número de municipios, y en el tamaño de estos. El siguiente gráfico muestra más palpablemente el significado de la «España vacía», del que tanto se ha hablado.

La población de Castilla y León está diseminada en infinidad de pequeños municipios, con el grueso de la población de cada provincia agrupada en la capital y alguna localidad relevante. Por el contrario, Madrid cuenta con una gran urbe, rodeada de ciudades de tamaño apreciable, sumando nueve municipios de más de 100 000 habitantes aparte de Madrid capital. En toda Castilla y León hay solo seis poblaciones de más de 100 000 habitantes.

Los municipios de ambas comunidades siguen esta distribución:

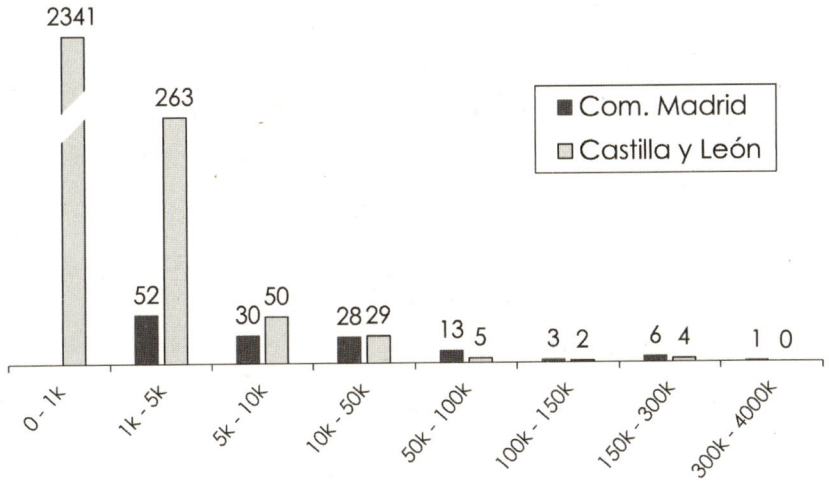

Figura 3-2. Número de municipios de cada rango de población en las comunidades de Madrid y Castilla y León. Los 2341 municipios de menos de 1000 habitantes de Castilla y León se han representado prácticamente a 1/9 del tamaño que correspondería a la barra. Fuente: INE.

Si pensamos en cómo se agrupa la población en cada tipo de municipio nos queda esta distribución. Mientras que en Castilla y León la población se reparte de manera bastante regular por localidades de todo el rango de tamaños, en Madrid la mayoría de la población vive en localidades de más de 100 000 habitantes.

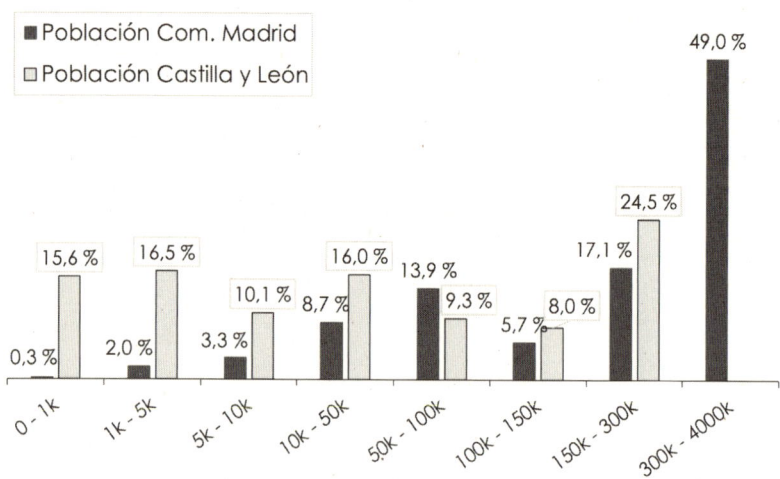

Figura 3-3. Porcentaje de la población de las comunidades autónomas de Madrid y Castilla y León que viven en cada tipo de municipio. Fuente: INE.

Con semejantes diferencias de tamaño sería absurdo comparar datos por municipios entre ambas comunidades. Por suerte, la distribución de población en zonas de salud obedece a criterios logísticos, lo que atenúa mucho los extremos. Al hablar de criterios logísticos me refiero a que los centros de salud son edificios de un cierto tamaño en espacio y con un cierto personal asignado. Para que sean manejables y comparables las actividades y responsabilidades en cada uno de ellos, la población atendida en cada caso ha de mantenerse en márgenes parecidos.

Los centros de salud de zonas urbanas de las comunidades de Madrid y Castilla y León se mueven en torno a 15 000-25 000 personas atendidas. Son las zonas rurales de Castilla y León y las áreas más densamente pobladas de Madrid las que introducen valores más extremos en la distribución de tamaño de zonas de salud que vemos más abajo. Cuando comparemos datos entre ambas comunidades, lo haremos para zonas de salud de un tamaño que es común a ambas (15 000-25 000).

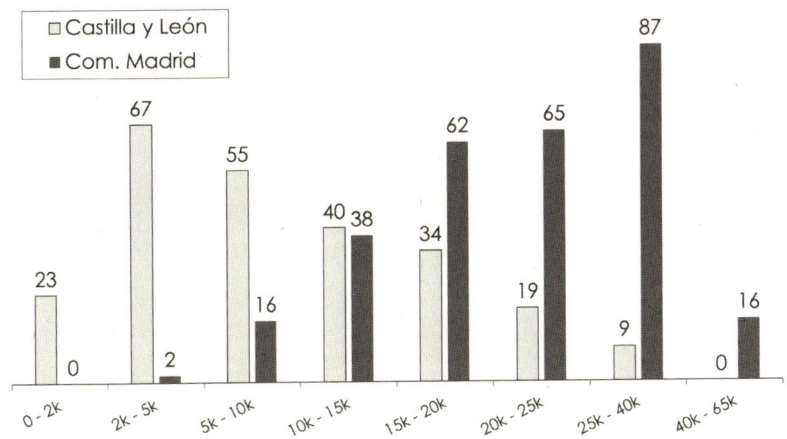

Figura 3-4. Distribución por tamaño de población atendida de zonas
de salud de Castilla y León y de la Comunidad de Madrid.

Lo importante de las zonas de salud es que constituyen la unidad
de prestación de atención primaria, de modo que los datos recogidos
por zona de salud se pueden poner en relación directa con los recursos necesarios para atender cada situación y da una idea del esfuerzo
logístico asociado. Por esa razón, y por el número de entidades resultantes (248 zonas de salud en Castilla y León y 286 en la Comunidad
de Madrid), me han parecido la unidad de análisis de información
más útil, frente a la opción de estudiarlo por distritos municipales o
municipios, que es posible en la Comunidad de Madrid.

Veamos sobre un mapa cómo son esas zonas básicas de salud en
cada una de las dos comunidades.

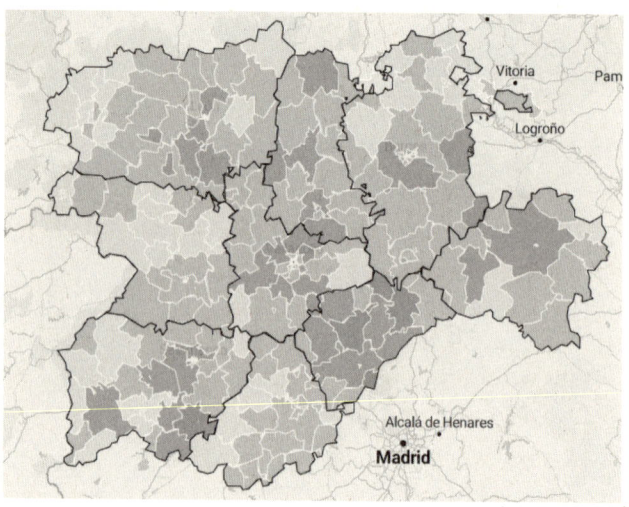

Figura 3-5. Castilla y León cuenta con 248 zonas básicas de salud, de las que solo un tercio se consideran urbanas. Mapa de incidencia acumulada por cada 100 habitantes a fecha 13 de marzo de 2021. Fuente: Junta de Castilla y León (https://analisis.datosabiertos.jcyl.es/explore/dataset/ tasa-enfermos-acumulados-por-areas-de-salud/custom/?disjunctive.zbs_geo).

Figura 3-6. Madrid distribuye su población en 286 zonas básicas de salud. Mapa de Incidencia acumulada a 14 días por cada 100 000 habitantes a fecha de 13 de marzo de 2021. Fuente: Comunidad de Madrid (*https://comunidadmadrid.maps.arcgis.com/apps/ PublicInformation/index.html?appid=7db220dc2e0a40b4a928df661a89762e*).

PRIMER ANÁLISIS DE DATOS NUMÉRICOS. EVOLUCIÓN DE LA INCIDENCIA ACUMULADA

La medida básica de evolución de la pandemia ha sido la incidencia acumulada, que normalmente se da a siete o catorce días. Yo realicé el análisis con la incidencia a catorce días, que es la que publicaba la Comunidad de Madrid, para lo que adapté los datos diarios publicados en Castilla y León[21]. La incidencia acumulada a catorce días es la suma de casos nuevos detectados (pruebas PCR positivas) en los últimos catorce días dividido por la población. Como ese cálculo da valores muy pequeños, lo normal es darlo por cada 100 000 habitantes. En las comunidades que localmente tienen incidencias muy altas (como ocurre en Castilla y León) muchas veces se publican datos de incidencia por cada 100, o 1000 habitantes. Como de costumbre, el diablo está en los detalles.

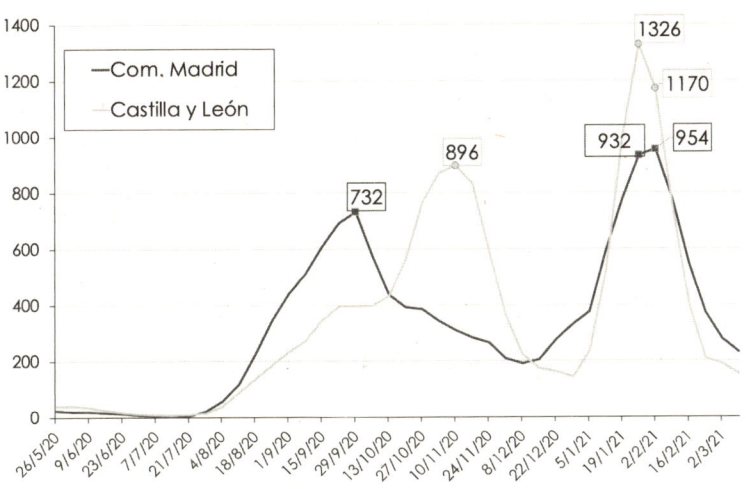

Figura 3-7. Evolución de la incidencia acumulada a catorce días por cada 100 000 habitantes en las comunidades de Madrid y Castilla y León entre mayo de 2020 y marzo de 2021.

---

21   La diferencia de criterios con los que publicaban y agrupaban los datos de la evolución del COVID-19 en las distintas comunidades autónomas daría para escribir dos libros. Uno sobre la dificultad para realizar análisis de datos a partir de fuentes distintas, y otro sobre las diferentes formas de interpretar el concepto de «transparencia informativa» por parte de las administraciones.

Aquí se puede ver la evolución de la incidencia a catorce días por cada 100 000 habitantes en Castilla y León y en Madrid desde junio de 2020 hasta marzo de 2021. He calculado las gráficas a partir de los datos publicados por zona de salud en ambas comunidades, lo que puede diferir de datos publicados por CC. AA. por el Instituto Carlos III. No he podido averiguar la razón de las diferencias.

He destacado los picos de incidencia en ambas comunidades. Varias cosas llaman la atención de estas gráficas.

La primera es que sí, hasta marzo de 2021 hubo tres olas de COVID-19, pero la de verano-otoño de 2020 no se produjo en el mismo momento en distintas partes de España. Llegó a Madrid cinco semanas antes que a Castilla-León. Dentro de cada comunidad también se observan diferencias temporales aún mayores respecto al momento en que se producen los picos de incidencia en distintas zonas de salud.

La segunda, que la incidencia en Castilla-León en conjunto ha alcanzado valores de pico mayores que en Madrid. La razón está en que localmente las incidencias son mucho más altas. El por qué lo veremos en los siguientes puntos.

La tercera, que a principios de 2021 tuvo lugar un fenómeno externo que sincronizó las olas de contagio en todas partes. La llegada de las Navidades, la aparición de la cepa alfa a finales de 2020, mucho más contagiosa, se combinaron para crear una especie de «tormenta perfecta». Vamos, se juntaron la biología y las costumbres humanas para generar una ola que volvió a paralizar el mundo.

Lo curioso es que, si miramos lo que ocurrió un año más tarde, volvemos a tropezar con la coincidencia de las Navidades y de la aparición de una nueva cepa dominante. A principios de 2022 vivimos la última gran ola de contagios de COVID-19 de la mano de la cepa ómicron, que empezaba a aparecer y luego ha dado multitud de subvariantes.

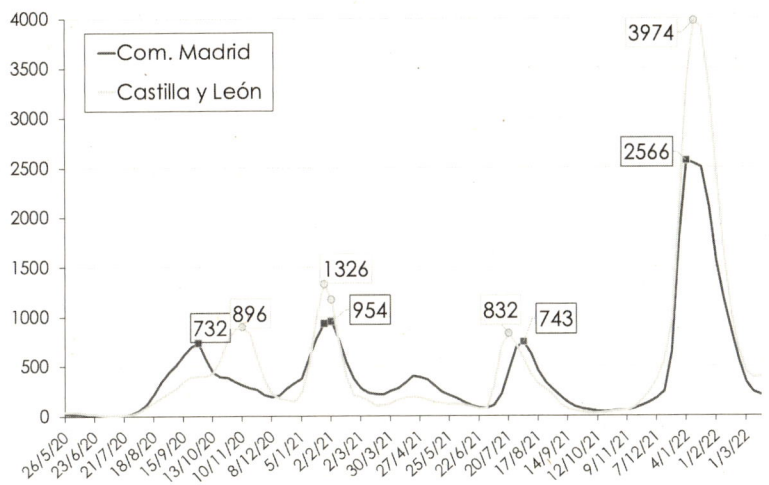

Figura 3-8. Evolución de la incidencia acumulada a catorce días por cada 100 000 habitantes en las comunidades de Madrid y Castilla y León entre mayo de 2020 y marzo de 2022. He marcado los picos de incidencia en cada ola para las dos comunidades. Se observa que no ocurren en la misma semana, dándose la mayor diferencia en verano-otoño de 2020.

La evolución de la incidencia entre mayo de 2020 y marzo de 2022, que podemos ver en la figura 3-8, es muy reveladora. No sólo vemos esa diferencia temporal en los picos de incidencia entre las dos comunidades. Además podemos observar que las incidencias alcanzaron valores récord en febrero de 2022. No obstante, como veremos en el capítulo 5, la mayor protección de la población gracias a las vacunas hizo que el número de hospitalizaciones y defunciones no se disparasen ni mucho menos en la misma medida.

También en estas incidencias desbocadas de principios de 2022 influyó el cambio de criterio a la hora de contabilizar los casos positivos[22]. Hasta diciembre de 2021 se requería una prueba PCR positiva realizada en un centro de salud para contabilizar un caso. A partir de diciembre de 2021 se consideraba positivo cualquier persona que llamara al centro de salud para comunicar que tenía COVID, presun-

---

22   Otro factor humano que influye de forma determinante en los datos obtenidos: la manera de identificar los casos positivos.

tamente habiéndose realizado un test de antígeno[23] en casa. Al ser mucho más sencillo notificar los casos, estos subieron sensiblemente[24].

EL TAMAÑO SÍ QUE IMPORTA

Los datos de incidencia son, como hemos explicado, el resultado de un cociente. Y, como todos los datos asociados a proporciones, pueden asustar cuando los miramos para poblaciones muy pequeñas.

Para entender mejor esta afirmación, he pintado la incidencia máxima alcanzada por zona de salud, en relación con la población atendida. Primero, para Castilla y León.

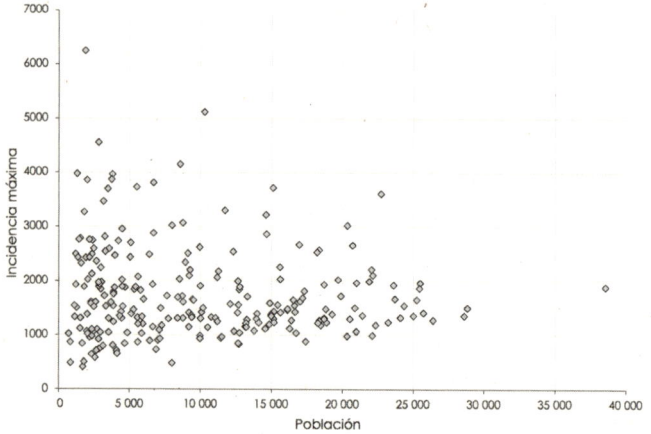

Figura 3-9. Diagrama de dispersión de incidencia máxima por cada 100 000 habitantes frente a la población atendida, para cada zona de salud en la comunidad de Castilla y León.

---

23   Los test de antígenos utilizan una técnica muy diferente de las conocidas pruebas PCR. La eficacia diagnóstica de ambos tipos de aproximaciones es menor en el caso de test de antígenos, siendo una de las razones por las que el uso masivo de test de antígenos y el autodiagnóstico sembraron las dudas sobre los datos de casos notificados a partir de enero de 2022.

24   En Navidades de 2022 toda mi familia resultó estar contagiada. Nos hicimos un test de antígenos en casa y comunicamos el resultado positivo a nuestro centro de salud. Para nosotros el COVID fue una enfermedad muy llevadera. Si hubiera sido necesario ir al centro de salud para hacernos una prueba PCR, nuestros cinco casos no habrían sido reportados. No es aventurado imaginar que mientras solo se contabilizaban los casos identificados con una prueba PCR muchos contagios pasaron desapercibidos.

En este diagrama se ve claramente que este valor relativo de incidencia resulta desconcertante para poblaciones muy pequeñas, dándose valores muy imprecisos y muy extremos, de hasta 6500 casos por cada 100 000 habitantes.

Es un problema común cuando se calculan valores per cápita que los resultados en poblaciones pequeñas sean números elevados. En las redes ocurre cuando se calcula, por ejemplo, el tráfico por cliente en cada nodo de acceso. Para los nodos con un pequeño número de clientes, los valores pueden dispararse. Como muestra, he sacado el tráfico máximo por cliente en unos trescientos nodos de acceso de banda ancha en la red de un operador de telecomunicaciones.

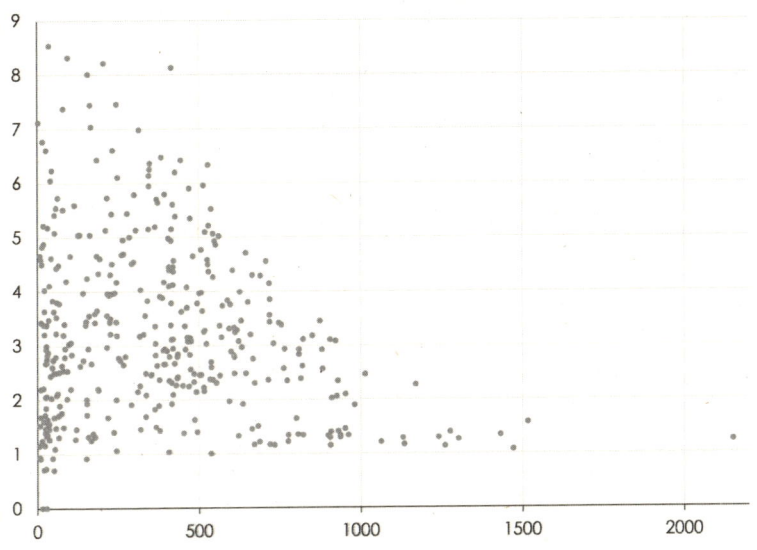

Figura 3-10. Diagrama de dispersión de tráfico máximo por cliente frente a número de clientes por nodo. Valores de tráfico normalizados.

Se ve claramente que ambos diagramas de dispersión son muy parecidos, con una gran excursión de valores en los rangos de población (o número de clientes) pequeños, una mayor uniformidad en valores intermedios e incidencias bajas para valores de población muy altos. Abajo podemos ver estas tres zonas del diagrama de dispersión claramente sobre los datos de incidencia máxima por área de salud en Castilla y León.

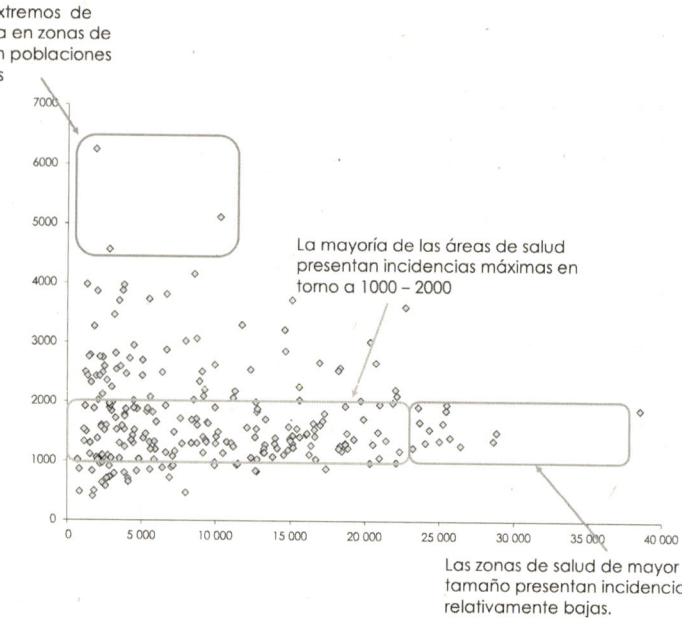

Valores extremos de
incidencia en zonas de
salud con poblaciones
pequeñas

La mayoría de las áreas de salud
presentan incidencias máximas en
torno a 1000 – 2000

Las zonas de salud de mayor
tamaño presentan incidencia
relativamente bajas.

Figura 3-11. Identificando los tres principales comportamientos
en incidencia por área de salud en Castilla y León.

Para mostrar cómo afecta el tamaño de la población a la incidencia, imaginemos que se da el caso que ilustrábamos al explicar el
efecto de un supercontagio[25], y una semana nos aparecen 40 casos
en una zona de salud. El incremento de incidencia que esos 40 casos
van a suponer dependerá totalmente del número de personas adscri-
tas al centro de salud.

Población zona de salud	Incremento de incidencia acumulada al sumar 40 casos				
	1000 hab.	5000 hab.	10 000 hab.	20 000 hab.	40 000 hab.
Incidencia	4000	800	400	200	100

Tabla 3-2. Efecto sobre la incidencia acumulada de la aparición
de 40 nuevos casos en una semana dependiendo del número
de personas que atienda una zona básica de salud.

---

25   Como explicábamos en el capítulo 1.

Esto hace que las cifras de incidencia den valores extremos en poblaciones pequeñas y se atenúen mucho en poblaciones grandes.

DIFERENCIAS CON EL DIAGRAMA DE INCIDENCIA-POBLACIÓN DE MADRID

El diagrama de incidencia vs. población de Castilla-León tiene el aspecto esperado en un diagrama de este tipo, como veíamos por el ejemplo del tráfico por cliente en nodos de acceso. Los valores más altos de incidencia se dan en poblaciones relativamente pequeñas. En Madrid, el récord lo tiene Sevilla la Nueva, con 2129[26]. Las zonas de salud con muchos habitantes, como los nodos de muchos clientes, se quedan en valores de tasa pequeños. Aun así, la «forma» de la nube de puntos es algo distinta de la de Castilla y León, y las diferencias se deben a la mayor permeabilidad entre áreas, como veremos más adelante.

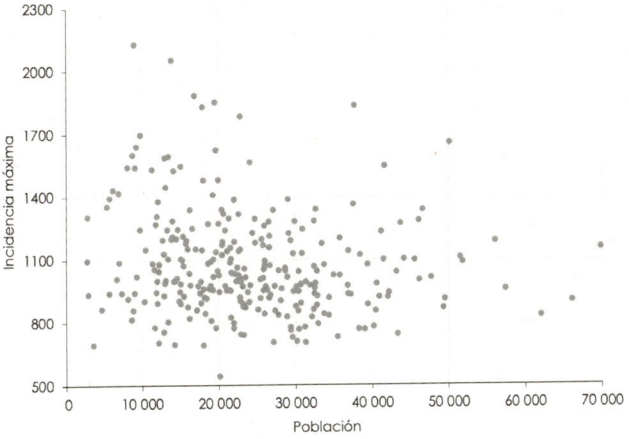

Figura 3-12. Diagrama de dispersión de incidencia máxima por cada 100k habitantes frente a la población atendida, para cada zona de salud en la Comunidad de Madrid.

---

26   Para las comparativas, se han tomado los datos de incidencia hasta septiembre de 2021. Nos permiten comparar ambas regiones y podemos estar seguros de la uniformidad en el criterio de recuento de casos.

Varias son las diferencias con Castilla y León:

1. La excursión de valores de incidencia es mucho menor. El valor máximo es de 2129 casos por cada 100 000 habitantes, y se corresponde con una población de 12 000 habitantes (Sevilla la Nueva). En Castilla y León encontramos incidencias del orden de 3700 para poblaciones de ese tamaño. La incidencia máxima en Castilla y León alcanza los 6500 casos por cada 100 000 habitantes.

2. Los valores típicos de incidencia en Madrid están entre 900 y 1300, mientras que en Castilla y León estaban entre 1000 y 2000.

3. La zona de mayor tamaño de Castilla y León, de cerca de 40 000 habitantes, tiene una incidencia máxima próxima a 2000, mientras que las zonas de mayor tamaño de Madrid están en general por debajo de los 1000.

En suma, a nivel local, las incidencias en Madrid son significativamente menores que en Castilla y León.

Pero quizá lo que ilustra mejor la diferencia entre ambas regiones es representar la incidencia en valor absoluto. Esto es, el número máximo de casos acumulados en catorce días frente a la población. Ahí se ve claramente que, para poblaciones del mismo tamaño, en Castilla y León se han dado muchos más casos en términos absolutos.

Esta incidencia en términos absolutos es clave para comprender el estrés al que se somete a la atención primaria y la flexibilidad a la hora de asignar recursos en cada zona de salud.

Para comprender esta concentración de nuevos casos que se da en Castilla y León, ha llegado la hora de analizar el entramado de relaciones en ambas comunidades. Porque la clave de esta pandemia es que se propaga de persona a persona. Y lo determinante en su expansión son las redes de relación social... y su reflejo en la geografía.

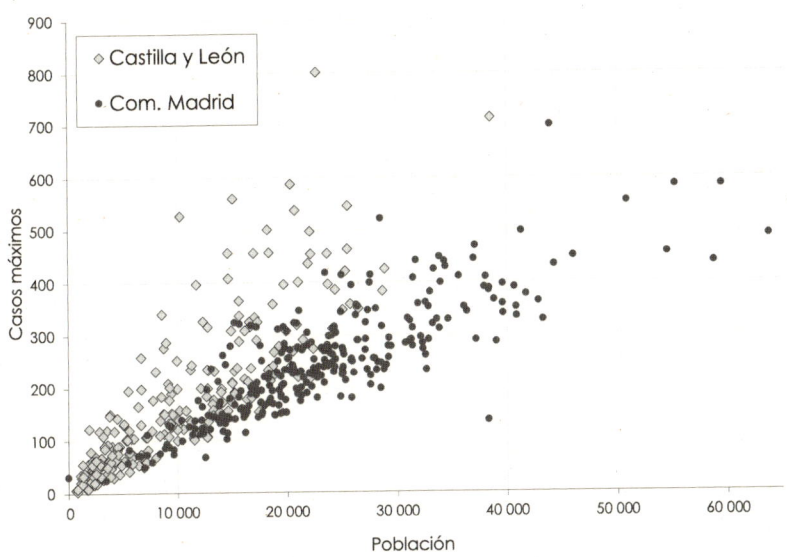

Figura 3-13. Diagrama de dispersión de casos máximos a catorce días frente a la población atendida, para cada zona de salud en Castilla y León y la Comunidad de Madrid.

LA CLAVE ESTÁ EN CÓMO VIVIMOS… Y EN CÓMO SE RECOGEN LOS DATOS

Al analizar los mecanismos de contagio en el primer capítulo, utilizamos un dibujo para representar el conjunto de relaciones de una persona y, con ello, los potenciales candidatos a ser contagiados si el primero contraía la COVID-19. Es un esquema sencillo donde la persona en cuestión es el círculo del centro, y las personas con las que se relaciona habitualmente son círculos, unidos por vínculos que representamos con trazos diferentes. Ahora toca analizar dónde viven esas personas del círculo de relaciones.

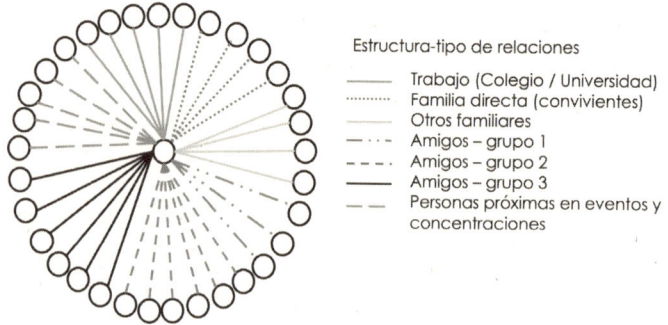

Estructura-tipo de relaciones

——— Trabajo (Colegio / Universidad)
·········· Familia directa (convivientes)
——— Otros familiares
— · · — Amigos – grupo 1
- - - · Amigos – grupo 2
——— Amigos – grupo 3
— — Personas próximas en eventos y concentraciones

Figura 3-14. Representación esquemática de las relaciones de una persona.

La clave es comprender que, si una persona contagia a todos los que tiene en su círculo de relación, esos nuevos casos van a ser contabilizados en el centro de salud al que acudan. Si todos viven en la misma localidad que el paciente inicial, todos los casos inducidos por él sumarán en el mismo centro de salud. Pero si el conjunto de amigos, compañeros y familiares contagiados por una misma persona viven en lugares alejados entre sí, sus casos se contabilizarán en diferentes centros de salud.

He intentado representar esta idea proyectando el círculo de personas relacionadas con una persona en la zona en la que viven, para el caso de Palencia, por un lado, y de la Sierra Norte de Madrid, por otro.

Pensemos en un palentino contagiado de COVID-19, que sigue haciendo vida normal, ya que es asintomático. ¿Dónde viven las personas con las que se relaciona y a las que puede contagiar? A juzgar por la concentración de incidencias, en la misma ciudad o localidades cercanas.

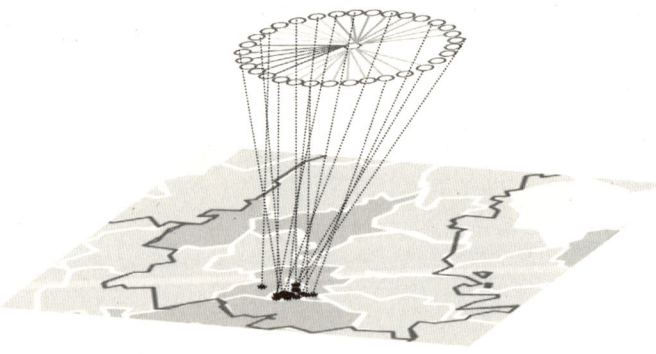

Figura 3-15. Proyección sobre un mapa del lugar de residencia de los amigos y conocidos de una persona para la ciudad de Palencia y alrededores.

78

Por el contrario, en la Comunidad de Madrid, los grupos están formados por personas cuya residencia se encuentra en lugares muy distintos... y distantes. Lo representado a continuación es una situación muy común. Si vive en una gran zona urbana, piense por un momento dónde viven sus compañeros de trabajo y las personas con las que se ve regularmente para todo tipo de actividades.

Figura 3-16. Proyección sobre un mapa del lugar de residencia de los amigos y conocidos de una persona para la Sierra Norte de Madrid.

La hipótesis que planteo es que, en la Comunidad de Madrid, los círculos de relación (amistades, compañeros de trabajo, familiares...) están formados por personas que viven en lugares muy separados entre sí, mientras que en Castilla y León la mayoría de las personas con las que se relaciona una persona viven a corta distancia.

Por esa razón, los contagios «generados» por una misma persona se van a contabilizar en uno, o unos pocos centros de salud en Castilla y León, mientras que en Madrid se van a repartir entre muchos centros de salud.

La consecuencia de ello es que los contagios en la Comunidad de Madrid están mucho más distribuidos entre zonas. La mayor concentración de casos de COVID-19 en Castilla y León se debe a una combinación del relativo aislamiento de sus zonas rurales, al tamaño de las zonas de salud y, sobre todo, al hecho de que las personas que se relacionan habitualmente viven próximas entre sí.

De modo que los casos confirmados se concentran mucho más

en los centros de salud de Palencia que tomamos como ejemplo que en los de las poblaciones de la Sierra Norte de Madrid. Es importante recordar que para esta comparativa tomamos zonas de salud del mismo tamaño en ambas comunidades (15 000 - 20 000 personas), y un número total de personas también parecido.

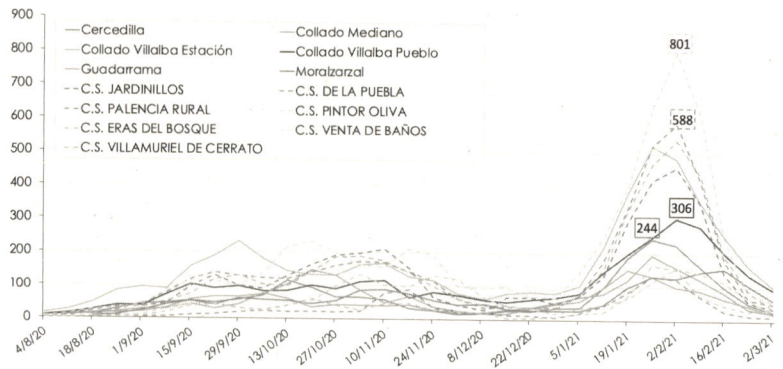

Figura 3-17. Casos confirmados en catorce días para los centros de salud de Palencia y alrededores, y para un grupo de zonas de salud de la Sierra Norte de tamaño semejante.

En Madrid lo habitual es que, en el lugar de trabajo, en gimnasios, y en todo tipo de eventos, coincidan personas que viven en localidades separadas treinta o cuarenta kilómetros, o sencillamente en distritos diferentes de la capital. De modo que los contagios se concentran bastante menos.

Este efecto supone que los brotes se diluyen mucho más, pero también es considerablemente más difícil alcanzar bajos valores de incidencia, ya que en cada zona de salud se están sumando continuamente nuevos casos, «importados» de barrios vecinos a través de las relaciones que se mantienen inevitablemente.

Esto se puede apreciar contabilizando, por un lado, el número de días que cada zona de salud presenta una incidencia a catorce días superior a 600 casos por cada 100 000 habitantes y, por otro, cuántos días ha estado esa incidencia por debajo de 200. Para representarlo en conjunto, sobre los datos de incidencia semanal, he marcado en oscuro los días con alta incidencia, y sombreado en claro los de incidencia inferior a 200.

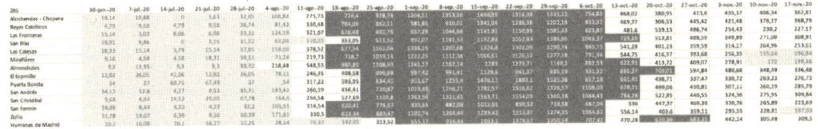

Tabla 3-3. Ejemplo reducido de la tabla de incidencias por Zona
Básica de Salud (ZBS), con el dato de cada semana en columnas y
las ZBS en filas. Cada casilla se colorea según el nivel de incidencia
para distinguir los tres tramos que hemos definido.

El resultado de hacer esto con las tablas de datos semanales del 26 de mayo de 2020 al 9 de marzo de 2021 ofrece un dibujo muy interesante. Yo lo resumiría como «dime cuántas semanas has tenido menos de 200 de incidencia y te diré en qué comunidad autónoma vives[27]».

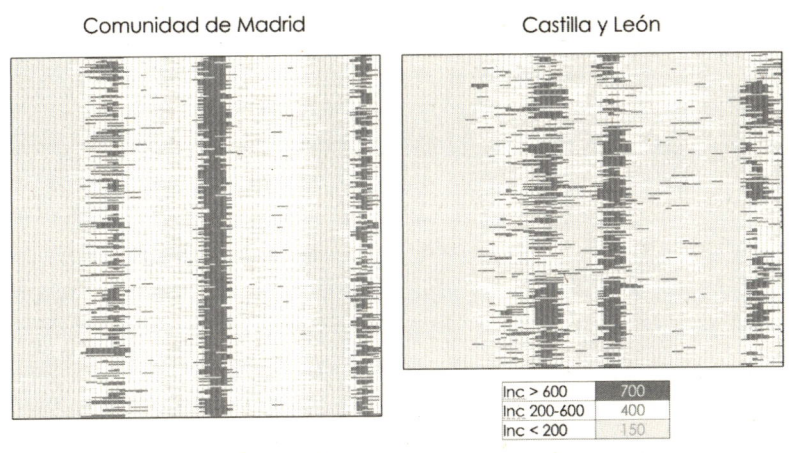

Comunidad de Madrid   Castilla y León

Inc > 600	700
Inc 200-600	400
Inc < 200	150

Figura 3-18. Representación gráfica de los días que cada zona de salud ha tenido una incidencia a catorce días por cada 100 000 habitantes superior a 600 (oscuro), inferior a 200 (sombreado en claro), o entre ambos valores (en blanco) para las 286 zonas de la Comunidad de Madrid y las 248 de la comunidad de Castilla y León.

---

27 Aparte de las matemáticas y la geografía, también tienen su peso otras variables. Por ejemplo, las medidas de contención de la epidemia adoptadas por las autoridades, el grado de cumplimiento de estas por la población o la exposición a nuevos casos importados. Algunas de las variables que no hemos valorado expresamente están a su vez relacionadas con el ámbito geográfico: cada comunidad autónoma decidió su política de contención, y el riesgo de tener nuevos casos importados depende de la intensidad de las conexiones con otras áreas y países, por lo que unas comunidades estarán más expuestas que otras.

Al estudiar estos datos se observan varias particularidades:

— En Madrid, las olas de contagios (oscuro) están considerablemente más sincronizadas entre las diferentes zonas de salud y
su duración es más uniforme.
— En Madrid cuesta mucho más alcanzar incidencias inferiores
a 200, como se ve por la cantidad de casillas en blanco.

Si calculamos el promedio de semanas que han estado las zonas
de salud por encima de 600, o por debajo de 200, entre mayo de 2020
y septiembre de 2021, resulta la siguiente tabla.

Periodo: 26/05/2020 - 1/09/2021		
	Com. Madrid	Castilla y León
Incidencia > 600	10 semanas	10 semanas
Incidencia 200-600	32 semanas	18 semanas
Incidencia < 200	25 semanas	39 semanas

Tabla 3-4. Número de semanas con diferentes niveles de incidencia a
14 días por cada 100 000 habitantes en las zonas básicas de salud de
Madrid y Castilla y León entre mayo de 2020 y septiembre de 2021.

En suma, la duración de los picos de contagio (días con incidencia superior a 600) es muy parecida en ambas comunidades, en unas
10 semanas, a pesar de que los picos son mucho más acusados en
Castilla y León. El número de días en promedio que las zonas de
salud de Madrid han estado por debajo de 200 es menor (25 semanas
en el periodo de observación) que en Castilla y León (39 semanas).
En Madrid, los picos no duran más, pero cuesta más tiempo alcanzar valores realmente bajos de incidencia.

LAS RELACIONES LO SON TODO

La transmisión del COVID-19 es persona a persona, siendo clave que
cualquier análisis de información se realice de manera local. Por
otro lado, las relaciones humanas, y su extensión geográfica, nos
dicen hasta qué distancias llega el concepto de «local». Cualquier
valoración de la gravedad y extensión de los brotes deberá basarse en
el entramado de relaciones propio de cada área. Es ese entramado el
que hace que los brotes sean mucho más explosivos en comunidades

más cerradas, y más difíciles de reducir a valores de baja incidencia en comunidades con mayor interrelación entre distintas zonas.

Los datos de incidencia por zona de salud nos dicen mucho sobre la transmisión del virus. Pero nos revelan aún más sobre nosotros mismos. Sobre cómo vivimos, porque no olvidemos que, para el ser humano, vivir es relacionarse.

En suma, para estudiar una pandemia y comprender su evolución, necesitamos poner en juego muchas áreas de conocimiento distintas. No debemos quedarnos solo con los aspectos médicos o de salud pública. Una enfermedad infecciosa es un fenómeno biológico en su origen, epidemiológico en su contención, médico en el tratamiento de los casos individuales, social en su transmisión, geográfico en su ubicación y expansión, y matemático en su análisis.

En el capítulo 16 aprenderemos más datos sobre indicadores relacionados con la salud y podremos ver más aspectos que aquí hemos avanzado. Pero ahora toca volver a las matemáticas y al virus. Echemos un ojo a las vacunas.

4. ¿A cuántas personas hay que vacunar para lograr la inmunidad de grupo?

Tras casi tres años luchando contra el SARS-COV-2, conseguimos superar lo peor, en buena medida, gracias al éxito de las vacunas. Pero ¿a cuántas personas debemos vacunar, y cuántas dosis son necesarias? Todo depende de cuatro aspectos clave: la contagiosidad del virus, la aparición de nuevas cepas, la efectividad de las vacunas, y la persistencia de la inmunidad proporcionada por estas. Y todo se puede estudiar con ayuda de una sencilla ecuación.

UNA CIFRA (APARENTEMENTE) CAPRICHOSA

Empecé a estudiar los modelos epidemiológicos en julio de 2021, con idea de comprender por qué se había fijado el objetivo de vacunar al 70% de la población… y si ese objetivo realmente era suficiente. Por aquel entonces, la variante delta del SARS-COV-2 estaba en pleno auge, y era clara la urgencia de vacunar al mayor número de personas posible. Las noticias que llegaban de Estados Unidos sobre la incidencia de COVID-19 en niños y jóvenes, y la gravedad de algunos casos, hacían vital llegar también con las vacunas a estos grupos de edad.

No me fue difícil encontrar los modelos que habían llevado a fijar ese objetivo del 70%, ni ver que ese objetivo era insuficiente, dada la contagiosidad de la variante delta del coronavirus. Esos mismos modelos nos explican qué puede pasar de aquí en adelante, de modo que vamos a analizarlos.

El apartado que sigue está dedicado a los apasionados de las matemáticas. Espero que los menos aficionados puedan ignorar las fórmulas, pero sí leer con atención qué es R_0, ya que es un concepto básico para comprender el impacto de la COVID-19 y su evolución.

MODELOS COMPARTIMENTALES: EL MODELO SIS

Los modelos epidemiológicos más clásicos se llaman modelos compartimentales porque asumen que la población está repartida en diferentes compartimentos y, según avanza la epidemia, pasan de unos a otros. El modelo más sencillo divide la población en dos tipos de personas: las susceptibles de enfermar (S), y las infectadas (I). En un determinado periodo de tiempo, contraen la enfermedad una proporción µ de las personas susceptibles al entrar en contacto con personas infectadas, y se recuperan una proporción α de los infectados[28].

Dado un periodo de tiempo, por ejemplo, una semana, el incremento en el número de personas infectadas será igual a los nuevos casos menos el número de personas enfermas que se hayan recuperado en esa semana. Esto se representa de manera esquemática en la figura 4-1.

Modelo epidemiológico sencillo

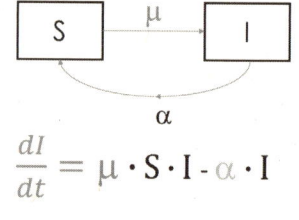

$$\frac{dI}{dt} = \mu \cdot S \cdot I - \alpha \cdot I$$

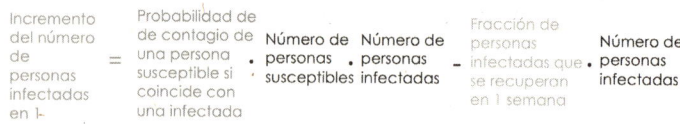

Incremento del número de personas infectadas en 1 semana = Probabilidad de contagio de una persona susceptible si coincide con una infectada · Número de personas susceptibles · Número de personas infectadas − Fracción de personas infectadas que se recuperan en 1 semana · Número de personas infectadas

Figura 4-1. Modelo SIS (Susceptible-Infectado-Susceptible).

---

28   Estos susceptibles recuperados tendrán ya una cierta inmunidad frente al virus que han conseguido vencer, que les protegerá frente a infecciones sucesivas por el mismo agente.

Lo que vemos es una ecuación diferencial sencilla. El cálculo diferencial es la herramienta básica con la que estudiar cualquier fenómeno variable en el tiempo (o con respecto a otra variable), desde una enfermedad a la difusión de una sustancia en un medio, o la evolución de dos poblaciones relacionadas entre sí. Plantear las ecuaciones que describen un fenómeno es fácil. Encontrar una solución no tanto, aunque en este caso resulta asequible. En el caso del modelo SIS aquí mostrado, la condición para que el número de infectados disminuya y tienda a cero es algo con lo que estamos familiarizados: que R_0, el número reproductivo básico, sea menor que 1. R_0 se define en función de los parámetros que hemos visto (μ y α) y de la población total, N.

$$R_0 = \frac{\mu \cdot N}{\alpha}$$

$$N = S + I$$

Si la definición de R_0 les resulta confusa, no se compliquen. En definitiva, es el número de casos nuevos que aparecen por cada persona infectada, cuando nadie toma particulares precauciones. No hay que confundirlo con R_t, que es el número reproductivo efectivo, que hemos estado siguiendo en este tiempo. R_t es el número de casos nuevos que aparecen por cada persona infectada, cuando ya tomamos precauciones para evitar infectarnos.

R_0 es la contagiosidad que tenemos cuando hacemos «vida normal»

R_t es la contagiosidad que tenemos cuando reducimos drásticamente contactos, y tomamos precauciones

Figura 4-2. Diferencia entre R_0 y R_t.
Imagen de Mª Teresa Herrero, con elementos de Adobe Stock (ver créditos).

El concepto de R_0 nos permite valorar la contagiosidad propia de cada agente infeccioso. Ahora bien, su valor no es algo que podamos ver estudiando al microorganismo causante (virus/bacteria/protozoo...) con ayuda de un microscopio, o secuenciando su ADN. Es un valor observado y, por tanto, puede oscilar dentro de ciertos márgenes según la metodología de recogida y valoración de datos, e incluso la propia idiosincrasia de cada comunidad humana. Como muestra, he recopilado los valores de R_0 de un conjunto de patógenos bien conocidos.

Enfermedad	R_0
Ébola	1,5 - 2,5
Hepatitis C	1,2 - 1,7
SIDA	2 - 5
Gripe 1918 (H1N1)	2 - 3
Sarampión	12 - 18
Paperas	4 - 7
Polio	5 - 7
Rubeola	5 - 7
SARS	2 - 5
Viruela	6 - 7
Gripe común	0,9 - 2,1

Tabla 4-1. Valor de R_0 para diferentes enfermedades.
Se trata de un parámetro obtenido empíricamente, condicionado por costumbres, aspectos climáticos y ambientales, y multitud de factores. Por eso se da siempre un intervalo, mejor que un valor fijo.

En general, R_0 es mayor que 1. Ninguna enfermedad infecciosa de las aquí listadas va a detener su propagación a menos que hagamos algo expresamente para limitar los contagios.

Al ser tan sencillo, el modelo SIS no contempla la posibilidad de que las personas recuperadas queden inmunizadas de cara a una segunda infección, o de que puedan vacunarse para evitar la enfermedad.

Si introducimos la posibilidad de vacunar a la población y recalculamos las ecuaciones se obtiene la condición de cuántas personas debemos vacunar para conseguir detener la epidemia. Si definimos r como la fracción de la población que debe estar inmunizada para detener la epidemia, la condición es:

$$r > 1 - \frac{1}{R_0}$$

Y si tenemos en cuenta la efectividad de las vacunas, hay que complicar un poco la expresión.

$$r > \frac{1}{Efectividad}\left(1 - \frac{1}{R_0}\right)$$

En el siguiente apartado veremos qué curvas se obtienen con esta condición matemática y lo que significan.

ANALIZANDO «LA OTRA CURVA». EL EFECTO DE LA CONTAGIOSIDAD

No es fácil imaginar qué significa la fórmula con la que cerramos el apartado anterior, pero si la pintamos, la explicación va a ser mucho más sencilla. El porcentaje de población que necesitamos vacunar para frenar la epidemia depende de la contagiosidad de la enfermedad.

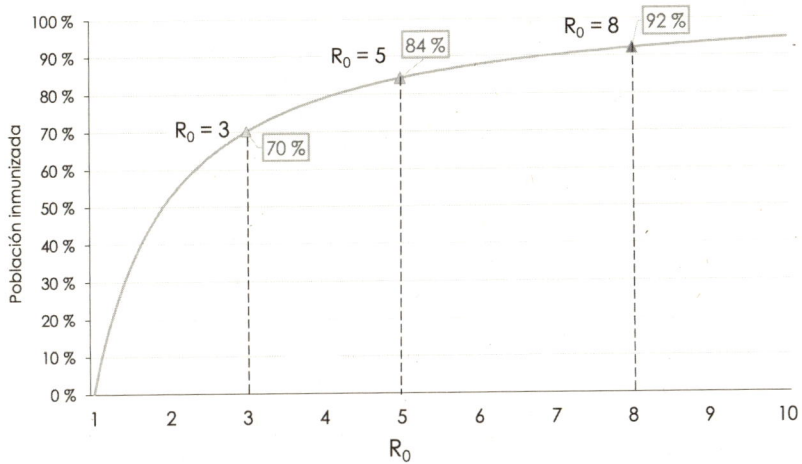

Figura 4-3. Porcentaje de población que debe estar inmunizada para detener la propagación de una epidemia, en función de la contagiosidad (R_0). Se asume una eficacia del 95 % en la vacuna.

La curva que he representado es la correspondiente a un 95 % de eficacia en la vacuna, y ahí se puede ver nuestro número mágico del 70 %. Es el porcentaje de población que debe estar vacunada para frenar una epidemia si el R_0 es igual a 3. Para la cepa original del virus SARS-COV-2, causante de la pandemia, el número reproductivo básico era del orden de 2,5 o 2,7. De ahí sale el objetivo inicial de vacunar al 70% de la población.

En la misma gráfica he destacado otros valores de R_0, y no por casualidad. Desde que apareciera el virus, sus sucesivas mutaciones han generado multitud de variantes. Tres resultaron particularmente exitosas: la variante alfa, que surgió a finales de 2020, la variante delta, de la primavera de 2021, y la variante ómicron, de finales de 2021. Como ya comentaba en el anterior capítulo, la aparición de una variante más contagiosa es un problemón. Primero, porque en poco tiempo desbanca a las variantes anteriores y se convierte en dominante. Segundo, porque supone que muchas más personas enferman, lo que incrementa notablemente el número de casos graves y mortales. Y tercero, como vemos en la gráfica anterior, porque hace considerablemente más complicado alcanzar la inmunidad de grupo.

Viendo la siguiente gráfica de las variantes del coronavirus se deduce claramente por qué he destacado los valores correspondientes a $R_0 = 5$ y $R_0 = 8$, además del $R_0 = 3$. Es el número reproductivo básico de las tres variantes del coronavirus que han dominado sucesivamente en España y en buena parte del mundo. Al incrementarse la contagiosidad del virus, necesitamos inmunizar a un porcentaje mucho mayor de personas para conseguir la inmunidad de grupo. Por esta razón, la variante delta nos cambió radicalmente las reglas del juego, y el objetivo de vacunación subió al 90%.

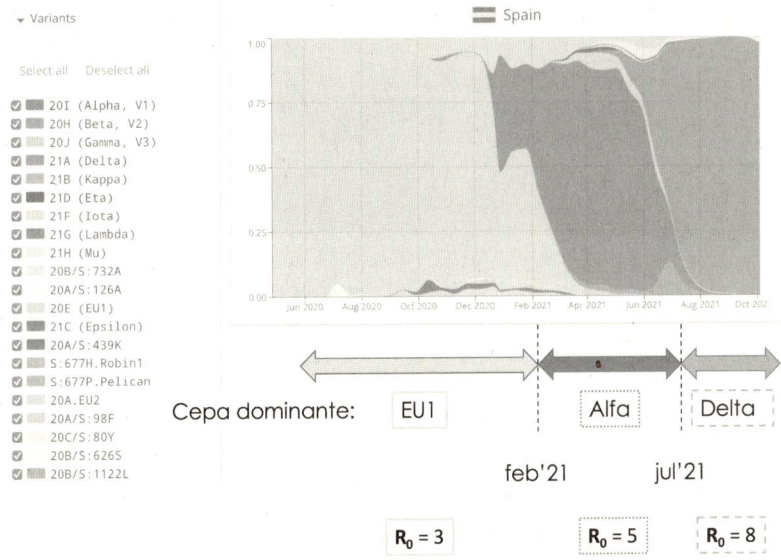

CÓMO AFECTA LA EFECTIVIDAD DE LAS VACUNAS

La incertidumbre sobre cómo puede evolucionar la pandemia no depende únicamente del virus. Está claro que el SARS-COV-2 muta con relativa facilidad, y que pueden surgir variantes del virus que supongan una dificultad superior, aunque solo sea por su mayor contagiosidad.

Pero no podemos olvidar que en el otro extremo de esta «carrera de armas» entre el virus y nosotros hay otro elemento que no sabemos cómo va a responder: nuestro sistema inmunitario. Si las vacunas pierden efectividad, la curva antes representada cambia, y necesitamos vacunar a muchas más personas para conseguir la inmunidad de grupo.

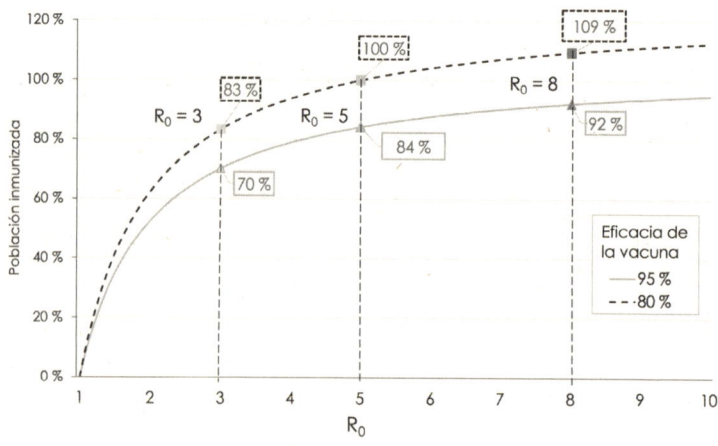

Figura 4-5. Porcentaje de población que debe estar inmunizada para detener
la propagación de una epidemia, en función de la contagiosidad (R_0).
Se muestran las curvas correspondientes a una
eficacia del 95 % y del 80 % en la vacuna.

En la gráfica anterior se ve cuán importante es conocer el grado
de eficacia de cada vacuna, para calibrar lo ambiciosos que deben
ser los objetivos de vacunación. Si la eficacia pasa del 95 % al 80 %,
para un $R_0 = 3$ (la contagiosidad de la cepa inicial del coronavirus), el
objetivo de vacunación pasa del 70 % al 83 %.

Quizá más preocupante sea que, con un $R_0 = 5$ (el de la variante
alfa), tendríamos que llegar al 100 % de la población para conseguir
controlar la epidemia en caso de que las vacunas solo fueran eficaces en un 80 %.

Ahora bien, ¿por qué la eficacia de las vacunas parece haber dis-
minuido con el tiempo, y cómo va a evolucionar?

Cuando administramos una vacuna a una persona, lo que hacemos es facilitar a su sistema inmunitario un «entrenamiento», gracias al cual puede estar preparado para neutralizar el ataque de un
determinado virus o bacteria. En condiciones normales, el sistema
inmunitario necesitará desarrollar sus defensas una vez el virus ya ha
accedido a nuestro cuerpo y está atacando a nuestras células. Y como
el aprendizaje de cómo bloquear al virus requiere tiempo, es posible
que el virus consiga machacar nuestros órganos internos antes de
que el sistema inmunitario pueda frenarlo. Por eso, con enfermedades graves o muy contagiosas, es esencial que el sistema inmunitario haya sido entrenado y pueda responder de forma inmediata. Esa

respuesta consiste en fabricar anticuerpos específicos capaces de bloquear al virus.

La eficacia de una vacuna, poco después de ser administrada, depende de la habilidad de nuestro sistema inmunitario de aprovechar ese aprendizaje. En las primeras vacunas del coronavirus esa eficacia era del orden del 95 %, lo que quiere decir que el 95 % de las personas eran capaces de generar una cantidad de anticuerpos contra el SARS-COV-2 más que suficiente para detener la enfermedad.

A medida que pasa el tiempo desde el momento en que nos vacunamos, nuestro sistema inmunitario puede ir perdiendo «memoria», y su efectividad para fabricar anticuerpos contra el virus va disminuyendo.

Por tanto, en cuanto a la eficacia de las vacunas, su disminución con el tiempo se puede deber a dos causas:

1) Que aparezca una nueva cepa del virus, contra la que los anticuerpos generados por el sistema inmunitario gracias a la vacuna no sean eficaces.

2) Que el sistema inmunitario «pierda memoria», y no sea capaz ya de reaccionar de manera eficaz contra el patógeno.

Si se detecta una disminución de eficacia de las vacunas, la respuesta adecuada dependerá de la causa de esa disminución. Dejaré todos estos conceptos resumidos en una tabla.

Causa de la pérdida de eficacia de las vacunas	Medidas a adoptar
El sistema inmunitario ha perdido efectividad generando los anticuerpos	Administrar una dosis de refuerzo, con la misma vacuna
El virus ya no es neutralizable por los anticuerpos creados gracias a la vacuna	Desarrollar nuevas vacunas, ajustadas a la nueva variante del virus

Tabla 4-2. Estrategia de decisión: qué debemos hacer si se observa pérdida de efectividad de las vacunas.

Desde el momento en el que empezamos a disponer de vacunas contra la COVID-19, buena parte de la investigación sobre el SARS-COV-2 se ha centrado en desarrollar la estrategia de vacunación más efectiva. En unos meses se observó una pérdida de eficacia por «pérdida de memoria» del sistema inmunitario, por lo que los colectivos más vulnerables son objeto de campañas de vacunación periódicas.

Al mismo tiempo, en todo el mundo se sigue muy de cerca la aparición de nuevas variantes del virus, para estudiar rápidamente si las que van apareciendo son más contagiosas o virulentas que las anteriores. Como hemos visto, una cepa más contagiosa se convierte enseguida en la dominante. Por tanto, hay que tener claro cómo enfrentarse a ella.

En resumidas cuentas, nos encontramos con los dos problemas: el sistema inmunitario pierde memoria y, además, el virus muta incansablemente, generando variantes contra las que las vacunas existentes son poco efectivas.

En la actualidad, parece claro que la COVID-19 se ha convertido en una enfermedad endémica contra la que tendremos que vacunarnos todos los años con una vacuna adaptada a las últimas variantes. Como ocurre, de hecho, con la gripe[29].

ALGUNAS REFLEXIONES

El propósito de este capítulo era analizar un sencillo modelo epidemiológico con el que comprender las campañas de vacunación y los objetivos que se fijan en cuanto a cobertura. Los modelos analíticos son muy buenos para comprender un fenómeno, detectando qué factores influyen, y en qué medida.

De esta forma hemos podido entender hasta qué punto nuestra situación dependerá de la aparición de nuevas cepas del virus, de su contagiosidad y de su sensibilidad a las vacunas existentes. También puede apreciarse la importancia de extender las vacunas en la población[30], y cómo dependemos de la capacidad de nuestro sistema inmu-

---

29   No solo hay decidir contra qué cepa fabricar la vacuna, sino a qué segmentos de la población administrarla.

30   En el caso de la COVID-19, las vacunas desarrolladas hasta ahora no consiguen evitar la enfermedad totalmente, solo protegen de padecer las formas más graves. No obstante, el efecto de limitar la duración e impacto de la enfermedad en la población en general supuso un fuerte freno a su expansión como veremos en el capítulo 5. Superada la situación crítica de la pandemia, la política de vacunación se ha centrado en los colectivos más vulnerables y, por tanto, más expuestos a las formas más graves de COVID-19.

nitario de «conservar lo aprendido». Esto es, estamos en manos de multitud de factores que determinarán el devenir de los siguientes meses y años.

No obstante, los modelos analíticos adolecen de un problema: asumen una uniformidad en el entorno estudiado que no es real. Aunque tengamos un alto porcentaje de población vacunada, mientras haya grupos de personas que no lo están, tendremos brotes locales, que afectarán a los no vacunados y a las personas más vulnerables cuya capacidad de respuesta al virus es mínima.

Dado que manejamos un sistema altamente no lineal, con una infección que se propaga exponencialmente, el efecto de los grupos de personas no vacunadas es mucho más grave de lo que pueda decirnos cualquier intuición. Al fin y al cabo, el virus evoluciona y muta incansablemente mientras está afincado en una persona. Cuantas más personas puedan ser infectadas y mantener una infección larga, mayor es el riesgo de aparición de una variante más peligrosa.

Además de las limitaciones de un modelo analítico como el que he utilizado, el «elefante en la habitación» de este capítulo son los datos correspondientes a un $R_0 = 8$, que es la contagiosidad de la variante delta. Con una eficacia del 80 %, o inferior, que estamos observando en algunas vacunas, habría que inmunizar a más del 100 % de la población para frenar la pandemia. Como es imposible vacunar a más del 100 % de la población, ¿cómo podemos estar controlando la epidemia?

La respuesta es que la clave para limitar la propagación del COVID-19 no está en el R_0, sino en el R_t, la contagiosidad efectiva. El número de casos nuevos por cada caso de COVID-19 se mantiene muy por debajo de 1, gracias a dos hechos:

1º. La mayor parte de la población tiene su sistema inmunitario ya entrenado frente al SARS-COV-2[31], lo que reduce considerablemente los casos y la transmisión de la COVID-19.

2º. Mantenemos medidas de prudencia para evitar contagios en caso de dar positivo. Estas medidas en el momento álgido de la pandemia han sido muy intensivas: uso de mascarillas en interiores, «reclusión» a domicilio en caso de sospecha de tener el

---

31   Sea por la vacunación, sea por haber pasado la enfermedad.

virus, limitación de contactos, cribado de contactos al detectar un caso… Desde abril de 2022, lo cierto es que son bastante más laxas. La menor gravedad de las infecciones por COVID-19 nos ha llevado a levantar bastante la mano en este sentido.

Sobre las vacunas contra la COVID-19 ha habido, como de costumbre, mucha polémica. En general se esperaba que fueran una barrera mágica contra la enfermedad, expectativa que no cumplieron. Sí que consiguieron (y siguen consiguiendo) reducir significativamente la gravedad de la enfermedad, con muchos menos hospitalizados y fallecidos por caso. En el capítulo siguiente veremos esto y otros datos que nos permiten hacer balance de los primeros dos años con la COVID-19, cómo nos ayudaron las vacunas, y cómo evolucionó todo el conjunto (el virus, la atención sanitaria, la sociedad y sus costumbres…) entre el inicio de la pandemia y su fin oficioso, en abril de 2022.

Las vacunas de COVID-19

No todas las vacunas logran los mismos objetivos
Veremos en el capítulo 15 que las vacunas son el mejor escudo frente a enfermedades, pero no siempre es posible obtenerlas. Depende de las características de cada patógeno. Tampoco es posible conseguir en todos los casos una vacuna que nos proteja de contraer una enfermedad. Las vacunas de las que disponemos actualmente contra el virus SARS-COV-2, por ejemplo, no evitan que enfermemos, pero sí que se desarrollen formas severas de COVID-19.

La infección por SARS-COV-2 puede producir enfermedad de grado 0 a 4 (escala de Likert: 0 nada, 1 muy benigna, 2 moderada, 3 severa y 4 muy severa con o sin muerte), pero hemos visto claramente que afecta de manera distinta a cada persona. Hay factores de riesgo como la diabetes, la obesidad, la inmunosenescencia en ancianos, el sistema inmunitario deficiente en ciertas personas, los tratamientos inmunosupresores en otras, etc que se asocian a formas más severas de COVID-19. Pasar la enfermedad, al igual que vacunarnos, nos protege, pero no indefinidamente, o contra todas las variantes del SARS-COV-2.

Al no proteger (o proteger muy poco) contra sucesivas infecciones por SARS-COV-2, habrá un número indeterminado de personas que, tras haberse vacunado, se han reinfectado, desarrollando una enfermedad de grado 0. Estas personas asintomáticas no serán diagnosticadas de reinfección, no serán reconocidos como casos, y no entrarán en las estadísticas como casos reincidentes. La proporción de personas dentro de una población que han pasado una enfermedad, haya sido o no identificada, es lo que tratan de determinar los estudios de seroprevalencia poblacionales.

Y algunas deben ser actualizadas con frecuencia
La constante evolución del virus SARS-COV-2 obliga a actualizar la vacuna periódicamente. Al enfrentarse a nuevas cepas (mutadas), las vacunas serán menos eficaces en esa función de limitar la gravedad de la enfermedad. Para mantener una elevada eficacia clínica, las vacunas contra el SARS-COV-2, al igual que las de la gripe, deben reformularse cada año con las cepas más actuales. También veremos más adelante la dificultad de seleccionar las cepas contra las que desarrollar la vacuna.

En cualquier caso, es complicado evaluar el grado de protección que las vacunas inyectadas ofrecen frente al contagio o infección. Lo que sí tenemos claro es que ofrecen una elevada protección en cuanto a la gravedad clínica de esa infección. Al contrario de las vacunas inhaladas por vía nasal, que teóricamente pondrían un buen freno a la infección en su puerta de entrada. La próxima generación de vacunas contra la COVID-19 tendrá por objetivo lograr la inmunidad en las superficies húmedas de nariz y pulmones, lo que permitiría evitar la enfermedad de manera efectiva. Pero, mientras conseguimos desarrollarlas, solo tenemos la opción de limitar daños con vacunas renovadas regularmente para adaptarse a las nuevas variantes del SARS-COV-2 que van surgiendo.

5. ¿Qué efecto ha tenido la vacunación sobre casos, hospitalizaciones y muertes?

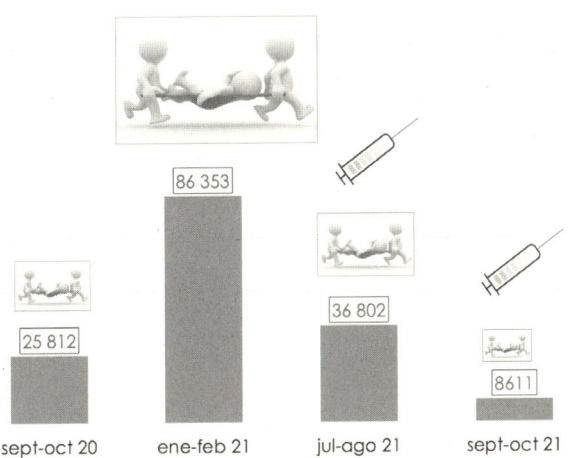

Figura 5-1. Número de hospitalizaciones en España por COVID-19, sin y con vacunas en sucesivos tramos temporales de la pandemia. Las campañas de vacunación comenzaron en marzo de 2021, empezando por los colectivos más vulnerables o expuestos [32]. En septiembre-octubre de 2021, la mayor parte de la población estaba vacunada. Fuente: Instituto Carlos III. *https://cnecovid.isciii.es/covid19/#documentación-y-datos*. Imagen de Mª Teresa Herrero, con elementos de Adobe Stock (ver Créditos).

Después de muchos meses conviviendo con el coronavirus, aprendimos que se trata de un virus peligroso, que afecta de forma mucho

---

32   El personal sanitario también forma parte de los colectivos prioritarios a vacunar.

más grave a los mayores[33], y que al mutar, a veces, se vuelve más contagioso. En las páginas que siguen desbrozo algunas cifras de la pandemia en España para mostrar la importancia de la edad, el efecto de la contagiosidad del virus y cómo ayudaron las vacunas a combatirlo. Empezamos por una imagen, que suelen valer más que mil palabras.

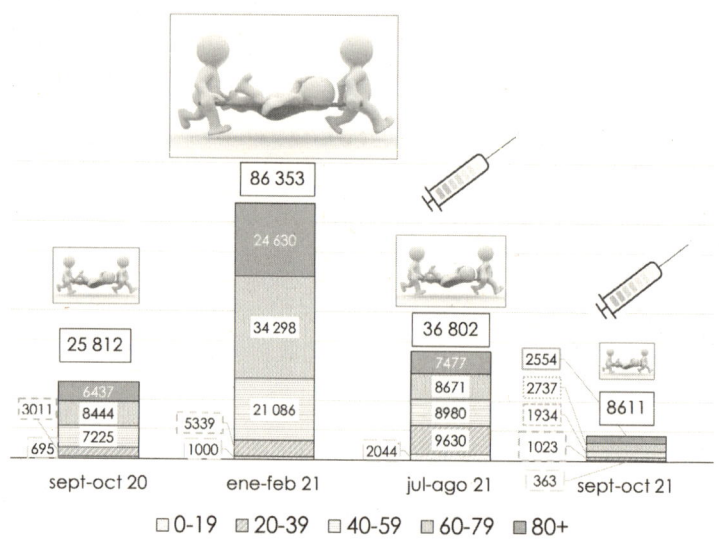

Figura 5-2. Número de hospitalizaciones en España por COVID-19, sin y con vacunas en sucesivos tramos temporales de la pandemia segmentado por edades. Se ve que el grupo más afectado ha sido el de mayores de 80 años, seguido del grupo entre 60 y 80 años. En número, hay más hospitalizados de entre 60 y 80 años, pero no olvidemos que ese grupo abarca muchas más personas. En 2022, teníamos en España 9,2 millones de personas entre 60 y 80 años y 2,8 millones de personas con más de 80 años. Fuente: INE e Instituto Carlos III. *https://cnecovid.isciii.es/covid19/#documentación-y-datos*. Imagen de Mª Teresa Herrero, con elementos de Adobe Stock (ver Créditos).

Como se puede ver, hasta septiembre de 2021 el impacto de la enfermedad fue cambiando significativamente con el tiempo. Pero nadie, a lo largo de todo el proceso de la pandemia, se atrevió a dar una previsión de cuándo acabaría[34]. ¿Por qué, con todos los epide-

---

33 Además de la edad, de cara al COVID-19, hay otros factores de riesgo, como son la diabetes y la obesidad.

34 En España y, en general, en toda Europa, las autoridades sanitarias consideraron pasado lo peor en marzo de 2022, fecha en la que dejó de hacerse un seguimiento exhaustivo de los casos.

miólogos y centros de investigación biológica del mundo volcados en estudiar al SARS-COV-2 desde todos los ángulos nadie podía prever la evolución de la epidemia?

Les cuento un secreto: los que nos dedicamos a los datos vivimos de identificar patrones. Y la faena con una pandemia como la del COVID-19 es que prácticamente ninguno de los factores que influyen en su desarrollo ha permanecido estable en el tiempo, ni tenemos histórico suficiente para realizar modelos cuantitativos.

Por esa razón resulta tan difícil evaluar el efecto de las múltiples medidas de contención de la pandemia o realizar cualquier comparativa entre diferentes lugares o momentos. Y por eso, solo después de estudiar durante meses los datos de España, me he atrevido a preparar este capítulo. En él he resumido los datos básicos que muestran la gran ayuda que supusieron las vacunas y nuestra propia sensatez a la hora de mantener medidas de precaución.

Antes de entrar en más detalles, presento la comparativa de casos confirmados y de la relación hospitalizaciones/casos para los meses de septiembre y octubre de 2020 y de 2021.

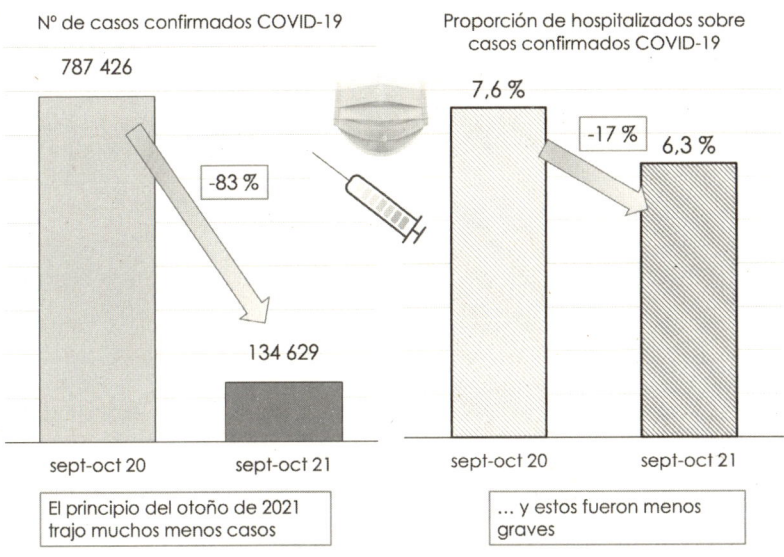

Figura 5-3. Datos de casos confirmados, y de la proporción hospitalizaciones/casos en los meses de septiembre y octubre de 2020 y 2021. No, no he hecho el truco de cambiar los ejes para que parezca mayor la reducción de hospitalizaciones. Fuente: Instituto Carlos III. https://cnecovid.isciii.es/covid19/#documentación-y-datos. Imagen de Mª Teresa Herrero, con elementos de Adobe Stock (ver Créditos).

Afrontamos el otoño de 2021 en condiciones mucho mejores que el de 2020, aunque merece la pena que sigan leyendo para conocer los pormenores en torno a esos datos. Para el mismo periodo, y pese a hacer frente a una variante mucho más contagiosa del SARS-COV-2, en 2021 tuvimos 652 000 casos menos (de 787 000 a 134 000), y el porcentaje de hospitalizados sobre el total de casos fue también menor (6,4 % frente al 7,6 %). En 2021, hubo muchísimos menos casos (-83 %), y estos cursaron menos graves.

Ahora bien, esto era hasta finales de octubre. A principios de diciembre de 2021, y después de unos meses de relativa bonanza en España, contemplamos con estupor cómo la incidencia se disparó de nuevo. La cepa ómicron hizo acto de presencia sembrando una vez más un cierto caos en toda Europa, con algunos países volviendo a los confinamientos más duros.

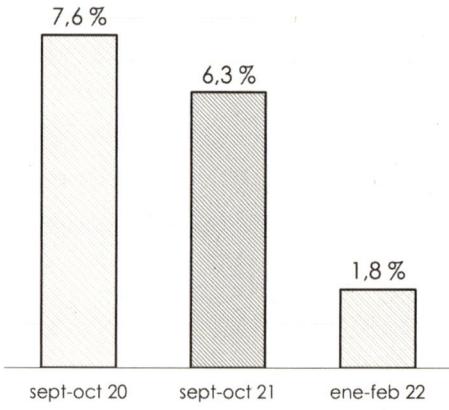

Figura 5-4. Datos de la proporción hospitalizaciones/casos en los meses de septiembre y octubre de 2020 y 2021, y en enero-febrero de 2022. Pese a la preocupación con la cepa ómicron, el porcentaje de hospitalizaciones en febrero de 2022 resultó bastante bajo, comparado con los picos de casos anteriores. Fuente: Instituto Carlos III. https://cnecovid.isciii.es/covid19/#documentación-y-datos.

Como siempre que aparece una nueva cepa, ómicron creó una gran alarma. Su contagiosidad era altísima, y no era fácil discernir su grado de peligrosidad. Por fortuna, aunque los casos se dispararon en España en enero-febrero de 2022, el número de hospitalizaciones fue relativamente reducido. Tanto es así, que justo después de superar el momento álgido de esta ola de contagios, las autoridades sanitarias decidieron bajar el nivel de control y seguimiento de la enfermedad. Empezamos, ya sí, a volver a la normalidad.

A toro pasado, podemos decir que la ola de principios de 2022 afectó a muchas más personas que las anteriores, si bien la proporción de hospitalizaciones y fallecimientos fue bastante menor, como se ve en la gráfica superior. En el capítulo 16, dedicado a los datos de la pandemia, analizaremos cómo influyeron en estas cifras los criterios de conteo de los casos. Por esta razón, la mayoría de las gráficas que vamos a ver más adelante están en términos absolutos.

EVOLUCIÓN DE LA COVID-19 EN ESPAÑA

Representando gráficamente los datos oficiales de España podemos apreciar los principales picos en el número de casos, correspondientes a los meses de septiembre-octubre-noviembre de 2020, enero-febrero de 2021 y julio-agosto de 2021. Los valores de casos confirmados se reflejan en el eje de la izquierda, los de hospitalización y UCI en el eje derecho. Esto es, en febrero de 2021 hubo unos 865 000 casos (eje de la izquierda) y unas 58 000 personas hospitalizadas (eje de la derecha). Las gráficas con dos ejes son difíciles de interpretar. Prometo no usarlas más que en este capítulo. Para ayudar a la interpretación, he representado los valores de las gráficas en dos meses de referencia: enero de 2021 y julio de 2021.

Es muy importante tener en cuenta que cada uno de estos picos se produjo bajo diferentes cepas del virus, de contagiosidad creciente. En otoño de 2020 la cepa dominante era la EU, con $R_0 = 3$, en enero-febrero de 2021 empezaba a imponerse la cepa alfa, con $R_0 = 5$ y en verano de 2021 dominaba totalmente la cepa delta, con $R_0 = 8$. Esto es, en los sucesivos picos nos estábamos enfrentando a cepas cada vez más contagiosas, por lo que mantener a raya la propagación de la enfermedad cada vez era más difícil. Ya vimos en el capítulo 2 la importancia de la contagiosidad y la de nuestra actitud para controlar la transmisión.

Si nos fijamos en la gráfica, salvando la diferencia de escala, se ve claramente que, en la ola de verano de 2021, la proporción de hospitalizaciones frente a casos disminuyó sensiblemente frente a las anteriores, merced a la protección otorgada por las vacunas. La comparación con la ola anterior es homogénea, por cuanto el número de casos confirmados se contabilizaba de la misma manera.

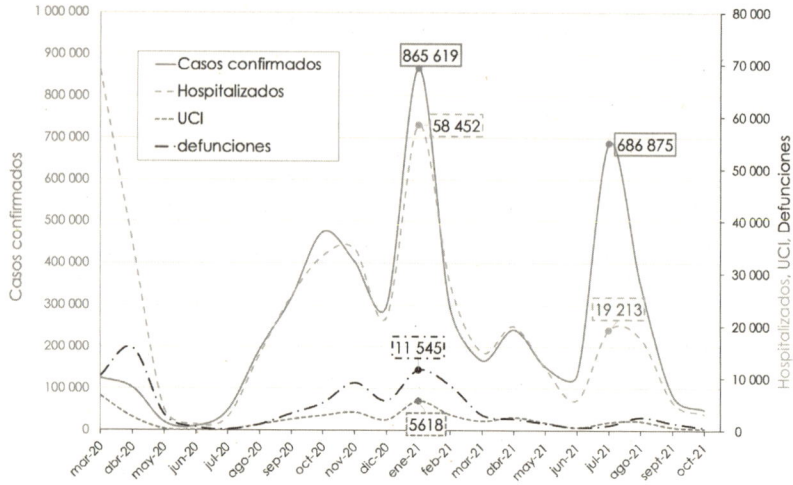

Figura 5-5. Datos mensuales de casos confirmados, personas hospitalizadas y pacientes en UCI hasta octubre de 2021. Los datos mensuales se obtienen de la consolidación de datos diarios. Fuente: Instituto Carlos III. *https://cnecovid.isciii.es/covid19/#documentación-y-datos.*

Como de costumbre, el diablo está en los detalles, y merece la pena que miremos los datos por edades para calibrar el efecto de las vacunas a partir de mayo de 2021.

En la gráfica que sigue se refleja claramente que el grueso de los casos antes de iniciar las campañas de vacunación se daba en la franja de 40-59 años. Son la población más expuesta, por su actividad laboral, y ya por edad, susceptible de sufrir la enfermedad de forma más dura. No hay que olvidar que muchos de los pacientes de COVID-19 son asintomáticos, y que en las franjas de edades más jóvenes se estarán dando muchos casos no detectados.

Obsérvese que en el pico de julio-agosto de 2021 bajan significativamente los casos entre las personas de mayor edad y se disparan entre la población joven, con menor grado de vacunación. Los mayores salen mucho mejor parados en esta ocasión, de modo que el número de casos en el tramo de 40 a 49 pasa de 281 799 en febrero a 120 713 en agosto.

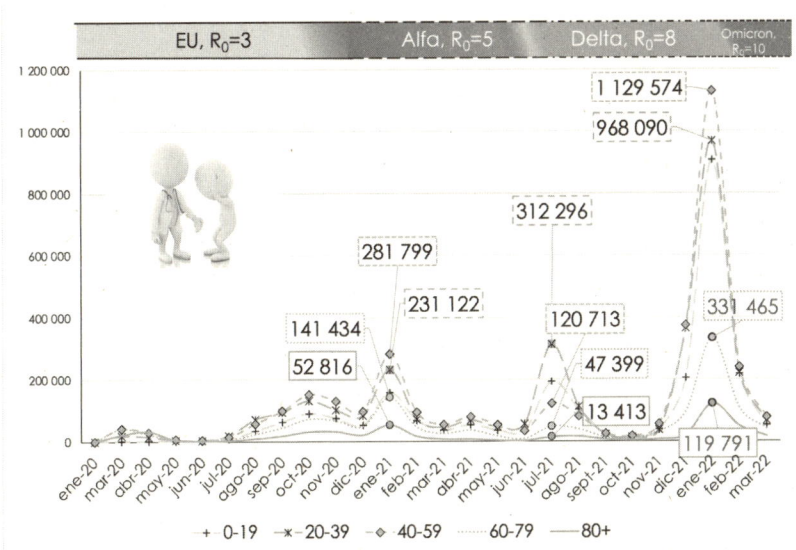

Figura 5-6. Casos confirmados por tramos de edad hasta octubre de 2021. La banda superior indica la cepa dominante en cada momento y su contagiosidad, definida por R_0. Fuente: Instituto Carlos III. *https://cnecovid.isciii.es/covid19/#documentación-y-datos*. Imagen de Mª Teresa Herrero, con elementos de Adobe Stock (ver Créditos).

Pero donde más se aprecian los beneficios de la vacunación es en las cifras de hospitalizados. En ese caso, las mayores incidencias se dan siempre en los tramos de 60-79 y de mayores de 80, y podemos ver que en verano de 2021 la situación fue mucho mejor para estas franjas de edad, y mejor también que el otoño de 2020. Mientras que en la ola de febrero de 2021 tuvimos un máximo de 23 375 personas hospitalizadas en el tramo de 60 a 79 años, en el pico de agosto de 2021 fueron 4439. La reducción fue espectacular, y casi igual de importante para el siguiente tramo de edad más susceptible de ser hospitalizados, los mayores de 80.

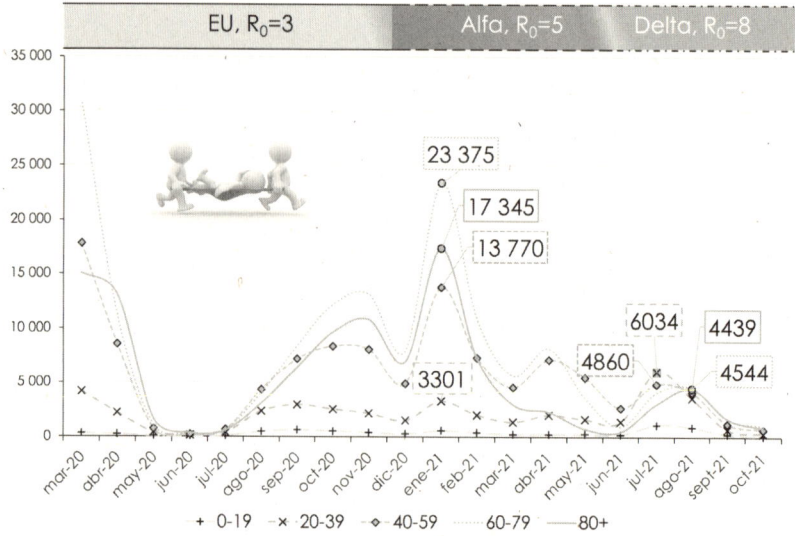

Figura 5-7. Ingresos en hospital por tramos de edad hasta octubre de 2021. La banda superior indica la cepa dominante en cada momento y su contagiosidad, definida por R_0. He destacado algunos valores de enero y de verano, para dar idea de las magnitudes. Fuente: Instituto Carlos III. *https://cnecovid.isciii.es/covid19/#documentación-y-datos.* Imagen de Mª Teresa Herrero, con elementos de Adobe Stock (ver Créditos).

Por otro lado, obsérvese el fuerte crecimiento en el número de casos y hospitalizaciones en verano en el tramo de edad de 20 a 39 años. La variante delta, dominante en verano de 2021, es aún más contagiosa que la variante alfa, que dominaba en febrero de 2021. La delta golpeó duramente al segmento de edades en el que había una elevada proporción de no vacunados, pese a su mejor resistencia a la enfermedad. En julio se contagiaron 312 000 frente a los 231 000 de febrero, y son 6000 los que requieren hospitalización.

Los datos de los ingresos en UCI también nos indican cuánto mejoró la situación desde el pico de enero-febrero de 2021 al de verano de ese mismo año, y en línea con lo comentado para las hospitalizaciones y casos, los jóvenes de entre 20 y 39 años incrementan su presencia en las UCI, como consecuencia del menor porcentaje de vacunación que entre los mayores.

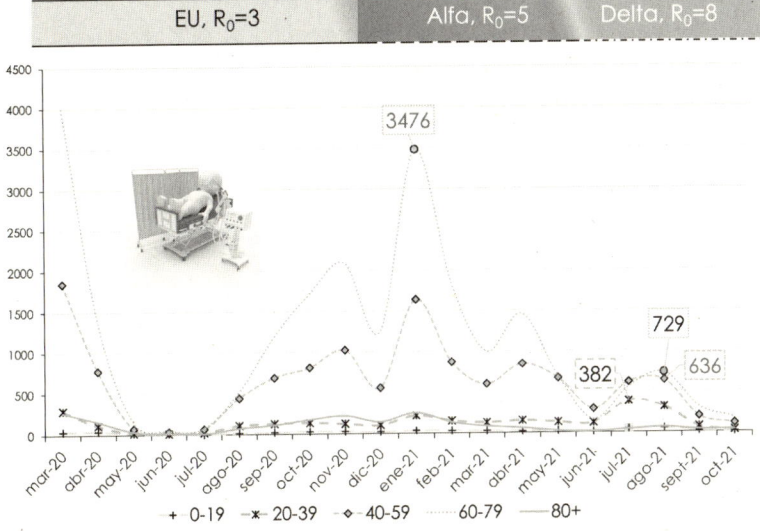

Figura 5-8. Ingresos en UCI por tramos de edad hasta octubre de 2021. La banda superior indica la cepa dominante en cada momento y su contagiosidad, definida por R_0. Destaco algunos valores de enero y de verano. Fuente: Instituto Carlos III. *https:// cnecovid.isciii.es/covid19/#documentación-y-datos*. Imagen de Mª Teresa Herrero, con elementos de Adobe Stock (ver Créditos).

Pero quizá la mejor manera de ver cómo se ha reducido la gravedad de los casos de COVID-19 sea analizar la proporción hospitalizaciones sobre casos confirmados para diferentes momentos de la pandemia.

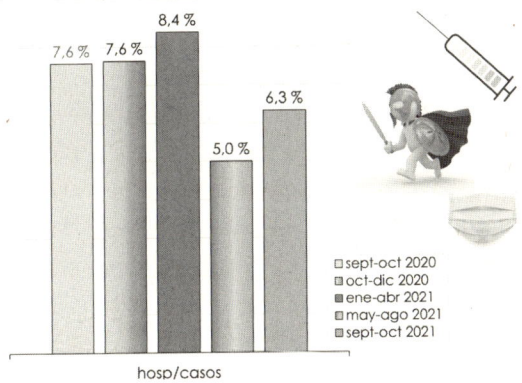

Figura 5-9. Comparativa de proporción de hospitalizaciones sobre casos confirmados, en diferentes momentos de la pandemia. Obsérvese que los valores de mayo-agosto de 2021 están muy por debajo de lo que se esperaría. Fue el periodo de máxima efectividad de las vacunas de la primera campaña de vacunación. Los colores se corresponden con la cepa dominante en cada momento. Fuente: Instituto Carlos III. *https://cnecovid.isciii.es/covid19/#documentación-y-datos*. Imagen de Mª Teresa Herrero, con elementos de Adobe Stock (ver Créditos).

Esa cifra del 6,3 % de hospitalizaciones sobre casos se entiende mucho mejor si desgranamos la información por edades. Vamos a comparar los casos de septiembre-octubre de 2020 con los de septiembre-octubre de 2021.

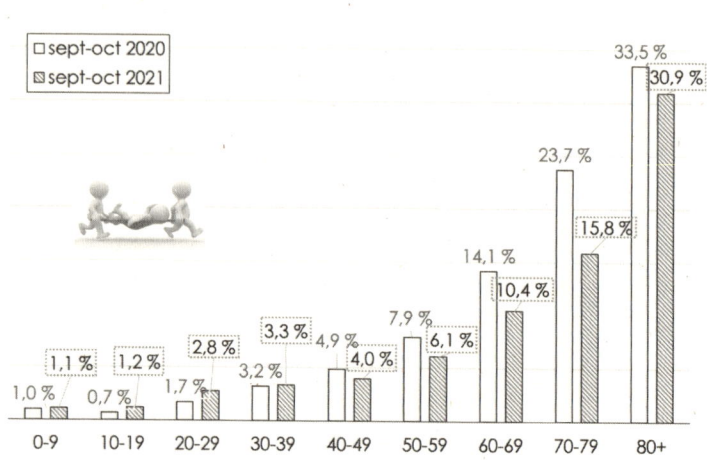

Figura 5-10. Comparativa de proporción de hospitalizaciones sobre casos confirmados, para los meses de septiembre-octubre en 2020 y 2021.
Fuente: Instituto Carlos III. *https://cnecovid.isciii.es/covid19/#documentación-y-datos.* Imagen de Mª Teresa Herrero, con elementos de Adobe Stock (ver Créditos).

Se ve con claridad que se reduce significativamente la proporción de casos que requieren hospitalización en dos de los tramos de edad con mayor cantidad de hospitalizados: de 60 a 69 años, y de 70 a 79. La mejoría en los tramos de 40 a 59 años también es buena.

También es significativo que los mayores de 80 años siguen manteniendo un alto grado de hospitalización a pesar de las vacunas. A estas edades, la vulnerabilidad es muy alta[35], y otros factores hacen que las vacunas no logren reducir el porcentaje de hospitalizaciones entre quienes se contagian.

Si la gráfica anterior nos muestra un menor grado de hospitalización en la mayoría de los tramos de edad más afectados, es muy

---

35   Confluyen para esta mayor vulnerabilidad varios factores, como la inmunosenescencia (envejecimiento del sistema inmunitario) y comorbilidades (otras enfermedades).

importante no perder de vista el segundo efecto de las vacunas: reducir el número absoluto de casos confirmados. Eso lo podemos comprobar en esta otra gráfica. Obsérvese que en el tramo de más de 80 años pasamos de los 47 954 casos de septiembre-octubre de 2020 a los 8258 casos de septiembre-octubre de 2021.

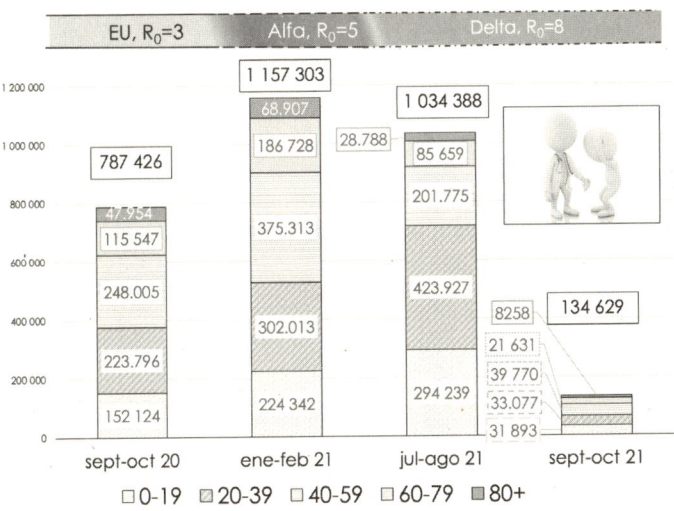

Figura 5-11. Número de casos confirmados, por tramos de edad, para distintos periodos entre septiembre de 2020 y octubre de 2021. Fuente: Instituto Carlos III. *https://cnecovid.isciii.es/covid19/#documentación-y-datos.* Imagen de Mª Teresa Herrero, con elementos de Adobe Stock (ver Créditos).

LA DIFICULTAD DE COMPARAR DATOS

Al principio del capítulo he advertido sobre la gran dificultad de analizar o comparar datos sobre la pandemia debido a los continuos cambios en las condiciones con las que nos enfrentamos al virus. Por no hablar de los cambios del propio virus. Esta variabilidad hace muy difícil comparar, por ejemplo, lo que está ocurriendo en lugares diferentes, incluso dentro de la misma zona.

Hasta aquí solo he utilizado una pequeña parte de las gráficas de comparativas que he estudiado, buscando valorar la situación de los primeros veintiún meses de pandemia, y cómo cambiaron las circunstancias gracias a las vacunas. Por ejemplo, la comparativa del porcentaje de hospitalizaciones frente a casos confirmados es también muy interesante si tomamos los datos de los dos picos de 2021 enero-febrero y julio-agosto de 2021.

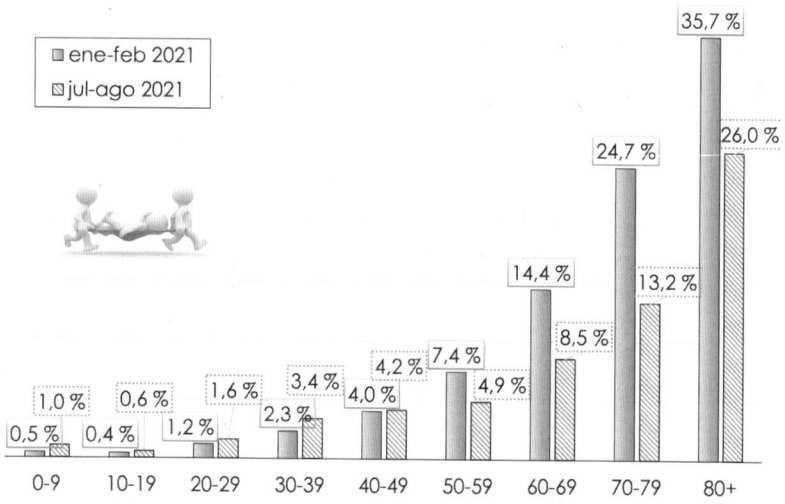

Figura 5-12. Comparativa de proporción de hospitalizaciones sobre casos confirmados, para los dos picos de incidencia en 2021: enero-febrero y julio-agosto. Fuente: Instituto Carlos III *https://cnecovid.isciii.es/covid19/#documentación-y-datos*. Imagen de Mª Teresa Herrero, con elementos de Adobe Stock (ver Créditos).

Ahora bien, la situación en ambos periodos era bastante distinta. En agosto teníamos una cepa más contagiosa (delta), y había un elevado porcentaje de vacunación en los tramos de edad más vulnerables. En enero teníamos en contra la inercia de varios meses previos de alta incidencia, que provocaría mayor número de hospitalizaciones no atribuibles a los casos del propio mes. Sobre esta objeción debo decir que he estudiado el decalaje temporal entre los picos de casos y de hospitalizaciones, y está por los 4-13 días, dependiendo de la ola que estudiemos. Nada fácil de descontar, una vez más, por su inestabilidad.

Vamos a ver con detalle cómo cambiaron con el tiempo los múltiples factores que influían en el curso de la pandemia de COVID-19 entre julio de 2020 y diciembre de 2021.

UNO NO CONTEMPLA NUNCA EL MISMO RÍO

Como decía Heráclito, «nuestra realidad está con constante cambio», y en el caso de la pandemia, es más que notable. Para poner en contexto las comparativas anteriores de casos y hospitalizaciones, resumiré los factores que influyen en cada caso, asignando una especie de nota. Prepárense para ver una auténtica y genuina «tabla de consultor» para estudiar la pandemia.

En la tabla reflejaremos el peso de estos factores, y usaremos el símbolo * si juega a favor del virus, el símbolo • si lo hace a favor de nosotros, º si es neutro y – si no aplica. Repasemos cómo serían las sucesivas líneas de esa tabla para los agentes con mayor impacto en la evolución de la pandemia en el tiempo.

1. Cepas del virus

Hasta diciembre de 2021, tuvimos 3 cepas dominantes en Europa: La variante EU, la variante alfa y la variante delta. Cada cepa era más contagiosa que la anterior, por lo que se imponía y suponía un mayor riesgo de contagios.

	jul-ago 20	sept-oct 20	nov-dic 20	ene-feb 21	mar-abr 21	may-jun 21	jul-ago 21	sep-oct 21	nov-dic 21
Cepas Coronavirus	º	*	º	**	**	***	***	***	***

Tabla 5-1. Influencia de las cepas. Imagen de Mª Teresa Herrero, con elementos de Adobe Stock (ver Créditos).

A medida que aparecen cepas más contagiosas, el virus es más difícil de combatir, lo que reflejamos en el número de asteriscos de cada periodo considerado. En enero de 2022 hizo acto de presencia la variante ómicron, aún más contagiosa, pero sus efectos los estudiaremos aparte. En este análisis comparativo nos vamos a quedar en diciembre de 2021.

2. Estacionalidad de enfermedades respiratorias

Las enfermedades respiratorias se imponen en invierno, cuando el ambiente es más seco y hacemos vida en interiores. He tomado como referencia del peso de este factor para cada periodo la evolución anual del número de casos de gripe[36] en 2018-2019 en Estados Unidos, ya que no he encontrado datos mensuales de casos en España.

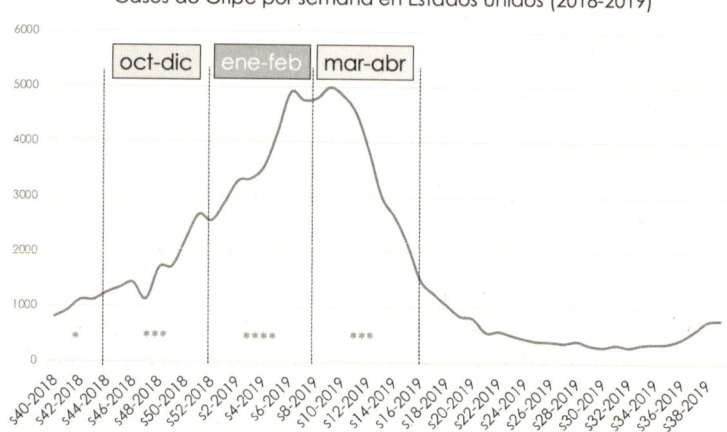

Figura 5-13. Evolución anual del número de casos de gripe por semana en EE. UU. Temporada 2018-2019.
Fuente: *https://gis.cdc.gov/grasp/fluview/fluportaldashboard.html*

Y, a partir de estos datos, la tabla quedaría como sigue, donde los peores meses son enero-febrero, seguidos muy de cerca por noviembre-diciembre y marzo-abril.

	jul-ago 20	sept-oct 20	nov-dic 20	ene-feb 21	mar-abr 21	may-jun 21	jul-ago 21	sep-oct 21	nov-dic 21
Estacionalidad Enfermedades respiratorias	○	*	***	****	***	○	○	*	***

Tabla 5-2. Influencia de la estacionalidad.
Imagen de Mª Teresa Herrero, con elementos de Adobe Stock (ver Créditos).

3. Aglomeraciones en interiores

Aquí hacemos referencia a las actividades que nos llevan a permanecer en espacios cerrados junto a muchas personas. Abarcaría desde centros de trabajo a centros de ocio, e incluso casas particu-

---

36   En el capítulo dedicado a la gripe veremos que esta enfermedad es estacional en Europa y América, por poner dos ejemplos, pero en el sudeste asiático es una enfermedad endémica, con igual incidencia todo el año.

lares. Obviamente, esto es mucho peor en invierno, y puede estar algo modulado por prohibiciones asociadas a la pandemia. Esto es, influye la época del año y las costumbres de cada lugar.

	jul-ago 20	sept-oct 20	nov-dic 20	ene-feb 21	mar-abr 21	may-jun 21	jul-ago 21	sep-oct 21	nov-dic 21
Aglomeraciones en interiores	o	*	***	****	**	**	o	*	***

Tabla 5-3. Influencia de las aglomeraciones en espacios cerrados.
Imagen de Mª Teresa Herrero, con elementos de Adobe Stock (ver Créditos).

4. Aglomeraciones al aire libre

También al aire libre podemos contraer el virus si estamos muy próximos a otras personas durante mucho tiempo, aunque el riesgo es menor. Lo he recogido, no obstante, porque en verano a veces frecuentamos sitios muy concurridos y no bien ventilados. A su vez, es una época de mucho movimiento y numerosas relaciones. La puntuación aun así es mucho menor que en las aglomeraciones en espacios cerrados.

	jul-ago 20	sept-oct 20	nov-dic 20	ene-feb 21	mar-abr 21	may-jun 21	jul-ago 21	sep-oct 21	nov-dic 21
Aglomeraciones en exteriores	**	*	-	-	-	*	**	*	.	-

Tabla 5-4. Influencia de aglomeraciones en espacios abiertos.
Imagen de Mª Teresa Herrero, con elementos de Adobe Stock (ver Créditos).

5. Vacunas

Por fin llega un factor que juega a nuestro favor y no a favor del virus. Las vacunas han mostrado su efectividad en reducir el número de casos confirmados, y la gravedad de estos. No obstante, ya a finales de 2021 se hizo evidente que iban perdiendo efectividad y era necesario hacer campañas adicionales para los colectivos más expuestos, al tiempo que se actualizaban las vacunas.

	jul-ago 20	sept-oct 20	nov-dic 20	ene-feb 21	mar-abr 21	may-jun 21	jul-ago 21	sep-oct 21	nov-dic 21
Vacunas	o	o	o	o	•	••	••••	•••	•••

Tabla 5-5. Influencia de las vacunas. Imagen de Mª Teresa Herrero, con elementos de Adobe Stock (ver Créditos).

6. MEDIDAS DE PRECAUCIÓN

Aquí tenemos un aspecto clave: quienes mejor podemos protegernos somos nosotros, recordando reglas básicas, como no estar en interiores sin mascarilla, evitar aglomeraciones, o lavarnos las manos con frecuencia en los momentos de mayor incidencia. He puesto más círculos en los meses que van de septiembre de 2020 hasta mayo de 2021 porque durante todo ese tiempo se mantuvieron medidas como una baja ocupación de aulas en las escuelas, un alto grado de teletrabajo en los sectores donde era posible, limitación de aforo en los lugares públicos, etc. Esas medidas se relajaron un tanto en los meses sucesivos.

	jul-ago 20	sept-oct 20	nov-dic 20	ene-feb 21	mar-abr 21	may-jun 21	jul-ago 21	sep-oct 21	nov-dic 21
Medidas de protección	••	••••	••••	••••	••••	•••	•	••	•••

Tabla 5-6. Influencia de las medidas de protección. Imagen de Mª Teresa Herrero, con elementos de Adobe Stock (ver Créditos).

Para resumir, nos quedaría una tabla completa así:

	jul-ago 20	sept-oct 20	nov-dic 20	ene-feb 21	mar-abr 21	may-jun 21	jul-ago 21	sep-oct 21	nov-dic 21
Cepas Coronavirus		•	•	•	••	••	•••	•••	•••
Estacionalidad Enfermedades respiratorias		o	•	•••	••••	•••	o	o	•
Aglomeraciones en interiores		o	•	•••	••••	••	••	o	•
Aglomeraciones en exteriores		••	•	-	-	-	•		••
Vacunas		o	o	o	o	•	••	••••	•••
Medidas de protección	••	••••	••••	••••	••••	•••	•	••	•••

Tabla 5-7. Resumen de la influencia de distintos factores y situación epidemiológica entre julio de 2020 y diciembre de 2021. Imagen de Mª Teresa Herrero, con elementos de Adobe Stock (ver Créditos).

Con ella nos hacemos una idea de hasta qué punto dos momentos de la pandemia no son comparables. Indudablemente, la valoración es cualitativa, y no veo forma de asignar algún valor numérico. Solo quería reflejar de manera gráfica la variabilidad de condiciones que se nos han dado en estos meses. Y ya, por terminar este análisis conceptual, podemos recapitular el resultado de este partido entre el virus y nosotros sumando los puntos de cada uno.

jul-ago 20		sept-oct 20		nov-dic 20		ene-feb 21		mar-abr 21		may-jun 21		jul-ago 21		sep-oct 21		nov-dic 21	
2	3	4	4	4	7	4	10	4	7	5	6	5	5	5	7	6	9

Tabla 5-8. Resumen numérico de la influencia de distintos factores y situación epidemiológica entre julio de 2020 y diciembre de 2021. Imagen de Mª Teresa Herrero, con elementos de Adobe Stock (ver Créditos)

Finalmente, solo nos queda ver de manera conjunta los casos que hemos tenido y la «puntuación» de los factores analizados en cada uno de los momentos cuyos datos hemos estudiado.

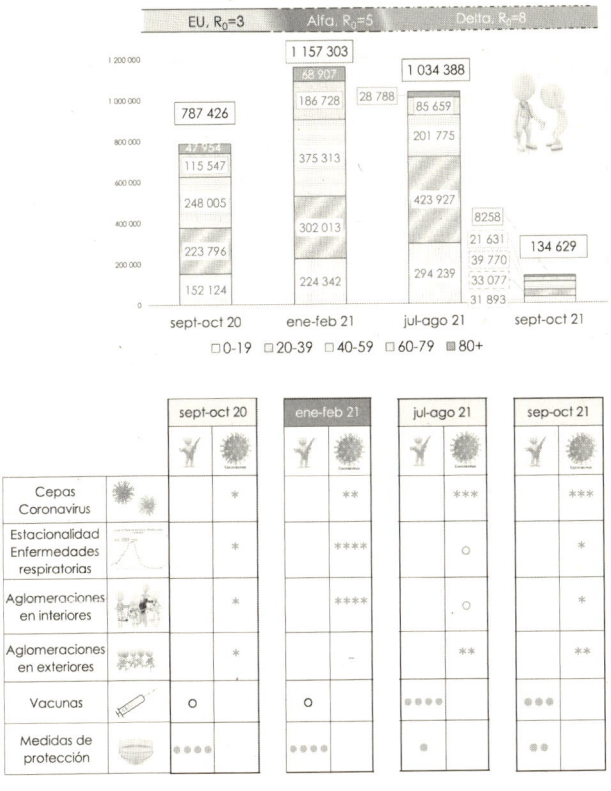

Figura 5-14. Vista conjunta de casos confirmados por tramos de edad y situación epidemiológica de acuerdo con los diferentes factores analizados. Imagen de Mª Teresa Herrero, con elementos de Adobe Stock (ver Créditos).

Aunque quizá sea más ilustrativo mirarlo con el número de hospitalizaciones para apreciar hasta qué punto la vacunación ha sido clave para controlar un virus cuya contagiosidad está disparada.

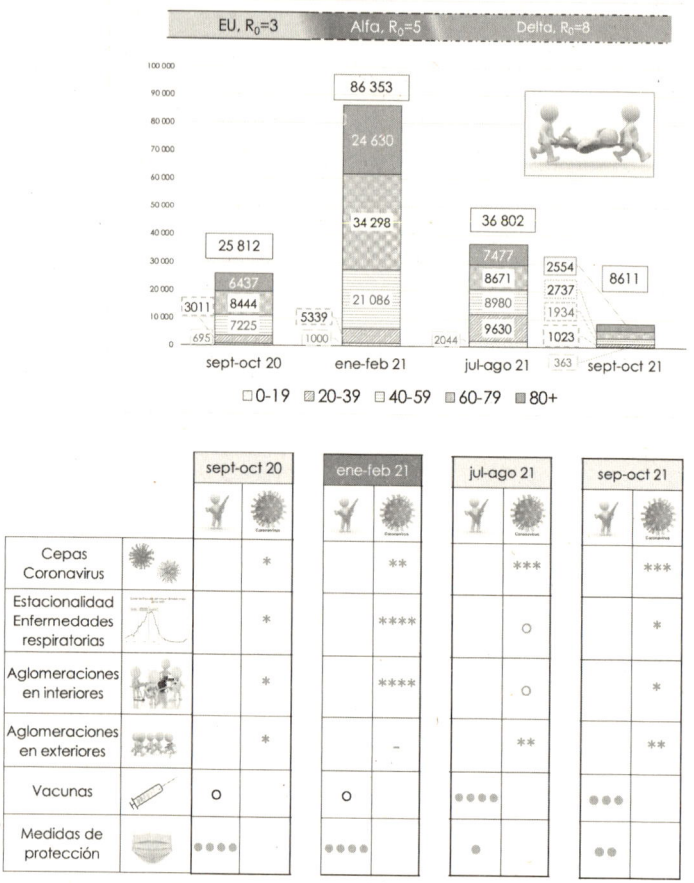

Figura 5-15. Vista conjunta de hospitalizaciones por tramos de edad y situación epidemiológica de acuerdo con los diferentes factores analizados. Imagen de Mª Teresa Herrero, con elementos de Adobe Stock (ver Créditos).

¿Y QUÉ PASÓ DESPUÉS?

Hasta ahora hemos repasado la evolución de la pandemia desde su inicio hasta que se consiguió un alto grado de vacunación en la población. Desde marzo de 2020 hasta diciembre de 2021. En los primeros meses de 2022 tuvimos la última gran ola de contagios, de la mano de la cepa ómicron. Desde entonces hemos ido conociendo nuevas subvariantes de ómicron, pero no ha aparecido una versión del virus SARS-COV-2 suficientemente distinta como para que se considere una nueva cepa.

En los capítulos 8 y 12 hablaremos más de los virus y su increíble capacidad de mutar para generar nuevas variantes. Por ahora basta con echar un vistazo a cómo las sucesivas cepas del SARS-COV-2 se han ido imponiendo a las anteriores, con ayuda de un gráfico.

Abajo podemos ver el porcentaje de muestras de las distintas variantes del SARS-COV-2 en cada momento, para todo el mundo. Se ve que las primeras cepas fueron sustituidas en gran medida por la cepa alfa, que apareció a fines de 2020. En mayo de 2021 aparece la cepa delta, que se impone totalmente, casi borrando del mapa a todas las anteriores. A finales de 2021 llega la cepa ómicron, que sigue dominando el panorama a mediados de 2025, a través de sucesivas subvariantes.

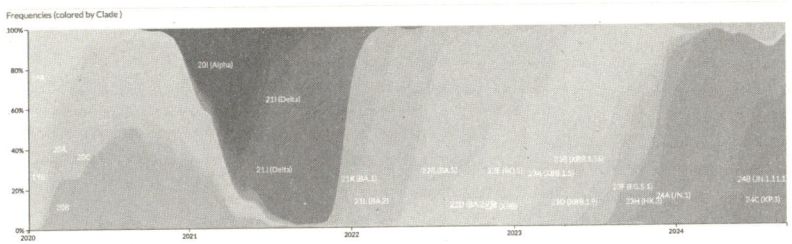

Figura 5-16. Evolución de las cepas del SARS-COV-2
entre enero de 2020 y septiembre de 2024.
Fuente: www.nextstrain.org, a partir de la información recopilada por GISAID. Desde enero de 2022 se han sucedido diversas subvariantes de la cepa omicron, pero no ha aparecido otra cepa capaz de desbancarla.

Contar con esta información es posible gracias a la labor de cientos de laboratorios repartidos en todo el mundo, que analizan el ARN de las muestras recogidas de pacientes de COVID-19. La secuencia del ARN del virus (como la de otros microorganismos que seguimos muy de cerca) se comparte a través de organismos internacionales, como GISAID. De ese modo, los científicos pueden acceder rápidamente a la información genética de los últimos microbios aparecidos. Esa vigilancia estrecha se realiza también con otros microorganismos considerados preocupantes, como el de la gripe o el del ébola[37].

La cepa ómicron es la más contagiosa que hemos visto hasta la fecha. Aún más que la cepa delta. Y apareció en Navidades, el peor momento. Así que llegamos a febrero de 2022 con la mayor ola por número de casos de toda la historia de la pandemia. Pero fíjense que, por el número de hospitalizados, ingresos en UCI y fallecidos, estamos muy por debajo de los valores de febrero de 2021. En hospitalizados pasamos de 58 000 a 40 000 (casi un 30 % menos), mientras que el número de ingresos en UCI y fallecimientos fue menos de la mitad. Sin echar las campanas al vuelo, claramente afrontamos esa ola en mejores condiciones.

He utilizado los valores absolutos, y no relativos al número de casos, porque creo que, a lo largo de la pandemia, el número de casos reales ha estado subestimado[38]. No solo por el elevado porcentaje de pacientes asintomáticos que se daban, sino sobre todo porque hasta diciembre de 2021 únicamente se contabilizaban como casos positivos aquellos que en un test PCR daban positivo. Para ello, el paciente debía ir a un centro de salud y hacerse la prueba, la cual, encima, tenía fama de desagradable.

Conclusión: es verosímil que si tenías síntomas parecidos a la gripe te quedabas en casa quince días, pero no pasabas por el desagradable trance de la prueba PCR y la yincana de conseguir cita en un centro de salud. En el capítulo 16 veremos más sobre el proceso de elaborar y analizar los datos que las autoridades han ido publicando sobre la pandemia.

---

37   La vigilancia epidemiológica hoy día se apoya considerablemente en la genómica, la ciencia que estudia el código genético de los seres vivos, letra a letra. No se trata solo de detectar la aparición de brotes infecciosos, sino de estudiar rápidamente el genoma del agente patógeno. Ello nos permite saber cómo está evolucionando el microorganismo en cuestión y qué capacidades ha adquirido con las nuevas mutaciones. Que un microorganismo mute a menudo supone que desarrolla «nuevos trucos» y, con ello, que se haga necesario inventar nuevos fármacos o vacunas para combatirlo. El grave problema de la resistencia a antibióticos es consecuencia del éxito de las bacterias en desarrollar variantes con nuevas habilidades.

38   Aquí sale mi faceta estadística y de analista de datos. No puedo evitarlo, cuando veo un número, enseguida pienso en cómo se ha calculado, y si ese proceso es susceptible de tener sesgos.

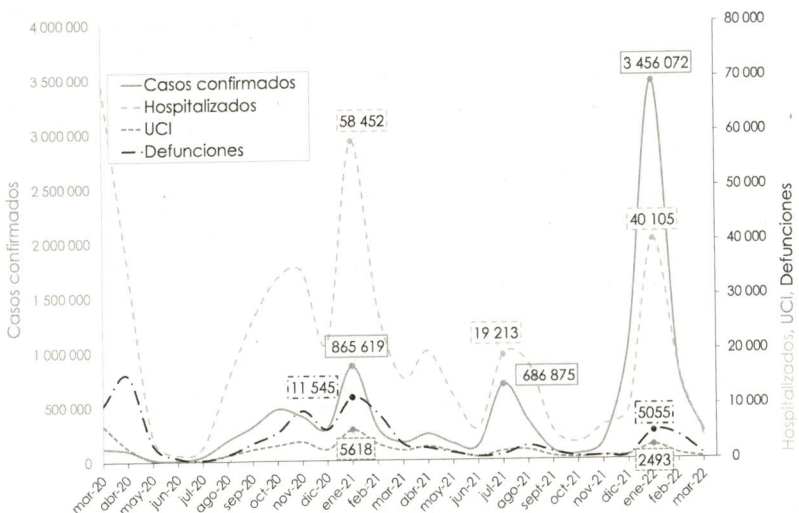

Figura 5-17. Datos mensuales de casos confirmados, personas hospitalizadas y pacientes en UCI hasta marzo de 2022. Los datos mensuales se obtienen de la consolidación de datos diarios. Fuente: Instituto Carlos III. *https://cnecovid.isciii.es/ covid19/#documentación-y-datos*

En marzo de 2022, las autoridades sanitarias en todo el mundo dieron por superado lo peor de la pandemia, y el seguimiento pormenorizado de la incidencia se relajó bastante. Desde entonces, solo se recogen datos para los mayores de 60 años.

Teniendo en cuenta mis recelos sobre el conteo de los casos, merece la pena ver los datos de evolución de las hospitalizaciones, ingresos en UCI y fallecimientos por tramos de edad en todo el periodo del que tenemos datos detallados. Ahí los dejo.

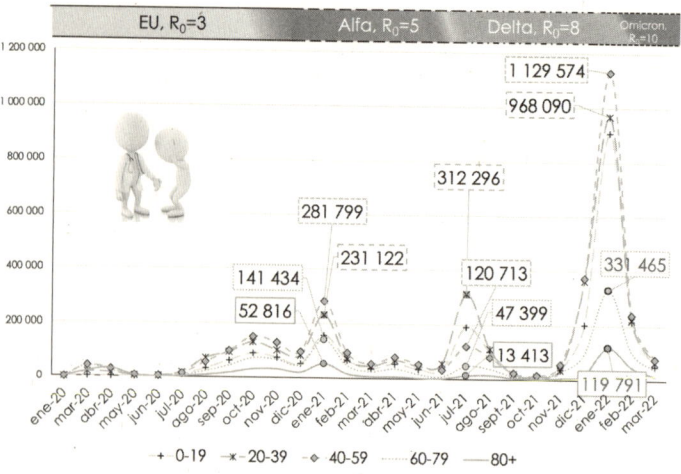

Figura 5-18. Número de casos de COVID-19 en España por tramos de edad hasta marzo de 2022. La banda superior indica la cepa dominante en cada momento y su contagiosidad, definida por R_0. Destaco algunos valores en fechas significativas. Obsérvese que en febrero de 2022 tenemos el máximo histórico de casos. En este momento, al igual que en el pico de enero de 2021, el tramo de edad con más casos fue el de 40-59 años, seguidos muy de cerca por los de 20-30 y 0-19. Fuente: Instituto Carlos III. *https://cnecovid.isciii.es/covid19/#documentación-y-datos.*

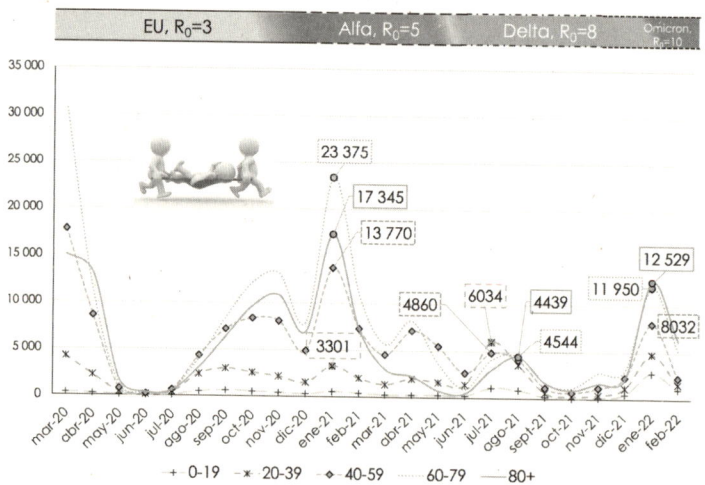

Figura 5-19. Número de personas hospitalizadas por COVID-19 en España por tramos de edad hasta marzo de 2022. La banda superior indica la cepa dominante en cada momento y su contagiosidad, definida por R_0. En hospitalizaciones, sin embargo, destacan los tramos de edad más vulnerables: 60-79 y mayores de 80 años. Obsérvese que el pico de hospitalizaciones está muy por debajo de las de enero de 2021, pese a haber cuatro veces más casos en febrero de 2022 que un año antes. Fuente: Instituto Carlos III. *https://cnecovid.isciii.es/covid19/#documentación-y-datos*

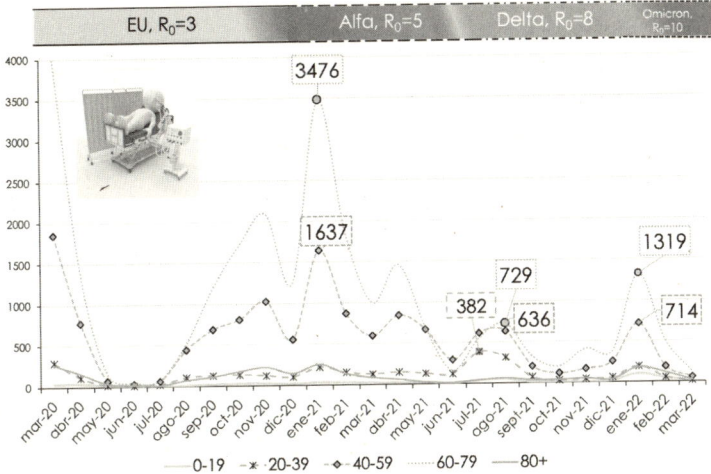

Figura 5-20. Número de ingresos en UCI por COVID-19 en España por tramos de edad hasta marzo de 2022. La banda superior indica la cepa dominante en cada momento y su contagiosidad, definida por R_0. Los ingresos en UCI en febrero de 2022 quedan muy por debajo de los de enero de 2021, afectando sobre todo a los tramos de 40-59 y 60-79 años. Fuente: Instituto Carlos III. *https://cnecovid.isciii.es/covid19/#documentación-y-datos*

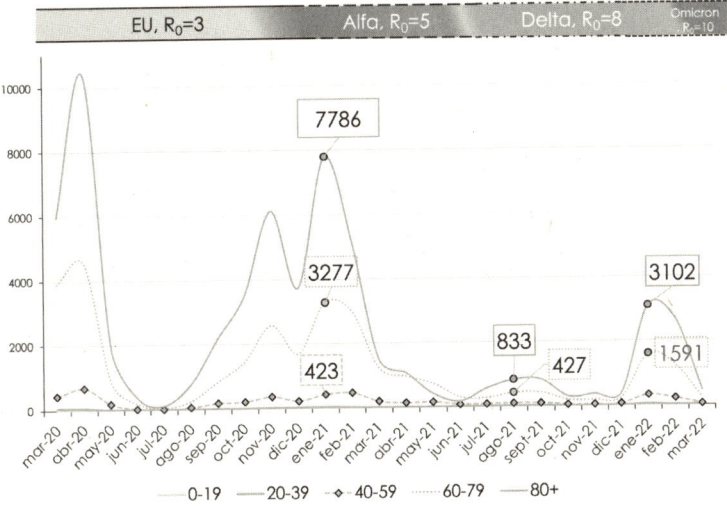

Figura 5-21. Número de defunciones por COVID-19 en España por tramos de edad hasta marzo de 2022. La banda superior indica la cepa dominante en cada momento y su contagiosidad, definida por R_0. Abarcando los dos años en que la pandemia tuvo un seguimiento exhaustivo, esta gráfica nos permite ver los tramos de edad con mayor número de defunciones: 60-79 y mayores de 80 años, y asomarnos a la magnitud de la tragedia. Fuente: Instituto Carlos III. *https://cnecovid.isciii.es/covid19/#documentación-y-datos*

Solo queda una gráfica que mostrar para traernos a la memoria lo terrible que ha sido esta epidemia. La siguiente imagen muestra el número de fallecidos acumulados desde enero de 2020 hasta marzo de 2022 en España. Casi 100 000.

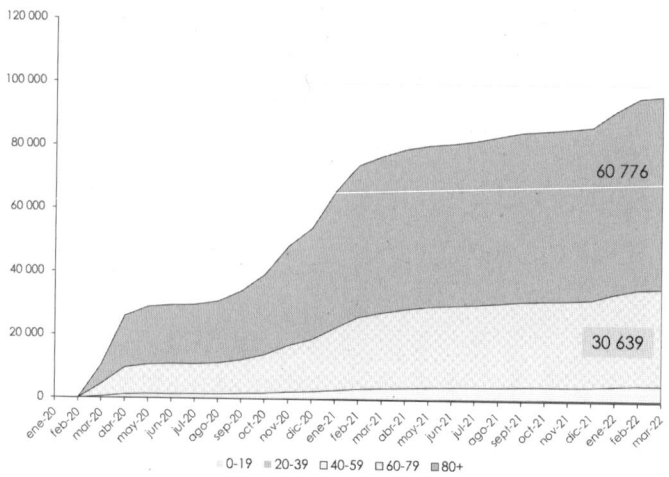

Figura 5-22. Número de defunciones por COVID-19 en España por tramos de edad hasta marzo de 2022. Gráfica acumulativa. He puesto los valores de los dos tramos más afectados, los mayores de 60 años. Entre 40 y 59 años hay unos 4900, y por debajo de 40 años, unos 500. Fuente: Instituto Carlos III. *https://cnecovid.isciii.es/ covid19/#documentación-y-datos*

En la actualidad, la COVID-19 sigue siendo una enfermedad preocupante, que afecta a un buen número de personas cada día y sigue tan presente como nuestra vieja conocida, la gripe. Durante casi dos años colapsó totalmente la atención sanitaria, provocando de forma indirecta miles de muertes por otras enfermedades. Hoy parece más o menos bajo control, pero estamos expuestos a un resurgir de la mano de cepas más virulentas.

Toca ahora estudiar el origen de todo esto, para lo que hay que meterse de lleno en el mundo de lo microscópico. La segunda parte del libro está dedicada a comprender las claves detrás de la aparición y expansión de la COVID-19[39], así como el de nuestras armas para combatirla. Vamos a ello.

---

39   Y, en general, de cualquier enfermedad emergente.

PARTE II

21 meses de pandemia.
¿Y ahora, qué?

Después de más de año y medio de confinamientos, de una intensiva campaña de vacunación, de un otoño «tranquilo», apareció una nueva cepa aún más contagiosa, ómicron, que parecía dar al traste con los logros conseguidos en la lucha contra la COVID-19. ¿Cómo iba a cambiar esa nueva cepa la situación?

NUEVAS PREGUNTAS

Los humanos somos animales sociales: estar con otras personas es esencial para que nos sintamos bien. Por otro lado, para comunicarnos utilizamos todo nuestro cuerpo. Buena parte de nuestra comunicación (hasta el 55 % según algunos autores) es no verbal[40]. Los

---

40   La principal referencia en este campo es Albert Mehrabian, quien realizó una serie de experimentos para valorar en qué medida contribuían a transmitir un mensaje tres componentes: las palabras, la voz y el lenguaje corporal. Concluyó que la aportación de cada uno era del 7 %, el 38 % y el 55 %, lo que se conoce como la regla del 7-28-55. No obstante, Mehrabian se centró en la capacidad para transmitir emociones, lo que explica en buena medida estas proporciones. Para mensajes neutros, sin particular carga emocional, el peso de las propias

expertos en cognición vienen afirmando, de hecho, que gestualizar y movernos es una parte imprescindible de nuestra capacidad de razonar y expresar ideas[41].

Mantenernos aislados de las personas que queremos, restringir al máximo la posibilidad de estar con otras personas, comunicarnos a través de videoconferencias… fue mucho más devastador para nuestro ánimo de lo que podamos creer. De ahí la sensación de fatiga que todos desarrollamos, antes o después.

A mí me llegó en su forma más acuciante allá por finales de 2021. Había dedicado, durante más de un año, mi tiempo libre a estudiar la pandemia con ayuda de un modelo epidemiológico[42] que programé yo misma, a leer todo cuanto podía sobre lo que estaba ocurriendo, a analizar a fondo los datos de incidencia y a escribir artículos divulgativos, que constituyen el germen de los primeros capítulos de este libro.

En aquel momento parecía evidente que las vacunas nos habían ayudado a controlar la pandemia, pero también que la capacidad del virus para generar nuevas cepas era imparable, lo que podía rápidamente dejar las vacunas fuera de combate y hacernos volver a la casilla de salida. En esas circunstancias me hice la gran pregunta, la que no he escrito en el esquema inicial

---

palabras es mucho mayor que el del lenguaje corporal y la forma en la que modulamos la voz. No obstante, dada la importancia de las emociones a la hora de fijar algo en nuestra memoria, no debemos subestimar el peso del lenguaje corporal y de nuestro uso de la voz a la hora de comunicar.

41 El concepto de *embodied cognition*, que podríamos traducir como «cognición integrada en el cuerpo», es una de las claves de las últimas investigaciones sobre la mente. A diferencia de la hipótesis dualista de Descartes, que separa cuerpo y mente como entidades independientes, cada vez más estudios demuestran la necesaria integración de la experiencia física y las emociones en la percepción, así como en el desarrollo y aplicación de nuestras capacidades intelectuales. Por poner un ejemplo, yo sufro lo indecible si no puedo pintar en una pizarra para explicar cualquier cosa. Trazar un esquema me ayuda a razonar y enhebrar ideas. Las muchas ilustraciones de este libro son la pizarra sobre la que desarrollo las ideas que luego escribo.

42 Lo programé con técnicas de modelado basado en agentes, y me fue de gran ayuda para orientar la forma en que estudiaba los datos y contrastar hipótesis sobre la efectividad de distintas medidas o el impacto de nuevas cepas.

¿Cuándo va a acabar la pandemia?

A la que seguía, necesariamente, otra

¿Habrá más pandemias?

Nadie sabía responder, porque esas dos preguntas requieren predecir el futuro, y eso es cosa de adivinos. Los científicos no tenemos ese don.

¿POR QUÉ NO SE PUEDE PREDECIR LA EVOLUCIÓN DE LA PANDEMIA, NI LA APARICIÓN DE OTRA?

Cuando analizamos datos podemos hacer tres cosas: Describir, comprender o predecir[43]. Todo cuanto hemos visto hasta ahora pertenece al dominio de las dos primeras: una descripción de lo que estaba ocurriendo, junto con la explicación de algunos fenómenos que revelan la dinámica de los contagios, así como la evolución del número y gravedad de los afectados. Responde a la pregunta de qué está pasando, y en cierta medida, por qué. Describir y comprender... pero no predecir.

Para predecir nos apoyamos en algoritmos que exploran los datos en busca de patrones, de regularidades que se repitan en el tiempo. Pueden ser técnicas de series temporales, de *machine learning* o de otro tipo, pero, en esencia, necesitamos:

a) Identificar un patrón de comportamiento.
b) Confiar en que nuestro futuro se va a parecer a nuestro pasado.
c) Proyectar ese patrón hacia el futuro, bajo determinadas condiciones.

La demanda de servicios de telecomunicación, por ejemplo, se presta a aplicar técnicas predictivas. Esa demanda en realidad obedece a nuestras costumbres, y pocas cosas hay más regulares que las costumbres del *Homo sapiens*.

---

43 Para predecir, primero hemos de generar hipótesis que podamos contrastar al analizar los datos disponibles.

Esa posibilidad de identificar patrones no existe en una pandemia. No hay enfermedad de la que se hayan recogido datos de manera más exhaustiva en toda la historia que esta de la COVID-19, no hay microorganismo cuyo código genético haya sido estudiado con mayor profundidad[44]. Pocos virus se han sometido a un escrutinio semejante al que se ha realizado en los últimos cuatro años sobre el SARS-COV-2. Según PubMed[45], hasta septiembre de 2024 había publicados 498 914 artículos con el término COVID-19 en el título. En comparación, en los 47 años que median entre 1975 y 2024 encontramos unos 143 000 sobre la gripe (Influenza) y unos 324 000 sobre el SIDA. Los años con mayor número de publicaciones tenemos 12 300 artículos sobre el SIDA y unos 8 500 sobre la gripe. En 2021 se escribieron casi 142 000 artículos sobre la COVID-19.

Aun así, a pesar de todos los medios que se han volcado en el estudio de SARS-COV-2, no somos capaces de predecir cómo va a evolucionar. Y eso es porque lo que las nuevas versiones del virus que surgen incansablemente pueden o no pueden hacer, que sean más agresivas o transmisibles está dominado por el azar[46].

---

44 Entre febrero de 2020 y enero de 2023, los laboratorios asociados a GISAID, un organismo científico internacional, han secuenciado el código genético de 14,7 millones de muestras de SARS-COV-2. Aproximadamente 4,9 millones de muestras al año. De la gripe A, la enfermedad de mayor seguimiento mundial, se secuenciaron unas 50 900 muestras entre febrero de 2020 y enero de 2023 (unas 17 000 al año). Fuente: GISAID

45 PubMed es un sitio web de referencia para localizar artículos científicos sobre temas médicos y biotecnológicos.

46 Quizá la obra más influyente sobre el papel del azar en la evolución de los seres vivos es *El azar y la necesidad*, del premio nobel Jacques Monod.

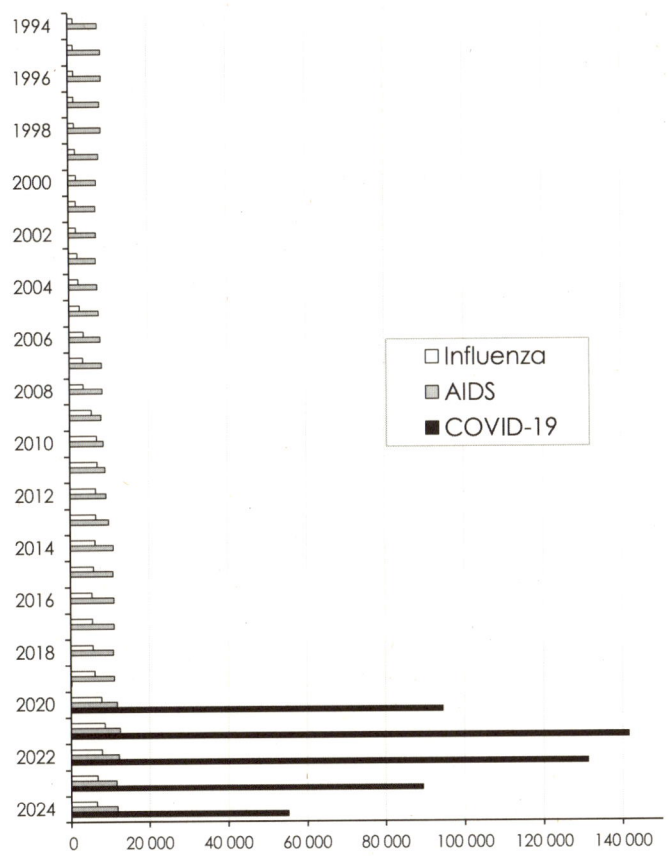

Figura II-1. Número de artículos científicos publicados desde 1975 que contengan en su título la palabra «Influenza», «AIDS» o «COVID-19». He dejado en la leyenda de la gráfica los términos en inglés, para que, quien quiera, pueda hacer la misma búsqueda. Fuente: PubMed.

Cada minuto, millones de virus del SARS-COV-2 se reproducen en las células de las personas a las que ha infectado. Al copiar su código genético para originar nuevos virus se producen errores, que llamamos mutaciones. La mayoría de las mutaciones son deletéreas, y hacen inviable al nuevo virus. Muchas son inocuas, y no influyen de manera particular en sus posibilidades de supervivencia. Pero alguna vez, por casualidad, suponen una ventaja adicional que hace que una cepa del virus sea más efectiva. En la historia del SARS-COV-2 lo hemos visto varias veces: la cepa alfa consiguió imponerse a las cepas anteriores. La cepa delta arrasó en todo el mundo, y lo mismo hizo ómicron, que lleva meses de dominio absoluto, si bien ha generado sucesivas subvariantes. Cada vez que un virus de SARS-COV-2 se reproduce, está comprando un boleto en la lotería de la vida. Uno entre billones de ellos acarrea una ventaja que puede hacer el virus más transmisible, o más dañino. No sabemos cuándo va a salir, o si va a salir siquiera.

La lotería de la vida, esa infinita capacidad de generar variedad, no solo ayuda al virus. Nuestro sistema inmunitario maneja su propia versión, para asegurar que cuenta con una interminable batería de contramedidas cada vez que aparece un invasor.

La batalla de cómo va a progresar la COVID-19, y la de otros agentes que podrían causar una pandemia parecida, se libra en el mundo de lo microscópico. Comprender qué puede ocurrir y cómo ponerle coto requiere estudiar los mecanismos y las moléculas fundamentales de la vida, y ese mundo desconocido de los microorganismos con los que tan estrecha relación guardamos. Bienvenido al reino de los ácidos nucleicos, las proteínas, los anticuerpos, los antivirales, las cepas víricas, el sistema inmunitario, las bacterias y virus resistentes, y la dificultad de combatir las enfermedades en este planeta superpoblado e interconectado. Entre otras muchas cosas.

Llega el momento de sumergirnos en «lo pequeño».

6. ¿Cuál es tu molécula favorita?

La capacidad de un virus para sobrevivir viene dada por las proteínas que es capaz de fabricar, lo que depende de la información almacenada en su código genético. La respuesta de nuestro organismo a la invasión de un patógeno[47] sigue la misma lógica. Los anticuerpos también son proteínas que se construyen según ciertas instrucciones codificadas en nuestro ADN. Todo se resuelve a nivel molecular, proteínas contra proteínas[48]. Es hora de conocer las construcciones de la naturaleza que son el fundamento de la vida.

UNA PREGUNTA INOCENTE

Dicen los expertos que la mejor manera de protegernos contra la enfermedad de Alzheimer es mantener la mente despierta, enfrentándonos a retos. De ser así, tengo por delante un futuro halagüeño. Cada vez

---

47   Como veremos en el capítulo 8, los microorganismos de todo tipo son una parte esencial de nuestro mundo, sin la que este nunca habría surgido ni podría subsistir. Tengamos claro que solo una pequeña parte de esos microorganismos es dañina para nosotros, mientras que muchas especies son tan necesarias que forman parte de nosotros mismos. Denominamos patógenos a los microorganismos que causan enfermedades.

48   Nuestro sistema inmunitario cuenta con múltiples mecanismos para defenderse de los patógenos. La herramienta más generalmente reconocida son los anticuerpos, que son proteínas. En cualquier caso, la interacción entre un patógeno y las células a las que ataca tiene lugar a nivel molecular, y a veces involucra otro tipo de moléculas orgánicas. Vamos a ver repetidas veces que la naturaleza no es dogmática, y se sirve de todo lo que tiene a su alcance.

que nos juntamos para alguna de las comidas del día, mis hijos tienen lista una batería de preguntas. Llego a la cocina y me esperan cuestiones tales como: «¿Cuál es tu color de fruta favorito?» o «¿Qué opinas de Mozambique?» o «¿Cuál es tu autor favorito de la generación del 98?». Y una vez respondo algo, viene la pregunta obligada: «¿Por qué?», y un aluvión de críticas si la respuesta no les convence.

No obstante, a veces consigo devolver la volea. Hay cuestiones que me parecen fascinantes, y dan pie a que saque un cuaderno y empiece a explicarles cosas interesantes. Es lo que más temen. Pero la pregunta que nos ha dado para la charla más larga fue la que da nombre a este capítulo: «¿Cuál es tu molécula favorita?» Y entonces saqué el cuaderno, y empecé a contar algo como lo que sigue a continuación.

LAS PIEZAS BÁSICAS DE LA VIDA

Definir lo que es un «ser vivo» se antoja verdaderamente complicado. Desde el siglo XVIII, los científicos se han topado con todo tipo de cuestiones para dilucidar qué es un ser vivo y qué nos permite identificarlo como tal. La discusión sigue en pleno auge, y nuestros virus están siempre en el centro, ya que tienen algunas características que les dejarían fuera, según las definiciones más clásicas[49].

Pero siendo pragmáticos, sí tenemos claro que hay una serie de moléculas que son producidas por seres vivos, y solo por ellos. Son las macromoléculas biológicas, que pueden clasificarse en cuatro tipos principales:

—Glúcidos
—Lípidos
—Proteínas
—Ácidos nucleicos

Todas ellas están formadas principalmente por los seis elementos clave de la vida. Quédense con este acrónimo: CHONPS. Carbono, Hidrógeno, Oxígeno, Nitrógeno, Fósforo y Azufre. Aunque todos ellos son imprescindibles, es la versatilidad del carbono para formar

---

49   Ya tiene delito que algo que ni siquiera es un ser vivo haya puesto en jaque a todo el planeta.

múltiples enlaces lo que le convierte en el sinónimo de la vida, tal como la conocemos en la Tierra. Volviendo a los cuatro tipos principales de moléculas biológicas, lo cierto es que para explicar cuál es mi favorita tenemos que verlas más de cerca.

LOS GLÚCIDOS

Los glúcidos son los azúcares, que esencialmente consisten en fuente o almacén de energía. Están formados por carbono, hidrógeno y oxígeno. Los glúcidos más sencillos son monosacáridos, como la glucosa, la fructosa o la ribosa. Moléculas pequeñas cuyos enlaces pueden ser rotos con facilidad para extraer la energía almacenada[50].

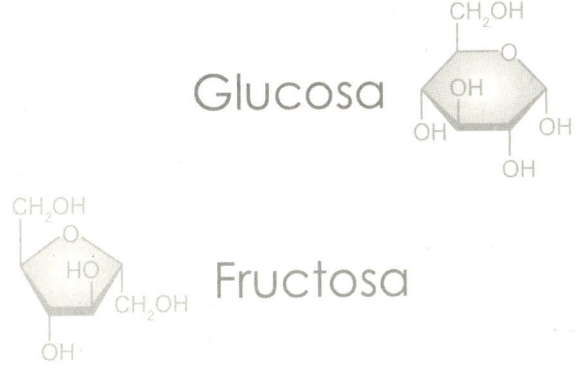

Figura 6-1. Representación de las moléculas de glucosa y fructosa, dos de los azúcares fundamentales. Se asume que en los vértices del polígono hay un átomo de carbono, excepto en el que se representa expresamente un átomo de oxígeno. Imagen de Ali@ stock.adobe.com.

---

50   Para formar una molécula debemos unir varios átomos mediante enlaces químicos. Para formar enlaces hay que aportar energía, y al romper esos enlaces se libera energía, igual que cuando cargamos la batería del móvil almacenamos energía, que luego se libera poco a poco para que podamos usarlo. Los seres vivos obtienen la energía que necesitan rompiendo moléculas. Nuestras células obtienen energía de los azúcares y otros tipos de moléculas que ingerimos al comer, utilizando para ello el oxígeno que inhalamos con la respiración. Los organismos autótrofos, como las plantas o algunas bacterias, son capaces de fabricar azúcares aprovechando fuentes de energía como el sol o ciertas reacciones químicas. Los heterótrofos, como somos los humanos, obtenemos la energía de las moléculas contenidas en los alimentos.

Si unimos ordenadamente varios monosacáridos podemos hacer un entramado bastante sólido. De esa forma se constituyen la celulosa o la quitina, que son polisacáridos cuya función es dar rigidez a una estructura. La celulosa es el material del que están formados los tallos de las plantas. La quitina es el material con el que los artrópodos, entre ellos los insectos, construyen el esqueleto externo que los protege.

Como se ve, a partir del mismo tipo de molécula, la naturaleza es capaz de dar varios usos. Si tenemos una molécula aislada de glucosa o fructosa, estamos ante una fuente de energía. Si juntamos muchas creamos una cadena que nos permite componer estructuras. Otro tipo de cadenas de polisacáridos son el almidón o el glucógeno, cuya función es servir de almacén de energía a largo plazo.

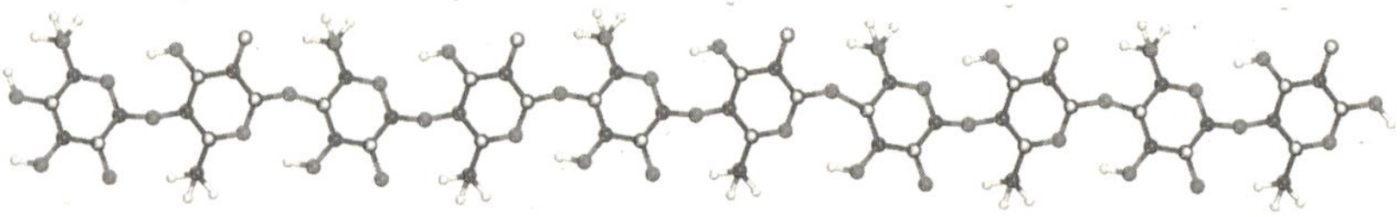

Figura 6-2. Cadena de celulosa.
La celulosa es un polisacárido formado al unir moléculas de glucosa. Imagen de Eclipsaire@stock.adobe.com.

Hay un par de monosacáridos que tienen una función estructural muy importante: la ribosa y la desoxirribosa. Ambas son una pieza esencial de las bases que forman los ácidos nucleicos, como veremos más adelante.

La flexibilidad con la que la naturaleza genera soluciones para todo tipo de problemas a partir de las mismas moléculas es algo fascinante. En este aspecto, los glúcidos son bastante sencillos y, aun así, tienen un papel fundamental en todos los seres vivos.

LOS LÍPIDOS

Los lípidos son las grasas, moléculas formadas esencialmente por carbono e hidrógeno, con algo de oxígeno. Sus funciones son muy diversas: almacenan energía y funcionan como aislante térmico o como agentes impermeabilizantes, ya que repelen el agua. Muchas hormonas que controlan funciones clave en nuestro cuerpo, como la testosterona o la cortisona tienen como base un lípido. Pero, sin duda, el papel más importante de los lípidos (de un tipo muy especial llamados fosfolípidos) es el de constituir las membranas celulares.

Los fosfolípidos son moléculas formadas por dos ácidos grasos unidos con un grupo fosfato a través de una molécula de glicerol. La clave de estas moléculas radica en que el fósforo se lleva bien con el agua, mientras que el resto de la cadena se lleva mal. Así que tenemos una molécula con una cabeza hidrófila y una cola hidrófoba. Por esa razón, los fosfolípidos en un medio acuoso se agrupan formando esferas llamadas micelas, que son la base de las membranas celulares[51]. Ponen las cabezas hidrófilas en contacto con el agua y guardan hacia dentro la parte de la molécula que repele el agua. Si tenemos un entorno acuoso fuera, y agua también dentro, como ocurre en las células, necesitamos una bicapa, que es lo que vemos en las membranas celulares.

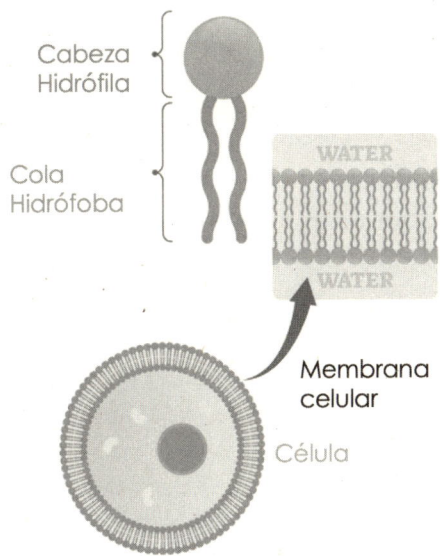

Figura 6-3. Estructura de una molécula de fosfolípido, y esquema de la formación de una bicapa de moléculas de este tipo para conformar la membrana celular. La clave es que solo la cabeza hidrófila de la molécula puede estar cerca de moléculas de agua. Imagen de VectorMine@stock.adobe.com

---

51   Lo mismo que vemos cuando hay gotas de aceite en el agua, que el aceite forma «islas» aislando las moléculas de aceite del entorno acuoso.

El papel de las membranas en la vida es esencial. Todo ser vivo necesita crear un entorno interno separado del ambiente para adquirir entidad independiente[52]. Por otro lado, las membranas cumplen funciones muy importantes a la hora de propiciar reacciones químicas impulsadas por diferencias de concentración de iones.

LAS PROTEÍNAS

De entre las moléculas biológicas, las proteínas ganan a todas por goleada en cuanto a la variedad de su composición, forma y funciones. Es difícil pensar en alguna actividad de un ser vivo en la que no intervenga una proteína.

Las proteínas son imprescindibles para facilitar las reacciones químicas que permiten a cualquier célula mantenerse viva, actúan como nanomáquinas capaces de transportar moléculas dentro de las células, de propiciar el intercambio de iones o de ensamblar otras moléculas, transmiten señales químicas entre células o dentro de estas, regulan procesos, crean estructuras, sirven como arma contra organismos hostiles y almacenan energía. No les digo que lo superen, basta con que me lo igualen.

La tabla que sigue intenta recoger las funciones más importantes desempeñadas por proteínas. Las proteínas cuya función es facilitar reacciones químicas se denominan enzimas. Se han identificado más de cuatro mil reacciones químicas mediadas por enzimas. He elegido como ejemplo la fosfatasa porque es una de las sustancias que nos miran en los análisis de sangre[53]. Verán que no es la única proteína cuyo nivel en sangre es un indicador clave de nuestro estado de salud.

---

52   El libro de Pier Luigi Luisi, *Vida emergente*, hace un detallado recuento de estudios y experimentos realizados para analizar la formación de micelas y de membranas de dos capas. Es muy recomendable para entender por qué es tan importante para la vida tener membranas, aunque requiere una buena base de bioquímica para seguirlo.

53   Los nombres de las proteínas suelen ser largos y solo aptos para valientes.

Las membranas celulares

Los principales componentes de la membrana plasmática son los lípidos (fosfolípidos y colesterol), las proteínas y grupos de carbohidratos que se unen a algunos de los lípidos y proteínas. Y no es asunto menor. La membrana celular no solo compartimenta la célula, sino que funciona como transmisor y emisor de señales, de información.

Parte de las funciones de las membranas son debidas a sus propiedades fisicoquímicas:

a) son estructuras fluidas que hace que sus moléculas tengan movilidad lateral, como si de una lámina de líquido viscoso se tratase;

b) son semipermeables, por lo que pueden actuar como una barrera selectiva frente a determinadas moléculas;

c) poseen la capacidad de romperse y repararse de nuevo sin perder su organización;

d) son flexibles y maleables, adaptándose a las necesidades de la célula;

e) están en permanente renovación, es decir, eliminación y adición de moléculas que permiten su adaptación a las necesidades fisiológicas de la célula.

Entre las múltiples funciones necesarias para la célula que realizan las membranas está la creación y mantenimiento de gradientes iónicos, los cuales hacen sensible a la célula a estímulos externos, permiten la transmisión de información y la producción de ATP, intervienen en el transporte selectivo de moléculas, etcétera. Las membranas también hacen posible la creación de compartimentos intracelulares donde se realizan funciones imprescindibles o forman la envoltura nuclear que separa al ADN del citoplasma. En las membranas se disponen múltiples receptores que permiten a la célula «sentir» la información que viaja en forma de moléculas por el medio extracelular.

Nota curiosa: Membrana es *membrane* en inglés. De ahí que algunos la llamen MEMBRAIN. Porque la membrana celular actúa como un cerebro (*brain*) para cada una de las treinta seis mil millones de células que conforman el cuerpo humano adulto.

Función	Ejemplo	Acción
Facilitar reacciones químicas (enzimas)	fosfatasas	Eliminan el grupo fosfato de una molécula
Máquinas moleculares	kinesina, dineína	Transportan moléculas dentro de las células apoyándose en microtúbulos
	helicasa	Separan de las hebras de ADN para su replicación
	miosina, actina	Se desplazan una sobre otra generando así el movimiento de contracción muscular
	polimerasas	Ensamblan nucleótidos para formar cadenas de ADN o ARN
Base de estructuras	tubulina	Constituyen la base de los microtúbulos de una célula eucariota
	cápsides de virus	Forman la envoltura que protege el ácido nucleico de un virus
	colágeno	Forma la matriz extracelular que da la rigidez necesaria a los tejidos de animales
	queratina	Base fundamental de piel y uñas
Defensa del organismo	anticuerpos	Defensas diseñadas a medida contra patógenos
	fibrinógeno, protrombina	Forman coágulos para reparar heridas
Regulación de procesos	insulina	Estimula la asimilación de glucosa por las células del organismo
	acetiltransferasas	Alteran la expresión de genes en el ADN
Receptores de membrana	receptor de insulina	Transmite a la célula la orden asociada a la presencia de insulina: abrir canales para facilitar la entrada de glucosa en las células del músculo y tejido adiposo
Canales y transportadores de membrana	canales iónicos	Regulan la circulación de iones a través de membranas para crear gradientes eléctricos
	permeasas	Forman «puertas» en las membranas celulares que facilitan el paso de moléculas grandes bajo ciertas condiciones
Distribución de nutrientes	hemoglobina	Transporta oxígeno de los pulmones a las células, y CO_2 de vuelta
Construcción de proteínas	chaperoninas	Ayuda fundamental en el proceso de plegamiento de proteínas
Almacén y reserva	ferritina	Almacena hierro
	gluten	Presente en semillas de cereales, almacén de energía

Tabla 6-1. Funciones de las proteínas.

Pero ¿cuál es la clave de la apabullante versatilidad de estas moléculas? Para responder tengo que dejar salir al ingeniero que llevo dentro. Imaginen que necesitamos crear objetos con formas muy diferentes, con piezas móviles, ejes, y de tamaños muy distintos. Si miro por casa tengo un montón de ejemplos. Fíjense en esta foto.

Figura 6-4. Diferentes objetos creados a partir de piezas comunes de Lego®.
Imagen de Mª Teresa Herrero, con elementos de Adobe Stock.

Lego® dio con la clave para ello hace varias décadas. Inventó un juguete de construcción con dos características fundamentales: partir de un conjunto de piezas pequeñas de múltiples formas y que son fácil ensamblar entre sí de manera firme. Con esos dos ingredientes podemos construir objetos grandes y pequeños, sencillos y tremendamente complejos.

Las proteínas parten de los mismos principios: están formadas por aminoácidos, que son moléculas sencillas. Constan de un grupo amino, un grupo carboxilo, y una cadena llamada R unida al átomo de carbono del centro.

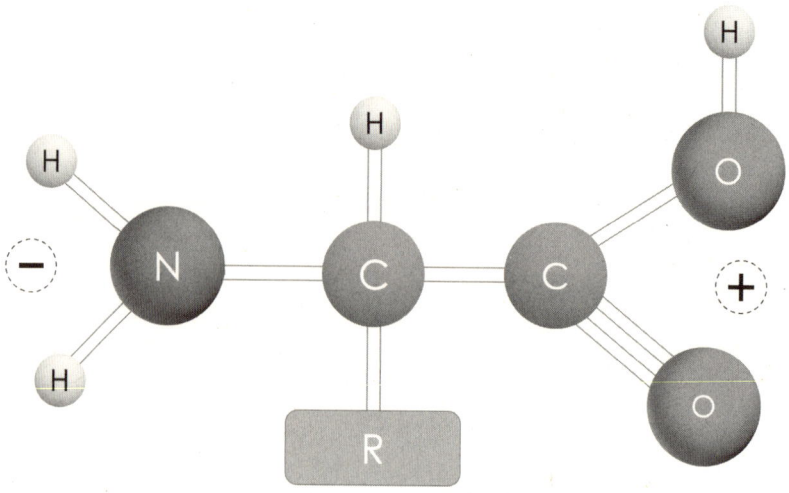

Figura 6-5. Estructura básica de un aminoácido.

Para construir proteínas, los seres vivos utilizan hasta veintidós aminoácidos diferentes. Se distinguen por el tipo de molécula que se une al átomo de carbono en ese punto central, que hemos representado con una R. Ello determina las propiedades fisicoquímicas del aminoácido. Con qué tipo de moléculas tiene afinidad, si se lleva bien con el agua, si presenta o no carga, etc. Ya tenemos nuestro conjunto de piezas básicas.

Ahora tenemos que ver cómo se consigue que sea sencillo unir las piezas. Los aminoácidos se unen entre sí formando cadenas. El nitrógeno de un aminoácido se une con facilidad al carbono del extremo de otro aminoácido formando un enlace peptídico. Así se pueden formar cadenas de 50, 300, y hasta 4300[54] aminoácidos. Casi podemos imaginar los dos extremos del aminoácido como un «enganche» que facilita la formación de cadenas tan largas como queramos.

---

54   La proteína más grande conocida en el ser humano es la apolipoproteína B, una proteína transportadora de colesterol, con 4356 aminoácidos. La más pequeña es la insulina, con 51 aminoácidos.

Cadena de aminoácidos

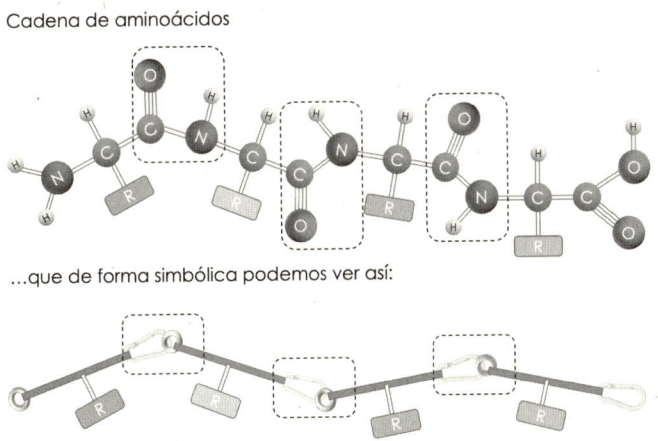

...que de forma simbólica podemos ver así:

Figura 6-6. Cadena de aminoácidos. Las propiedades fisicoquímicas de estos vienen definidas por la molécula R. Hemos representado los grupos amino y carboxilo de los extremos como «enganches». Imagen de Mª Teresa Herrero, con elementos de Adobe Stock.

Eso sí, las cadenas de aminoácidos no se ramifican. Para adquirir sus complicadas formas en 3D, las proteínas se enrollan sobre sí mismas como consecuencia de las fuerzas de atracción y repulsión entre los diferentes aminoácidos que la componen, y de estos con las moléculas de agua del entorno.

Ese enrollamiento de las proteínas sobre sí mismas da lugar a enrevesadas formas, que son fundamentales para la función que desempeñan[55]. Las proteínas son altamente específicas. Cada proteína interacciona únicamente con un determinado conjunto de moléculas, y solo con ellas[56]. Por poner un ejemplo, los anticuerpos son proteínas diseñadas por el sistema inmunitario para bloquear la acción de un determinado patógeno. Si hemos pasado un constipado, tendremos

---

55 El misterio de cómo las proteínas se pliegan sobre sí mismas dando siempre lugar a la misma forma se ha estudiado durante décadas. En principio se pensaba que la forma final adoptada era la que correspondía con el estado de mínima energía, y que se alcanzaba de forma espontánea. Actualmente se sabe que hay unas proteínas auxiliares que ayudan en el proceso de plegamiento llamadas chaperoninas. Predecir cómo se va a plegar una proteína y qué forma va a tener conociendo la sucesión de aminoácidos de la cadena es un reto de la máxima complejidad. Los modelos computacionales van mejorando poco a poco, a base de estudiar más y más proteínas con ayuda de distintas herramientas. No obstante, es uno de los campos de investigación biológica al que se dedica más esfuerzo.

56 Este comportamiento de las proteínas se denomina modelo llave-cerradura.

anticuerpos contra el virus que nos ha causado el constipado. Pero si llega un virus distinto, esos anticuerpos ya no sirven. Se diseñaron para encajar (y desactivar así) con las proteínas del primer virus. No valen contra las proteínas de un virus diferente. De forma análoga, las enzimas que hacen de catalizador[57] en una reacción química solo funcionan de esa manera si se juntan con los reactivos correspondientes, y no con otros. Y los receptores de membrana solo se activan si se les une la molécula para la que están diseñados. Esto es, el receptor de insulina solo se activa si se le une una molécula de insulina, y rechazará todas las demás.

Por dar algunos ejemplos de lo complicadas que son las formas de las proteínas, ahí van unas cuantas muy importantes.

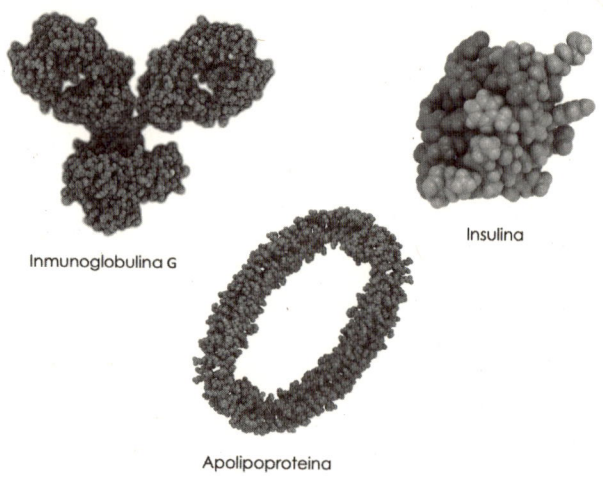

Insulina

Inmunoglobulina G

Apolipoproteína

Figura 6-7. Varias proteínas de nuestro organismo: la insulina, que es la más sencilla, la apolipoproteína, que es la mayor en número de aminoácidos y una inmunoglobulina, esto es, un anticuerpo. Imagen de molekuul.be@stock.adobe.com

---

57   Un catalizador es una molécula auxiliar que ayuda a que tenga lugar una reacción química, o bien la acelera enormemente, pero no forma parte del producto final. La gran mayoría de las reacciones que tienen lugar en los seres vivos requieren de un catalizador, una enzima. Tiene todo el sentido, ya que es la única manera que tiene la célula de modular qué reacciones tienen lugar y cuándo. Podemos imaginar la célula como un gigantesco matraz en el que hay todo tipo de moléculas. Según las enzimas que la célula decida construir en cada momento se determina qué reacciones se ponen en marcha.

Estas moléculas versátiles, capaces de construir nanomáquinas con piezas móviles y funcionar como motores, altamente específicas, son sin duda fascinantes. Casi tanto como las moléculas que la naturaleza utiliza para almacenar y transmitir la información necesaria para construirlas. Vamos a hablar de los ácidos nucleicos.

LOS ÁCIDOS NUCLEICOS

La evolución de la vida ha permitido, por prueba y error, acabar diseñando miles de proteínas con distintas funciones, de modo que cada célula utiliza un conjunto de ellas. Cada célula de nuestro cuerpo fabrica entre mil y diez mil proteínas distintas, necesarias para realizar los diferentes procesos que la mantienen con vida y permiten que realice su aportación al organismo.

No sería posible que unas moléculas tan sofisticadas como son las proteínas surgieran de manera espontánea cada vez que se las necesita. Es necesario contar con un libro de instrucciones que recoja la sucesión de aminoácidos que componen cada proteína. Ese libro es el ADN, ácido desoxirribonucleico[58]. Al menos para animales, plantas, protistas, arqueas y bacterias. En el ADN está almacenada esa información siguiendo un código universal en la naturaleza. Pero ¿por qué necesitamos un código?

CÓMO CODIFICAMOS (Y COPIAMOS) INFORMACIÓN LOS HUMANOS

Para transmitir o almacenar información es imprescindible fijar un consenso de cómo representamos cada símbolo. Solo así el mensaje podrá ser leído e interpretado por cualquiera que lo necesite. En el mundo de las telecomunicaciones y de las tecnologías de información buscamos traducir todo a unos y ceros. Los transistores que utilizamos como base de todo tipo de circuitos pueden estar en dos

---

58   Los virus se empeñan siempre en dejarnos en mal lugar y romper esquemas. Muchos virus almacenan su información genética en cadenas de ARN (ácido ribonucleico) y no de ADN.

estados: encendido o apagado. Uno o cero. Asimismo, la transmisión de datos se apoya en símbolos binarios. Por esa razón la información se guarda y se transmite por medio de símbolos que son una sucesión de unos y ceros.

Cuando empezó el desarrollo de la informática y la transmisión de datos fue necesario estandarizar qué número binario se correspondía con cada posible carácter. Era la única forma de que los archivos generados en una máquina pudiesen ser leídos en otra máquina distinta. Abajo puede verse la tabla ASCII (*American Standard Code for Information Interchange*) inventada en 1963, que siguen utilizando la mayoría de los ordenadores. La primera columna contiene el código de unos y ceros que almacenamos internamente en la máquina. A la hora de presentar un texto, sin embargo, se realiza una traducción para que el humano que intenta leer la pantalla vea los inconfundibles caracteres que le son familiares[59].

En principio se fijó como condición utilizar 7 bits para codificar los símbolos, lo que hacía que el alfabeto de las máquinas abarcase solo 128 caracteres, o lo que es lo mismo, 2^7 caracteres. En la tabla se ven 8 bits, pero el primero es siempre cero[60], así que no podemos contar con él.

En cuanto a cómo generar copias de la información, lo hacemos todos los días. Basta con replicar en un dispositivo la sucesión de unos y ceros que hay en el primero. Para desgracia de los creadores de contenidos e información (como películas, música, programas o documentos de todo tipo), pocas cosas son más sencillas.

---

[59]   Salvo que estés un poco loco y hayas pasado horas y horas decodificando mensajes escritos en hexadecimal, como ocurre con más de uno que conozco. En tal caso, no necesitas ninguna traducción, aunque quizá sí un poco más de vida social. El hexadecimal es un sistema de numeración que permite escribir números binarios de forma comprimida.

[60]   Se dejó así para que fuese una ayuda en la corrección de errores de transmisión.

Tabla de caracteres ASCII

Binario	Carácter	Binario	Carácter	Binario	Carácter
0010 0000	espacio ( )	0100 0000	@	0110 0000	`
0010 0001	!	0100 0001	A	0110 0001	a
0010 0010		0100 0010	B	0110 0010	b
0010 0011	#	0100 0011	C	0110 0011	c
0010 0100	$	0100 0100	D	0110 0100	d
0010 0101	%	0100 0101	E	0110 0101	e
0010 0110	&	0100 0110	F	0110 0110	f
0010 0111	'	0100 0111	G	0110 0111	g
0010 1000	(	0100 1000	H	0110 1000	h
0010 1001	)	0100 1001	I	0110 1001	i
0010 1010	*	0100 1010	J	0110 1010	j
0010 1011	+	0100 1011	K	0110 1011	k
0010 1100	,	0100 1100	L	0110 1100	l
0010 1101	-	0100 1101	M	0110 1101	m
0010 1110	.	0100 1110	N	0110 1110	n
0010 1111	/	0100 1111	O	0110 1111	o
0011 0000	0	0101 0000	P	0111 0000	p
0011 0001	1	0101 0001	Q	0111 0001	q
0011 0010	2	0101 0010	R	0111 0010	r
0011 0011	3	0101 0011	S	0111 0011	s
0011 0100	4	0101 0100	T	0111 0100	t
0011 0101	5	0101 0101	U	0111 0101	u
0011 0110	6	0101 0110	V	0111 0110	v
0011 0111	7	0101 0111	W	0111 0111	w
0011 1000	8	0101 1000	X	0111 1000	x
0011 1001	9	0101 1001	Y	0111 1001	y
0011 1010	:	0101 1010	Z	0111 1010	z
0011 1011	;	0101 1011	[	0111 1011	{
0011 1100	<	0101 1100	\	0111 1100		
0011 1101	=	0101 1101	]	0111 1101	}
0011 1110	>	0101 1110	^	0111 1110	~
0011 1111	?	0101 1111	_		

Tabla 6-2. Tabla de códigos ASCII para los principales caracteres.

CÓMO CODIFICAN (Y COPIAN) INFORMACIÓN LAS CÉLULAS

Ni que decir tiene que la naturaleza no tiene transistores, ni circuitos electrónicos ni nada que se le parezca. Para almacenar información solo tiene moléculas. Así que el código genético ha de basarse en moléculas (en lugar de ceros y unos). Interesa que esas moléculas se construyan encadenando un número limitado de piezas estándar y fáciles de fabricar[61]. Ya hemos visto con las proteínas que los seres vivos dominan el arte de formar moléculas muy grandes a base de engarzar piezas pequeñas.

Los ácidos nucleicos se construyen, pues, a partir de cinco moléculas estándar, los nucleótidos. Estos están formados por una base nitrogenada, que puede ser de cinco tipos: adenina (A), timina (T), guanina (G), citosina (C) y uracilo (U), un monosacárido, que puede ser ribosa o desoxirribosa y un grupo fosfato. En el ADN el monosacárido es la desoxirribosa y en el ARN es la ribosa. Lo que distingue un nucleótido de otro es la base nitrogenada, por lo que se denominan por esta.

Los ácidos nucleicos son moléculas muy estables, lo que es fundamental para la vida, ya que su estructura es un almacén de información esencial. Si nos fijamos en el ADN, veremos que está formado por dos hebras (la doble hélice) en la que el emparejamiento entre las bases que quedan enfrentadas es siempre igual: citosina con guanina y adenina con timina. Esta propiedad es clave, ya que con una hebra podemos construir su hebra complementaria sin nada más que usar la primera como molde.

Para copiar una cadena de ARN podemos explotar el mismo truco de la complementariedad de las bases. En los ácidos nucleicos cualquier cadena puede servir de molde para hacer una copia, siempre que contemos con las proteínas adecuadas para realizar el proceso.

---

61 Si las moléculas que debemos ensamblar para construir un ácido nucleico fueran difíciles de obtener, la vida nunca habría prosperado.

Código Genético

Codón	Aminoácido
UUU	FENILALANINA
UUC	
UUA	
UUG	
CUU	LEUCINA
CUC	
CUA	
CUG	
AUU	
AUC	ISOLEUCINA
AUA	
AUG	METIONINA/START
GUU	
GUC	VALINA
GUA	
CUG	
UCU	
UUC	SERINA
UCA	
UCG	
CCU	
CCC	PROLINA
CCA	
CCG	
ACU	
ACC	TREONINA
ACA	
ACG	
GCU	
GCC	ALANINA
GCA	
GCG	
UAU	TIROSINA
UAC	
UAA	STOP
UAG	
CAU	HISTIDINA
CAC	
CAA	GLUTAMINA
CAG	
AAU	ASPARIGINA
AAC	
AAA	LISINA
AAG	
GAU	
GAC	ÁCIDO ASPÁRTICO
GAA	
GAG	ÁCIDO GLUTÁMICO
UGU	CISTEÍNA
UGC	
UGA	STOP
UGG	TRIPTÓFANO
CGU	
CGC	ARGININA
CGA	
CGG	
AGU	SERINA
AGC	
AGA	ARGININA
AGG	
GGU	
GGC	GLICINA
GGA	
GGG	

Tabla 6-3. Relación entre codones del ARN y aminoácidos

Finalmente hemos de hablar del código. Utilizamos palabras con 7 números binarios para codificar 128 caracteres alfanuméricos en los ordenadores. En la naturaleza se utilizan palabras (llamadas codones) de 3 nucleótidos para codificar 22 aminoácidos. En lugar de ceros y unos, como hemos dicho, tenemos nucleótidos, de los que el ADN utiliza solo 4: A, T, C y G. El ARN utiliza también un conjunto de 4, cambiando la timina por el uracilo.

La tabla 6-3 recoge cómo se traduce en el ARN la sucesión de 3 nucleótidos a un aminoácido. También hay palabras de control. Se utiliza ciertas combinaciones para marcar en qué punto hay que «empezar a leer» y dónde termina la proteína. Son los mensajes de START y STOP.

Con cuatro símbolos tomados de tres[62] en tres realmente podemos codificar 64 aminoácidos. Como solo hay 22, puede verse que, en muchos casos, varios codones diferentes se corresponden con el mismo aminoácido. La siguiente tabla intenta representar esas equivalencias de manera más sencilla.

Código genético ARN									
		SEGUNDA LETRA							
		U		C		A		G	
PRIMERA LETRA	U	UUU UUC	FENILALANINA	UCU UCC	SERINA	UAU UAC	TIROSINA	UGU UGC	CISTEÍNA	U C
		UUA UUG	LEUCINA	UCA UCG		UAA UAG	STOP	UGA STOP UGG TRIPTÓFANO		A G
	C	CUU CUC CUA CUG	LEUCINA	CCU CCC CCA CCG	PROLINA	CAU CAC	HISTIDINA	CGU CGC CGA CGG	ARGININA	U C A G
						CAA CAG	GLUTAMINA			
	A	AUU AUC AUA	ISOLEUCINA	ACU ACC ACA ACG	TREONINA	AAU AAC	ASPARIGINA	AGU AGC	SERINA	U C
		AUG	METHIONINA/START			AAA AAG	LISINA	AGA AGG	ARGININA	A G
	G	GUU GUC GUA CUG	VALINA	GCU GCC GCA GCG	ALANINA	GAU GAC	ÁCIDO ASPÁRTICO	GGU GGC GGA GGG	GLICINA	U C
						GAA GAG	ÁCIDO GLUTÁMICO			A G

Tabla 6-4. Correspondencia de codones en ARN a aminoácido.

62 Para los que recuerden la combinatoria, el número de posibles «palabras» a representar son variaciones con repetición de 4 elementos tomados de 3 en 3. O lo que es lo mismo, $V_4^{'3}$, que es igual a 4^3, esto es, 64.

¿Y ENTONCES?

La visión tradicional de la biología separa proteínas y ácidos nucleicos como entidades muy diferentes. Las herramientas y las instrucciones para construirlas. Desde el punto de vista químico son moléculas muy distintas, por muchas razones. Pero es imposible imaginar la vida sin el funcionamiento integrado de ambos tipos de moléculas.

Las células no almacenan información, la procesan. Detectan los cambios en su entorno interno o externo gracias a diversas proteínas, y esos cambios desencadenan que se lean y traduzcan ciertos tramos del ADN de modo que se sinteticen las proteínas que habrán de dar respuesta a esa nueva situación. Me es imposible decidirme por una de ellas, porque es inconcebible tener unas sin las otras. De hecho, uno de los mayores misterios a afrontar para explicar el origen de la vida es cómo pudo haber ácidos nucleicos sin proteínas (los ácidos nucleicos son copiados gracias a proteínas que realizan esa función) o cómo podrían aparecer proteínas sin ácidos nucleicos que digan qué tenemos que ensamblar.

Así que les dejo con la duda de qué respondí a mis hijos, que nunca me dejan que dé más de una respuesta. Espero, eso sí, que se entienda que lo que un ser vivo puede o no puede hacer viene definido por las proteínas que puede fabricar. Y esas proteínas son el fiel reflejo de las instrucciones que guarda el ADN[63] (o el ARN).

El virus del SARS-COV-2 puede entrar en nuestras células e infectarlas porque tiene una proteína capaz de enlazarse con un receptor de membrana presente en algunas de ellas: la célebre proteína de la espícula. Los cambios que se producen por los errores de copia en el código genético del virus dan lugar a nuevas variantes, que se dotan de proteínas algo distintas de las de la generación anterior. Para seguirle la pista a los virus en los últimos años, hemos desarrollado enormemente las técnicas de secuenciación de ADN y de iden-

---

63   Con su dogma central de la biología, Francis Crick sentenciaba: el ADN crea el ARN; y este crea la proteína. Pero la naturaleza es obstinada y muy suya, y no le gustan los dogmas. Como veremos más adelante, los virus se encargaron de machacar esta idea. Hoy sabemos que tanto el ADN como el ARN sirven de base para almacenar información genética. Uno de los mejores libros para comprender esta revolución es *The Deeper Genome*, Oxford University Press 2015.

tificación de «bloques» del ADN asociados a determinadas funciones metabólicas o a una mayor virulencia en patógenos. Gracias a eso, empezamos a conocer algo mejor la inmensa variedad de microorganismos que nos acompañan en el mundo.

7. ¿Hasta qué punto dependemos de los microorganismos para vivir?

La historia de la vida en la Tierra empieza con organismos microscópicos unicelulares. Bacterias y arqueas fueron durante más de 2000 millones de años dueñas y señoras del planeta. En ese tiempo se adaptaron a todo tipo de entornos, incluso los más hostiles. Dieron forma al mundo en que vivimos, y a nosotros mismos, y han seguido haciéndolo a lo largo de los 2000 millones de años que nos llevó a los humanos evolucionar a partir de las primeras células eucariotas. Es hora de ver lo imbricada que está su existencia con la nuestra.

ÉRASE UNA VEZ UN PLANETA

La historia de la Tierra se cuenta en millones de años. El planeta empezó a tomar forma hace 4500 millones de años, cuando una serie de rocas comenzaron a juntarse a cierta distancia del Sol, y por la fuerza de la gravedad fueron sumando más y más masa, fundiéndose entre sí.

Hicieron falta unos cientos de millones de años para que la Tierra empezara a enfriarse lo suficiente como para que el agua líquida pudiera acumularse en los océanos. Se cree que el agua de la que disfrutamos vino en los meteoritos que no dejaban de caer sobre la Tierra. Con nuestra perspectiva es difícil de imaginar, pero hay que pensar que hablamos de una época en que la región del espacio ocupada por nuestro sistema solar estaba en plena efervescencia, con una continua lluvia de meteoritos sobre la superficie terrestre.

Los primeros fósiles encontrados datan de hace unos 4000 millones de años y se corresponden con lo que serían los antepasados de las actuales bacterias y arqueas. Encontrar fósiles de las primeras formas de vida es casi una misión imposible. Primero, porque se trata de organismos microscópicos. Imaginen ir a una zona rocosa, y empezar a cortar trozos de piedra de un grosor minúsculo para mirar al microscopio en busca de unas determinadas formas. Segundo, y aún más importante, la tectónica de placas que caracteriza a nuestro planeta ha reciclado prácticamente todo el material de la corteza terrestre, fundiéndolo en el manto para volver a aflorar en la superficie millones de años después. Si había algún resto de primitivas formas de vida en las rocas del pasado más remoto, este proceso lo hizo desaparecer.

No obstante, hay un par de lugares en la Tierra donde se conservan rocas de hace 4000 millones de años, y ahí es donde se han localizado esos fósiles que permiten afirmar la existencia de vida ya entonces, aunque algunos autores aseguran que incluso apareció antes.

El estudio de fósiles y hallazgos geológicos hacen posible fechar los grandes de hitos en el desarrollo de la vida en la Tierra, que se muestran en la figura que sigue. Pero no debemos ver la vida como algo que se desarrolló sobre un marco dado, como una obra que tiene lugar en el escenario de un teatro, independiente de este.

La Tierra no se parecería en nada a lo que es ahora de no ser por los seres vivos. La vida se caracteriza por crear un entorno que facilita su propio desarrollo. Los seres vivos han dejado su huella en la proporción de los diferentes gases de la atmósfera, en la composición de rocas o en la formación de paisajes y en general, son esenciales en los ciclos del nitrógeno, el carbono o el oxígeno. Somos poco conscientes de que la mayoría de esos fenómenos que alteran y que, a lo largo de eones, han dado forma a nuestro planeta, se deben esencialmente a nuestros antepasados y primos microscópicos.

Historia de la vida en la Tierra

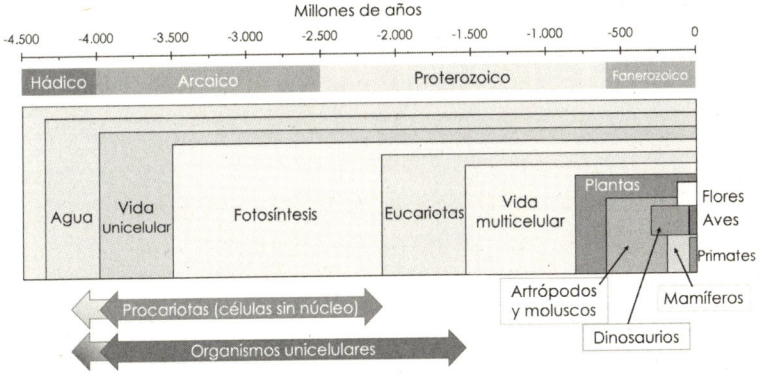

Figura 7-1. Principales periodos geológicos de la
Tierra e hitos en la evolución de la vida.

Sin entrar en detalles, la existencia de grandes masas de agua fue una condición *sine qua non* para que apareciera la vida tal como la conocemos. Desde aquel «caldo esencial» del que hablaba Darwin a las chimeneas hidrotermales del fondo oceánico en las que sitúan el origen de la vida las teorías más actuales, solo podemos concebir la aparición de la vida si esta se produce en el agua.

Así que, cumplido el hito de tener agua en abundancia en la superficie terrestre, hubo que esperar unos millones de años hasta que surgieran las primeras formas de vida unicelular. Organismos parecidos a las actuales bacterias y arqueas empezaron su expansión a todo tipo de entornos, incluidos los más inhóspitos.

No sabemos cómo surgió la vida. Los seres vivos, incluso los más sencillos, son mucho más que un compendio de reacciones químicas enlazadas, aunque ese conjunto de reacciones sea parte esencial de su existencia. Son mucho más que un montón de proteínas que cooperan en funciones de fabricación de materiales, de control de procesos o de asimilación y procesado de información. Son mucho más que unas instrucciones de fabricación de piezas con capacidad de cambiar con el tiempo, generando nuevas oportunidades[64].

---

64   En suma, la vida es un fenómeno emergente.

Cuando nos preguntamos qué es diferencial en los seres vivos, unas veces nos centramos en la obtención de energía con la que sustentar la infinidad de reacciones químicas diferentes que tienen lugar en una célula. Otras, en cómo se coordinan y enlazan entre sí todas esas reacciones, de modo que los productos de unas sean la materia prima para otras. Otros autores ponen su foco en cómo se almacena la información necesaria para fabricar otras células, en cómo se procesa la información del entorno, y cómo esta información modifica el comportamiento de la célula e incluso la herencia.

Hablamos de termodinámica, de bioquímica, de proteómica, de máquinas moleculares, de información, de genómica o de epigenética. Hay muchas formas de analizar el peculiar comportamiento de las criaturas vivas, y todas ellas nos asombran. Cualquier sistema o infraestructura construidos por el ser humano parecen sencillos al lado de un ecosistema vivo.

Conscientes de la maravillosa complejidad de la vida, los científicos se debaten entre dos posturas muy diferentes al hablar de su origen. Jacques Monod, premio nobel de medicina en 1965, consideraba que la vida era la consecuencia de un cúmulo de casualidades afortunadas que difícilmente se darán alguna otra vez en algún otro planeta. En otras palabras: estamos aquí de pura chiripa. Por el contrario, Christian de Duve, también premio nobel en 1974, creía que, una vez consigues una serie de ciclos de reacciones químicas autocatalíticas, estas cada vez se vuelven más complejas y variadas, y al final es inevitable que aparezca la vida.

Creo que es un problema que nunca conseguiremos resolver, así que conformémonos con intentar descubrir aún más cosas de esto que tenemos entre manos: un planeta con vida.

CRECED, MULTIPLICAOS Y POBLAD LA TIERRA

Hemos dicho que las primeras formas de vida fueron organismos unicelulares parecidos a las actuales bacterias y arqueas. Eran células procariotas, que dentro de los organismos unicelulares que conocemos hoy en día, son las más sencillas.

Hasta hace unos años ni siquiera sabíamos que las arqueas son muy diferentes de las bacterias, hecho que debemos a la paciencia y cabezonería de Carl Woese (y a que, en los años 70 del siglo xx, los procedimientos de investigación genética no estaban limitados por ciertas consideraciones de seguridad[65]). Woese descubrió que estos microorganismos, propios de ambientes extremos, eran muy diferentes en su bioquímica respecto a las bacterias, mucho mejor conocidas. También fue el pionero en estudiar el grado de parentesco entre distintas criaturas a partir de las diferencias en su material genético.

Sin liarnos mucho en cómo fueron descubiertos estos dos grandes linajes de los seres vivos, bacterias y arqueas son organismos procariotas. Sus células son sencillas y carecen de núcleo. Esto es, el ADN no está encapsulado y separado del resto de material de la célula, como ocurre en los eucariotas. Hoy día clasificamos los seres vivos por el grado de similitud de su código genético y del tipo de células que los integran, distinguiéndose los tres grandes grupos que vemos en la figura 7-2[66].

Las bacterias y arqueas fueron maestras de la adaptación, capaces de obtener energía de las fuentes más insospechadas con la que alimentar su metabolismo. Obsérvese que aparecen antes de que hubiera fotosíntesis, que es el proceso que permite a las plantas y otros organismos aprovechar la energía de la luz para producir azúcares y generar la energía necesaria para sus procesos internos.

Los pioneros en la Tierra fueron organismos unicelulares que utilizaban reacciones químicas como fuente primaria de energía. Se les llama quimiolitoautótrofos, literalmente «comedores de piedras». Su fuente de energía son reacciones con compuestos de azufre, con compuestos nitrogenados, con ciertos compuestos del carbono..., el tipo de moléculas que uno podía encontrar en abundancia en algunos entornos de la Tierra primitiva.

---

65   Ahora mismo, el proceso de dilucidar la secuencia de nucleótidos de una molécula de ADN O ARN es cuestión de horas, contando con maquinaria especializada. Los pioneros del estudio del ARN que trabajaron con Woese tardaban días en visualizar apenas veinte nucleótidos. El proceso comprendía el uso de fósforo radiactivo, acrilamida (que hoy sabemos que es cancerígena), alguna que otra sustancia explosiva y grandes voltajes. Cualquier técnico de riesgos laborales actual sufriría un infarto solo de pensarlo. Muchas veces, la de científico es una profesión de riesgo.

66   Habrán observado que en este árbol no están los virus. Aparte de que la postura general les niega la condición de seres vivos, la verdad es que son organismos muy diferentes de estos tres grandes grupos. No encajan en ninguno de ellos. Mejor los dejamos aparte hasta llegar a su capítulo correspondiente.

ÁRBOL FILOGENÉTICO

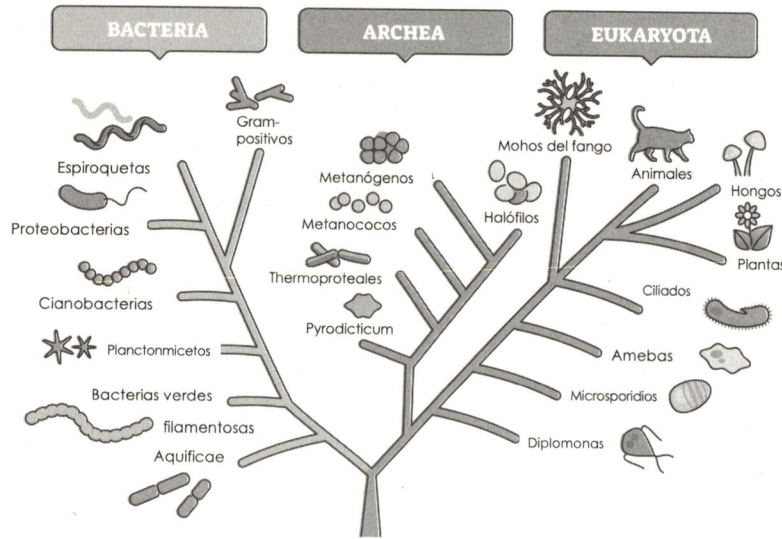

Figura 7-2. Los tres grandes reinos de la naturaleza. Arqueas y bacterias son procariotas, muy diferentes entre sí en aspectos clave de su bioquímica. Obsérvese que solo los eucariotas son pluricelulares, aunque hay muchos unicelulares, como los ciliados y las amebas. El esquema no pretende ser exhaustivo. Imagen de VectorMine@ stock.adobe.com.

Mientras las arqueas se especializaron en los entornos más extremos, como fuentes termales, lugares de alta salinidad o extremadamente fríos, las bacterias se extendieron hacia lugares más benignos, contribuyendo a transformarlos[67]. Los primeros organismos capaces de realizar la fotosíntesis fueron las cianobacterias, y con ello comenzó una transformación irreversible de la atmósfera, al empezar a producir oxígeno[68]. Un gas, por cierto, que resultaba tóxico para casi todas las bacterias en aquel momento.

---

67   También hay bacterias en lugares bastante inhóspitos, aunque no puedan compararse en este arte de habitar sitios extremos con las arqueas.

68   Los niveles de oxígeno en la atmósfera han variado bastante a lo largo de la historia de la Tierra, con saltos bruscos en algunos momentos. Se ha atribuido siempre el fuerte incremento de los niveles de oxígeno a la acción lenta y sostenida de los organismos fotosintetizadores. Algunos autores consideran que, para explicar cómo ha ido cambiando la concentración de oxígeno en la atmósfera, además, han sido cruciales ciertos procesos geológicos.

Algunas bacterias, llamadas anaerobias, siguieron con sus formas de vida alejadas de los lugares con oxígeno. Hoy las tenemos en zonas pantanosas, en el subsuelo, en el aparato digestivo de todos los animales y en cualquier lugar que podamos imaginar con escasez de oxígeno. Su metabolismo utiliza otros compuestos como material oxidante, a lo que debieron adaptarse en su momento. Las bacterias aerobias, por el contrario, se adaptaron a vivir rodeadas de oxígeno y no perecer en el intento, poblando otro tipo de entornos.

Lo importante a destacar es que las bacterias pueden considerarse las criaturas más exitosas de nuestro mundo, ya que han sido capaces de colonizar todo tipo de ecosistemas. Han desarrollado la habilidad de obtener energía y sintetizar azúcares a partir de cualquier fuente imaginable de la naturaleza, y pueden alimentarse casi de cualquier cosa. ¿No parece muy impresionante? Bueno, piense que los humanos solo podemos alimentarnos comiendo a otros animales y plantas[69]. Que los herbívoros se alimentan de vegetales, y los carnívoros de otros animales.

De los eucariotas, solo las plantas son capaces de obtener energía que no proceda de otros seres, al sintetizar azúcares utilizando la energía de la luz. Comparen eso con obtener energía a partir de reacciones con ácido sulfhídrico, o a partir de nitratos, o del metano, o degradando plásticos, como algunas bacterias son capaces de hacer[70]. ¿Entienden ya mi admiración por estas alquimistas de la naturaleza?

Las bacterias y arqueas, junto con sus parásitos virales, están por todas partes desde hace eones. Han cambiado el planeta y creado las condiciones para que surgieran formas de vida más complejas[71]. Inventaron casi todos los trucos del metabolismo celular y las maquinarias de replicación genética y fabricación de proteínas. Siguen evolucionando para adaptarse de manera continua al entorno y a nuevos desafíos. Y nos acompañan irremediablemente en este viaje.

---

69 De los que obtenemos no solo energía, sino muchas moléculas necesarias para nuestro organismo que nuestras células no saben fabricar.

70 Las bacterias hacen textualmente lo que mi madre denomina «sacar leche de un canto».

71 Los eucariotas como usted y yo somos herederos de una extraña y afortunada combinación de una arquea y una bacteria.

LA CIUDAD

Es imposible crear un entorno totalmente estéril. Bueno, algunas veces lo conseguimos en laboratorios de investigación de la más alta tecnología, pero en el 99,9999 % de los casos no hay manera. Los microorganismos son diminutos y capaces de aprovechar cualquier fuente de energía.

Tradicionalmente los libros de divulgación sobre microorganismos suelen centrarse en aquellos que más nos afectan: los que causan enfermedades, o los que nos benefician de manera directa, como las levaduras con las que se hace el pan o las bacterias que utilizamos para producir acetona. Desconocemos qué hacen o cómo viven la inmensa mayoría de las especies de microorganismos. Pero están ahí, y son importantes.

La mayoría de las personas piensan en virus y bacterias como una amenaza. Para explicar que debemos tener una posición menos extrema suelo utilizar el símil de la gente con la que convivimos en la misma ciudad. Nuestro día a día discurre plácidamente gracias a muchas personas que conocemos, como el panadero, el cartero o el farmacéutico. Pero también son importantes un número aún mayor de personas de las que no sabemos nada: el transportista que trae harina al panadero, el conductor del camión que lleva combustible a la gasolinera, el electricista que arregla las farolas de la calle, etc. Con los microorganismos ocurre lo mismo. Hay muchos de los que no sabemos nada, pero en el intrincado mundo de relaciones entre diferentes tipos de microorganismos seguro que juegan algún papel.

Y es que las bacterias, como los humanos, no suelen vivir solas. Lo habitual es que lo hagan en comunidades de diversas especies, de modo que unas aprovechan lo que otras generan. Ya hemos comentado que los seres vivos obtienen energía de reacciones químicas y, con ello, liberan al entorno sustancias diferentes de las que consumen. En los ecosistemas, los ciclos vitales de diversos grupos de bacterias se complementan, aprovechando distintas fuentes de energía y creando con su actividad el entorno adecuado para que proliferen otros organismos.

Sabemos muy poco de esas comunidades bacterianas, pero esa dependencia de unas con otras es suficientemente importante como para que nos sea imposible hacer crecer en un laboratorio una buena parte de los microorganismos que capturamos en cualquier muestra, sea del suelo, del mar o de nuestro intestino. Nuestro conocimiento de las bacterias se ha limitado durante décadas al estudio de las que podíamos hacer crecer de forma aislada en un ambiente con abundantes nutrientes, como nuestra amiga *Escherichia coli*[72]. Los biólogos saben de siempre que era imposible reproducir o mantener en laboratorio más allá de un puñado de las bacterias contenidas en una muestra, y esas eran las únicas que podían estudiar.

No sabemos qué condiciones requieren las especies que no conseguimos cultivar en laboratorio, ni hasta qué punto dependen de otros microorganismos. Menos aún sabemos de los virus que suelen acompañarlas. Esos son todavía más difíciles de captar, ya que solo se reproducen y mantienen vivos si tienen un huésped al que parasitar. De hecho, los virus están considerados una especie de «materia oscura» de la vida.

Por suerte, el desarrollo de la genómica, la proteómica y la metagenómica nos ha permitido empezar a comprender la dinámica de esas complejas comunidades de microorganismos que nos rodean. Los virus, si no tienen huésped, mueren. Las bacterias a las que les falta algún elemento vital, producido probablemente por otras bacterias o propios de un determinado entorno, también mueren. Pero sus ácidos nucleicos aguantan bastante tiempo antes de degradarse. Lo suficiente para poder secuenciarlos (ahora que el proceso lleva horas y no requiere jugarse la vida) y obtener así la sucesión de nucleótidos que los conforman. Podemos identificar qué especies diferentes hay de virus y bacterias, el grado de semejanza entre ellas (comparando sus genomas) e incluso el parecido de las proteínas que pueden fabricar. Es curioso, porque no sabemos qué aspecto tienen esas bacterias y virus, pero sí la secuencia de aminoácidos de las proteínas que pueden producir, y cómo de semejantes son entre sí.

Así es como recientemente se ha abierto todo un universo y hemos empezado a conocer hasta qué punto los océanos, los suelos, nuestro intestino y todo lo que nos rodea está lleno de microorganismos.

No se inquieten, han estado siempre ahí. Solo que no lo sabíamos.

---

72   Casi todo lo que sabemos de genética se ha estudiado con apenas un puñado de seres vivos: la bacteria *Escherichia coli*, la mosca de la fruta *Drosophila melanogaster*, la planta *Arabidopsis thaliana* o las ratas de laboratorio.

EN NUESTROS GENES, EN NUESTRO CUERPO

No somos capaces de explicar cómo surgió la vida, pero sí de estudiar cómo funciona. Al fin y al cabo, cuando aparecieron los primeros signos de vida hace 4000 millones de años no estábamos allí para verlo. Lo que sí está al alcance de nuestra mano es estudiar los seres vivos que nos rodean ahora, e investigar cómo llegaron a ser así.

Una de las claves fundamentales de la vida es que los seres vivos evolucionan. Los procesos de copia del material genético en los que se basa la reproducción de cualquier ser vivo tienen fallos que introducen cambios. Y esos cambios, en ocasiones, conducen a mejoras, e incluso a grandes saltos.

Así que todos los seres vivos que hoy estamos sobre la Tierra procedemos de un antepasado común, llamado en inglés LUCA (*Last Universal Common Ancestor*[73]). Si tirásemos del hilo de nuestro árbol genealógico como especie y fuéramos hacia atrás, nos iríamos encontrando antepasados que compartimos con otros seres vivos. Hay un primate del que procedemos los humanos y los chimpancés, hay un mamífero del que procedemos los primates y los caballos, hay un vertebrado del que procedemos mamíferos y aves y así hasta llegar al origen[74].

Si razonamos al revés, del pasado hacia nuestros días, veremos que la vida va desarrollándose y dando lugar a seres que, con el tiempo, se van diferenciando más y más. Pero comparten una base común. Los errores de copia del material genético se traducen en cambios que permiten explorar posibilidades. Aun así, también es cierto que hay procesos que son básicos para la vida, y con los que no cabe experimentar. Trucos que, una vez encontrados, se perpetúan en el material genético, porque si se introduce algún cambio, este tiene consecuencias fatales. Por esa razón, buena parte de nuestros genes son comunes a los de otros seres vivos con los que compartimos antepasados. Cuanto más cercano es el parentesco, mayor es la semejanza de los genes.

---

73 Los puristas insisten en que LUCA es más un concepto que un ser que realmente existiera. La idea es que surgió una criatura con metabolismo y capacidad de reproducirse y expandirse. Y a partir de ahí se desarrolló todo lo demás, gracias a los cambios evolutivos.

74 El libro de Richard Dawkins *El cuento del antepasado* sigue precisamente este esquema de razonamiento para explicar la evolución de los seres vivos.

En nuestro genoma está escrita la historia de la vida hasta nosotros. Tenemos genes semejantes a los de otros primates, a los de otros mamíferos, y por supuesto, genes semejantes a los de nuestras más primitivas antepasadas: las bacterias. No es de extrañar, las bacterias son las alquimistas de la naturaleza. Los organismos que más han explorado cómo obtener energía y resolver todo tipo de problemas. Mantenemos en nuestro ADN las enzimas, la maquinaria de fabricación de proteínas, los mecanismos de copia de los ácidos nucleicos, señales moleculares…, un montón de componentes que inventaron ellas[75].

Como diseñador, la vida es un artesano muy «apañado» que aprovecha todo lo que tiene si le sigue siendo de utilidad. Así que, en lugar de reinventar la rueda, nos quedamos con mucho de que lo tenían las bacterias. El 37 % de nuestros genes son equivalentes a genes que hemos identificado en bacterias y arqueas. El 28 % son compartidos con otros organismos eucariotas. Invenciones nuevas que las bacterias no necesitaron, asociadas al hecho de tener células con núcleo y crear organismos pluricelulares. Hay un 16 % más que tenemos en común con otros animales, y un 6 % que compartimos con otros primates. Se puede ver el resumen en la tablita adjunta.

Analizando el genoma humano encontramos

Genes equivalentes a los de…

Bacterias	37 %
Otros Eucariotas	28 %
Animales	16 %
Primates	6 %
Virus	8 %

Figura 7-3. Presencia en el genoma humano de genes comunes a otras formas de vida. Imagen de Mª Teresa Herrero, con elementos de Adobe Stock (ver créditos).

---

75   Debido a la deriva genética, hay cierto grado de variación inevitable, pero, en esencia, conservamos muchos trucos de las bacterias (y de otros antepasados) en nuestro acervo genético. Por eso hablo de «genes semejantes».

Seguro que la mayor sorpresa de la tabla (dejando de lado lo de que somos bacterias venidas a más) son esos genes virales que hemos podido encontrar. ¡Tenemos más genes en común con virus que con otros primates! Bueno, veremos al estudiar los virus que una de sus especialidades es integrar su ADN en el ADN de la célula que han invadido. Y, a veces, se queda ahí. Cuando eso ha ocurrido en células reproductivas, el cambio pasaba a la siguiente generación. Ha pasado suficientes veces a lo largo de nuestra historia evolutiva como para tener un 8 % de genes virales[76].

Si suman los porcentajes verán que hay un 5 % de genes a los que no les hemos encontrado parecido en otros seres vivos. Esa es la parte que señalamos como exclusivamente humana.

Así que, por resumir, muchas de nuestras enzimas, de las moléculas que utilizan nuestras células para comunicarse, o de la maquinaria necesaria para fabricar proteínas y copiar ADN son iguales o muy parecidas a las de las bacterias. Por eso, algunos tipos de bacterias se han integrado de manera notable en nuestro organismo, desempeñando importantes funciones.

TÚ ERES TÚ Y TU MICROBIOTA

Ya hemos dicho que las bacterias han sido capaces de adaptarse a todo tipo de medios, desarrollando los trucos metabólicos necesarios para obtener energía de la fuente que hubiera a su alcance.

Veremos en el capítulo dedicado a la evolución que esta adaptabilidad se refiere al conjunto de especies que identificamos en las bacterias, no a una bacteria individual. Una bacteria anaerobia muere en un entorno con oxígeno[77], y ciertas bacterias del fondo marino necesitan dióxido de nitrógeno (NO_2) para vivir, muriendo si no lo tienen. Pero cuando una bacteria se enfrenta a un entorno poco propicio, las mutaciones genéticas de su descendencia permiten explorar posibilidades, y en una ocasión entre millones dan con un cam-

---

76   Empezamos a comprender algunas características especiales que debemos a esos genes. No son algo inútil que se nos ha colado.
77   Por eso, en las heridas echamos agua oxigenada, para eliminar las bacterias anaerobias que intentan entrar de hurtadillas en nuestro cuerpo aprovechando la brecha.

bio que les facilita sobrevivir. Eso es lo que ha permitido generar la gran diversidad en las especies de bacterias. Eso, y que, en condiciones favorables, su reproducción es rapidísima[78]. Cada hora que pasa tenemos millones de bacterias nuevas, dispuestas a probar lo bien adaptadas que están a su entorno.

Dado que las bacterias se han adaptado a todo tipo de ambientes, nuestro organismo no iba a ser una excepción. Tenemos una población permanente de bacterias y otros microorganismos en nuestra piel, en nuestras manos[79], en nuestros pulmones y, sobre todo, en nuestro intestino. Gracias al estudio de los ácidos nucleicos (ADN o ARN) que obtenemos en muestras de nuestros tejidos empezamos a descubrir muchas características de esas células microscópicas que forman parte de nuestro ser. Son tantas que se estima que la mitad de las moléculas de ADN que portamos son no-humanas. Algunos autores incluso dicen que hay un factor x10 en células ajenas frente a las propias. Por suerte, las bacterias suelen ser mucho más pequeñas que nuestras células. Si no, no habría sitio en nuestro cuerpo para tanta gente.

La mayoría de las bacterias que proliferan en nuestro organismo viven en el intestino grueso. Casi un kilo de bacterias trabaja incansablemente en nuestro colon degradando azúcares complejos para hacerlos aprovechables[80], fabricando moléculas pequeñas esenciales para nuestro organismo (incluidas algunas vitaminas) y metabolizando toxinas.

Pero la microbiota no solo tiene importantes funciones en relación con la nutrición. En realidad, interacciona con los cuatro grandes sistemas de información y control del organismo: El genoma, el sistema endocrino, el sistema nervioso y el sistema inmunitario.

La sofisticación del sistema inmunitario de los humanos, que analizaremos más adelante, únicamente se da en aquellos seres vivos que

---

78   Nuestra amiga *Escherichia coli* es capaz de reproducirse y generar dos copias de sí misma en veinte minutos, por ejemplo. Como consecuencia de la magia de las exponenciales, a partir de una bacteria de esta familia, en siete horas tendremos un millón de bacterias, siempre que no les falte alimento. En procesos industriales donde se emplean bacterias u otros microorganismos, es común obtener millones de litros de cultivo en poco tiempo.

79   Dándole un sabor peculiar a la comida que preparamos. Es cierto que «la mano del cocinero» da un toque especial a las recetas, aunque la mayoría de la gente preferiría no saber por qué.

80   Entre el 10 y 15 % de los carbohidratos que asimilamos tienen este origen.

han integrado como parte de sí mismos una población bacteriana diversa[81]. Es necesario desplegar un complejo mecanismo de reconocimiento y control capaz de identificar la presencia «amiga» y modular la posible respuesta según cómo actúe cada microorganismo.

No es algo sencillo, y debe ajustarse según cada caso y en cada ocasión. Por ejemplo, la bacteria *Escherichia coli* es normalmente inocua, pero hay cepas de *Escherichia* cargadas de toxinas que nos pueden causar una enfermedad grave. El sistema inmunitario debe dejar hacer a las bacterias buenas y aniquilar a las que ataquen a nuestras células. Esa capacidad exige un sistema inmunitario extraordinariamente complejo, lleno de mecanismos de control que activen o inhiban las respuestas frente a un mismo microorganismo dependiendo de cómo actúe.

En cuanto al sistema endocrino y al sistema nervioso, se trata de sistemas de control que regulan la actividad de nuestro cuerpo gracias a pequeñas moléculas que sirven de mensajeros entre órganos y células: las hormonas y los neurotransmisores. Precisamente un tipo de moléculas muy semejantes a las que las bacterias fabrican para comunicarse entre sí. Señales químicas con las que provocar determinadas respuestas en sus vecinas. No es de extrañar que algunas de esas señales bacterianas influyan poderosamente en nuestros sistemas de control. La vida, antes de ser pluricelular fue «multiorganísmica» (si es que esta palabra existe, que lo dudo). Traducido: antes de que hubiera que inventar cómo coordinar y dar órdenes a las células de nuestro organismo, la naturaleza tuvo que resolver el problema de facilitar la comunicación entre las bacterias que formaban una colonia. Bacterias que cooperaban entre sí, al ser complementarios sus metabolismos y formas de vida.

La influencia de la microbiota en el genoma es algo más indirecta. No estamos hablando de cambiar secuencia de bases en nuestros ácidos nucleicos (eso que los virus sí que hacen), pero sí de decidir qué

---

81   Solo los vertebrados tienen todo un ecosistema bacteriano integrado en sus órganos internos y un complejísimo sistema inmunitario. Algunos insectos albergan una o dos especies bacterianas, pero lo hacen en el interior de sus células (y no pululando libremente, como hacen las bacterias en nuestras mucosas, en la piel o en el colon). El sistema inmunitario de los insectos es mucho más sencillo que el nuestro. No hay que dedicar tantos recursos a distinguir al amigo del elemento hostil.

proteínas se fabrican a partir de esos genes. Las células activan genes específicos según las proteínas que necesiten cada momento, y en respuesta a las señales que reciben del entorno. Señales como las que generan nuestras amigas las bacterias.

LA NAVE DE TESEO

Tenemos más de un kilo de bacterias concentradas en nuestro intestino, aparte de un buen puñado de ellas en los pulmones, en la piel y en muchos más sitios. Nos acompañan y conviven, compitiendo entre sí por los nutrientes y el entorno que les ofrecemos. De hecho, no pocas infecciones aparecen cuando una población de bacterias consigue saltar el bloqueo que imponen a su crecimiento otras bacterias distintas.

Las colonias o consorcios de bacterias que más hemos estudiado han sido las del intestino grueso. No en vano son la población más abundante, y la más fácil de estudiar. Basta con esperar a que salgan arrastradas por el fruto de su incansable actividad[82]. Para los estudiosos de la microbiota intestinal, las heces son un tesoro.

Del mismo modo que en 2000 se lanzó un ambicioso proyecto para secuenciar el ADN humano (Proyecto Genoma Humano), años después nos volcamos en conocer los genes de esta parte de nosotros tan importante: el proyecto del Microbioma Humano. Empezamos a estudiar los genes de los microorganismos que albergamos, especialmente los del intestino. Y a llevarnos muchas sorpresas.

La microbiota de cada persona es completamente peculiar. No acabamos de identificar lo que debería ser una «microbiota típica»[83], porque hay gran diversidad entre personas, e incluso en la misma persona si se comparan muestras obtenidas con separación de meses. Es un órgano muy importante de nuestro cuerpo, que cambia continuamente su composición.

---

[82] Por el contrario, tomar muestras de las bacterias presentes en nuestros pulmones es algo bastante invasivo y molesto para el paciente.

[83] Los médicos están convencidos de que muchas dolencias se deben a un desajuste de la microbiota intestinal, visto el importante papel que ésta desempeña en múltiples funciones. No obstante, ha sido imposible identificar una «composición ideal» de la microbiota.

Hay una bonita metáfora para hablar de aquellas cosas que consiguen mantener su esencia a pesar de haber cambiado: la nave de Teseo. Teseo fue un héroe griego que partió en su barco en pos de aventuras. Pasó años fuera de casa, y necesitó reparar y sustituir las piezas de su nave según iban fallando, de modo que, al volver de su viaje, había sustituido todas las piezas originales. La duda filosófica que se plantearon los griegos fue si realmente se podía considerar que lo que volvió a casa era o no la nave de Teseo.

Nuestro cuerpo o, al menos, lo que tradicionalmente hemos considerado nuestro cuerpo (las células que tienen nuestro ADN humano) es una nave de Teseo. Se estima que a lo largo de un año cambiamos todos los átomos de nuestro cuerpo, a través de reparaciones o reproducción celular. Pero en el caso de las células humanas, las nuevas piezas son como aquellas a las que sustituyen. En el caso de la microbiota esto no es así. Las bacterias que encontramos en un momento, y en una persona, como decimos, pueden ser muy diferentes si dejamos pasar unos meses.

Esta gran variabilidad en las bacterias que componen la microbiota en personas sanas es sumamente interesante. Lo que hemos averiguado estudiando el ADN de estos microorganismos es que hay conjuntos de enzimas que han de actuar coordinadamente. Enzimas que regulan cadenas de reacciones vitales para nuestra salud. Los genes que permiten fabricar esas enzimas tienden a agruparse en módulos, llamados «módulos metabólicos». Lo que solemos encontrar en las microbiotas analizadas son conjuntos de bacterias muy variopintos, pero que se las arreglan para cubrir todos los módulos metabólicos esenciales, complementándose entre sí. Siguiendo la imagen, no se preserva estrictamente la forma de la nave de Teseo, pero sí la función de flotar.

En cualquier caso, hay una nutrida población de bacterias perfectamente integradas en nuestro cuerpo. Forman parte de nosotros e influyen poderosamente en el funcionamiento de procesos vitales. Cambian continuamente, según modifiquemos el entorno, nuestra alimentación, nuestras costumbres, o sencillamente nos expongamos a otros microorganismos o medicamentos que interactúan con ellas. Constituyen consorcios cuyo metabolismo se complementa, asegurando siempre que está atendido el abanico de necesidades que deben cubrir. A veces alguna se desmanda y, como veremos, es necesario que el sistema inmunitario nos libre de ella. Pero, en general, es hora de mirar con más cariño a nuestras amigas microscópicas. Al fin y al cabo, son antepasadas y aliadas en muchos sentidos.

8. ¿Qué es un virus y cómo nos atacan?

Pese a su capacidad para provocar enfermedades, durante siglos hemos ignorado su existencia, su forma de vivir y, desde luego, lo abundantes que son. Los virus son tan diminutos que pasaron desapercibidos durante décadas, incluso después de que el microscopio nos permitiese estudiar a otros microorganismos. Es hora de conocer a los minimalistas de la naturaleza. Una pieza de código genético con todas las herramientas para infectar un huésped y utilizarlo para reproducirse.

LOS MINIMALISTAS DE LA NATURALEZA

Los virus son parásitos obligados, que se replican en una célula huésped viva. Son parásitos obligados no porque la sociedad les haya hecho así (cosa que alegan algunos humanos), sino porque solo pueden vivir si es invadiendo un huésped. El caso opuesto es el de los parásitos ocasionales, u oportunistas, como es la bacteria que causa el cólera. Esta bacteria vive en el agua y, si surge la ocasión, invade un huésped al que explota. Pero la clave es que puede sobrevivir sin necesidad de hacerlo sobre un huésped. Un virus se mantiene solo si puede ir pasando de un huésped a otro al tiempo que genera millones de copias de sí mismo[84].

---

84 Esto hace que se necesite una población huésped de un cierto tamaño para que un virus, que va pasando de una persona a otra, siga existiendo. Hay estudios

La palabra parásito genera siempre mucha inquietud, trayéndonos a la memoria esas fotos de gran aumento de piojos o garrapatas que a veces vemos en los medios. Se estima que hay cientos de miles de especies de parásitos. Puestos a elegir, muchos seres han evolucionado de manera que obtienen aquello que necesitan de sus sufridos huéspedes, ahorrándose con ello considerables esfuerzos[85]. Hay parásitos de todos los tamaños, y todas las ramas de la vida: pájaros que crían en nido ajeno, como el cuco, árboles que crecen apoyándose en otro al que acaban matando, como el ficus estrangulador, y toda esa infinidad de bichos que nos atacan para chuparnos la sangre o cosas aún más desagradables.

La ventaja de esa vida a costa de otros, en el caso de los virus, es una reducción brutal del repertorio de habilidades a desplegar y, con ello, del código genético que se requiere. Los rotavirus[86], sin ir más lejos, se las apañan con un puñado de genes con los que sintetizar no más de doce proteínas. Esas doce proteínas les bastan para dotarse de una cápside protectora, entrar en una célula, hacerse con el control de muchos de sus procesos y generar cientos de miles de copias de su código genético, debidamente empaquetadas y listas para invadir otra célula. Una célula humana necesita entre mil y diez mil proteínas diferentes para llevar a cabo todas sus funciones. Estas cifras permiten entender la diferencia abismal de tamaño entre virus y células, y lo reducido de su código genético.

Los virus no solo tienen un código genético reducido, sino que además son muy eficientes codificando información en él. En muchos casos, las proteínas que codifican son multifuncionales[87], algo así como una navaja suiza hecha de aminoácidos. Además, prácticamente todo su ADN o ARN es codificante, esto es, contiene informa-

---

muy interesantes realizados en islas cuando el turismo era una anécdota y su población aislada y estable, que ayudan a estimar el tamaño mínimo de una población para que una enfermedad se mantenga.

85 Por supuesto, la naturaleza no elige de manera consciente, los derroteros que va tomando cada organismo para sobrevivir son fruto de la evolución. Y estos llevan por caminos bastante diferentes según las circunstancias, como veremos en el capítulo 12.

86 Los rotavirus causan gastroenteritis.

87 Por ejemplo, la proteína L de los rhabdovirus replica el ARN, y al mismo tiempo modifica otras moléculas de ARN y proteínas del propio virus para adecuar su forma de actuar.

ción para construir una proteína. Las bacterias se suelen permitir tener algunos tramos no codificantes, y en el caso de las células de los seres eucariotas..., la cantidad de ADN que no codifica proteínas es un escándalo[88].

Con todo, ese minimalismo de los virus solo se puede explicar si tenemos en cuenta que casi todo lo que de forma habitual requiere cualquier célula viva lo toman directamente de la célula que han invadido. De ellas obtienen:

— Las piezas de construcción que necesitan para fabricar ácidos nucleicos y proteínas.
— La maquinaria de síntesis de proteínas (los ribosomas).
— La energía necesaria para todos los procesos que inducirán: replicación de los ácidos nucleicos, creación de proteínas, ensamblaje de las partículas virales, etc.

Asimismo, se las arreglan para manipular el funcionamiento de la célula, alterando la expresión de cientos o miles de los genes del huésped[89]. Con ello cambian sensiblemente el entorno interno de la célula para acelerar el proceso de replicación del virus.

CLASIFICANDO LOS VIRUS

El mundo de los virus abarca una enorme diversidad, marcada, en esencia, por la manera en que pueden replicarse. Todas las formas de vida conocidas[90] almacenan la información genética en ADN de doble cadena. Utilizando como intermediario una molécula de ARN

---

88 Solo entre el 1,5 % y el 2 % del código genético de los eucariotas, entre los que nos contamos los humanos o las plantas, codifica proteínas. El resto es «materia oscura», piezas necesarias para la regulación de los genes y la actividad de las células en general. Las diferencias entre eucariotas, bacterias y virus, en relación al código genético, son tan abrumadoras como en muchos otros aspectos. Lo veremos más en profundidad en el capítulo dedicado a la evolución.

89 Decimos que un gen se expresa cuando se realizan los procesos necesarios para producir la proteína que codifica. Las células van ajustando continuamente qué genes expresar y cuáles silenciar según las condiciones y la información que reciben de su entorno externo e interno. Los virus manipulan este control, alterando la composición de las proteínas propias de la célula de forma beneficiosa para ellos.

90 Las formas de vida conocidas son nuestros ya familiares arqueas, bacterias

mensajero, esta información es traducida a proteínas por los ribosomas. Es el «dogma central de la biología», descubierto a mediados del siglo XX y grabado a fuego en los libros de biología.

Hasta que llegaron unas criaturas subversivas, los virus, y pusieron todo patas arriba. Los virus utilizan como almacén de información genética todas las variedades posibles de ácidos nucleicos: ADN de doble cadena, ARN de cadena simple, ARN de cadena doble..., una locura.

Hay hasta siete tipos diferentes de virus según el tipo de ácido nucleico en que guardan su información genética y la forma en la que la replican apoyándose en las herramientas y orgánulos de las células invadidas. En unos casos, todo se hace desde el citoplasma; en otros, el virus necesita acceder al núcleo celular, si lo hay. El orden y el lugar de la célula en que se produce la replicación del ARN o el ADN, la copia de las cadenas de ácidos nucleicos «en negativo», y la síntesis de proteínas son muy distintos según el tipo de ácido nucleico que utilice en virus para almacenar la información. Por esa razón, la forma en que los diversos tipos de virus actúan al entrar en una célula y los procesos que se desencadenan son muy diferentes[91].

La información de entrada en los ribosomas[92] para sintetizar proteínas ha de ser una cadena de ARN mensajero (ARNm). Las células cuentan normalmente con las enzimas necesarias para transcribir los fragmentos de ADN a ARNm, y con ello desencadenar la síntesis de una proteína determinada. Los virus cuya información genética es una doble cadena de ADN se pueden aprovechar de esas mismas herramientas.

Si la información genética del virus está almacenada en otro tipo de ácido nucleico, el proceso será más complicado, como puede verse en la figura 8-1, entre otras cosas, porque tienen que aportar las enzimas adecuadas los propios virus. Los virus de tipo VII siguen un camino bastante tortuoso de pasos intermedios, demostrándonos que la naturaleza no siempre prefiere la sencillez.

---

y eucariotas, comprendiendo estos últimos a animales, plantas, hongos y protozoos.

91   Esta es una información muy importante si queremos diseñar medicinas capaces de combatirlos.

92   Los ribosomas son los orgánulos celulares especializados en fabricar proteínas «leyendo» las instrucciones codificadas en el ARNm.

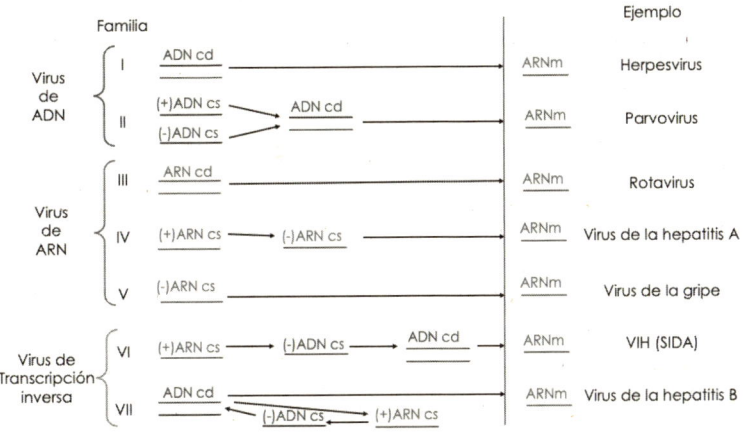

Figura 8-1. Tipos de virus según la clase de ácido nucleico utilizado como almacén de información (clasificación Baltimore). Cd: cadena doble, cs: cadena sencilla. El proceso de transcripción, cuyo resultado es la obtención del ARNm, es diferente según el tipo de ácido nucleico del que partamos, tal como se ve en la figura. Recordemos que el ADN de cadena doble es la doble hélice que constituye nuestros genes.

Más allá de esta clasificación general, se distinguen familias de virus según ciertas características, como el tamaño, la clase de cápside, la presencia o no de envoltura lipídica o si el genoma es segmentado. El desarrollo de la genómica ha permitido ir más allá de estas características externas, y ahora se utiliza como información clave la organización y estructura interna del genoma, junto con el análisis filogenético que permite conocer el grado de parentesco entre los virus.

En cualquier caso, la característica más esencial de un virus es el tipo de ácido nucleico en el que codifica su genoma, ya que eso va a determinar totalmente cómo opera al invadir una célula.

ALGUNAS PIEZAS BÁSICAS

La estructura de un virus es sencilla, en esencia se trata de un ácido nucleico rodeado de una armadura de proteína llamada cápside.

Las proteínas fabricadas por un virus pueden ser de dos tipos: estructurales y no estructurales. Las proteínas estructurales forman la cápside que rodea y protegen el material genético. Además, tienen un papel fundamental a la hora de abrir paso al virus a través de la membrana celular de su potencial huésped. Algunas proteínas se encargan de acoplarse a un receptor de la membrana de la célula, facilitando así la entrada. Tal era el caso de la proteína de la espícula del SARS-COV-2[93] causante de la COVID-19.

Las membranas celulares suelen ser una barrera formidable para un patógeno, pero como la célula necesita intercambiar continuamente material con su entorno, están llenas de «puertas», diferentes tipos de receptores moleculares con los que detectar la presencia de diferentes sustancias y en algunos casos, facilitar su entrada.

Los virus explotan esa función de los receptores celulares, y cuentan con proteínas cuya forma encaja con esos receptores, engañando así a la célula para que les franquee el paso[94]. En la figura que sigue se ven ejemplos de diferentes receptores celulares propios de células del sistema nervioso, y los virus que los utilizan como puerta de entrada.

No hay que olvidar que cada tipo de célula de nuestro organismo tiene distinta actividad, por lo que tendrán diferentes receptores en sus membranas. El tipo de receptor celular en que se haya especializado cada virus determinará a qué órganos puede atacar.

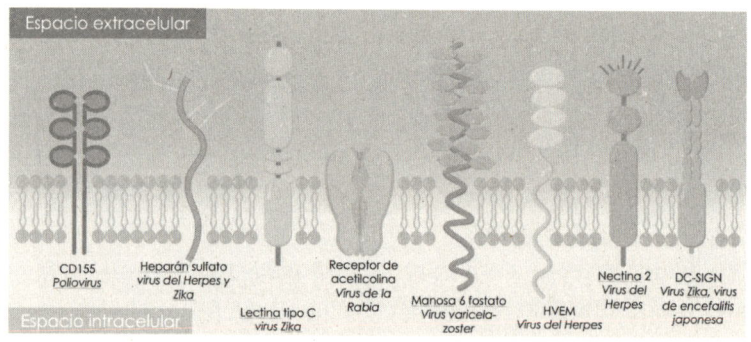

Figura 8-2. Esquema de los receptores de membrana utilizados por distintos virus para acceder a las células de nuestro sistema nervioso. Imagen de Olha@stock.adobe.com.

---

93 Utilizo como ejemplo este virus siempre que puedo, ya que a la fuerza nos hemos familiarizado bastante con él.

94 Los receptores celulares son proteínas de formas complejas, diseñadas a medida para cada tipo de molécula susceptible de entrar en la célula o interaccionar con ella. El SARS-COV-2 está especializado en entrar a través del receptor ACE II, otros virus lo hacen a través de otros receptores.

Las cápsides de los virus ofrecen un magnífico ejemplo de austeridad de medios, ya que se forman a partir de unas pocas piezas siempre iguales. Igual que un balón de fútbol, que construimos con pentágonos y hexágonos, los virus fabrican teselas de proteínas que encajan entre sí dando lugar a una forma esférica. Otras veces, las cápsides tienen forma espiral o de cilindro, pero la clave siempre es que la estructura externa se pueda construir a partir de pocas piezas. Hay una buena razón para ello. Las teselas a partir de las cuales se crea la estructura son proteínas, cuya codificación debe estar registrada en los genes del virus. Si este tiene un genoma muy pequeño, lo ideal es utilizar el menor número posible de proteínas distintas para cada función, incluidas las estructurales[95]. No obstante, hay multitud de soluciones posibles, en lo que influye también el tamaño físico de la esfera a crear, ya que los virus abarcan una considerable excursión de tamaños. Abajo podemos ver varios ejemplos de cápsides esféricas. Cada proteína de la cápside se representa con un color distinto.

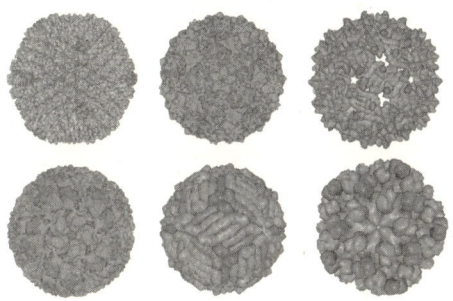

Figura 8-3. Distintos tipos de cápsides esféricas en virus. Cada tipo de proteína tiene un color distinto. Se ve claramente la diversidad de soluciones desarrolladas para resolver el problema de construir una esfera con un puñado de piezas básicas. Imagen de Walter D@stock.adobe.com.

---

95 Este truco de utilizar una estructura y repetirla varias veces para ahorrar información se da en toda la naturaleza, aunque, claramente, los virus lo han llevado a la máxima expresión. Los gusanos se forman a partir de segmentos iguales, en las estrellas o los erizos de mar podemos ver varias piezas de la misma forma. Incluso nosotros tenemos bastante simetría entre los dos lados del cuerpo, al menos en el aparato locomotor. En la bibliografía pueden encontrarse varios libros sobre cómo las matemáticas y la física tienen mucho que decir en el desarrollo de cualquier ser vivo, y la repetición de patrones es una clave recurrente.

Finalmente, hemos de hablar de las proteínas no estructurales, que se sintetizan una vez infectada una célula, pero no «viajan» con el virus al ser liberado al entorno. Son proteínas relacionadas con la replicación del genoma, o necesarias para controlar y manipular el metabolismo de la célula invadida.

Además de estas proteínas, algunos virus se recubren con una membrana de lípidos, que directamente «roban» de la membrana de la célula de la que salen, ya que no tienen instrucciones en su genoma ni mecanismos para fabricar lípidos. La envoltura es una protección adicional para el virus y ayuda a la entrada de este en una célula infectada[96].

Al formarse los virus en la célula huésped, además de ensamblar todas las piezas que hemos visto (ácidos nucleicos y proteínas estructurales), muchas veces, se incluyen moléculas presentes en la célula como pueden ser proteínas o cationes, que el virus se lleva consigo.

No hemos hablado apenas del genoma del virus, que sin duda forma parte de su estructura. Como hemos comentado, puede estar formado por diferentes tipos de ácidos nucleicos. Lo más destacable es que, en ocasiones, el genoma está dividido en segmentos, como ocurre en el virus de la gripe. Eso complica los procesos de replicación y el ensamblado de los virus, ya que hay que asegurar que cada uno lleve todos los segmentos (cosa sencilla si tenemos una sola cadena), pero a cambio da enormes posibilidades de cara a generar nuevas cepas. El virus con el genoma segmentado más conocido es del de la gripe, uno de los más temidos por su capacidad para mutar, entre otras cosas.

CÓMO SE REPLICA UN VIRUS

Lo primero que necesita un virus para reproducirse es encontrar una célula a la que pueda invadir. Para ello, es preciso que la célula tenga algún receptor en su membrana al que el virión pueda acoplarse.

---

96   El sars-cov-2 tiene una envoltura de lípidos. De ahí la insistencia en que nos laváramos las manos, ya que el jabón es un gran enemigo de la grasa. El jabón rompe las membranas lipídicas matando así al virus. El truco de lavarse las manos vale con cualquier virus que tenga una envoltura lipídica, que no son pocos.

Como hemos visto con anterioridad, los virus tienen proteínas en su cubierta exterior que encajan con determinados receptores, y de esa manera le permiten adherirse a la membrana celular.

Cuando el virus consigue pegarse a una membrana celular, debe provocar cambios en esta, de manera que el ácido nucleico del virus pueda atravesar la membrana y llegar al interior. Lo más habitual es que la cápside quede fuera y solo el genoma entre en la célula.

Una vez allí, se desencadenan los procesos para producir las proteínas constitutivas de los nuevos viriones[97], así como su genoma. La producción de proteínas en los ribosomas (traducción) exige obtener antes el ARNm a partir del genoma del virus, proceso denominado transcripción. Para replicar el código genético se necesitan enzimas especializadas, que unas veces deben sintetizarse a partir del genoma viral y otras veces son aportadas por la célula.

En el momento en el que la célula produce miles y miles de copias del genoma, así como miles y miles de proteínas estructurales, se lleva a cabo el ensamblaje de las partículas virales o viriones. Estos nuevos viriones, listos para salir al mundo, provocan la rotura de la membrana celular, y son liberados.

En la figura que sigue vemos estos pasos representados esquemáticamente, y de forma genérica, ya que cada tipo de virus tiene sus peculiaridades en cuanto a cómo se llevan a cabo los procesos asociados a la fabricación de proteínas y ácidos nucleicos.

---

97 Siendo puristas, lo que nos encontramos en estado libre son partículas virales, o viriones. Esto es, un virión es un virus con todo lo necesario para deambular por el mundo en busca de algo que infectar. Dentro de la célula queda «desnudo», y solo encontramos el genoma.

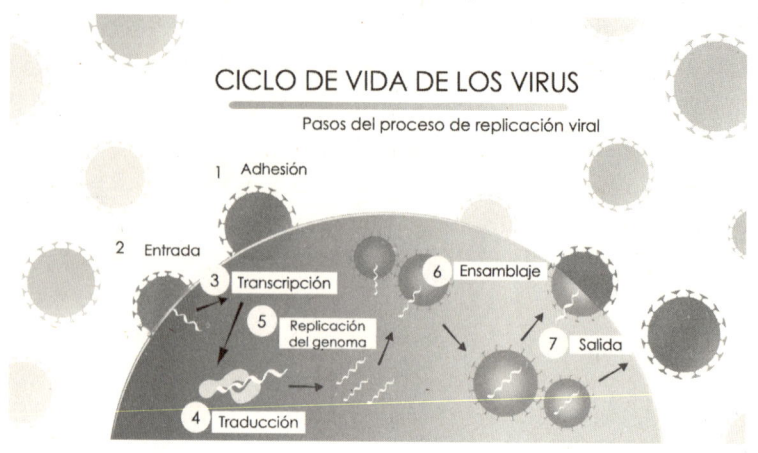

Figura 8-4. Ciclo de vida genérico de un virus.
Dependiendo del tipo de ácido nucleico que constituye el genoma,
los pasos del 3 al 6 se realizarán en distintos orgánulos o partes
de la célula. Imagen de IM Studio@stock.adobe.com.

Visto así parece que los virus tienen todas las de ganar, como si la invasión de la célula y su explotación por el virus fuera algo inevitable. No es así, ni mucho menos.

Para empezar, la adhesión a la membrana celular exige que el virus cuente con una proteína cuya forma encaje bien con algún receptor. Hay una alta especificidad, en general, en el tipo de huésped y en el tipo o tipos de células que un virus puede atacar. Por eso hay virus que atacan al hígado, otros tienen por objetivo las células epiteliales, y en otros casos están especializados en asaltar las células del sistema nervioso, o las del sistema inmunitario. Y para ello, deben alcanzar estos destinos antes de que nuestras defensas los neutralicen.

Aunque es posible que un virus cambie de especie hospedante, y de hecho es el origen de graves enfermedades, no es algo que se pueda dar fácilmente[98]. Además de saltar entre especies, los virus mutan, y es posible que con ello consigan adaptarse cada vez mejor

---

98   La COVID-19 es uno de estos casos, al igual que el SIDA. No está claro de qué mamífero procede el coronavirus SARS-COV-2 que finalmente se adaptó a los seres humanos. El virus de inmunodeficiencia humano (VIH) procede del virus de inmunodeficiencia de los simios, y requirió varias mutaciones para ser efectivo en humanos. Hablaremos de las zoonosis, o enfermedades humanas procedentes de otras especies animales más adelante.

a su huésped[99]. Pero es mucho más probable que el virus mutado realmente sea menos efectivo, o incluso inviable. Las mutaciones son una lotería y, precisamente, la alta especificidad de las proteínas hace que la probabilidad de empeorar con un cambio sea mucho mayor que la de mejorar.

Una vez que el genoma del virus entra en la célula infectada, toda una serie de defensas celulares se ponen en marcha. Las células fabrican moléculas que bloquean los procesos de transcripción o de replicación al detectar la presencia de elementos extraños, como son ciertas enzimas víricas o las dobles cadenas de ARN, que nunca se dan salvo en los virus.

Entre los virus y sus huéspedes hay una «carrera armamentística» continua y, gracias a la evolución, unos y otros van desarrollando medidas y contramedidas. Los virus han inventado todo un arsenal de trucos para evitar las defensas de su huésped: se esconden, limitan su actividad, cambian las proteínas con las que se les reconoce (antígenos), se integran en el ADN de bacterias esperando el mejor momento para reproducirse, alteran los mensajes de control del sistema inmunitario, bloquean las moléculas auxiliares del sistema inmunitario, y muchas más tropelías. Cada tipo de virus tiene su surtido de defensas. Afortunadamente, no suelen disponer de todo el catálogo.

Los huéspedes tampoco se quedan atrás. Las bacterias cuentan con moléculas defensivas, y hasta con un sistema inmunitario especializado, el CRISPR[100], que las dota de memoria frente a infecciones pasadas. Pero el sistema inmunitario más sofisticado es el de los vertebrados, como nosotros. Dedicaremos todo un capítulo a ver el asombroso despliegue de medios realizado por nuestro organismo para defendernos.

---

99   Esto lo vimos en las sucesivas cepas del SARS-COV-2, para las que, en ocasiones, la clave de una mayor infectividad era contar con una proteína espicular que se agarraba mucho más eficazmente a los receptores ACE-II.
100   CRISPR: *Clustered Regularly Interspaced Palindromic Repeats* (Repeticiones Palindrómicas Cortas Agrupadas y Regularmente Espaciadas).

AQUÍ HAY DE TODO

Establecer reglas generales sobre los virus es una tarea harto complicada, ya que son artistas de la adaptación y han evolucionado en una gran variedad de ramas con estrategias muy diversas. En general, podemos distinguir dos grandes grupos: los virus de ADN y los virus de ARN. Una diferencia clave entre ambos grupos es la frecuencia con que sufren mutaciones.

Los virus de ARN son muy propensos a sufrir mutaciones, por lo que su genoma es pequeño, normalmente por debajo de 10 000 bases[101]. Los coronavirus son una excepción entre los virus basados en ARN, alcanzando las 30 000 bases. Su truco es que cuentan con enzimas reparadoras de errores de copia, al igual que los virus de ADN.

Por tener unas cifras, el proceso de replicación de ARN tiene una tasa de error de 10^{-4}, esto es, hay un error por cada 10 000 nucleótidos copiados. Los virus de ADN tienen tasas de error del 10^{-8}, gracias a los mecanismos de corrección de errores con que cuentan. En estos virus se produce un error de copia cada 100 000 000 nucleótidos copiados (un 1 seguido de 8 ceros). Las mutaciones son, por tanto, mucho menos comunes en los virus de ADN. Esa tasa de error es del mismo orden de la de nuestras células[102].

Es un poco difícil explicar por qué los virus sencillos pueden sufrir frecuentes mutaciones, y los más complejos deben limitarlas. Vamos a intentarlo.

Imagínense qué ocurriría si cambiase la forma de alguna de las piezas que hay en un motor eléctrico. Los motores eléctricos son sencillos, formados por pocas piezas.

---

101 Recordemos que los ácidos nucleicos están formados por una secuencia de nucleótidos, cada uno con una base nitrogenada. Las bases son los «eslabones» de las cadenas de ácidos nucleicos. El ADN humano tiene unos 3300 millones de bases.

102 Normalmente hablo de «nosotros» por facilitar una referencia que sea familiar y evitar repetir constantemente «arqueas, bacterias y eucariotas», pero en lo que respecta a los mecanismos genéticos, somos solo un ejemplo de ese conjunto.

Figura 8-5. Motor eléctrico. Los motores eléctricos son sencillos y con pocas piezas, es probable realizar cambios en alguna de ellas y que el motor siga funcionando. Imagen de Mª Teresa Herrero, con elementos de Adobe Stock (ver créditos).

Lo más probable es que, al modificar alguna pieza, el conjunto no funcione, pero es factible que, a base de probar, un pequeño cambio en alguna pieza acabe produciendo una mejora. No olviden que los virus se reproducen por cientos de miles, o millones. Pueden probar muchas cosas.

Ahora bien, si el motor es mucho más complicado, como ocurre con un motor de combustión… es mucho más probable que, una modificación de cualquier pieza, grande o pequeña, dé al traste con todo. Y, aunque hagamos muchas pruebas, seguirá siendo mucho peor el efecto de que los motores se rompan casi con seguridad que la posible ventaja de lograr una mejora. Por eso, los organismos más complejos, con un genoma mayor, tienen mecanismos para protegerse de errores. La misma razón por la que los virus que carecen de mecanismos de corrección de errores no pueden tener genomas grandes.

Este hecho da lugar a dos estrategias muy diferentes para enfrentarse al mundo. La primera opción es la minimalista: virus pequeños, con genoma pequeño y pocas proteínas. Su arma secreta es el número. Al ser tan pequeños, se reproducen por millones apabullando a la competencia.

La segunda opción es la polivalente: virus grandes, con genoma grande y multitud de herramientas de adaptación. En este caso necesitan muchos más recursos para multiplicarse, y cada célula produce muchos menos.

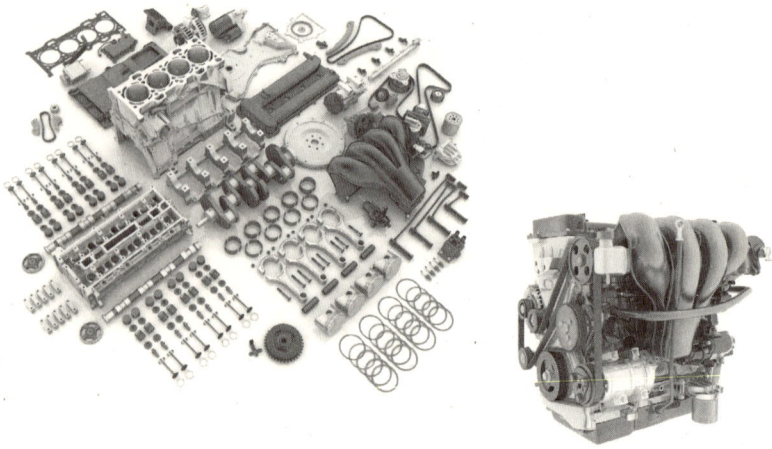

Figura 8-6. Motor de combustión. Un motor de combustión es muy complicado, con multitud de piezas distintas que deben encajar perfectamente. Es muy probable que, ante cualquier cambio en alguna pieza, deje de funcionar. Imagen de Mª Teresa Herrero, con elementos de Adobe Stock (ver créditos).

Como muestra de estas estrategias tan distintas tenemos virus que apenas codifican 12-15 proteínas[103] (como los rotavirus), mientras que otros cuentan con un repertorio de hasta 200.

DANDO FORMA AL MUNDO

Los virus comprenden multitud de familias y han desarrollado estrategias de lo más variopinto para reproducirse, infiltrarse en los ácidos nucleicos de sus huéspedes, o hacer de agentes difusores de piezas del código genético. Si las bacterias son las expertas en obtener energía casi de cualquier cosa, los virus son los más prolíficos agentes de invención e intercambio de genes entre organismos de todo tipo.

Con su capacidad de adaptación, bacterias y arqueas han conseguido colonizar todos los entornos del planeta, incluso los más extremos. Las encontramos en los hielos profundos de la Antártida,

---

103   Hay virus aún más pequeños, llamados viroides, que necesitan apoyarse en otro virus para sobrevivir. Han reducido de tal forma su genoma que no pueden realizar por sí mismos ni siquiera las funciones básicas para explotar a su huésped y reproducirse. Son «los virus de los virus».

en lagos ácidos y en las fumarolas oceánicas. Abundan en todas partes, en mayor medida de lo que pensamos. Y allá donde hay bacterias, van detrás sus virus.

Debemos dejar de ver a los microorganismos como meros agentes de enfermedades o de procesos que nos benefician, como la fermentación de alimentos. En realidad, son piezas clave en el desarrollo de la vida en todos sus aspectos, y en los cambios que esta ha introducido en el planeta.

La vida en la Tierra es inviable sin organismos que conviertan el CO_2 atmosférico en azúcares de alto contenido energético, gracias a la fotosíntesis. Las cianobacterias que pueblan los océanos capturan 20 % del CO_2 fijado cada día mediante fotosíntesis, mientras que otras bacterias fijan el nitrógeno mediante distintos procesos. La composición de la atmósfera es la que es gracias a los microorganismos responsables de aspectos clave de los ciclos del carbono, el nitrógeno o el azufre.

Esas poblaciones de bacterias sin las cuales sería imposible sostener nuestro planeta van acompañadas de colonias de virus, que crecen a sus expensas, regulan su auge y caída y fuerzan la sucesión de especies distintas y complementarias en sus efectos. Cada vez que un tipo de bacteria dispara su población en un área, aparecen sus bacteriófagos (virus que infectan exclusivamente a las bacterias) para diezmar rápidamente la población y dar pie a que sea otra especie de bacteria la que tome el relevo. Y así sucesivamente.

Pero los virus no son solo importantes agentes ecológicos y geológicos. A medida que estudiamos el genoma de los virus, más nos convencemos de su papel crucial en el desarrollo de mecanismos de copia de ácidos nucleicos y ensamblado de moléculas.

Los estudios metagenómicos, cuyo objeto es analizar los genes de organismos diferentes para buscar similitudes y relaciones, están cambiando la forma de ver los virus. Han dejado de ser considerados los «parias» de la biosfera, unas criaturas inútiles y parásitas. Tanto por la enorme variedad de genes típicamente virales que no tienen parecido con los encontrados en bacterias, arqueas y eucariotas, como por aquellos que sí se parecen, nos encontramos en un mar de dudas sobre el papel de los virus en la aparición de otras formas de vida. Los más osados consideran que los virus crearon la base de genes a partir de la cual pudieron aparecer las células, y todo lo demás.

Así que, si alguna vez han deseado que desaparezcan los virus, causantes de tantos problemas y enfermedades, créanme, más vale que no. Como demuestra ese 8 % de nuestro genoma de origen viral, y el porcentaje aún mayor presente en algunas bacterias, sin virus nosotros no estaríamos aquí, ni la vida en la Tierra se parecería remotamente a lo es hoy. Si es que la hubiera.

9. ¿Cómo se defiende nuestro organismo?

La supervivencia de nuestro organismo depende del complicado equilibrio entre nuestras células, unos cuantos millones de microorganismos «amigos» que viven junto a ellas, y otros cuantos miles, o millones de invasores que intentan incansablemente asaltar ese rico ecosistema con patas que somos los humanos. Se estima que, en cualquier momento, unos ocho tipos de virus diferentes están intentando establecerse en nuestro cuerpo. Eso sin contar otro tipo de parásitos bacterianos o de mayor tamaño. Solo un sofisticado sistema de defensa hace posible la difícil tarea de aniquilar al enemigo, proteger al amigo, y todo ello sin dañarnos en exceso.

EL RETO DE ESTAR VIVO

Quizá resulte inquietante verlo así, pero nuestro cuerpo es, para muchos microorganismos, un auténtico *resort* de vacaciones. En un mundo en el que las condiciones de temperatura y humedad cambian drásticamente a lo largo del año, o incluso en cuestión de horas, nuestro cuerpo ofrece una agradable temperatura de 36⁰ C, constante, y un entorno acuoso, que es el preferido para la vida. Sin riesgo de morir de frío, de calor o, simplemente, de desecación. Eso por no hablar de la abundancia de nutrientes en forma de ricas y rollizas células, o de las moléculas con las que las alimentamos. Vamos, el destino ideal de muchos microorganismos presentes por doquier en nuestro entorno.

Interponer barreras a esta invasión no es sencillo, ya que necesitamos estar en permanente contacto con el medio que nos rodea. La piel que cubre nuestro cuerpo constituye un buen muro de contención, con su capa exterior de células muertas, y sus linfocitos especializados. Pero la piel no es del todo infranqueable, especialmente si sufrimos algún tipo de herida.

Aun así, tenemos otras superficies mucho mayores y más expuestas. El epitelio que recubre interiormente todo el tubo digestivo, la mucosa intestinal, está formado por células cuyo fin principal es dejar pasar los nutrientes hacia la sangre. Nuestros alvéolos pulmonares deben permitir la entrada de oxígeno y desprenderse del CO_2 y el vapor de agua, para lo que necesitan empaparse en el aire que respiramos. Con ello, nuestros pulmones y nuestro sistema digestivo ofrecen de continuo una inmensa superficie llena de recovecos y puntos de entrada al interior de nuestro cuerpo, para que, desde allí, los patógenos puedan llegar a cualquier otro lugar. No por casualidad las enfermedades infecciosas más comunes son respiratorias o digestivas. Es por donde entran los patógenos y, la mayor parte de las veces, donde acampan.

Como comentamos anteriormente de los virus, los microorganismos que nos atacan han desarrollado trucos para esconderse de las células que patrullan en busca de elementos extraños, para bloquear las señales químicas con las que nuestras células se avisan de esa presencia y ponen en marcha los mecanismos de defensa o, directamente, contra las moléculas y células especializadas que les atacan. Debemos eliminarlos sin perjudicar a nuestras propias células que, al fin y al cabo, son bastante parecidas a los patógenos que queremos quitarnos de en medio. Y, a ser posible, sin dañar a esa población de microorganismos, la microbiota, que forma parte de nosotros mismos.

Después de todo, aunque los humanos somos muy diferentes de las bacterias en muchos aspectos, no es menos cierto que tenemos en común con ellas muchos de los procesos relacionados con la copia de material genético, la fabricación de proteínas y el metabolismo celular. Los virus, además de haber aportado algún que otro truco de supervivencia al resto de seres vivos, utilizan nuestra maquinaria celular para reproducirse, de modo que, si les bloqueamos, es al precio de paralizar la actividad celular propia. Hablo sobre todo de virus y bacterias, pero lo mismo podríamos decir de hongos o protozoos, que causan no pocas enfermedades. La clave es que la vida se caracteriza por un conjunto de procesos cuya base queda registrada en el código genético, y que, en mayor o menor medida, es compartida. Incluso por esos virus que no consideramos vivos.

Nuestro cuerpo necesita, por tanto, un sistema especializado para controlar esta situación. Que sepa distinguir las células propias de todos estos invasores potenciales, y que se deshaga de lo que sea anómalo. Esto último no solo abarca a microbios patógenos y a parásitos, sino también a células propias que han empezado a desviarse de lo que se espera de una célula de nuestro cuerpo. La primera barrera contra el cáncer es nuestro propio sistema inmunitario. Este es verdaderamente formidable, y de una complejidad apabullante. Los famosos glóbulos blancos, responsables de la defensa del organismo, constituyen realmente una complicada combinación de células muy diferentes, con funciones complementarias, que han de coordinarse para identificar y eliminar toda posible amenaza.

FABRICANDO UN EJÉRCITO

Todas las células del sistema inmunitario proceden de un mismo tipo de célula precursora, que puede dar lugar a una célula mieloide o linfoide. Estas, a su vez, han de distinguirse para dar lugar a distintos tipos de glóbulos blancos. La generación de células del sistema inmunitario se produce en la médula ósea, excepto para los linfocitos T, que se generan en el timo. Una vez tenemos la célula, esta debe madurar y especializarse, lo que tiene lugar en los órganos linfáticos periféricos: los ganglios linfáticos, el bazo, y los tejidos linfáticos mucosos y cutáneos. En resumen, las células del sistema inmunitario se generan en los órganos linfáticos primarios (médula ósea y timo) y terminan de madurar ya lejos, en los órganos periféricos, como son los ganglios o las amígdalas. Este proceso de maduración lleva unos ocho días.

Debemos distinguir entre las células propias del sistema inmunitario innato y las del sistema inmunitario adaptativo, aunque las células NK (*Natural Killers* o células asesinas) pueden considerarse comunes a ambos. Más adelante veremos que las células B y las células T son fabricadas por el organismo en previsión de una posible infección. Si aparece el invasor para el que están diseñadas, estas se activan y se diferencian, originando distintos subtipos.

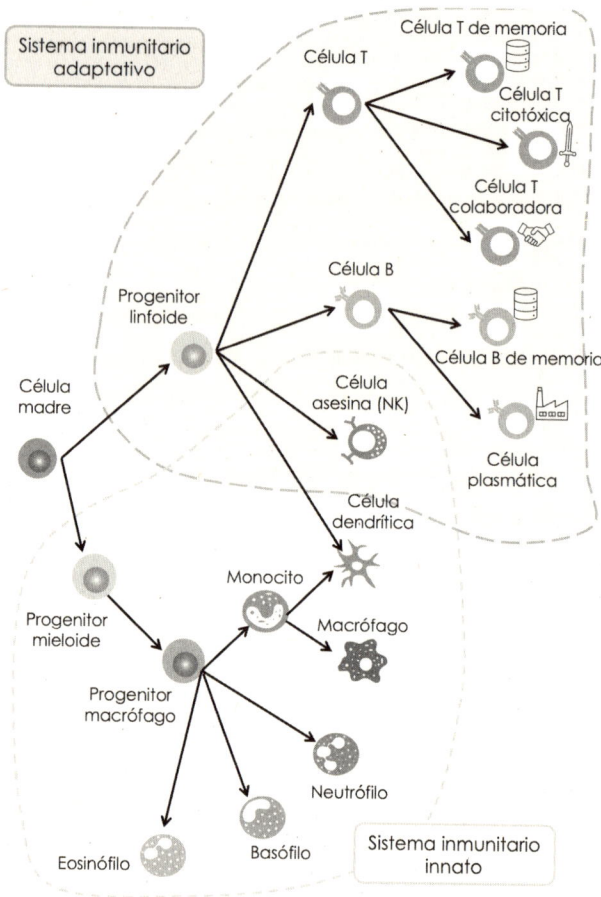

Figura 9-1. Principales células del sistema inmunitario. Las células madre hematopoyéticas dan lugar a todas las células de nuestra sangre, incluidas las del sistema inmunitario. Un progenitor linfoide será el origen de las distintas células del sistema inmunitario adaptativo, con una segunda etapa de diferenciación en el caso de las células B y T. Los progenitores mieloides dan lugar a las células del sistema inmunitario innato, con una primera diferenciación en un progenitor macrófago, del que derivarán otros tipos de células, a veces con algún paso intermedio. Como en todo, la Naturaleza es bastante flexible, y las células dendríticas pueden obtenerse de ambos tipos de progenitores. Las células asesinas (NK), por otro lado, al no tener la especificidad de los linfocitos, pueden considerarse también parte del sistema inmunitario innato. Los progenitores mieloides también dan origen a los otros dos grupos principales de células de la sangre: glóbulos rojos (eritrocitos) y plaquetas (trombocitos). Imagen de Mª Teresa Herrero, con elementos de Adobe Stock (ver créditos).

Esta gran diversidad que vemos en las células del sistema inmunitario se debe, esencialmente, a la exigencia de adaptarse a las numerosas estrategias de invasión que pueden desarrollar los patógenos, y a su evolución continua. Necesitamos un sistema inmunitario capaz de responder a ataques muy diferentes por parte de microorganismos que, merced a sus mutaciones, cambian continuamente.

En cuanto a las estrategias de invasión, hay dos problemas que resolver: cómo identificar y aniquilar enemigos que están entre nuestras células, y cómo identificar y aniquilar enemigos que han conseguido entrar en las células y ponerlas a su servicio. En el caso del virus del SARS-COV-2, veremos que necesitamos armas para interceptarlos cuando salen de una célula para invadir otras, y, al mismo tiempo, para detectar células infectadas y evitar que se conviertan en factorías de virus. Lo primero lo consiguen los anticuerpos fabricados por células B, lo segundo es responsabilidad de las células T. Ambas son tipos de células de la inmunidad adaptativa, lo que quiere decir que nuestro organismo las produce de forma específica para un determinado patógeno. Las células T y las células B especializadas en combatir el virus causante del COVID-19 no valdrían de nada para un virus como el de la hepatitis B, por ejemplo.

MISIÓN (CASI) IMPOSIBLE

Todos los seres vivos sufren el asalto de parásitos y han desarrollado medios para defenderse de ellos[104]. Pero el sistema inmunitario de los animales vertebrados, entre los que nos encontramos, tiene un punto de sofisticación fuera de lo común: combinan un sistema general, denominado innato, y uno adaptativo, capaz de desarrollar armas a medida contra cada patógeno.

Se cree que la causa de esta complejidad es la presencia de una microbiota con gran variabilidad en su composición. Hace falta un sistema complejo y especializado que permita distinguir contra quién hay que actuar, y hacerlo de manera altamente efectiva. Además, en la estrecha relación que mantenemos con los microorga-

---

104   Incluidas las bacterias, si viene al caso.

nismos que cooperan con nosotros, estos participan también activamente en defendernos. Al fin y al cabo, tenemos intereses comunes.

Los vertebrados no somos los únicos en el reino animal que hemos integrado en nuestro organismo un montón de microbios. Algunos insectos albergan especies bacterianas en una relación de mutuo beneficio, pero se trata de una sola especie, o dos a lo sumo[105]. Nada que ver con la diversidad en número de especies de microbios que acogemos los humanos y el resto de vertebrados. Así que los insectos han de conformarse con un sistema inmunitario genérico, sin la especificidad del nuestro.

El sistema inmunitario humano, en consecuencia, está considerado el más complejo del organismo junto con el sistema nervioso. Lo componen, como veremos enseguida, un buen número de células diferentes y muy especializadas: macrófagos, linfocitos, células dendríticas, etc. La actuación del sistema inmunitario se coordina a través de señales químicas, moléculas producidas por algunas células que activan o inhiben (según el caso) los distintos tipos de células del sistema inmunitario. De entre estas moléculas moduladoras de la respuesta inmune, las más importantes son las citoquinas[106].

Nuestro sistema inmunitario es capaz de arrasar con todo lo que se encuentra, y al actuar siempre causa algún daño a las células propias, de modo que hay multitud de controles para modular si se activa y hasta qué punto. Su funcionamiento puede parecer, por tanto, muy enrevesado. Es así para contar con varias capas de control superpuestas.

La segunda clave del sistema inmunitario adaptativo es cómo generar variedad. Existe una gran diversidad de patógenos que pueden atacarnos (bacterias, virus, protozoos, hongos, y eso si solo nos quedamos con los microscópicos), y ya hemos comentado que los microorganismos son maestros en experimentar mutaciones y con

---

105   Y, además, esas bacterias amigas viven dentro de determinadas células, por lo que no «provocan» al sistema inmunitario del insecto. En nuestro caso, los microorganismos de la microbiota están en el espacio intercelular, en contacto directo con las células del sistema inmunitario que detectan y combaten cualquier elemento extraño.

106   Cuando el sistema inmunitario reacciona de manera exagerada se produce una «tormenta de citoquinas», lo que puede ser muy peligroso. Las citoquinas ponen en marcha un montón de mecanismos de defensa que resultan dañinos para nuestras propias células si se mantienen mucho tiempo, o se disparan en exceso.

ello explorar posibilidades para atacar a su huésped. Enfrente hemos de disponer de algo capaz de generar una variedad de respuestas posibles casi igual de grande. Esa es la clave del sistema inmunitario adaptativo y de nuestra supervivencia.

Llega el momento de hablar de este sistema complejo, implacable y asombroso que nos defiende de los múltiples asaltos que recibimos todos los días.

EL SISTEMA INMUNITARIO INNATO

Al hablar del sistema inmunitario, hemos señalado que su función es identificar y aniquilar lo que constituye una amenaza. Lo de identificar lo ajeno no es sencillo. Al fin y al cabo, todos los organismos vivos se basan en el mismo tipo de moléculas: proteínas y ácidos nucleicos. A estas moléculas principales se unen algunos otros tipos de moléculas orgánicas como azúcares o lípidos, pero, en general, todo lo vivo o seudovivo (aquí meto a virus y priones) tiene la misma composición química.

Así que distinguir lo que es diferente tiene su arte. No obstante, aunque todos los seres vivos proceden del mismo antepasado ancestral[107], es cierto que las grandes familias de seres vivos presentan diferencias importantes en algunos tipos de moléculas. Esas diferencias permiten a nuestro sistema inmunitario innato identificar a muchos de los microorganismos que intentan invadirnos.

Nuestro sistema inmunitario innato es capaz de reconocer hasta mil patrones moleculares distintos que no duda en clasificar como ajenos[108]. Estos patrones se corresponden con moléculas que son esenciales para la viabilidad del microbio. No pueden cambiar como consecuencia de alguna mutación, porque el microorganismo resul-

---

107   Conocido como LUCA (*Last Universal Common Ancestor,* último antecesor común universal), como señalamos en el capítulo sobre los microorganismos.

108   Llamados patrones moleculares asociados a organismos patógenos, PAMP en inglés. Aunque los microbios tienen una capacidad de mutación considerable, hay ciertas moléculas que no se pueden modificar sin hacer inviable la supervivencia. Entre estos patrones detectados por el sistema inmunitario innato encontramos, por ejemplo, el ARN de doble cadena (propio de algunos virus, inexistente en humanos), o la flagelina bacteriana, una proteína necesaria para los flagelos que poseen algunas bacterias.

tante no sería viable. Si imaginamos que nuestros invasores son coches, el tipo de rasgo que identifica el sistema inmunitario innato sería el de «tiene cuatro ruedas» o «tiene un motor». Aunque pueda haber muchos modelos, colores y opciones, todos los coches necesitan tener cuatro ruedas y un motor para ser coches. De ahí que el sistema inmunitario innato siga siendo igual de válido que hace miles de años como primera línea de defensa.

Una vez identificado el extraño, llega la siguiente fase: aniquilarlo. Contamos con las moléculas del complemento, proteínas que asaetean las paredes de las bacterias, moléculas que levantan la voz de alarma y piden refuerzos (las citoquinas) y otros tipos de ataques, pero la clave es que los macrófagos, las células «recogelotodo» del sistema inmunitario, engullan rápidamente todo lo que se ve sospechoso.

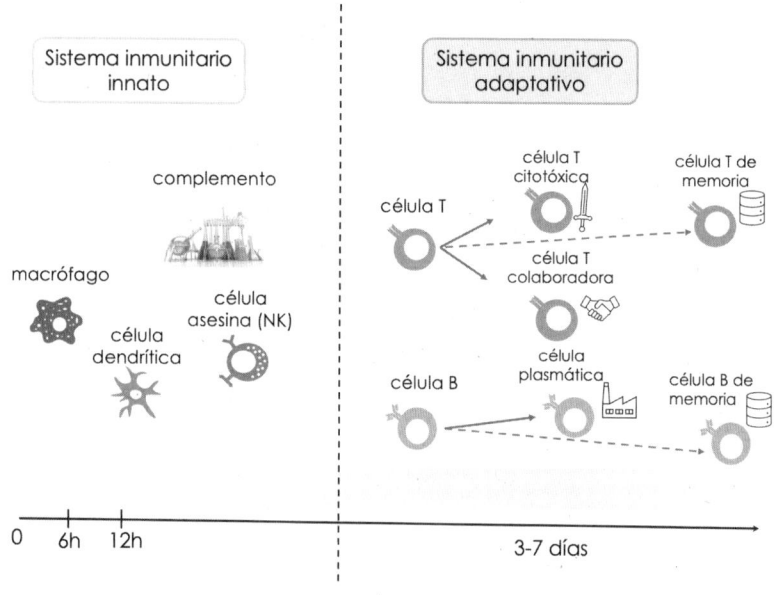

Figura 9-2: Tiempos de reacción de los sistemas inmunitarios innato y adaptativo. Imagen de Mª Teresa Herrero, con elementos de Adobe Stock (ver créditos).

Además de los macrófagos, otros tipos de células van zampando todo lo que estorba, y acuden al detectar la llamada de las citoquinas: los neutrófilos y las células dendríticas. Estas últimas son muy importantes porque su misión es hacer de mensajeras. Toman muestras del campo de batalla y se las llevan hacia el sistema linfático, en busca de linfocitos B y T que puedan reconocer y combatir al enemigo que acaba de entrar. Además, los escombros resultantes de estos primeros enfrentamientos con el invasor se recogen en el sistema linfático y van fluyendo también en pos de una célula B que reconozca a algún enemigo. Si el sistema inmunitario innato no consigue frenar la infección, es hora de involucrar a los especialistas: el sistema inmunitario adaptativo. Este segundo desarrolla una respuesta mucho más específica, pero para ello necesita tiempo.

EL SISTEMA INMUNITARIO ADAPTATIVO

La inmunidad adaptativa se basa en dos grandes tipos de células inmunitarias: las células T y las células B. Y es sumamente específica frente a un determinado patógeno. Identifica patrones moleculares exclusivos de cada tipo de microbio. En nuestro ejemplo del coche, si la inmunidad innata se guía por rasgos que no pueden cambiar, como «tiene cuatro ruedas» o «tiene motor», la inmunidad adaptativa identifica rasgos como la forma de los faros, o la de los espejos retrovisores.

Si imaginamos los patógenos como coches...

El sistema inmunitario innato identifica rasgos básicos imposibles de cambiar, como el hecho de tener 4 ruedas.

El sistema inmunitario adaptativo identifica rasgos muy específicos, como la forma de la ventanilla trasera y el color.

Figura 9-3: Si imaginamos a los agentes invasores como coches, el sistema adaptativo se va a especializar en identificar rasgos muy exclusivos, que solo presenta un reducidísimo tipo de patógeno. Imagen de Mª Teresa Herrero, con elementos de Adobe Stock (ver créditos).

Esa elevada especificidad a la hora de identificar al enemigo es esencial, ya que nuestro sistema inmunitario es realmente formidable y devastador cuando desencadena un ataque. Necesitamos estar seguros de que se vuelca en atacar a un enemigo, y solo a él.

Antes de entrar en los detalles, aclaremos por qué necesitamos dos tipos de células, las B y las T. Las primeras abordan el problema de aniquilar los patógenos que circulan entre nuestras células antes de que accedan a ellas. Es lo que se denomina inmunidad humoral. Una vez el patógeno ha entrado en nuestras células queda a salvo de estos mecanismos, y necesitamos armas diferentes. Los linfocitos T identifican las células infectadas y provocan su muerte. Esto constituye la inmunidad celular.

Los patógenos se pueden esconder en dos tipos de células: en los macrófagos del sistema inmunitario que los han engullido o en células convencionales. A los primeros, los linfocitos T deben dar la orden de que maten al microbio que llevan embolsado. A las segundas hay que darles la orden de suicidarse. Hay linfocitos T especializados para cada uno de los casos.

	Inmunidad humoral	Inmunidad celular	
¿Dónde está el patógeno a erradicar?	Entre nuestras células	Dentro de nuestras células: en macrófagos	Dentro de nuestras células: en células infectadas
Linfocitos reactivos	Linfocitos B	Linfocitos T cooperadores	Linfocitos T citotóxicos
Mecanismo	Anticuerpos	Linfocito T libera citokinas, que activan al macrófago para matar al patógeno que portan	Linfocito T da orden a la célula de que se «suicide» (apoptosis)
Funciones	Bloquea invasores antes de que entren en las células, elimina microbios extracelulares	Elimina microbios engullidos por los macrófagos	Mata las células infectadas

Tabla 9-1. Inmunidad adaptativa e inmunidad humoral.

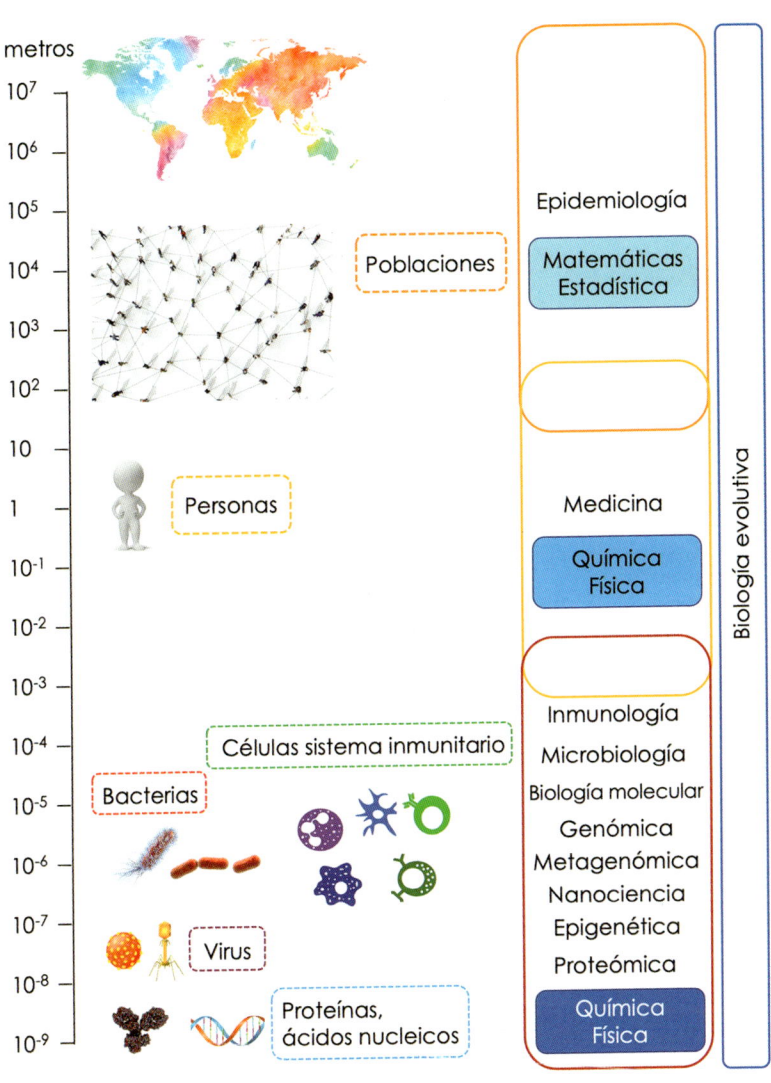

Figura 0-5. Y todo relacionado por la evolución.
Imagen de Mª Teresa Herrero, con elementos de Adobe Stock (ver Créditos)

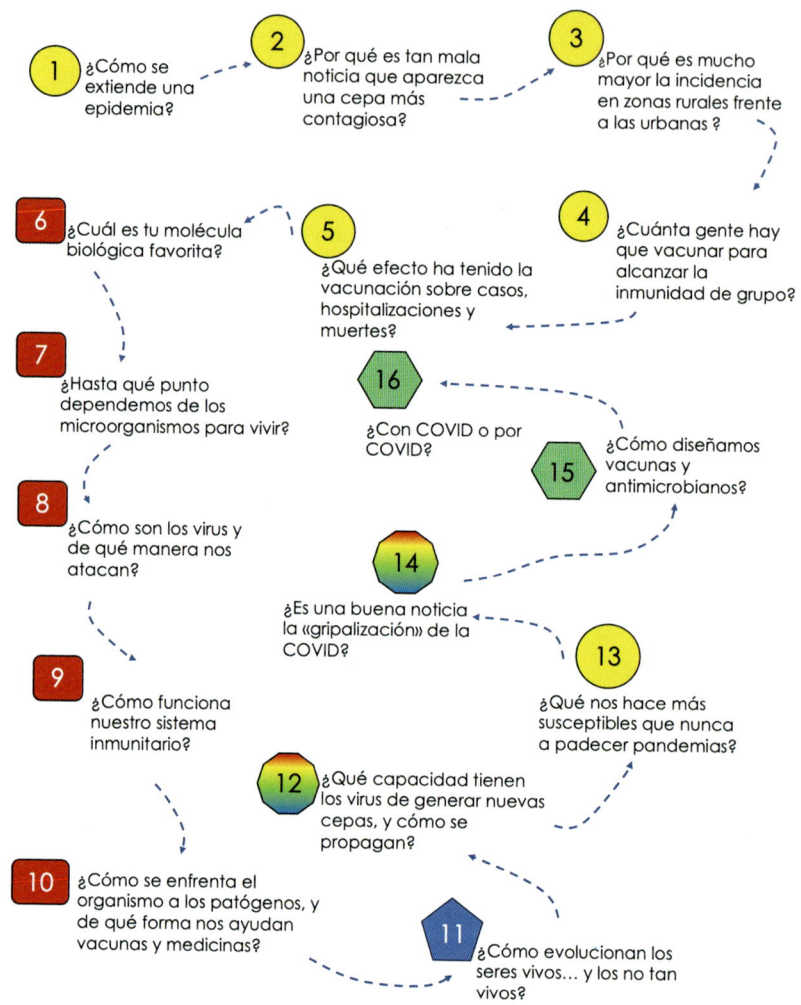

Figura 0-6. Unas cuantas preguntas para mentes inquietas.

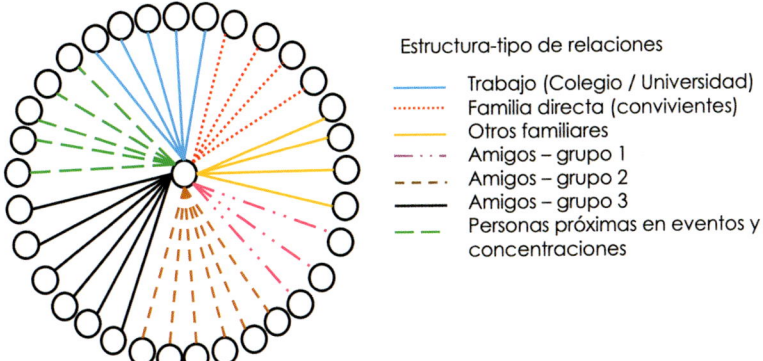

Figura 1-4. Representación ideal de una persona (círculo en el centro), con todas las personas que trata regularmente. He usado diferentes colores para los vínculos con los diferentes grupos, reservando uno de ellos para contactos ocasionales en concentraciones: transporte público, eventos, etc.

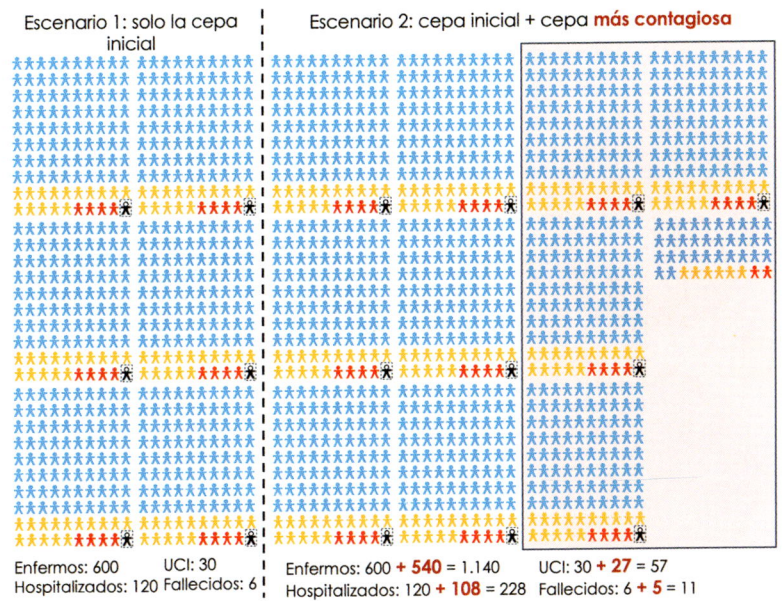

Figura 2-7. Representación gráfica del efecto sobre la población de una cepa más contagiosa en el plazo de doce semanas.

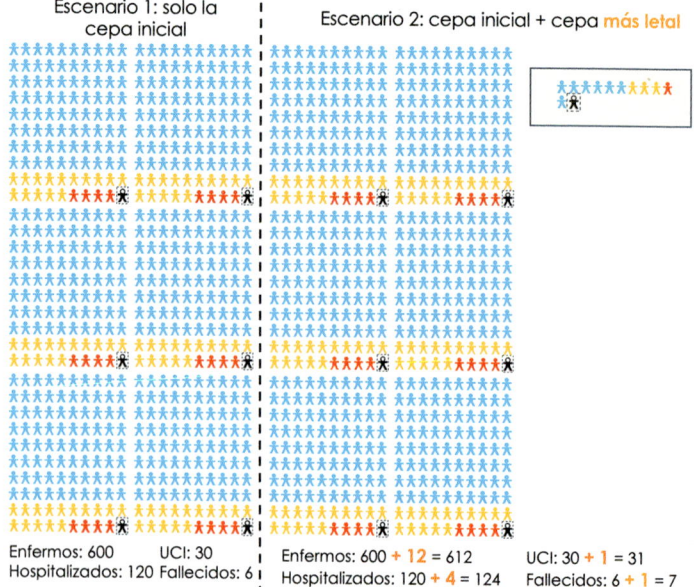

Escenario 1: solo la cepa inicial

Escenario 2: cepa inicial + cepa más letal

Enfermos: 600   UCI: 30
Hospitalizados: 120   Fallecidos: 6

Enfermos: 600 + 12 = 612   UCI: 30 + 1 = 31
Hospitalizados: 120 + 4 = 124   Fallecidos: 6 + 1 = 7

Figura 2-10. Representación gráfica del efecto sobre la población de una cepa un 70 % más letal en el plazo de doce semanas. Escenario: introducimos un enfermo contagioso en una población donde hay una incidencia de 50 casos nuevos por semana.

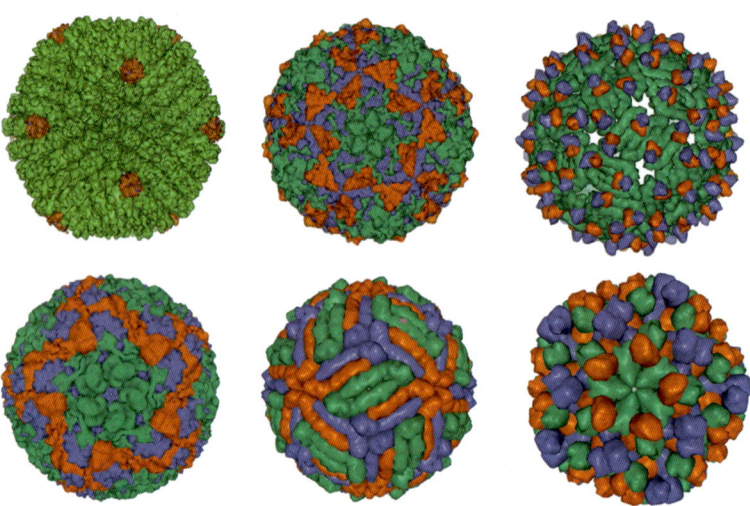

Figura 8-3. Distintos tipos de cápsides esféricas en virus. Cada tipo de proteína tiene un color distinto. Se ve claramente la diversidad de soluciones desarrolladas para resolver el problema de construir una esfera con un puñado de piezas básicas. Imagen de Walter D@stock.adobe.com.

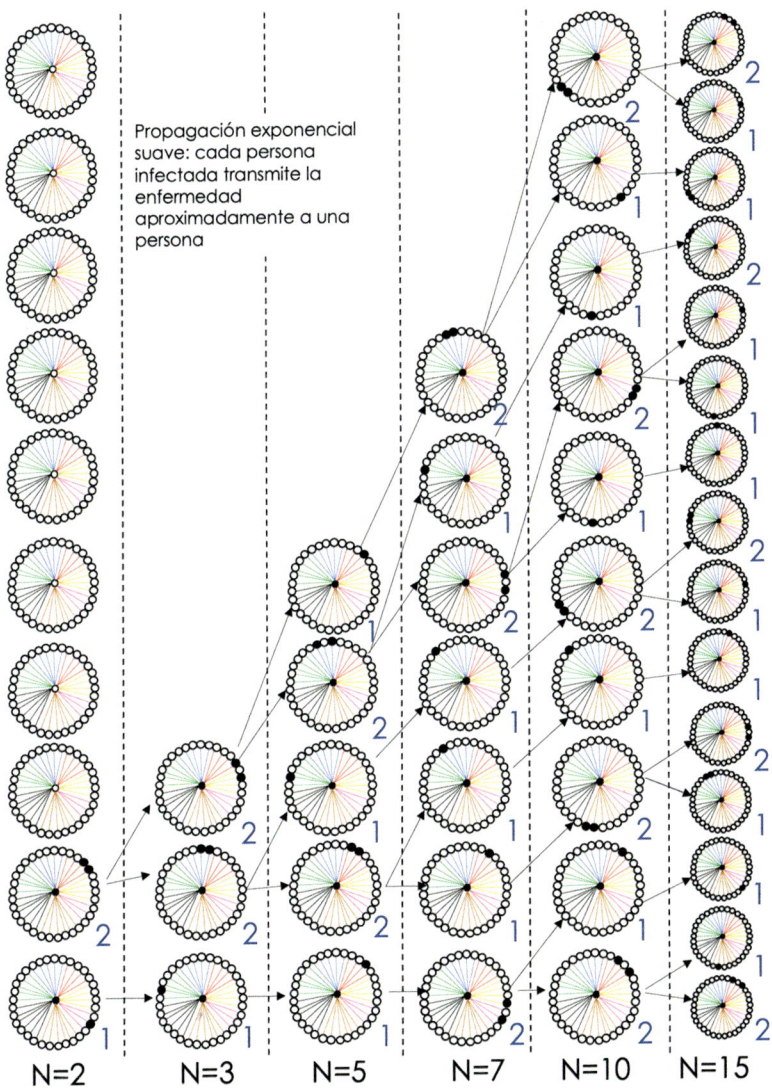

Propagación exponencial suave: cada persona infectada transmite la enfermedad aproximadamente a una persona

N=2   N=3   N=5   N=7   N=10   N=15

Figura 1-5. Modelo exponencial suave de propagación de enfermedades. En cada etapa sucesiva las personas infectadas transmiten la enfermedad a una o dos personas de su entorno. El número en la parte inferior es el número total de nuevos casos cada semana, mientras que el número en azul al lado de cada individuo es el número de nuevos infectados causados por cada uno.

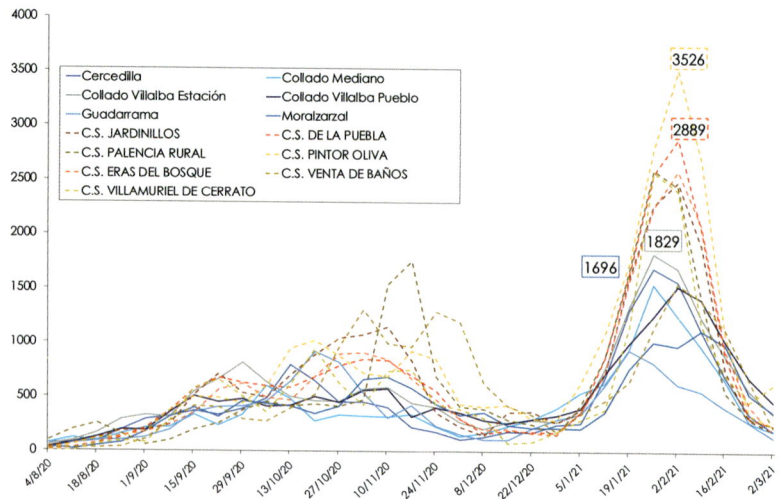

Figura 3-1. Incidencia acumulada a catorce días por cada 100 000 habitantes en el área de Palencia (centro de salud en mayúsculas, líneas discontinuas) y de la Sierra Norte de Madrid (líneas continuas). He elegido las localidades de la Sierra Norte con mayor incidencia, de modo que sumaran la misma población, aproximadamente, que Palencia y sus alrededores.

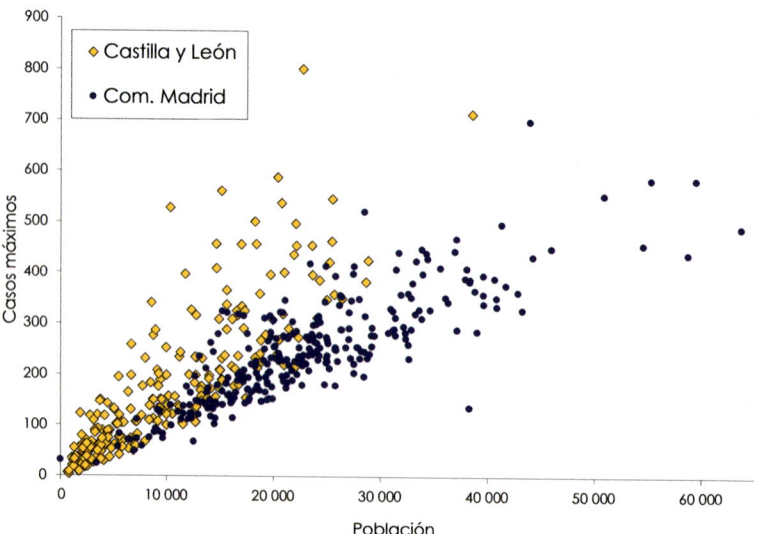

Figura 3-13. Diagrama de dispersión de casos máximos a catorce días frente a la población atendida, para cada zona de salud en Castilla y León y la Comunidad de Madrid.

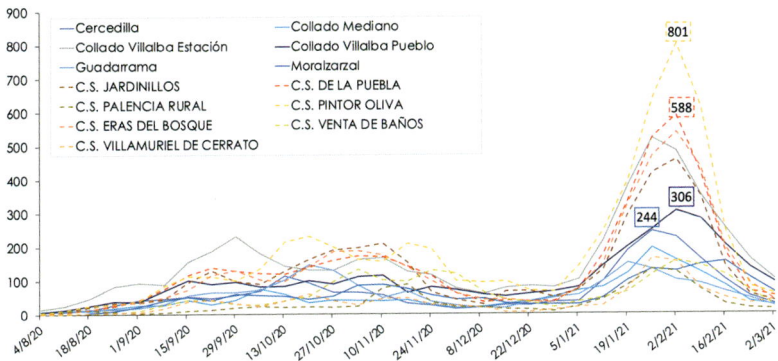

Figura 3-17. Casos confirmados en catorce días para los centros de salud de Palencia y alrededores, y para un grupo de zonas de salud de la Sierra Norte de tamaño semejante.

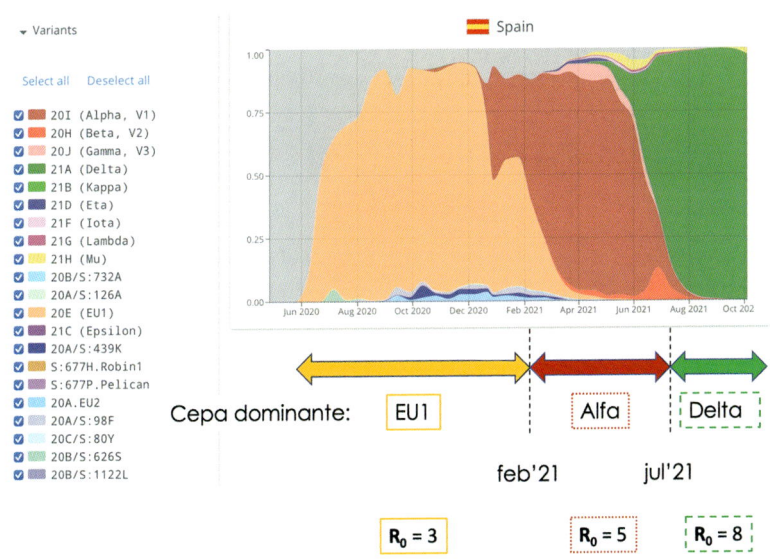

Figura 4-4. Evolución de las cepas de Coronavirus presentes en España de junio de 2020 a octubre de 2021. En todo el mundo se realiza un seguimiento constante de las cepas de SARS-COV-2 que van a apareciendo, y de sus características. En la gráfica se muestra qué cepas han ido sucediéndose en España y qué proporción de los casos muestreados presentaban cada cepa. He destacado en cada tramo temporal la cepa dominante y las transiciones entre las principales cepas. Se añade también la información del R_0 propio de cada variante del virus. Debido a la alta interconexión entre países, la evolución de las variantes del virus ha sido muy semejante en todos los países occidentales. En el capítulo 12 veremos con más detalles las variaciones entre países europeos en la llegada de las distintas cepas. Fuente: Emma B. Hodcroft. 2021. CoVariants: SARS-COV-2 Mutations and Variants of Interest. https://covariants.org/

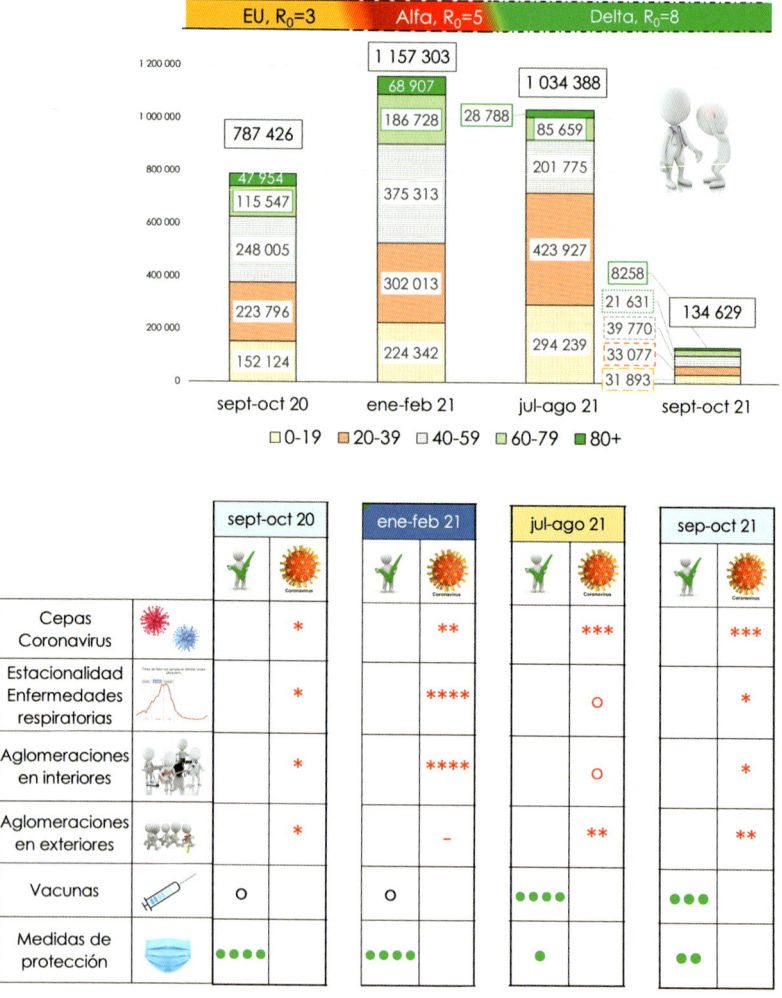

Figura 5-14. Vista conjunta de casos confirmados por tramos de edad y situación epidemiológica de acuerdo con los diferentes factores analizados. Imagen de Mª Teresa Herrero, con elementos de Adobe Stock (ver Créditos).

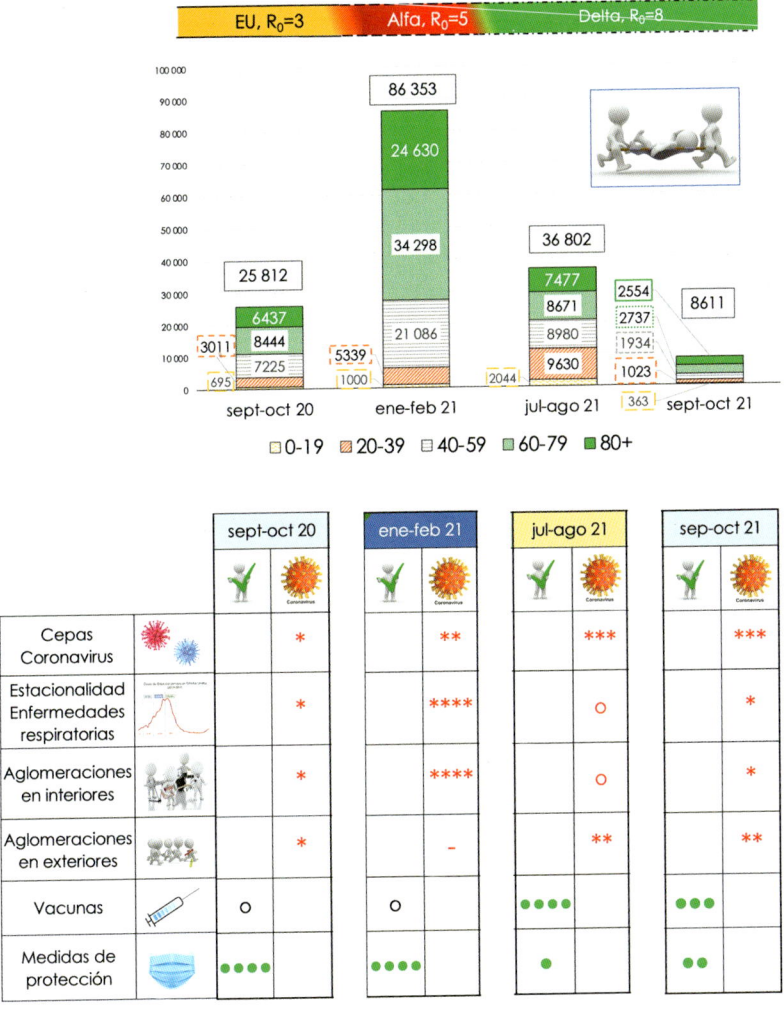

Figura 5-15. Vista conjunta de hospitalizaciones por tramos de edad y situación epidemiológica de acuerdo con los diferentes factores analizados.
Imagen de Mª Teresa Herrero, con elementos de Adobe Stock (ver Créditos).

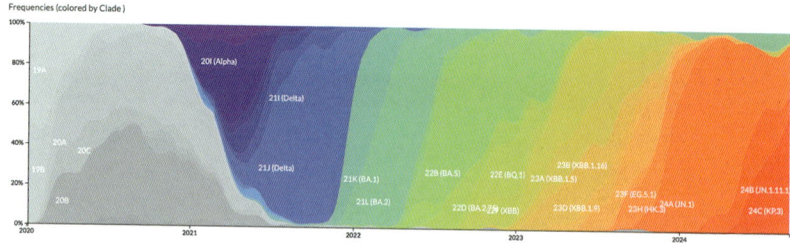

Figura 5-16. Evolución de las cepas del SARS-CoV-2 entre enero de 2020 y septiembre de 2024. Fuente: www.nextstrain.org, a partir de la información recopilada por GISAID. Desde enero de 2022 se han sucedido diversas subvariantes de la cepa omicron, pero no ha aparecido otra cepa capaz de desbancarla.

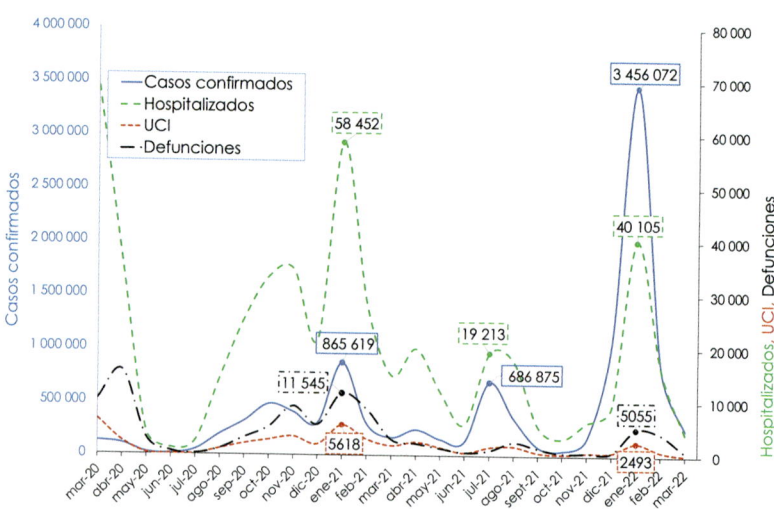

Figura 5-17. Datos mensuales de casos confirmados, personas hospitalizadas y pacientes en UCI hasta marzo de 2022. Los datos mensuales se obtienen de la consolidación de datos diarios. Fuente: Instituto Carlos III. https://cnecovid.isciii.es/covid19/#documentación-y-datos

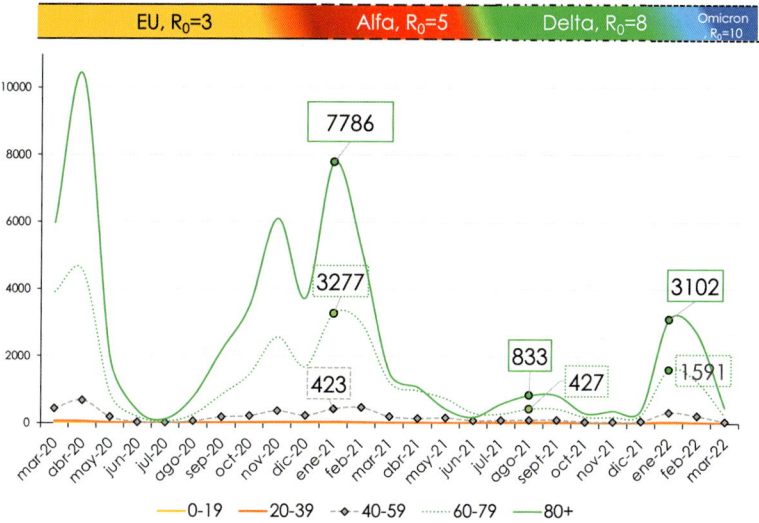

Figura 5-21. Número de defunciones por COVID-19 en España por tramos de edad hasta marzo de 2022. La banda superior indica la cepa dominante en cada momento y su contagiosidad, definida por R_0. Abarcando los dos años en que la pandemia tuvo un seguimiento exhaustivo, esta gráfica nos permite ver los tramos de edad con mayor número de defunciones: 60-79 y mayores de 80 años, y asomarnos a la magnitud de la tragedia. Fuente: Instituto Carlos III. https://cnecovid.isciii.es/covid19/#documentación-y-datos.

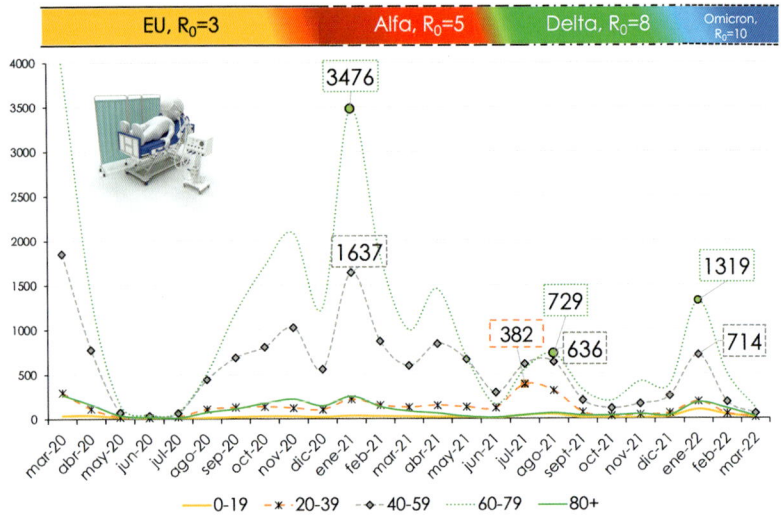

Figura 5-20. Número de ingresos en UCI por COVID-19 en España por tramos de edad hasta marzo de 2022. La banda superior indica la cepa dominante en cada momento y su contagiosidad, definida por R_0. Los ingresos en UCI en febrero de 2022 quedan muy por debajo de los de enero de 2021, afectando sobre todo a los tramos de 40-59 y 60-79 años. Fuente: Instituto Carlos III. https://cnecovid.isciii.es/covid19/#documentación-y-datos.

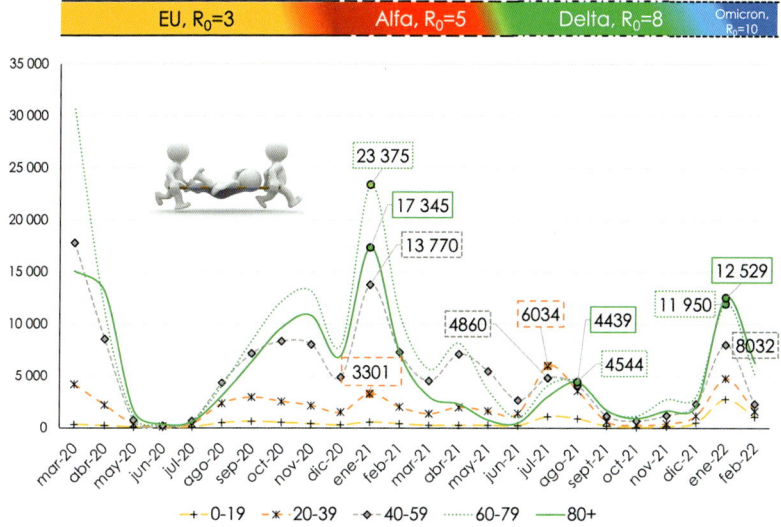

Figura 5-19. Número de personas hospitalizadas por COVID-19 en España por tramos de edad hasta marzo de 2022. La banda superior indica la cepa dominante en cada momento y su contagiosidad, definida por R_0. En hospitalizaciones, sin embargo, destacan los tramos de edad más vulnerables: 60-79 y mayores de 80 años. Obsérvese que el pico de hospitalizaciones está muy por debajo de las de enero de 2021, pese a haber cuatro veces más casos en febrero de 2022 que un año antes. Fuente: Instituto Carlos III. https://cnecovid.isciii.es/covid19/#documentación-y-datos

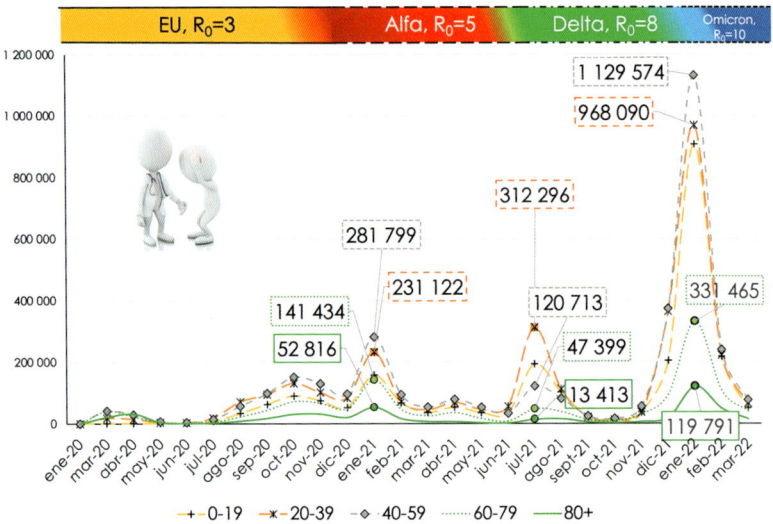

Figura 5-18. Número de casos de COVID-19 en España por tramos de edad hasta marzo de 2022. La banda superior indica la cepa dominante en cada momento y su contagiosidad, definida por R_0. Destaco algunos valores en fechas significativas. Obsérvese que en febrero de 2022 tenemos el máximo histórico de casos. En este momento, al igual que en el pico de enero de 2021, el tramo de edad con más casos es el de 40-59 años, seguidos muy de cerca por los de 20-30 y 0-19. Fuente: Instituto Carlos III. https://cnecovid.isciii.es/covid19/#documentación-y-datos.

Cadena de aminoácidos

...que de forma simbólica podemos ver así:

Figura 6-6. Cadena de aminoácidos. Las propiedades físicoquímicas de estos vienen definidas por la molécula R. Hemos representado los grupos amino y carboxílico de los extremos como «enganches». Imagen de Mª Teresa Herrero, con elementos de Adobe Stock.

Historia de la vida en la Tierra

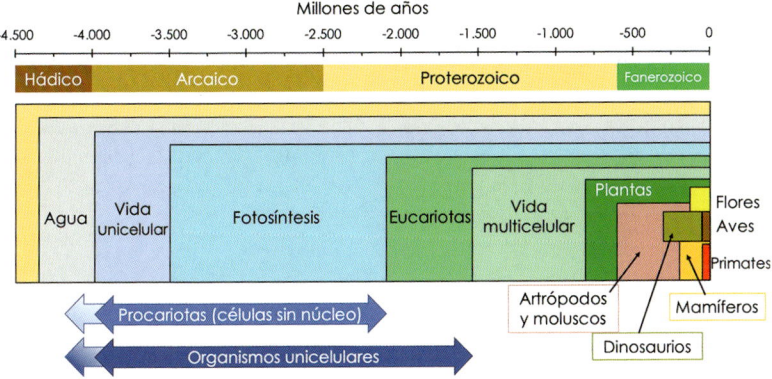

Figura 7-1. Principales periodos geológicos de la Tierra e hitos en la evolución de la vida.

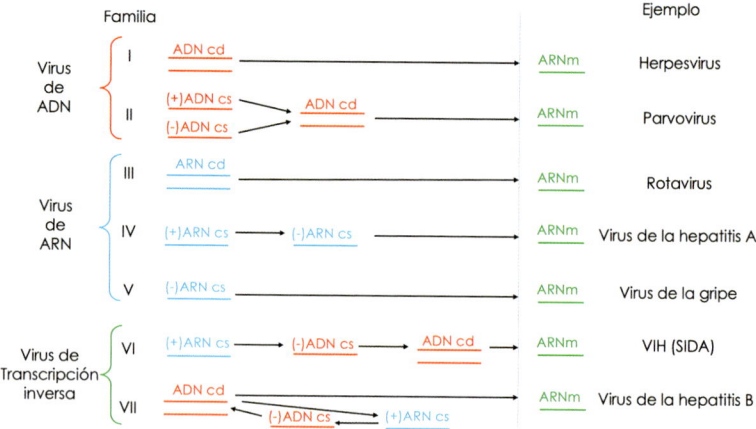

Figura 8-1. Tipos de virus según la clase de .ácido nucleico utilizado como almacén de información (clasificación Baltimore). Cd: cadena doble, cs: cadena sencilla. El proceso de transcripción, cuyo resultado es la obtención del ARNm, es diferente según el tipo de ácido nucleico del que partamos, tal como se ve en la figura. Recordemos que el ADN de cadena doble es la doble hélice que constituye nuestros genes.

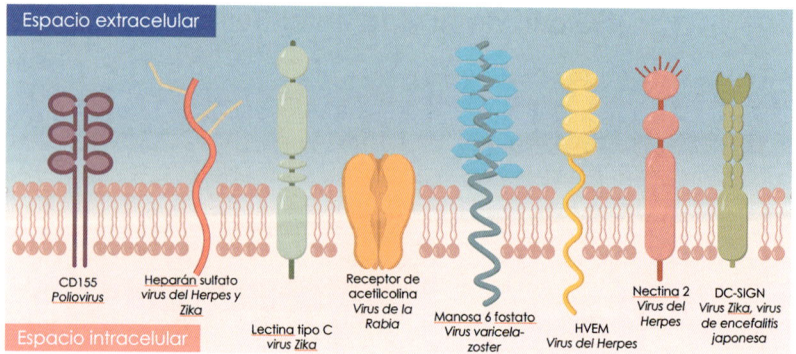

Figura 8-2. Esquema de los receptores de membrana utilizados por distintos virus para acceder a las células de nuestro sistema nervioso. Imagen de Olha@stock.adobe.com.

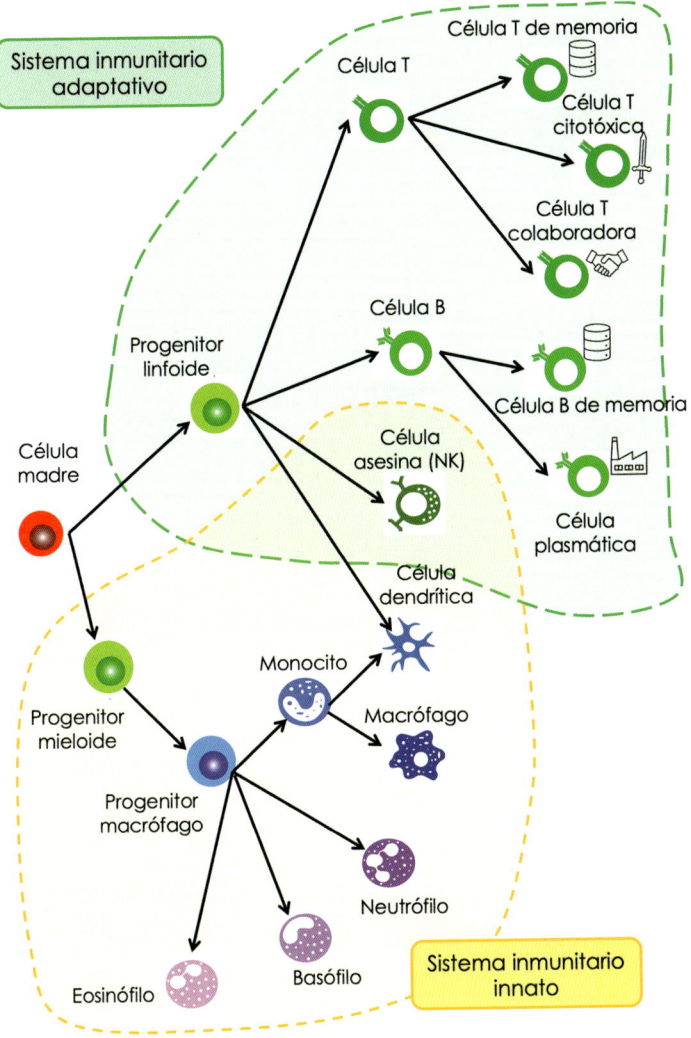

Figura 9-1 Principales células del sistema inmunitario. Las células madre hematopoyéticas dan lugar a todas las células de nuestra sangre, incluidas las del sistema inmunitario. Un progenitor linfoide será el origen de las distintas células del sistema inmunitario adaptativo, con una segunda etapa de diferenciación en el caso de las células B y T. Los progenitores mieloides dan lugar a las células del sistema inmunitario innato, con una primera diferenciación en un progenitor macrófago, del que derivarán otros tipos de células, a veces con algún paso intermedio. Como en todo, la Naturaleza es bastante flexible, y las células dendríticas pueden obtenerse de ambos tipos de progenitores. Las células asesinas (NK), por otro lado, al no tener la especificidad de los linfocitos, pueden considerarse también parte del sistema inmunitario innato. Los progenitores mieloides también dan origen a los otros dos grupos principales de células de la sangre: glóbulos rojos (eritrocitos) y plaquetas (trombocitos).Imagen de Mª Teresa Herrero, con elementos de Adobe Stock (ver créditos).

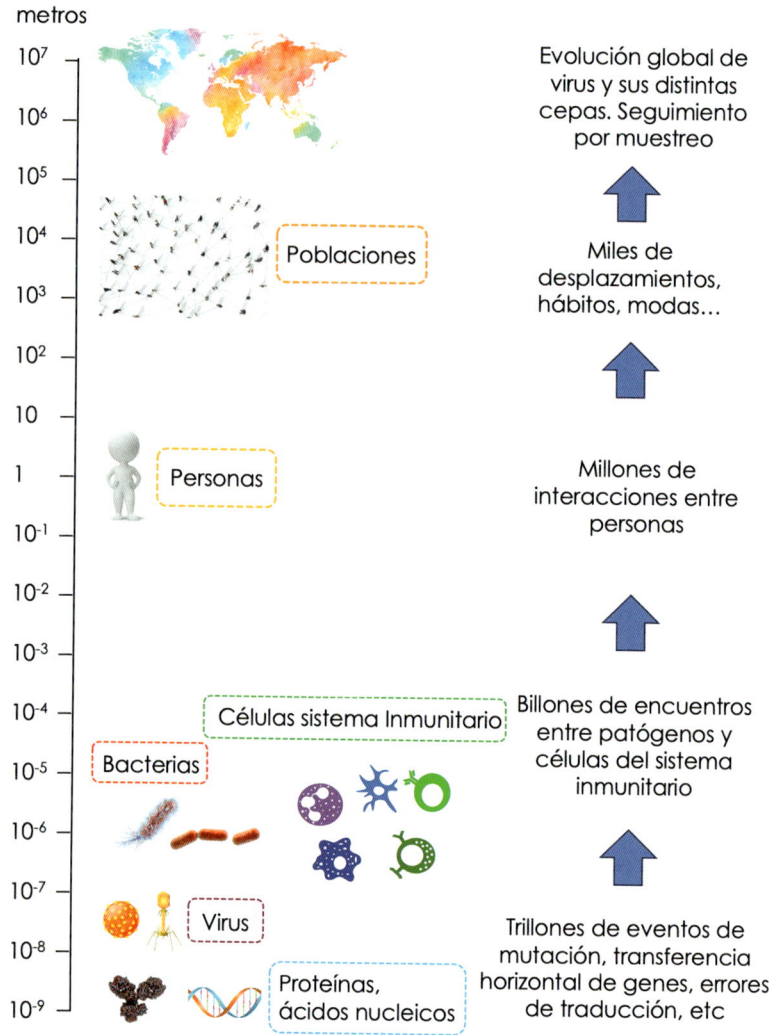

metros

10⁷

10⁶

10⁵

10⁴ — Poblaciones

10³

10²

10

1 — Personas

10⁻¹

10⁻²

10⁻³

10⁻⁴ — Células sistema Inmunitario

10⁻⁵ — Bacterias

10⁻⁶

10⁻⁷

10⁻⁸ — Virus

10⁻⁹ — Proteínas, ácidos nucleicos

Evolución global de virus y sus distintas cepas. Seguimiento por muestreo

Miles de desplazamientos, hábitos, modas…

Millones de interacciones entre personas

Billones de encuentros entre patógenos y células del sistema inmunitario

Trillones de eventos de mutación, transferencia horizontal de genes, errores de traducción, etc

Figura 12-1. La secuenciación del genoma de las muestras que vamos obteniendo de los patógenos en cada momento nos permite ver a escala global qué cepas se van imponiendo, y es la consecuencia de millones de eventos que tienen lugar a otras escalas. Imagen de Mª Teresa Herrero, con elementos de Adobe Stock (Ver Créditos).

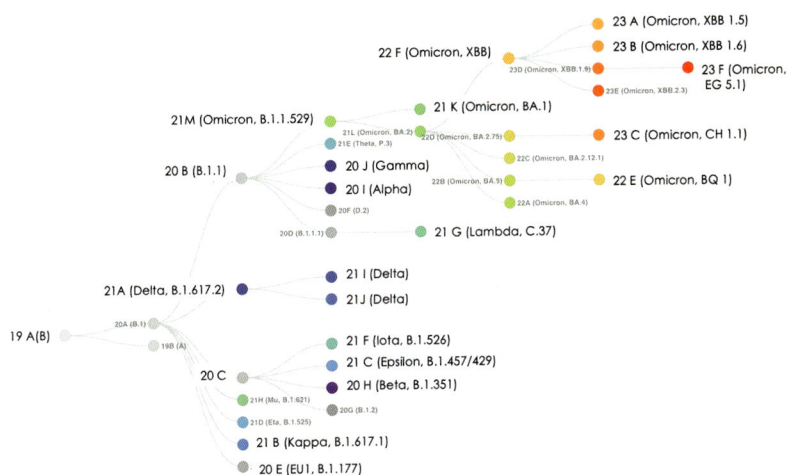

Figura 12-2. Árbol filogenético del virus SARS-COV-2 hasta septiembre de 2024. Fuente: Emma B. Hodcroft. 2021. CoVariants: SARS-COV-2 Mutations and Variants of Interest. https://covariants.org/, a partir de datos de GISAID. He destacado las más importantes.

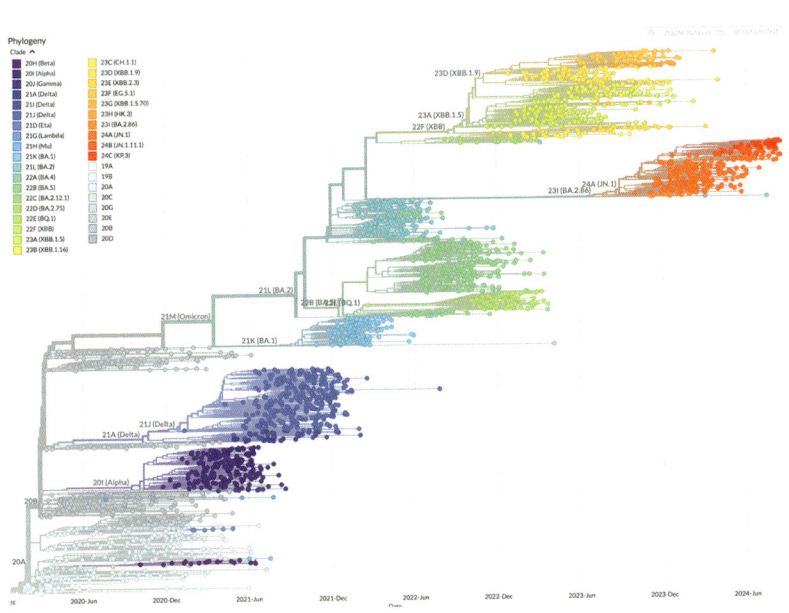

Figura 12-3. Árbol filogenético del SARS-COV-2 en Europa hasta septiembre de 2024. Fuente: Nextstrain.org, a partir de datos de GISAID.

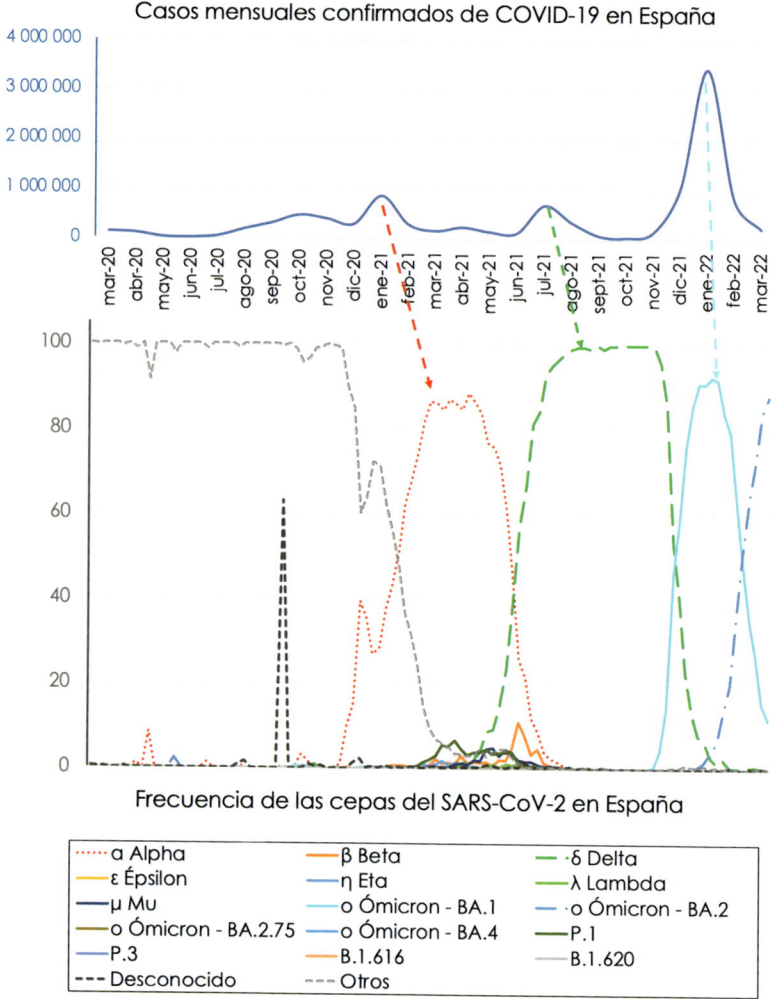

Figura 12-4. Relación entre las olas de contagios y la predominancia de las principales cepas del SARS-COV-2 en España. La escala temporal del eje horizontal es igual para las dos gráficas. Fuentes: Instituto Carlos III y ECDC (European Centre for Disease Prevention and Control) + GISAID.

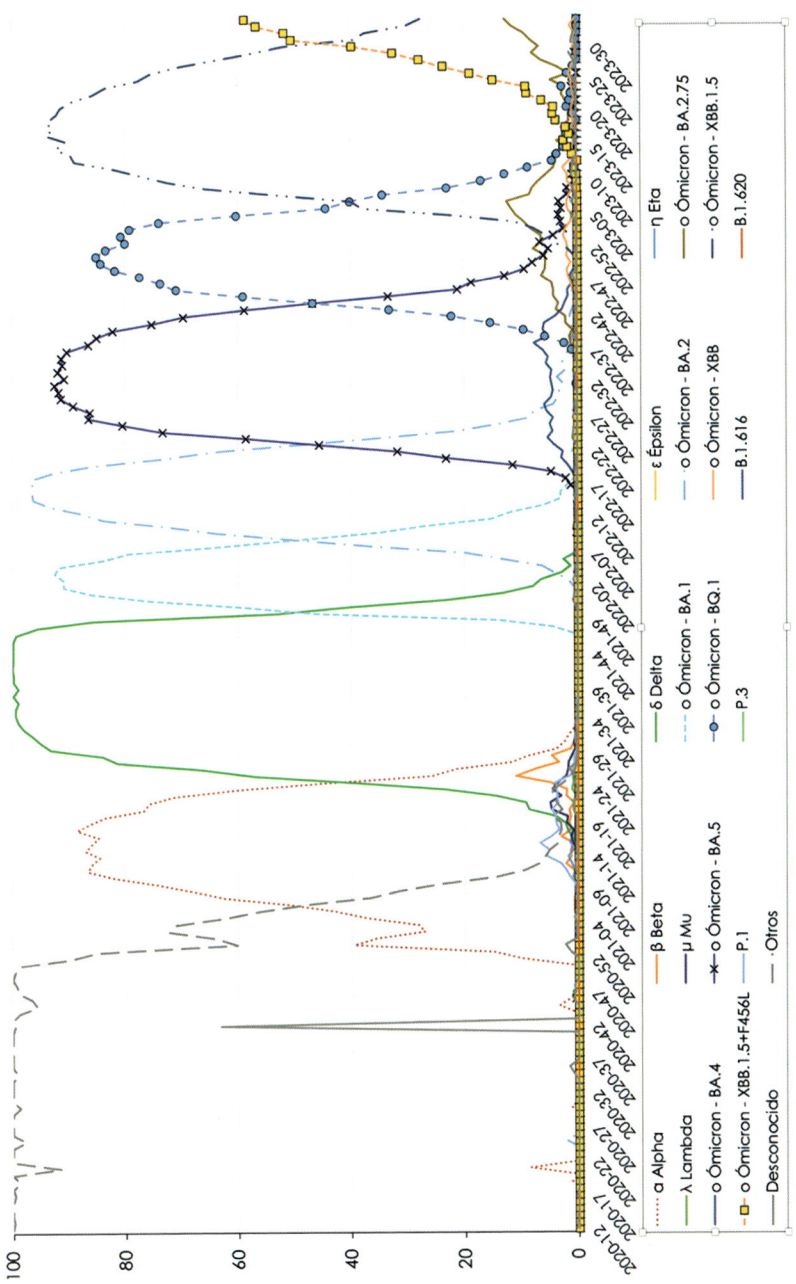

Figura 12-5. Frecuencia de las cepas del SARS-COV-2 en España entre marzo de 2020 y septiembre de 2023. Fuente: ECDC (European Centre for Disease Prevention and Control), a partir de información de GISAID.

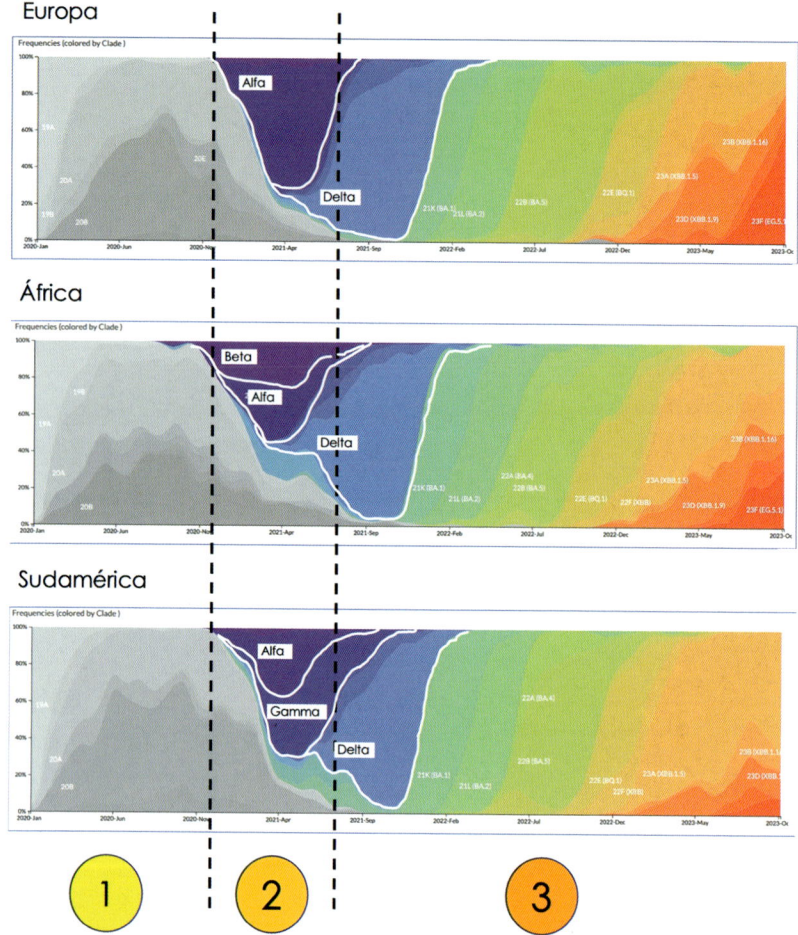

Figura 12-8. Frecuencia de las sucesivas cepas del SARS-COV-2 en Europa, África y Sudamérica. Se destacan las cepas beta en África y gamma en Sudamérica. Se han marcado con líneas discontinuas las tres fases evolutivas por las que ha pasado el virus hasta octubre de 2023. Fuente: Nextstrain.org, a partir de datos de GISAID

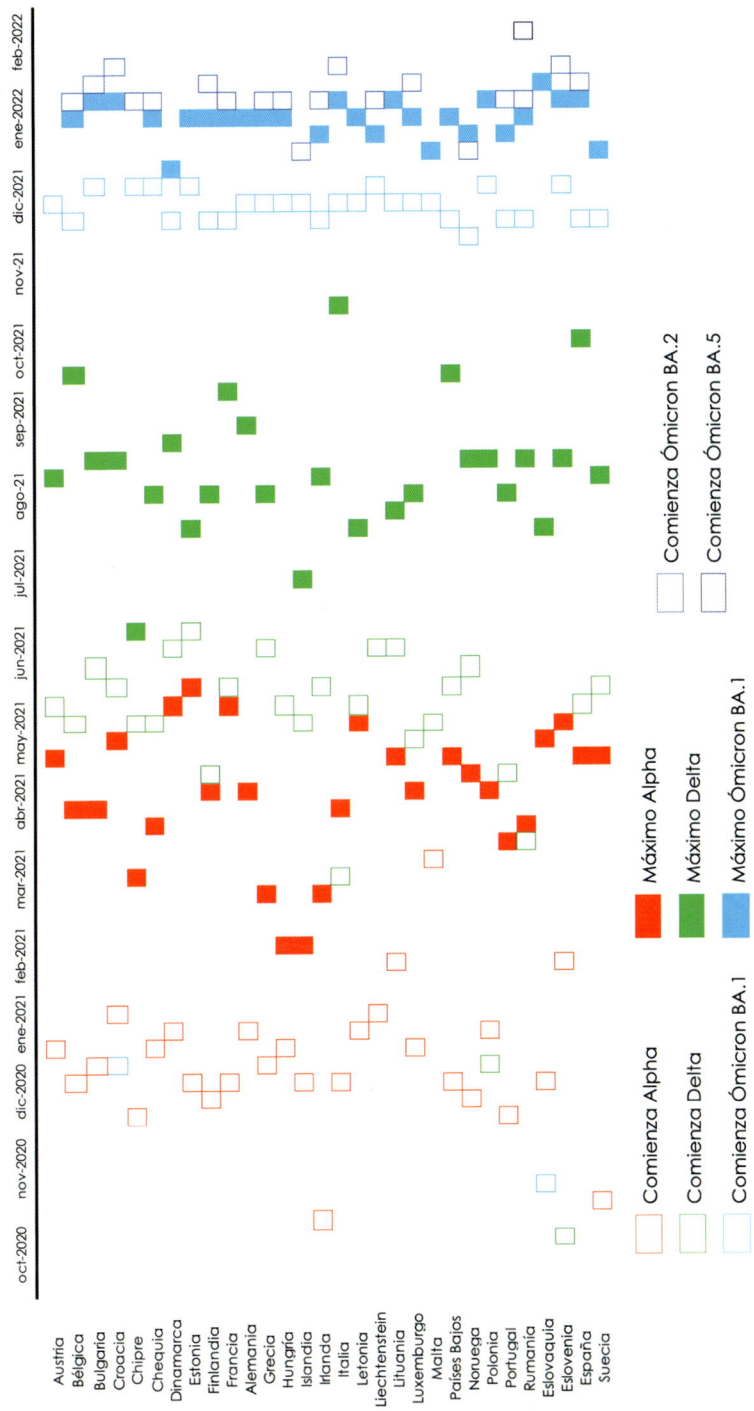

Figura 12-6. Momento de entrada y de máxima presencia de las distintas cepas del SARS-COV-2 en los países de la Unión Europea (octubre 2020-febrero 2022)

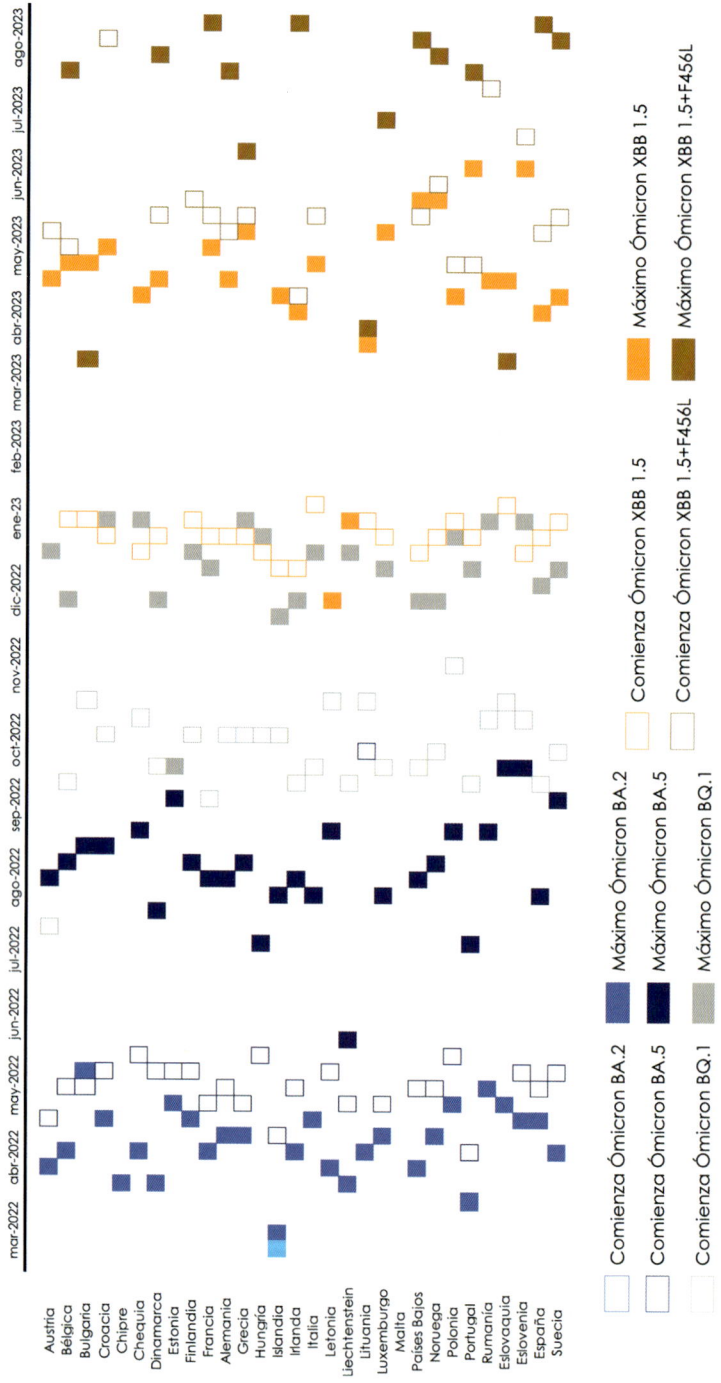

Figura 12-7. Momento de entrada y de máxima presencia de las distintas cepas del SARS-COV-2 en los países de la Unión Europea (marzo 2022-agosto 2023).

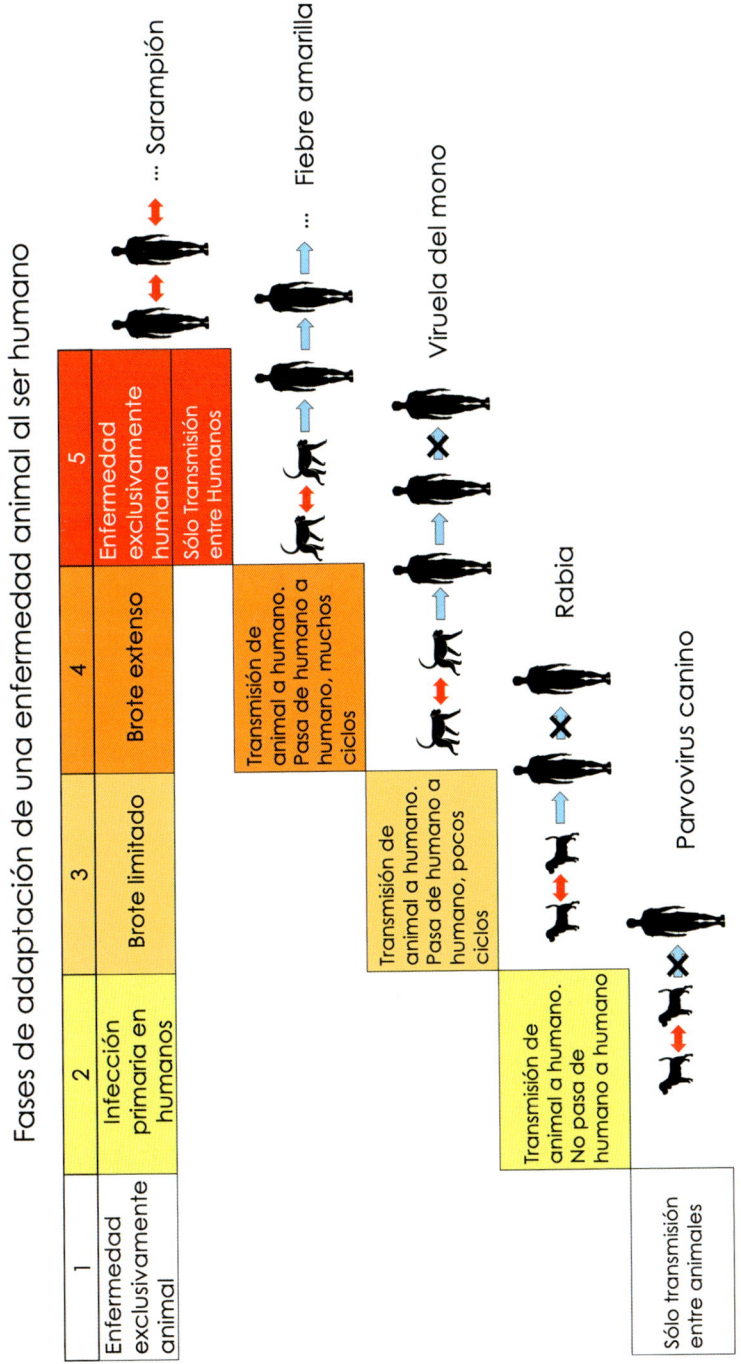

Figura 13-1. Fases de adaptación de una enfermedad animal al ser humano.
Imagen de Mª Teresa Herrero, con elementos de Adobe Stock (ver Créditos)

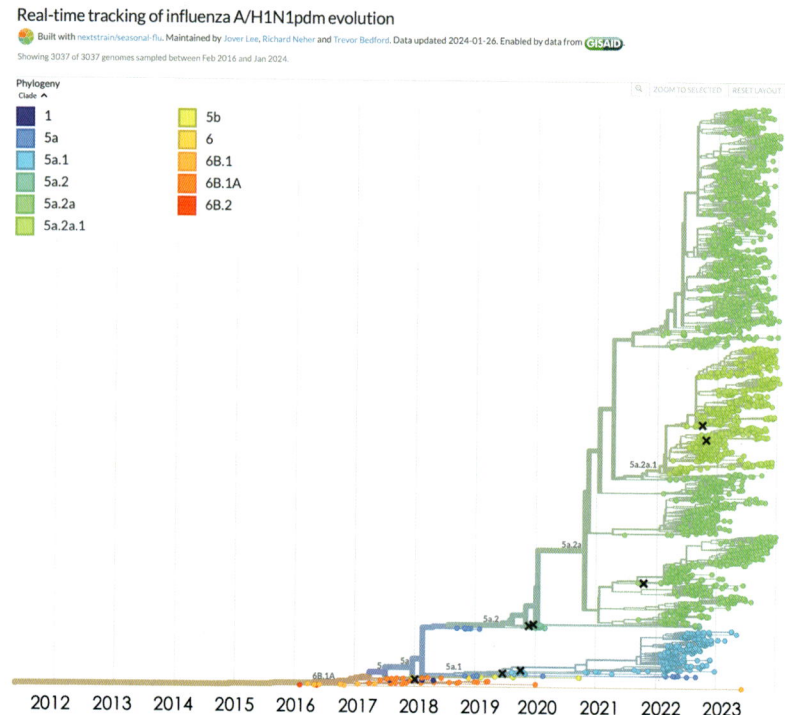

Figura 14-11. Árbol filogenético de la variante H1N1-pdm del virus de gripe A. Marcadas con aspas las cepas que se tomaron como base para vacunas. Fuente: www. nextstrain.org, a partir de los datos recopilados por GISAID.

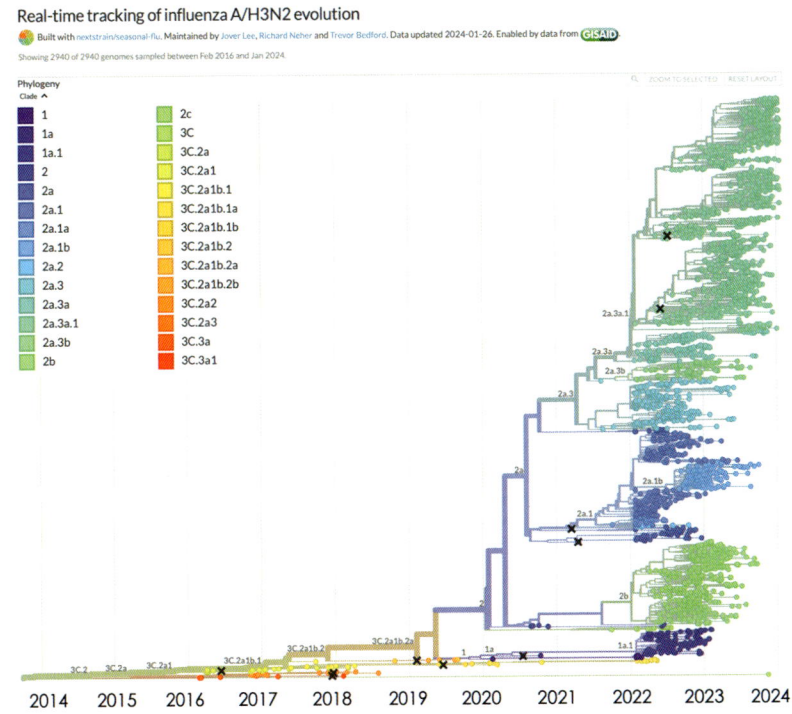

Figura 14-12. Árbol filogenético de la variante H3N2 del virus de gripe A. Marcadas con aspas las cepas que se tomaron como base para vacunas. Fuente: www.nextstrain. org, a partir de los datos recopilados por GISAID.

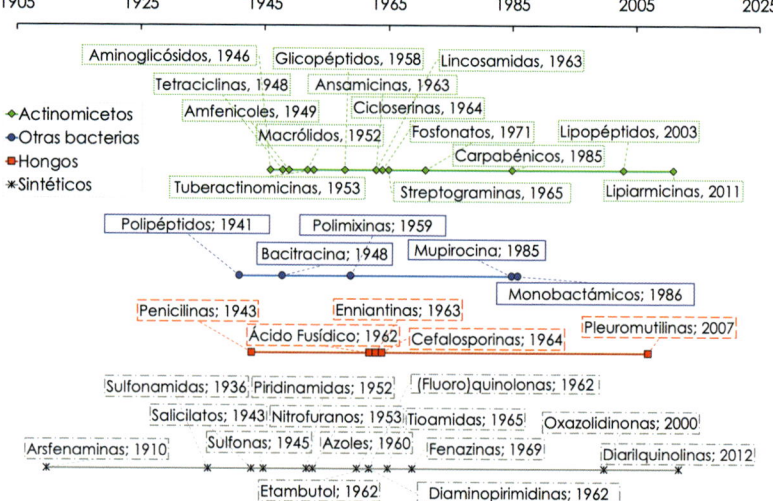

Figura 15-4. Familias de antibióticos según su origen y fecha de inicio de uso clínico.
Obsérvese que la mayor concentración se da entre 1940 y 1965.

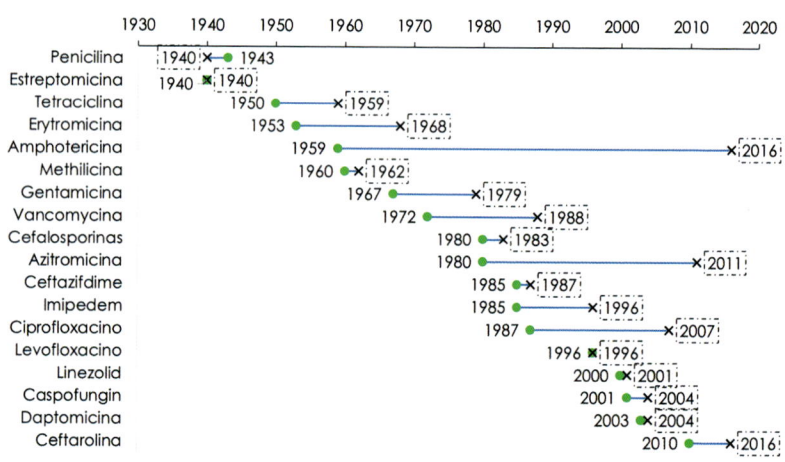

Figura 15-5. Fechas de introducción de algunos antibióticos
y detección del primer microorganismo resistente.

Cefalosporinas: un antibiótico con muchas vidas

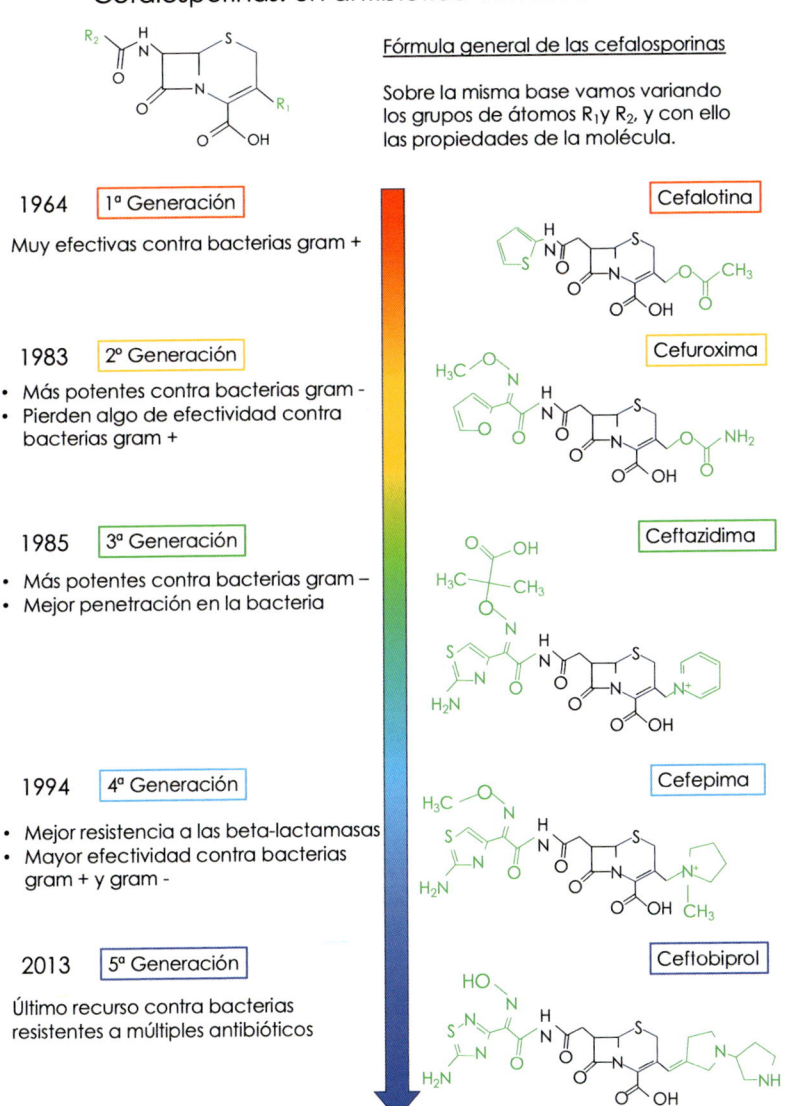

Fórmula general de las cefalosporinas

Sobre la misma base vamos variando los grupos de átomos R_1 y R_2, y con ello las propiedades de la molécula.

1964 1ª Generación

Muy efectivas contra bacterias gram +

Cefalotina

1983 2ª Generación

- Más potentes contra bacterias gram -
- Pierden algo de efectividad contra bacterias gram +

Cefuroxima

1985 3ª Generación

- Más potentes contra bacterias gram –
- Mejor penetración en la bacteria

Ceftazidima

1994 4ª Generación

- Mejor resistencia a las beta-lactamasas
- Mayor efectividad contra bacterias gram + y gram -

Cefepima

2013 5ª Generación

Último recurso contra bacterias resistentes a múltiples antibióticos

Ceftobiprol

Figura 15-7. Las sucesivas generaciones de antibióticos de la familia de las cefalosporinas han permitido abordar distintos tipos de infección y mejorar su efectividad.

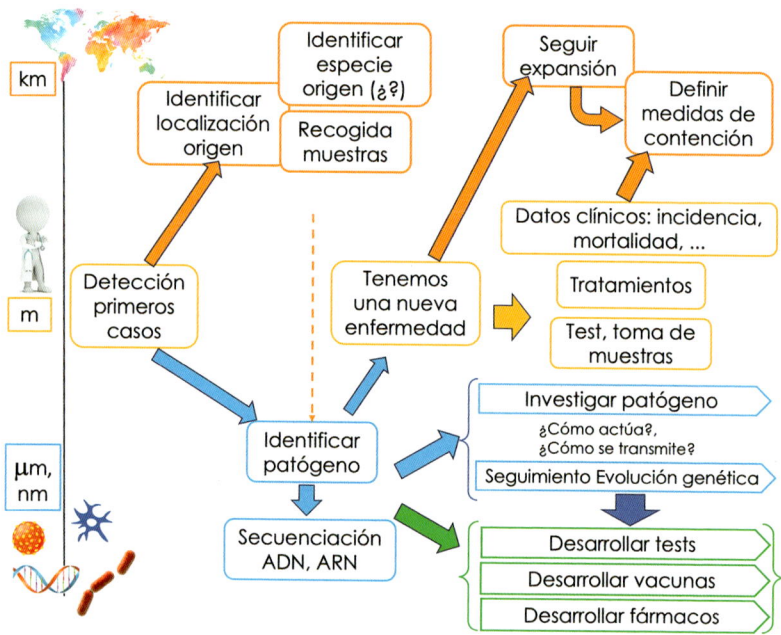

Figura 16-1. Estrategia para afrontar un brote infeccioso. La identificación y
respuesta se desenvuelve a varios niveles: epidemiológico, médico y microscópico.
Imagen de Mª Teresa Herrero, con elementos de Adobe Stock (ver créditos)

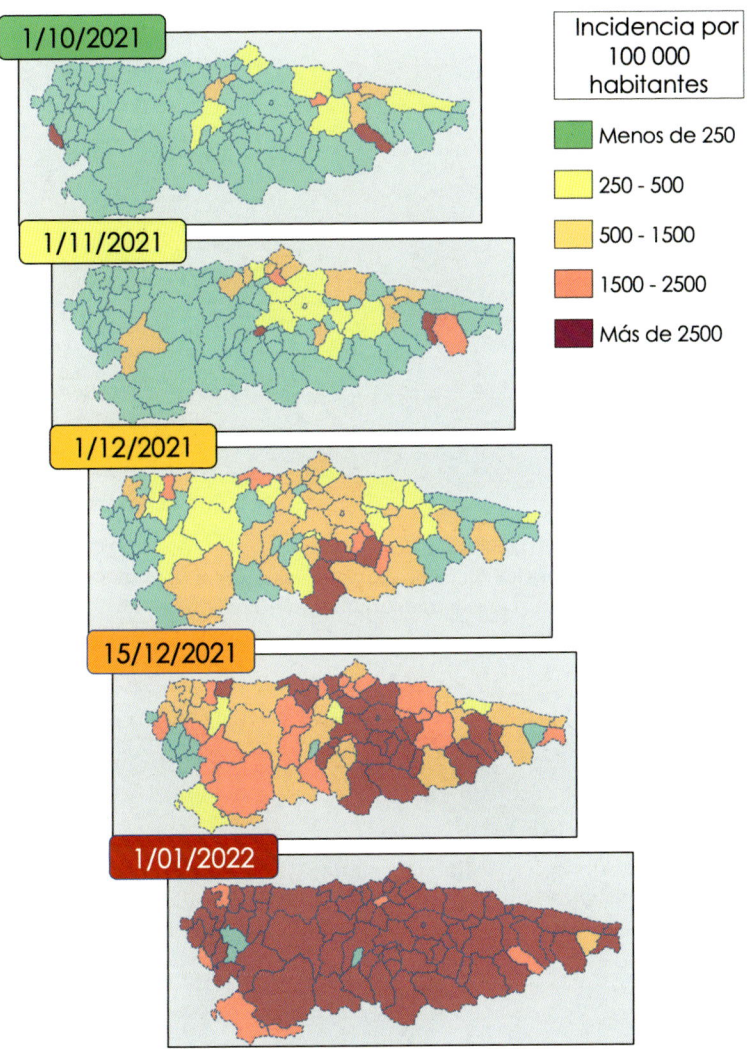

Figura 16-3. Incidencia a catorce días por 100 000 habitantes en Asturias, por zonas. Datos del periodo 1/10/2021-1/01/2022. Fuente: COVID-19 ASTURIAS (shinyapps. io) (https://dgspasturias.shinyapps.io/panel_de_indicadores_asturias/.)

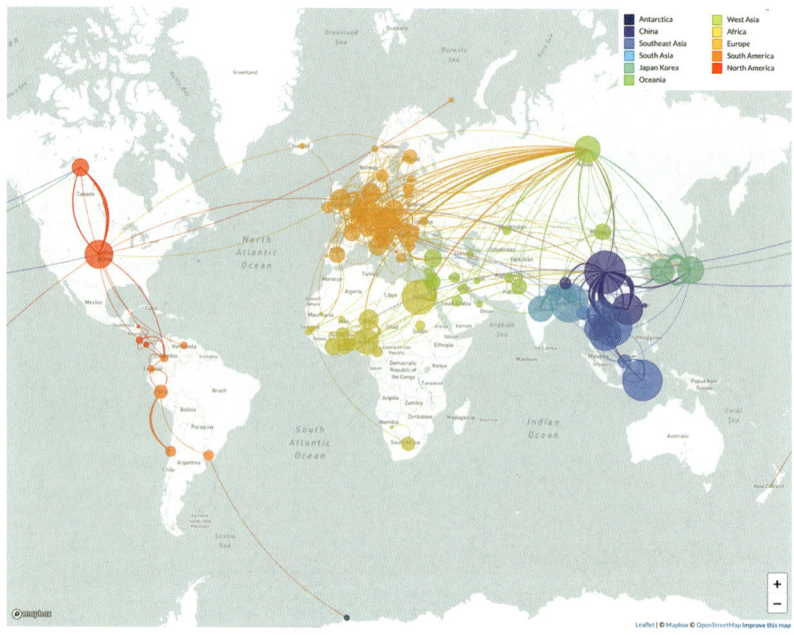

Figura 16-4. Mapa de transmisión de la gripe aviar, cepa H5N1. Marzo de 2024.
Fuente: nextstrain.com, a partir de los datos de GISAID.
https://nextstrain.org/flu/avian/h5n1/ha

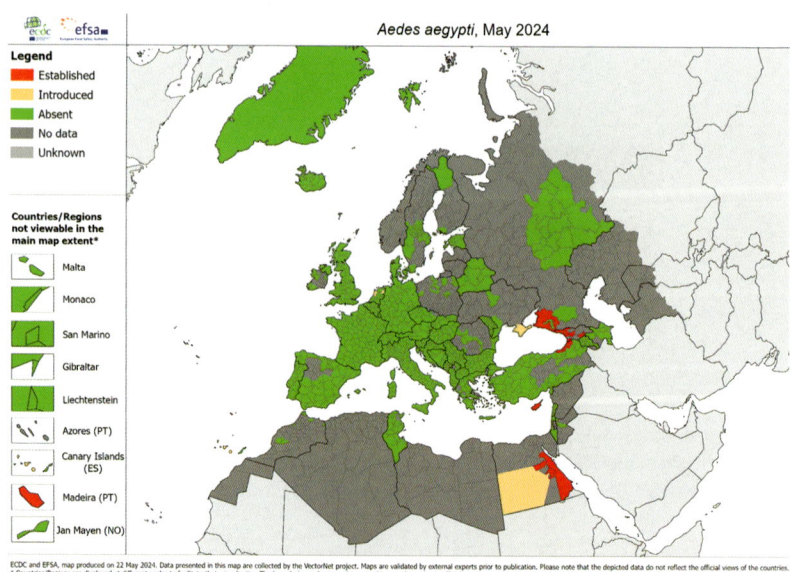

Figura 16-5. Distribución del mosquito *Aedes aegypti* en Europa.
Fuente: ECDC (Centro Europeo de Prevención y Control de Enfermedades)

LO TENEMOS TODO

Para neutralizar cualquier elemento dañino en el espacio entre células se utilizan los anticuerpos. Estos son proteínas que se ajustan a alguna proteína fundamental del microbio invasor presente en su superficie. Gracias a ese encaje, los anticuerpos rodean al elemento a neutralizar e imposibilitan que entre en las células, o sencillamente, que actúe.

Los anticuerpos son algo así como un enjambre de abejas que cubren al microorganismo para el que han sido fabricados. Pero en el mundo de las moléculas orgánicas, para que una molécula se pegue a otra y la bloquee, es fundamental que sus formas sean complementarias. El grado de especificidad, por lo tanto, es elevadísimo. Los anticuerpos desarrollados para combatir al virus de gripe no son útiles contra el virus de la hepatitis B. De hecho, el virus de la gripe muta tanto que los anticuerpos de la gripe de este año pueden no ser válidos para los de la gripe del año que viene.

Los anticuerpos son capaces de bloquear proteínas, como la proteína de la espícula con que la que el virus SARS-COV-2 se abre paso en las células que invade. Pero también pueden pegarse a otros tipos de moléculas orgánicas, como las toxinas de venenos o las producidas por algunos microorganismos.

Para ser efectivo, un anticuerpo ha de unirse a la molécula que queremos bloquear de manera estable y firme. Y eso supone un exquisito ajuste en cuanto a la forma de las moléculas y sus propiedades fisicoquímicas. ¿Cómo puede nuestro sistema inmunitario crear un traje a medida casi para cada tipo de toxina o invasor, habiendo una variabilidad ilimitada en estos?

La respuesta de nuestro cuerpo es sencilla: lo tenemos todo. Nuestro sistema inmunitario genera continuamente células B capaces de fabricar anticuerpos muy diferentes. En cualquier momento tenemos en nuestro sistema linfático linfocitos B capaces de reconocer y bloquear hasta diez millones de patrones moleculares distintos.

Si la naturaleza es capaz de crear la proteína en un virus, nosotros a buen seguro tenemos la «contraproteína» en alguna de nuestras células B. El anticuerpo que puede inutilizarla. La clave es cómo el organismo consigue identificar la célula B más adecuada para combatir un determinado patógeno para, inmediatamente, lanzarse a hacer copias y más copias. Ahí entran en juego nuestras amigas las células dendríticas y el sistema linfático.

LOS «CHATARREROS» DEL ORGANISMO

Se define como antígeno a cualquier molécula o fragmento molecular que pueda ser reconocida como extraña por el sistema inmunitario adaptativo. Las proteínas específicas de la pared celular de las bacterias o las toxinas generadas por algunos microbios son antígenos típicos, que nuestros linfocitos B y T pueden reconocer como elementos invasores. Los antígenos son sobre todo proteínas o fragmentos de estas, y como vimos en el capítulo 6, sus formas son enrevesadas y casi imposibles de dibujar en una página de un libro. Por esta razón, vamos a servirnos de una imagen equivalente. Para explicar cómo funciona el sistema inmunitario representaremos las proteínas propias con árboles, y las de los agentes extraños, con coches.

Como consecuencia de su actividad, nuestras células están continuamente reciclando proteínas y otro tipo de moléculas, así que en el entorno celular hay restos de todas ellas, que quedan sueltas al morir nuestras células, o simplemente como productos de desecho de su funcionamiento. Las células dendríticas van recogiendo todo lo que encuentran para quitarlo de en medio[109]. Y lo llevan a través del sistema linfático, que es algo así como una gigantesca cinta transportadora.

LA CINTA TRANSPORTADORA DEL ORGANISMO

Cuando se produce la entrada de un patógeno, nuestro sistema inmunitario innato entra en seguida en acción para bloquearlo. Las proteínas del complemento y otros agentes van a intentar eliminar el elemento extraño. Aun así, algunos microbios logran eludir las defensas del sistema inmunitario innato y atacan a las células, provocando su muerte. Todo ello empezará a generar «detritus» en la zona de la infección. Pedazos de moléculas tanto de nuestras células como del patógeno que las está matando.

Por suerte, nuestro cuerpo cuenta con mecanismos para limpiar rápidamente estos desastres. Sean restos de nuestras propias células o procedentes de los invasores, todo es evacuado por el sistema linfático. El sistema linfático actúa como una cinta transportadora gigante

---

109   Las células dendríticas son nuestras amigas chatarreras.

que se lleva todos los productos de desecho que van apareciendo por el cuerpo, en algunos casos acarreados por las células dendríticas.

La finalidad de esto es llevar todos esos restos a los nódulos del sistema linfático donde está el grueso de los linfocitos B, a ver si alguno reconoce un patrón molecular ajeno. Cada célula B está especializada en reconocer y producir anticuerpos contra un fragmento de proteína, de los muchos que pueden darse[110]. Siguiendo con la idea de representar las proteínas ajenas como coches, las células B estarían especializadas en reconocer una ventanilla, un parachoques, una puerta lateral... Es lo que intento representar en la figura 9-6.

Imaginemos las proteínas ajenas a nuestro organismo como coches...

...y las proteínas propias como árboles

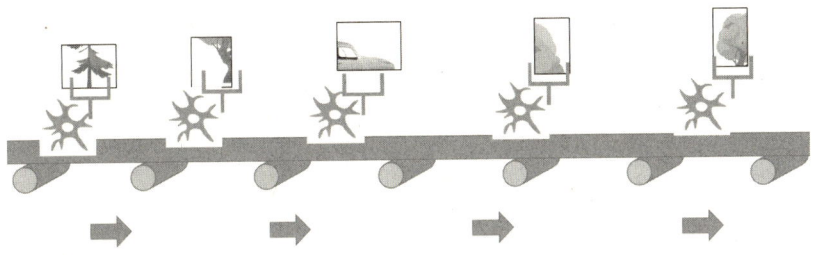

Las células dendríticas recogen los restos de todas ellas para ser examinados

Figura 9-4. Las células dendríticas capturan las moléculas que quedan sueltas por el entorno celular, y las transportan a través del sistema linfático. Imagen de Mª Teresa Herrero, con elementos de Adobe Stock (ver créditos).

---

110   El proceso de fabricación de los linfocitos B, normalmente, se asegura de eliminar cualquier célula B que reaccione contra un fragmento de proteína de las que forman parte o utilizan nuestras células propias. Cuando esto falla tenemos enfermedades autoinmunes, pero esa es otra historia.

Figura 9-5. Nuestro sistema inmunitario produce linfocitos B especializados en neutralizar patrones moleculares muy distintos y ajenos a nuestro organismo. Estos linfocitos están en los ganglios, esperando que aparezca alguna molécula que encaje con su forma. Imagen de Mª Teresa Herrero, con elementos de Adobe Stock (ver créditos).

Si recuperamos la imagen de la cinta transportadora que lleva los fragmentos de moléculas que hay por ahí sueltos entre las células, podemos imaginar que a los lados de la cinta están las células B, inspeccionando lo que pasa.

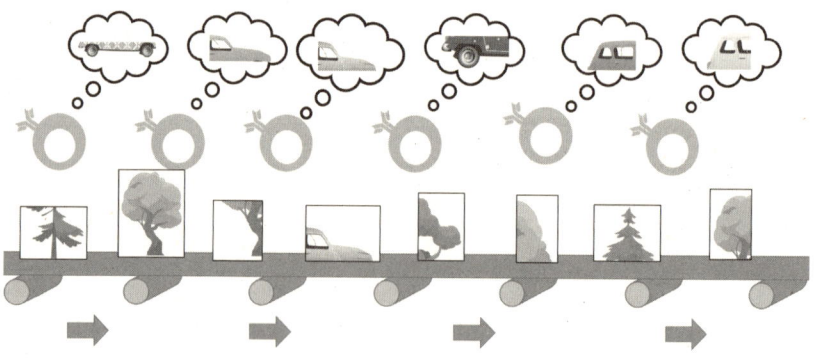

Figura 9-6. Los linfocitos B inspeccionan todo lo que pasa por el sistema linfático. Los productos propios del organismo (árboles) no provocan reacción. Pero si identifican un patrón ajeno (coches), se desencadena la respuesta inmunitaria. Imagen de Mª Teresa Herrero, con elementos de Adobe Stock (ver créditos).

Si una célula B reconoce un pedazo de molécula con la que encaja muy bien es que tenemos una invasión en marcha. La célula B que ha reaccionado comienza entonces un proceso de clonación a toda velocidad, para generar células B capaces de producir exactamente el anticuerpo necesario para parar la invasión, de manera masiva. Son las células plasmáticas.

Desde ese momento, nuestro cuerpo comienza a producir células plasmáticas, y estas a generar anticuerpos por millones, hasta que logren controlar la infección.

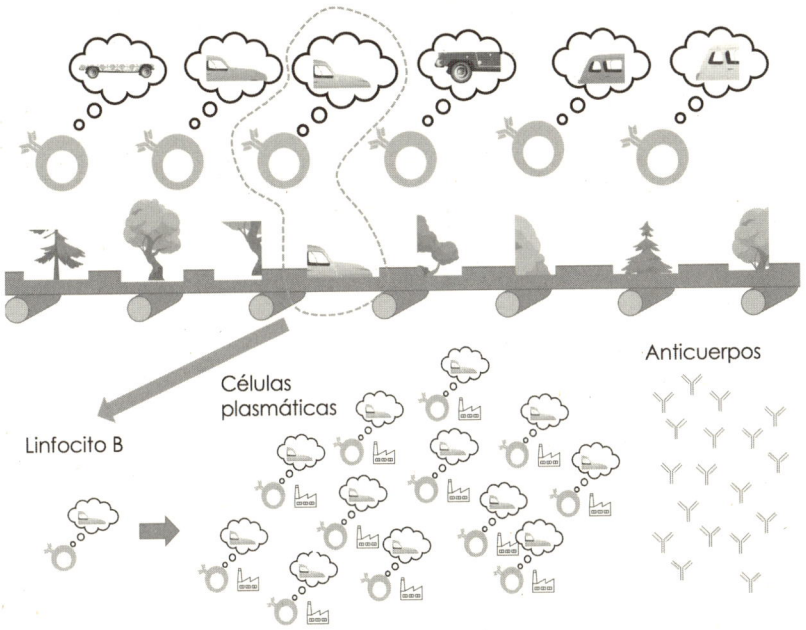

Figura 9-7. La detección de un patrón extraño desencadena la producción en masa de los linfocitos B específicos (células plasmáticas) y, por parte de estos, de los anticuerpos especializados. Imagen de Mª Teresa Herrero, con elementos de Adobe Stock (ver créditos).

Pero esto solo funciona con los patógenos que circulan libremente. Para cortar su proliferación, tenemos que eliminar las células de nuestro cuerpo que ya están convirtiéndose en factorías de microbios. De eso se encargan los linfocitos T.

LOS LINFOCITOS T Y LAS ESPÍAS DEL ENTORNO INTRACELULAR

Al igual que ocurría con los linfocitos B, cada uno de los linfocitos T de nuestro cuerpo (de las decenas de millones que tenemos) está especializado en reconocer un pedazo de proteína que no se parece a las nuestras. El sistema linfático los produce todos los días y asegura una inmensa variabilidad en los patrones moleculares que pueden identificar. La mayoría de estos linfocitos T esperan en los ganglios la llegada de indicios de que tenemos una infección que combatir para la que uno de ellos está especialmente diseñado.

Para enterarse de que hay algo raro, los linfocitos T utilizan los mismos recursos que los linfocitos B, esperan en los ganglios e inspeccionan lo que va pasando, a ver si reconocen un patrón extraño. Cuando esto ocurre, se desencadena la producción masiva de linfocitos T diseñados para reconocer y combatir al patógeno en cuestión, y el cuerpo se inunda de linfocitos T citotóxicos y colaboradores, que salen a buscar células que hayan sido infectadas, para eliminarlas.

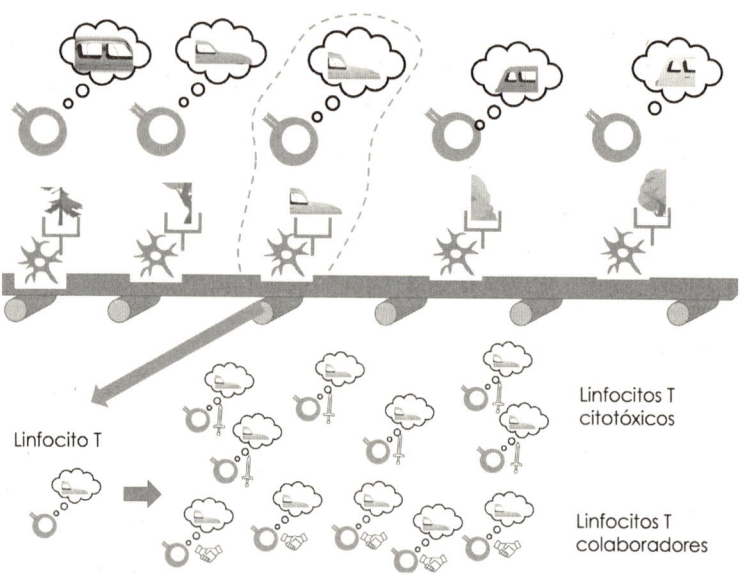

Figura 9-8. La detección de un patrón extraño desencadena la producción en masa de los linfocitos T específicos, que pueden ser de dos tipos: colaboradores o citotóxicos, según actúen sobre los macrófagos o sobre el resto de células del cuerpo. Imagen de Mª Teresa Herrero, con elementos de Adobe Stock (ver créditos).

Los linfocitos T deben actuar contra las células que han sido invadidas y tienen en su interior un patógeno, pero no pueden entrar en ellas[111]. Necesitan la ayuda de unas moléculas espía: las MHC.

La única manera de ver si hay ajuste entre el patrón reconocido por un linfocito T y un trozo de proteína presente en el interior de una célula es que esta tenga una especie de ventana por la que el linfocito T pueda asomarse. Bueno, no es exactamente una ventana, más bien es un expositor, como esos que las tiendas de playa sacan a la calle, para que los transeúntes puedan ver los bañadores y las chanclas que se pueden comprar sin necesidad de entrar en la tienda.

En nuestras células hay unas proteínas de membrana, las MHC[112], que hacen exactamente eso: toman pedazos de proteína presentes en el interior de la célula y los sacan al exterior. De ese modo, los linfocitos T que están cerca pueden interaccionar con las proteínas que hay dentro.

Hay dos clases de moléculas MHC. Las MHC tipo II son las de los macrófagos y células dendríticas. Si recordamos, los macrófagos son células del sistema inmunitario innato que zampan todo lo que anda por ahí. Entre otras cosas, virus, bacterias o restos de estos que puedan vagar por el espacio extracelular. Estos patógenos pueden seguir vivos dentro del macrófago, que mete todo lo que engulle en unas cápsulas internas llamadas endosomas.

Las células dendríticas son los agentes de «criminalística» del sistema inmunitario. Acuden rápidamente a cualquier zona donde haya sospecha de infección y recogen muestras. Las llevan directamente al sistema linfático, exponiendo, gracias a las moléculas MHC-II, todo lo que han recogido. Las células dendríticas recorren nuestros ganglios hasta dar con un linfocito T que reconozca algún patrón molecular enemigo en las muestras recogidas. No olvidemos que nuestro sistema inmunitario puede reconocer millones de patrones moleculares potencialmente dañinos. Pero para un patrón concreto solo tenemos, aproximadamente, diez células T entre las decenas de millones con las que contamos. Si el linfocito T detecta en un macrófago indi-

---

111   Los linfocitos T no pueden pedir una orden judicial para inspeccionar una
       célula, ni dar una patada en la puerta.
112   MHC significa complejo mayor de histocompatibilidad. Su papel en la respuesta
       inmunitaria empezó a estudiarse gracias a la investigación de trasplantes.

cios de que porta en sus endosomas un patógeno, dará la orden de que el propio macrófago lo mate. En este caso los responsables son los linfocitos T colaboradores.

Las moléculas MHC de tipo I son las que tienen todas las células de nuestro cuerpo para exponer qué está ocurriendo en su interior. Estas toman pedazos de las proteínas que hay por el citoplasma, y las exponen hacia el exterior de la célula. Si un virus ha conquistado la célula y esta está produciendo proteínas víricas, al exponerlas con el MHC tipo I se delatará. También las células cancerígenas se delatan muchas veces, por suerte, por generar proteínas anómalas. Las bacterias que invaden nuestras células generan también proteínas extrañas para nuestro sistema inmunitario. En todos estos casos, el MHC-I mostrará hacia fuera esos pedazos de proteína, y si un linfocito T lo reconoce como invasor, desencadenará procesos para matar a la célula. Ahí estará actuando un linfocito T citotóxico.

Los macrófagos y células dendríticas exponen en sus moléculas MHC de tipo II fragmentos de proteína de lo que han capturado

Las células «normales» exponen en sus moléculas MHC de tipo I fragmentos de proteína presentes en su citoplasma. Lo habitual es que sean proteínas propias de nuestro organismo.

Célula T colaboradora

Macrófago

Célula T citotóxica

Célula

Figura 9-9: Las proteínas de membrana MHC exponen hacia el exterior fragmentos de proteínas que se encuentran dentro de las células, para su examen por los linfocitos T. Imagen de Mª Teresa Herrero, con elementos de Adobe Stock (ver créditos).

EL ALQUIMISTA, EL ASESINO, EL CHATARRERO, LA ESPÍA Y LA CINTA TRANSPORTADORA

Como título de película no sé si tiene tirón, pero sí es un buen resumen de cómo funciona nuestro sistema inmunitario: Tenemos células que fabrican anticuerpos, células que eliminan a aquellas que ya han sido infectadas para evitar la proliferación del invasor, células que recogen todo lo que pillan y moléculas que nos delatan la presencia de algo anómalo en el entorno intracelular, sea en células comunes, sea en macrófagos. Todo ello combinado con un mecanismo de recogida de materiales que hace llegar a los primeros todo lo que recolectan los chatarreros, y que ayuda a deshacernos de lo que no sirve antes de que dé problemas.

Pero no podemos pensar en nuestro sistema inmunitario como en una foto estática, ni una máquina bien engrasada, hay que verlo siempre como un sistema vivo en continuo proceso de mejora. Nuestro sistema inmunitario es la consecuencia de todos los encuentros que hemos tenido a lo largo de la vida con distintos patógenos, y de lo que hemos aprendido con ello, ya que tiene el superpoder del aprendizaje.

Después de cada episodio contra algún patógeno, los linfocitos B y T que le han hecho frente siguen produciéndose en pequeñas cantidades durante años. Esa memoria es lo que nos permite responder mucho más efectiva y rápidamente ante nuevas infecciones. Si vuelve a aparecer el mismo patógeno, nuestro organismo podrá recurrir a todo un catálogo de respuestas que ya diseñó con anterioridad.

Por eso es fundamental entrenarlo para conseguir una buena biblioteca de patógenos de nuestro entorno. Esos interminables constipados de los niños pequeños forman parte de ese entrenamiento, esencial para su supervivencia[113]. Eso sí, con los microbios más terribles sería una mala idea esperar a inmunizarnos por nosotros mismos. La probabilidad de morir o sufrir graves daños es demasiado alta, de ahí la importancia de las vacunas.

El entrenamiento del sistema inmunitario no solo se consigue al exponernos a diferentes patógenos, sino también durante los días

---

113 La falta de «entrenamiento» es la causa de que, al viajar a zonas diferentes de la nuestra, enfermemos con facilidad al tropezar con patógenos con los que no nos hemos cruzado antes.

que pasamos combatiendo a algunos de ellos. A medida que una infección evoluciona, los patógenos van mutando para poder burlar los anticuerpos desarrollados por nuestro organismo, pero el sistema inmunitario también va haciendo ajustes en el diseño de los anticuerpos y linfocitos B y T. Este proceso se denomina mejora de la afinidad.

La mejora de la afinidad no solo se da durante una infección prolongada, también ante infecciones repetidas generamos anticuerpos cada vez más ajustados al antígeno a bloquear. Por eso las vacunas se dan en dosis repetidas. Con cada dosis nuestro cuerpo reacciona mejorando los anticuerpos y haciéndolos más efectivos.

En suma, tenemos un formidable sistema de defensa, capaz de inventar rápidamente soluciones ante las amenazas más variopintas. Junto con la memoria, esa capacidad de adaptación es la clave de su éxito.

10. ¿Cómo se enfrenta nuestro cuerpo a los patógenos, y de qué forma nos ayudan vacunas y medicinas?

Como en todos nuestros rasgos y habilidades, la genética tiene mucho que decir en las capacidades del sistema inmunitario. La capacidad de respuesta a una infección y cómo nos afecte, depende, en muchos casos, más de nuestro sistema inmunitario que del propio patógeno que nos ha invadido. Vamos a explorar qué ocurre una vez un patógeno consigue infectarnos. Esto va, una vez más, de números, del efecto agregado de las interacciones de millones partículas, moléculas y células. Volvemos a encontrarnos con las exponenciales.

TENEMOS UN PLAN

En el momento de leer estas líneas, tu sistema inmunitario está haciendo frente a no menos de ocho virus distintos, y puede que alguna bacteria extraña que haya conseguido colarse. Por suerte, es tan efectivo que raras veces nos enteramos.

Y es que invadir nuestro organismo presenta varios retos: cualquier microorganismo que lo intente ha de llegar hasta células que pueda atacar[114], obtener nutrientes y herramientas moleculares para reproducirse, y que su progenie luego consiga llegar a otro huésped.

---

114   Para los virus, esto exige que alcance células con receptores de membrana a los

Que tenga éxito en esos objetivos dependerá de muchos factores, como la dotación genética del patógeno[115], la frecuencia de mutaciones, la velocidad con la que se suceden las generaciones, o su virulencia. Todo ello está sujeto a la selección natural, del mismo modo que nuestro sistema inmunitario.

LA «CARRERA DE ARMAS»

Una vez alcanzadas las células objetivo, todos los patógenos tienen una estrategia en común: reproducirse lo más rápido posible para acaparar los recursos disponibles. Aunque no todos lo hacen de la misma manera.

Las bacterias se reproducen por división celular. Cada una de ellas da lugar a otras dos en el plazo de varias horas. En un cultivo y con abundancia de alimento, la bacteria *E. coli* es capaz de duplicar su población cada 8 horas. En cada ciclo, por cada bacteria tendremos dos. Los ciclos pueden ser cada 8 horas, cada 24 horas… Depende de muchos factores: del microorganismo, de si las condiciones de temperatura y nutrientes son favorables, de la presencia de algún adversario, o de si el sistema inmunitario está mermando la población bacteriana, entre otras cosas.

Los virus siguen una estrategia diferente: explotan la maquinaria de fabricar proteínas y ácidos nucleicos de las células que invaden para generar miles de piezas con las que luego ensamblar nuevos virus. Estos nuevos virus salen de la célula a invadir otras células vecinas, reiniciando el proceso. Cuando la célula ha agotado todos sus recursos, muere.

---

que pueda unirse, como vimos en el capítulo 9.

115 Los microbios de una misma especie tienen multitud de variantes, lo que influye poderosamente en su patogenicidad. Hay cepas de *Escherichia coli* totalmente inocuas, y otras sumamente peligrosas al haber incorporado genes que facilitan la fabricación de toxinas. Los microorganismos añaden genes a su código genético con suma facilidad, como veremos en el capítulo 12.

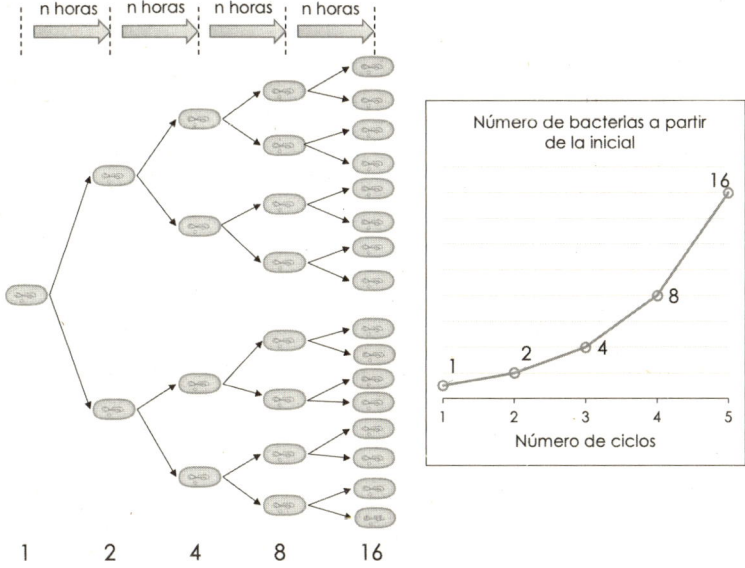

Figura 10-1. La reproducción en bacterias es por división celular. Por cada ciclo se duplica su número. La clave de la velocidad de proliferación está en cada cuántas horas aparece una nueva generación. En cinco ciclos tenemos dieciséis bacterias por cada una de las iniciales. Imagen de Mª Teresa Herrero, con elementos de Adobe Stock (ver créditos).

Aunque los mecanismos son diferentes en los distintos patógenos, el efecto es siempre el mismo: el número de invasores crece exponencialmente con el tiempo, matando cada vez más y más células de nuestro organismo. El ritmo de crecimiento y los efectos sobre nuestra salud van a variar de manera considerable de unos microorganismos a otros, así que he decidido representar el efecto de los patógenos por medio de lo que he llamado «nivel de daño», graduado de 0 a 100[116].

Si la población de patógenos creciera sin que nada la frenase, llegaría un momento en que el funcionamiento de nuestros órganos se vería mermado, afectando a nuestro estado y debilitándonos cada

---

116   En experimentos con animales se buscan distintas formas de valorar el nivel
      de salud del huésped a medida que evoluciona una infección para comparar
      escenarios. Se analiza la tasa de crecimiento, la tasa de reproducción, el número
      de glóbulos rojos, la concentración de patógenos por cada célula del huésped,
      etc. Todo depende de la forma en la que actúe el patógeno y del periodo temporal
      bajo estudio.

vez más. Este terrible proceso se ve a través de la gráfica que sigue, que representa un caso general. A medida que los daños suben, la gravedad de la enfermedad es mayor, y necesitamos mayores cuidados para recuperarnos.

Obsérvese también que, en los primeros días, la infección causa muy pocos daños y pasa desapercibida. En este esquema muy aproximado podríamos considerar que empezamos a sentir malestar a partir del tercer o cuarto día de infección.

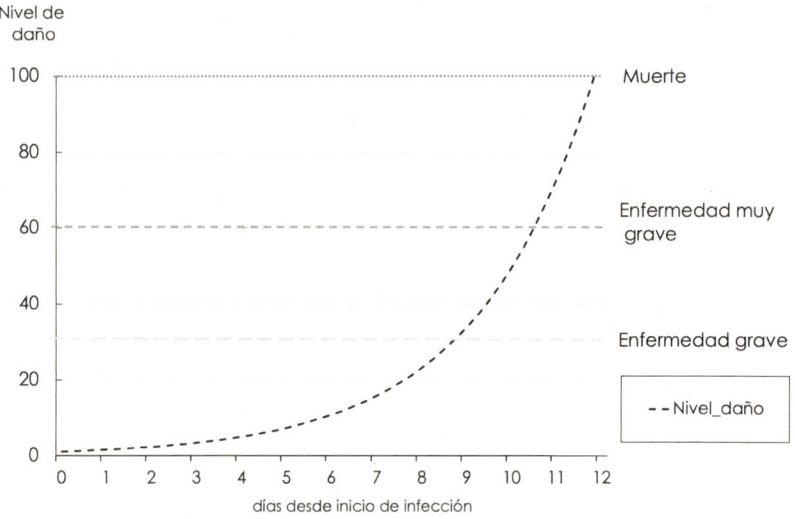

Figura 10-2. Impacto en el organismo de una infección en ausencia de defensas. Si carecemos de un sistema inmunitario que pueda frenar a los microorganismos invasores, estos crecen en número cada día, causando daños cada vez mayores.

La buena noticia es que contamos con un magnífico sistema inmunitario que, en cuanto detecta la infección, se pone manos a la obra para frenar su avance y acabar con los invasores. Nuestro sistema inmunitario adaptativo se vuelca en identificar qué células B y T, de las que tenemos preparadas, son idóneas para atacar al patógeno que nos está atacando. Una vez identificadas, lo que suele tardar un día, se inicia un proceso frenético de clonación de células que podríamos representar también por medio de una función exponencial.

Nuestro organismo empieza a producir células B y T especialmente diseñadas contra el patógeno que nos ha invadido. Eso sí, necesitamos tiempo para que alcanzar el máximo rendimiento en la producción de estas células, que puede variar entre siete y diez días después de iniciada la infección.

Esa capacidad de reacción del organismo va a influir poderosamente en la evolución de nuestras defensas, como podemos ver en la gráfica siguiente. La efectividad del sistema inmunitario varía de unas personas a otras, e incluso en la misma persona dependiendo de su estado de salud. Igual que para representar la efectividad del patógeno utilizábamos el nivel de daño, aquí hablaremos del nivel de defensas.

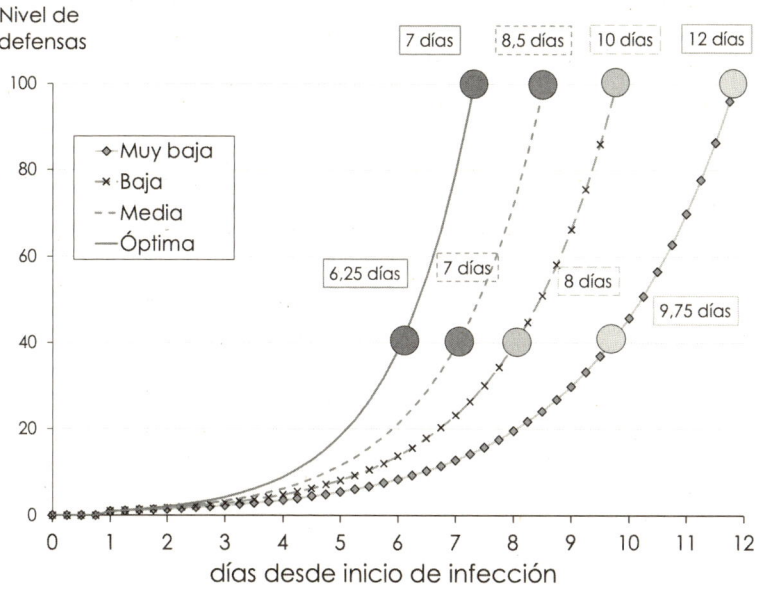

Figura 10-3. Evolución de las defensas dependiendo de la capacidad de respuesta del sistema inmunitario. Están marcados los días que tardamos en alcanzar un nivel de defensas del 40 % del máximo, así como el nivel máximo.

Tenemos el caso óptimo (línea continua), en el que en siete días se alcanza el nivel máximo de defensas, y luego otros casos en los que la respuesta es más lenta. Con línea continua y rombos intercalados hemos representado el caso de un sistema inmunitario muy debilitado y con muy pobre capacidad de reacción. Las gráficas de línea discontinua y de línea discontinua con aspas representan situaciones intermedias[117].

Lo que tendremos en los siguientes días es una lucha entre dos funciones exponenciales. Por un lado, la que sigue el incremento de la población de patógenos y de los daños que estos provocan. Enfrente, la que siguen nuestras defensas, generando células T, B y anticuerpos contra esos patógenos a marchas forzadas.

El curso de este enfrentamiento vendrá definido por la efectividad de nuestra reacción inmunitaria. En una visión sencilla podemos resumirlo como lo rápidos que somos capaces de inundar nuestro cuerpo con células T y B y estas, a su vez, con anticuerpos. Siendo más realistas, no solo importa la cantidad, sino la calidad. Esas células T y esos anticuerpos pueden resultar más o menos letales contra el invasor, y eso va a influir en cuán rápidamente pueda atajarse la infección[118].

¿QUÉ PUEDE PASAR?

Para mostrar lo importante que es la efectividad de nuestra reacción inmunitaria vamos a pintar qué ocurre si ponemos a competir esas dos exponenciales, para los diferentes casos de respuesta inmunitaria. He modelado una infección bastante agresiva, de modo que luego podamos ver la influencia en este mismo proceso de las dos armas con que contamos para ayudar a nuestro sistema inmunitario: las vacunas y los antivirales o antibióticos. Lo importante en estos ejemplos es observar cómo de diferente es el curso de la infección según la capacidad de respuesta inmunitaria.

Podemos observar que, en el caso de respuesta óptima, nuestro cuerpo se hace perfectamente con la situación sin que lleguemos a sentirnos muy enfermos. Empezamos a tener síntomas el tercer o cuarto día, nos vamos sintiendo peor cada día, hasta que el séptimo día desde el inicio de la infección conseguimos doblegar al patógeno,

---

117 A lo largo de capítulo utilizaremos estos cuatro niveles de capacidad de reacción del sistema inmunitario y analizaremos diferentes situaciones, siguiendo el mismo criterio para representar cada uno de ellos.
118 Esa efectividad tiene una importante componente genética.

y nos recuperamos en un par de días más. Es lo que vemos en la gráfica de línea continua, y se corresponde con lo que estamos acostumbrados a vivir con esos constipados que nos amenizan el invierno. La mayoría de la población tiene este tipo de respuesta ante las infecciones más comunes, que afrontamos por nosotros mismos.

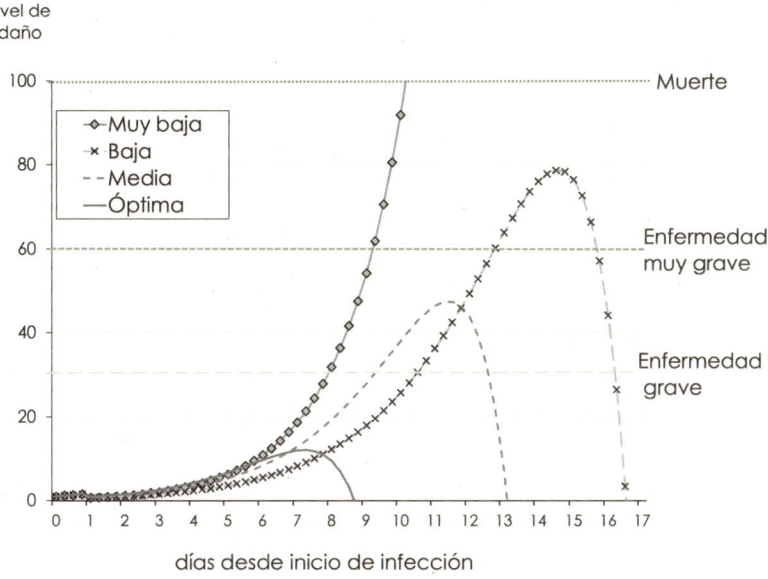

Figura 10-4. Nivel de daño que alcanza una infección para cada uno de los cuatro escenarios de capacidad de reacción del sistema inmunitario considerados.

Ahora bien, cuando el tiempo de reacción del sistema inmunitario es más lento, nos encontramos con serios problemas. La infección llega a causar muchos más daños antes de ser contenida, y podemos enfermar gravemente. Las gráficas de rayitas discontinuas (sencilla o con aspas intercaladas) se corresponden con esa situación, en que vamos empeorando más y más, aunque al final nuestro organismo consigue vencer la infección. Eso sí, en un caso llegamos a estar enfermos de gravedad, y en el otro incluso visitamos la UCI.

Las gráficas que se ven en este capítulo están construidas con un modelo matemático muy sencillo con que el quiero mostrar cuán diferente es el curso de una infección según la capacidad de nuestro sistema inmunitario. En ese modelo sencillo, la recuperación, una vez doblegado el patógeno, parece tener lugar en poco tiempo. En realidad, el proceso de recuperación cuando enfermamos es más largo y lento, pero no es en esa parte donde queremos centrar nuestro interés. Lo más importante ahora es ver en qué condiciones la gravedad de la infección es mayor o menor, y qué podemos hacer para controlar la situación.

Explicado esto, toca afrontar la dura realidad de la línea que aún no hemos analizado. La línea continua con rombos intercalados se corresponde con lo que ocurre cuando nuestro sistema inmunitario es incapaz de reaccionar con celeridad. Es la situación de inmunodeprimidos y de algunas personas de edad avanzada. Ante una infección agresiva, si no hay algún refuerzo externo, sobreviene la muerte.

AYUDANDO AL SISTEMA INMUNITARIO: LAS VACUNAS

Hasta la llegada del coronavirus, en 2020, morir de una enfermedad infecciosa era algo que la mayoría de nosotros ni contemplábamos. Pero es algo muy real. Nuestro magnífico sistema inmunitario muchas veces no podría hacer frente a infecciones sin algo de ayuda. No olvidemos que, en el año 1900, hace algo más de un siglo, la principal causa de mortalidad eran enfermedades infecciosas. Tuberculosis, neumonías, gripe e infecciones intestinales daban cuenta de la mitad de las muertes en Estados Unidos[119] en esos tiempos.

La higiene y una mejor alimentación han desempeñado un importante papel a la hora de ponernos a salvo de las infecciones. Pero para los más vulnerables (niños y ancianos), el arma esencial ha sido el desarrollo de medicinas que ayuden a nuestro sistema inmunitario. La primera estrategia identificada fue la vacunación. Exponer a

---

119 Es difícil obtener datos, y más difícil aún cuando se trata de hace cien años. Estados Unidos cuenta desde hace más de un siglo con un buen servicio de estadísticas oficiales y, ya más recientemente, de difusión de información. Por eso, muchos de los datos que doy son de ese país. En el capítulo 16 destacaré la dificultad de estudiar, obtener y mantener datos, y la importancia de dedicar recursos a esta actividad muchas veces poco valorada.

nuestro sistema inmunitario a una versión debilitada del patógeno, de modo que desarrolle su respuesta ante un enemigo no peligroso.

Gracias a la vacunación, nuestro organismo cuenta con una buena reserva de células T y B de memoria, especialmente adaptadas para combatir un determinado patógeno. Si se produce una infección, la respuesta de nuestro sistema inmunitario es mucho más rápida. Podemos atajar mucho antes las infecciones. En ocasiones, la reacción es tan efectiva que ni nos enteramos. Otras veces lo que se consigue es atenuar considerablemente sus efectos.

En la gráfica que sigue hemos representado la evolución de los niveles de defensas con el tiempo para los cuatro casos que venimos examinando. La diferencia con el escenario original puede parecer pequeña, pero será determinante en el curso de la infección. Es lo que tienen los procesos exponenciales: el tiempo es crucial.

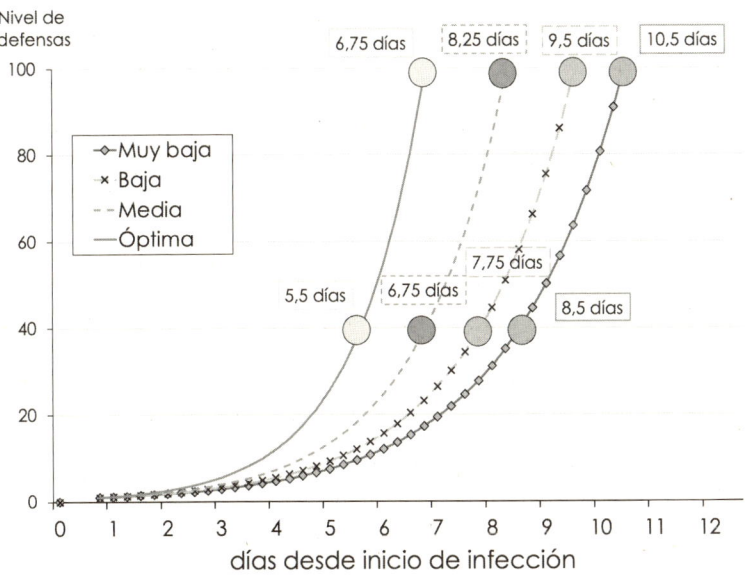

Figura 10-5. Evolución de las defensas dependiendo del tiempo de respuesta del sistema inmunitario para personas vacunadas. Están marcados los días que tardamos en alcanzar un nivel de defensas del 40 % del máximo, así como el nivel máximo.

Con esta capacidad de reacción mejorada, el organismo afronta las infecciones en condiciones más favorables, lo que cambia de forma significativa los resultados.

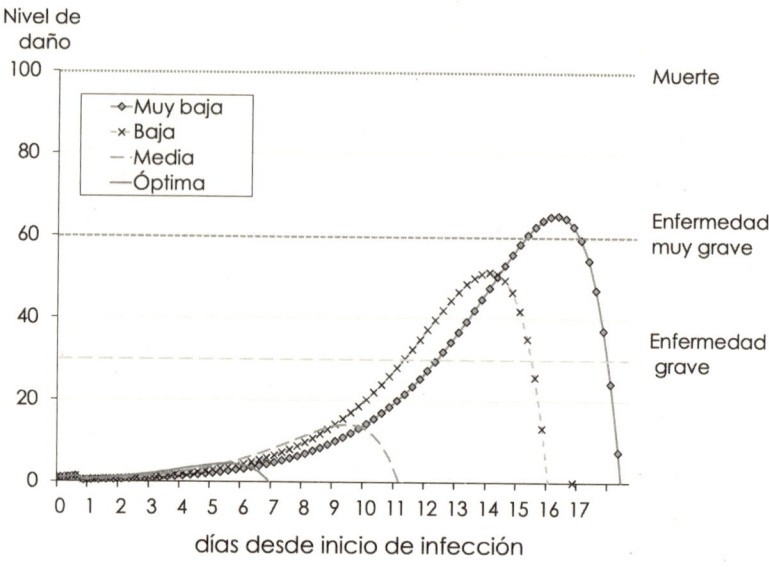

Figura 10-6. Nivel de daño que alcanza una infección para cada uno de los cuatro escenarios de capacidad de reacción del sistema inmunitario considerados en personas vacunadas.

Vemos en el modelo que, en caso de contar con un sistema inmunitario entrenado gracias a la vacunación, vamos a ser capaces de afrontar la infección con éxito, incluso en aquellas personas cuyo sistema inmunitario está más debilitado. Debemos pensar en personas mayores, inmunodeprimidos, o incluso en personas con otras dolencias que aumentan su vulnerabilidad.

OTRO TIPO DE AYUDA: ANTIBIÓTICOS Y ANTIVIRALES

En ocasiones no es posible desarrollar una vacuna, o la persona afectada no fue vacunada y necesitamos ayudar al organismo de otra manera. Los antibióticos han sido la clave para combatir a las bacterias. Contra los virus ha resultado más complicado encontrar moléculas que bloqueen su proliferación o que los maten, pero por fin tenemos algunas.

Estos fármacos no van a mejorar la respuesta de nuestro sistema inmunitario. Su papel es bloquear el desarrollo de los patógenos, para así dar tiempo a nuestro sistema inmunitario a que se arme adecuadamente. Los antibióticos y antivirales son más o menos específicos contra distintos patógenos, dependiendo de cómo actúen. En el caso del virus SARS-COV-2, a finales de 2021 empezaron a aparecer los primeros tratamientos.

Quizá lo que más llama la atención en los antivirales[120] es la insistencia en que deben ser administrados rápidamente en cuanto se detecte la infección. Días después no son ya efectivos. Esto es así a causa de esa función exponencial que sigue el crecimiento del número de virus con el tiempo. A nuestro organismo podemos darle una determinada dosis de un antiviral, pero, por encima de esos valores, no lo toleraría. Esa cantidad debe ser suficiente para frenar el crecimiento de los virus en el momento en que se administra. Si esperamos uno o dos días, ya la cantidad de virus ha crecido tanto que el antiviral no puede contener la infección. Con nuestro modelo hemos pintado la diferencia en el curso de una infección entre administrar un antiviral nada más detectar los síntomas (a los cinco días de comenzar la infección) o esperar tres días más. Esos tres días resultan vitales. Como vemos en las figuras que siguen, si esperamos mucho para comenzar el tratamiento, la enfermedad alcanzará niveles de severidad mayores.

---

120   La eficacia de los antivirales no está reconocida al nivel de la eficacia con los antibióticos. Sí son efectivos en el caso de algunos virus, por ejemplo, el de la hepatitis C. Pero numerosas infecciones víricas no tienen antivirales específicos eficaces. Muchos de los antivirales disponibles son diseñados para ayudar el tratamiento del VIH (virus del SIDA), Herpesviridae, productores de la varicela, el herpes labial, el herpes genital, etc., y los virus de la hepatitis B y C, que pueden causar cáncer de hígado. Se trabaja para extender el rango de antivíricos a otras familias de patógenos.

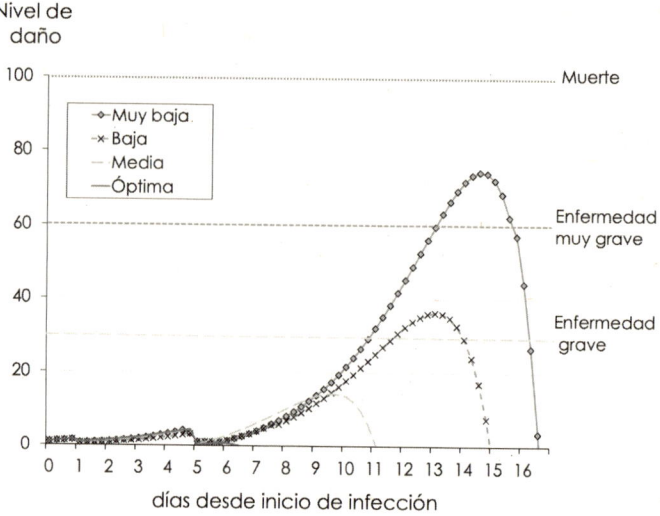

Figura 10-7. Evolución de la infección administrando un antiviral a los cinco días de iniciarse esta, es decir, al comenzar a sentir síntomas. La infección puede ser contenida incluso en el caso de tener un sistema inmunitario muy lento en su capacidad de reacción.

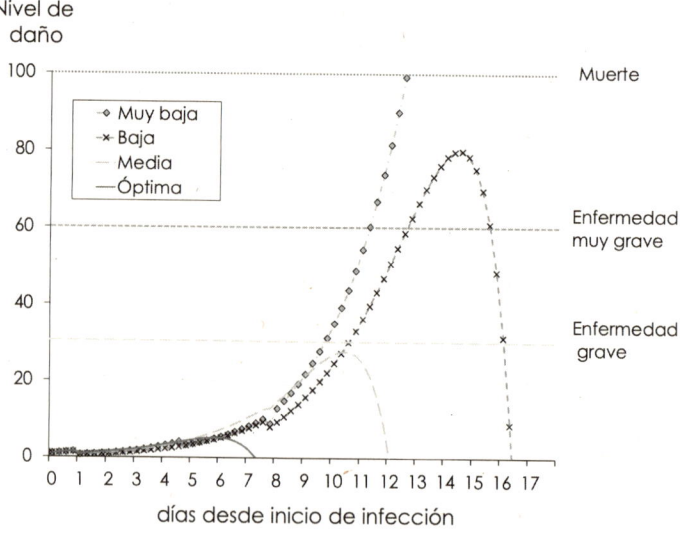

Figura 10-8. Evolución de la infección administrando un antiviral a los ocho días de iniciarse esta. Apenas si conseguimos cambiar la situación respecto a la que se habría dado sin administrar ninguna medicina.

¿QUÉ INCLINA LA BALANZA?

Resumiendo, la capacidad de nuestro organismo de hacer frente a infecciones viene dada, principalmente, por dos aspectos:

1) La agilidad de nuestro sistema inmunitario a la hora de producir linfocitos y anticuerpos específicos, una vez identificada la mejor fórmula de que dispongamos.
2) La efectividad de estos linfocitos y anticuerpos para combatir contra un determinado patógeno.

Las vacunas nos ayudan con ambas cosas. Primero, porque tenemos listos linfocitos B y T de memoria cuando llega la infección. Segundo, porque el sistema inmunitario va refinando sus respuestas en sucesivas infecciones. Va mejorando y haciendo unos linfocitos B y T cada vez más ajustados al patógeno a combatir. Así que, si nos han vacunado, la efectividad de nuestros linfocitos será mejor que la de partida.

Pero en nuestra batalla contra las infecciones también podemos tener factores en contra, que pueden hacernos más vulnerables. En el caso del coronavirus, hemos sabido que ser obeso, o tener diabetes aumentaban la probabilidad de hospitalización. Era común que los casos más graves se dieran en pacientes con estos problemas.

La edad es también un factor de riesgo, ya que todos nuestros órganos y sistemas van perdiendo facultades con el tiempo. Al igual que el sistema inmunitario[121]. Por eso las campañas de vacunación contra la gripe se dirigen sobre todo a personas mayores.

Cada patógeno y cada enfermedad son diferentes, y a veces los factores de riesgo no son los que esperamos. En la epidemia de gripe de 1918 era mucho peor ser joven. La respuesta exagerada del sistema inmunitario era, en muchos casos, lo que provocaba la muerte debido a la inflamación. Los individuos mayores, con un sistema inmunitario menos potente, corrían mejor suerte que los jóvenes.

En cualquier caso, la variabilidad de los microorganismos es enorme, los efectos de su entrada en el organismo, la forma en que consiguen atacarnos..., todo es muy variable. Y cambia con el tiempo, a medida que el patógeno sufre mutaciones al reproducirse. Así que

---

121   Ese envejecimiento del sistema inmunitario se denomina inmunosenescencia.

resulta crucial la recogida exhaustiva de datos con los que seguir la pista a cada enfermedad: qué síntomas tiene, cuántos días tardan en aparecer, cuándo se alcanza la máxima contagiosidad, cómo de fácilmente se transmite, de qué forma, a qué órganos afecta, qué tratamiento resulta efectivo, etc. Todo esto puede cambiar a medida que nos enfrentamos a nuevas cepas del patógeno, y nos obligará a adaptar las estrategias.

Es el momento de entender esa increíble capacidad de los microorganismos para cambiar y adaptarse, y cómo nuestro sistema inmunitario logra una versatilidad semejante, pese a no contar con los trucos que la naturaleza pone a disposición de nuestros invasores microscópicos.

11 ¿Cómo evolucionan
los seres vivos?

Como afirmaba Theodosius Dobzhansky[122] «Nada tiene sentido en biología si no es a la luz de la evolución». El desarrollo y supervivencia de un patógeno y de su huésped es el resultado de una lucha sin cuartel, generación tras generación, en la que en ambas partes exploran nuevos trucos con los que sorprender e imponerse. El acervo genético de patógeno y huésped es, por tanto, el resultado de miles o millones de años de coevolución. Pero esta ha sido muy diferente en nosotros comparada con la de nuestros patógenos. Aunque compartamos multitud de genes y herramientas relativas al metabolismo, a la transmisión de información genética o a la síntesis de proteínas, los humanos[123] somos criaturas tremendamente distintas a los

---

122 Theodosius Dobzhansky es una de las figuras clave de la genética de poblaciones, una de las líneas de investigación de la evolución de mayor influencia en la biología del siglo XX. La genética de poblaciones hace énfasis en que los rasgos que consiguen imponerse en la herencia son aquellos que benefician al conjunto de una población, no a un individuo. Asimismo, introdujo todo un desarrollo matemático para evaluar cómo el número de individuos de una población y su estructura influyen en que, en sucesivas generaciones, una mutación genética se elimine o se consolide.

123 Los eucariotas, entre los que nos contamos y cuyas células tienen núcleo, presentan grandes diferencias en su código genético y en cómo este evoluciona con respecto a los procariotas y virus. En este capítulo voy a centrarme en nuestra especie porque vamos a hablar en gran medida de nuestro sistema inmunitario adaptativo, que es un invento de los vertebrados con mandíbulas. Todo lo que cuente aquí sobre los humanos vale para otras especies animales. Las que entren en ese reducido conjunto.

microorganismos en cuanto a los mecanismos de evolución y generación de variedad genética.

LA MATERIA OSCURA DE LA VIDA

El desarrollo de herramientas para secuenciar los ácidos nucleicos de forma rápida y barata cambió por completo las ciencias de la vida. La genómica ha permitido vislumbrar un mundo apenas conocido: el de los microorganismos. En los albores de esta ciencia, cuando los procesos de secuenciación eran aún lentos y complejos, surgió el proyecto Genoma Humano. Decenas de centros de investigación en todo el mundo aunaron esfuerzos para desentrañar el ADN del ser humano, en un proceso que llevó trece años y costó cuatro mil millones de dólares. Hoy podemos hacer lo mismo en 1 día, con un coste de mil dólares.

Esta enorme capacidad para analizar cadenas de ADN y ARN hace posible enfocar la investigación hacia la parte más desconocida de la biosfera, aquella que no vemos. Hoy día estudiamos las características de los microorganismos que nos acompañan en nuestro cuerpo, la famosa microbiota, yendo de sorpresa en sorpresa. El número y variedad de microbios que encontramos en nuestro intestino es más que sorprendente, superando incluso el número de células propias.

Pero ya no intentamos verlos con un microscopio, al menos para cierto tipo de investigaciones. Hoy aspiramos más bien a identificar cómo viven y se relacionan. Estudiamos su código genético, y con ello nos hacemos una idea de su grado de parentesco o proximidad con otras especies y su posible origen. Los genes también dan idea del tipo de proteínas que pueden fabricar, aunque muchas veces no sepamos qué efectos tienen.

La genómica no solo nos ha permitido mirar hacia dentro, sino también hacia fuera. Tomamos muestras del suelo, del océano, de todo tipo de entornos, y estudiamos qué microorganismos hay presentes y cómo fluctúa su población. Y ahí no paramos de llevarnos sorpresas. El océano es una sopa de bacterias, en la que distintas especies se van relevando a medida que consumen recursos y, sobre todo, que son diezmadas por sus virus parásitos, los bacteriófagos.

En un mililitro de agua de mar hay un millón de bacterias y protozoos, y entre diez y cien millones de virus.

Se calcula que, en cualquier entorno, por cada molécula de ADN bacteriano hay diez de ADN o ARN viral. Si el océano está lleno de bacterias, el número de virus es aún más apabullante. Y si tienen curiosidad, en nuestra microbiota ocurre lo mismo, hay unos diez virus por cada bacteria. Fascinante.

La facilidad para mutar de los microorganismos, y sobre todo de los virus, hace que la diversidad de genes en estas criaturas sea inimaginable. Se dice que los genes de los virus son la materia oscura de la genética. Millones y millones de recetas para construir proteínas de todo tipo. Todo un mundo por descubrir.

UNA LUCHA DESIGUAL

Si queremos echar cuentas de lo que un organismo puede o no hacer, si puede utilizar ciertas moléculas como nutrientes, atravesar una membrana o copiar un trozo de ADN, la clave está en sus proteínas. Las proteínas que un organismo es capaz de fabricar son su caja de herramientas para enfrentarse a los retos de vivir.

Para entrar en las células, dominar sus mecanismos de control y hacer copias de sí mismos, los virus utilizan proteínas. Para defenderse, las células se apoyan en proteínas de distinto tipo. Unos y otros han de ir cambiando partes de esas proteínas, buscando pillar por sorpresa a la parte contraria. Pero ¿cómo lo hacen?

Sería tentador pensar que en las células hay unos hombrecitos diminutos tomando medidas de las proteínas del enemigo y diseñando armas para contrarrestarlas. Pero no es así. La naturaleza solo cuenta con un medio para atacar este problema: provocar cambios aleatorios y ver qué pasa. Esos cambios se producen al copiar el código genético, que, al fin y al cabo, son las instrucciones para hacer proteínas. No se cambia directamente la herramienta, sino los planos con los que se construye.

Debemos mirar las moléculas de los ácidos nucleicos (ADN, ARN) no tanto como las elegantes formas de la naturaleza que son, sino como bibliotecas de planos con los que fabricar proteínas. Los seres vivos más simples se las arreglan con unas pocas, los más complejos necesitan miles de ellas.

Al reproducirse, los organismos deben copiar la biblioteca para asegurar que toda su descendencia cuenta con los libros necesarios para sobrevivir. Como hemos señalado ya repetidas veces, ese proceso de copia de los ácidos nucleicos está sujeto a errores, llamadas mutaciones, que introducen pequeños cambios. Muchas veces estos cambios son inocuos, otras muchas, desastrosos, y en un pequeñísimo porcentaje, claramente beneficiosos. Los organismos más sencillos tienen más probabilidades de mejorar con un cambio aleatorio, en los más complejos es bastante más difícil. Por eso los seres vivos más complejos cuentan con multitud de mecanismos para detectar y corregir errores de copia.

Hay una forma totalmente objetiva de saber si una mutación es beneficiosa, y es soltando a la criatura al mundo y viendo cómo le va. Si consigue reproducirse y transmitir sus genes, es que el proceso ha funcionado. Es cierto que, de manera local, siempre habrá una fuerte componente de suerte en la supervivencia de un determinado organismo, por lo que se trata de estudiar el efecto agregado en el conjunto de la población.

La prueba de fuego, por tanto, de cualquier cambio en el código genético, es ver si consigue pasar a la siguiente generación, y a través de generaciones logra imponerse. Cuanto menor sea el tiempo entre generaciones mayor será la velocidad de cambio de una especie. Los virus y bacterias, que se reproducen en cuestión de horas, pueden cambiar significativamente en muy poco tiempo, desarrollando mayor virulencia o mayor contagiosidad prácticamente ante nuestros ojos. Los humanos, por el contrario, necesitamos años para desarrollar resistencia a una enfermedad.

Esta diferencia en el tiempo que separa sucesivas generaciones hace que los mecanismos de generar variedad (en definitiva, de cambiar las proteínas de las que se sirven unos y otros) sean totalmente distintos en virus y bacterias frente a los nuestros.

GENERANDO VARIEDAD.
1: LOS MICROORGANISMOS

La reproducción de los seres vivos requiere transferir a la descendencia una copia del código genético. Nadie puede venir al mundo sin su libro de instrucciones para fabricar proteínas.

Como hemos comentado, el proceso de copia está sujeto a errores. Estas tasas de error (recordemos que eran del orden de un error por cada 100 000 000 de nucleótidos en virus de ADN y de un error por cada 10 000 nucleótidos en los de ARN) pueden parecer muy pequeñas, pero si tenemos en cuenta el tamaño de las cadenas de ADN o ARN que constituyen el código genético en estos organismos, la probabilidad de que en una copia determinada haya algún nucleótido cambiado es alta.

Las mutaciones genéticas son el mecanismo que introduce variabilidad en el código genético y, con ello, en las proteínas fabricadas por un organismo de cualquier tipo. Muchas veces para mal, otras muchas sin mayor efecto, y algunas veces para bien. La probabilidad de sufrir mutaciones debe ser suficientemente alta como para proporcionar material que ayude a la supervivencia frente a cambios, y suficientemente baja como para que no se produzcan tantos errores que hagan inviable una estirpe[124].

Pero llegar a una buena solución para un problema por prueba y error es un camino muy poco eficiente. Siempre es mejor pedir prestado a otro una solución que ya ha funcionado. Para nuestra sorpresa, los microbios hacen justamente eso todos los días. Paquetes de genes circulan gracias a diversos mecanismos entre bacterias, virus y otros seres microscópicos, pasando de unos a otros. Se llama transferencia horizontal de genes, y está considerada el principal método de evolución en microorganismos.

En los procesos de transferencia horizontal de genes entre microorganismos veremos que los virus desempeñan un papel esen-

---

124 Cuando el número de mutaciones es tan alto que no hay ningún ejemplar capaz de sobrevivir se dice que se ha producido una «catástrofe por errores». Hay modelos matemáticos para calcular dónde está el umbral en función del tamaño del genoma. Todos los organismos vivos tienen una probabilidad de mutación ligeramente por debajo de ese umbral.

cial. Muchas veces ofician de vehículos para pasar paquetes de genes de unos microorganismos a otros, encargándose además de insertarlos en su código genético.

Si miramos a las bacterias, estas tienen de por sí una enorme facilidad para incorporar fragmentos de ADN que se encuentran en el ambiente procedentes de otros microorganismos. Al fin y al cabo, los ácidos nucleicos se caracterizan por su estabilidad, de modo que es posible que resistan varias horas a la espera de una bacteria que absorba un fragmento de ADN errante y experimente, a ver qué se puede hacer con tal cosa.

Además de captar ADN de su entorno en un proceso denominado transformación, las bacterias tienen otros dos mecanismos para la transferencia horizontal de genes. Hablamos de conjugación cuando intercambian fragmentos de ADN llamados plásmidos (pequeñas moléculas de ADN circular con capacidad de replicarse con independencia del cromosoma bacteriano) uniéndose temporalmente a otra bacteria. Y si incorporan nuevos genes gracias a un virus estamos ante un proceso de transducción.

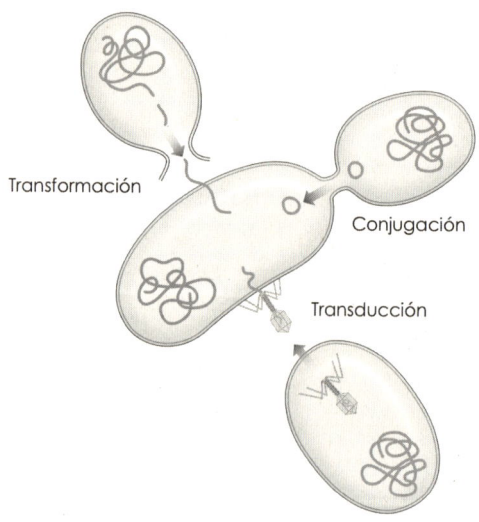

Figura 11-1. Mecanismos de transferencia horizontal de genes en bacterias. Hay tres procesos de transferencia horizontal en bacterias. Hablamos de transformación cuando la bacteria captura un fragmento de ADN de su entorno, de conjugación cuando incorpora un plásmido que ha recibido de otra bacteria tras establecer un «puente» entre ambas, y de transducción cuando la bacteria añade a su ADN un fragmento que ha sido inyectado por un virus bacteriófago. Imagen de Aldona@stock.adobe.com.

Los virus, por otro lado, tienen la costumbre de llevarse genes de su huésped. Además, no es extraño que una misma célula huésped esté infectada por más de un virus, lo que hace posible el intercambio de genes entre virus de familias distintas.

La genómica y el estudio comparado del código genético de virus y bacterias nos han permitido descubrir un mundo de piezas de ADN y ARN, de conjuntos de genes que van mutando, pasando de unas especies a otras por transferencia horizontal, o cambiando de funciones. En todo ello, los virus, y otros elementos genéticos que en cierta forma actúan como un virus[125], tienen un papel muy importante.

VIRUS QUE SE INSERTAN EN EL ADN

El primer microorganismo cuyo ADN se secuenció fue un virus, el bacteriófago φX174. Se llama bacteriófagos, o más comúnmente, fagos, a los virus que atacan a bacterias. Hay dos tipos de fagos: los líticos y los lisogénicos. Los líticos actúan como cabe esperar de un virus. Entran en la bacteria, toman control de su metabolismo, y exprimen todos sus recursos para fabricar copias de sí mismos, matándola.

Más interesantes son los fagos lisogénicos. Estos se introducen en la bacteria, pero en lugar de iniciar un proceso imparable de copia, prefieren ocultarse hasta que llegue el momento adecuado para ponerse en acción. El ADN viral se inserta en el ADN de la bacteria y se queda ahí, sin hacer ruido. Cada vez que la bacteria se divide para reproducirse, el proceso de copia del ADN bacteriano incluye al polizón viral que se coló de rondón[126]. Cuando la situación es propicia, el ADN viral se activa, toma el control de la célula e inicia un proceso de copia desenfrenada, que acaba con unos cientos o miles de nuevos fagos y la muerte de la bacteria.

---

125 Los llamados Agentes de Transferencia de Genes (GTAs), responsables de buena parte de la transferencia horizontal en microorganismos, son fagos degenerados que utilizan su capacidad de insertar genes en una cadena de ADN para transmitir paquetes de genes del ADN bacteriano, y no ya el suyo propio.

126 Este ADN viral que se inserta en el ADN de la bacteria se denomina profago.

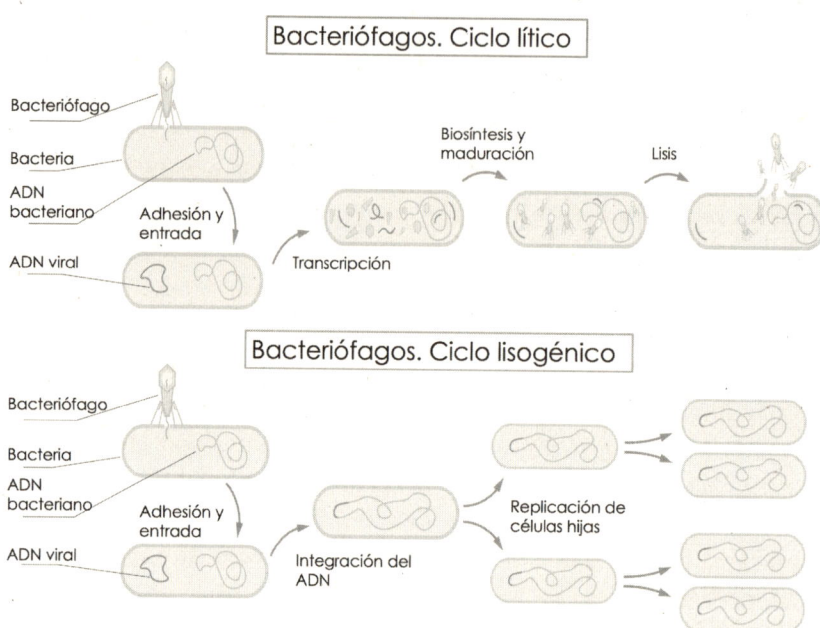

Bacteriófagos. Ciclo lítico

Bacteriófago

Bacteria

ADN
bacteriano — Adhesión y
entrada

ADN viral

Transcripción

Biosíntesis y
maduración

Lisis

Bacteriófagos. Ciclo lisogénico

Bacteriófago

Bacteria

ADN
bacteriano — Adhesión y
entrada

ADN viral

Integración del
ADN

Replicación de
células hijas

Figura 11-2. Ciclos lítico y lisogénico de un fago. Los fagos líticos introducen su ADN en la bacteria, desencadenando los procesos de transcripción que convierten a la bacteria en una factoría de virus, dedicada a producir copias de su ADN y del resto de elementos del virus. Cuando se han agotado los recursos de la bacteria, los viriones se liberan. Los fagos lisogénicos insertan su ADN en el ADN de la bacteria, de modo que cada vez que ésta se reproduce generando nuevas copias de su cromosoma se copia también el ADN del fago. Este permanece latente hasta que la bacteria se encuentra en un entorno de escasez. En ese momento el fago detecta que su casero involuntario no tiene buenas expectativas de supervivencia y desencadena el proceso de generar copias masivas de sí mismo, destruyendo la célula. Esta parte final no se representa en la figura, se corresponde con lo que vemos en la figura anterior de los fagos líticos. Imágenes de Olha@stock.adobe.com.

Los fagos son muy interesantes por dos razones: Por un lado, por su potencial como agentes antibacterianos, y, por otro, como elementos de inserción genética. Lo que los ingenieros genéticos llevan décadas intentando dominar, el insertar genes en cadenas de ADN, los fagos lo hacen como si tal cosa.

En cuanto a su utilidad para machacar bacterias, es algo que se ha explotado muy poco. Los virus son altamente específicos, de manera que hay que saber exactamente qué bacteria tenemos para buscar el fago adecuado. Frente a esa limitación, los antibióticos se caracterizan por ser de amplio espectro, lo que quiere decir que sirven para muchos tipos de bacterias distintas. Aun así, cultivar virus, encontrar la manera adecuada de administrarlos y conseguir que lleguen donde está la infección[127] no es un reto pequeño. No obstante, a medida que se extiende la resistencia a los antibióticos entre las bacterias, el posible uso de bacteriófagos va ganando enteros y atrayendo fondos para investigación.

Como ingenieros genéticos, los fagos han sido objeto de una gran atención. No porque aspiremos a utilizarlos, porque son muy suyos, sino porque la forma en que actúan nos ilustra lo sencillo que es para ciertos elementos genéticos moverse entre microorganismos, insertarse en los ácidos nucleicos y perpetuarse. Además, el estudio de los genomas de los fagos ha mostrado que muchas veces contienen genes únicos con importantes funciones metabólicas, así como genes que protegen a la bacteria en cuyo ADN se han insertado del ataque de otros virus semejantes. Por si esto fuera poco, es bastante común que más de un fago infecte la misma bacteria, facilitando así el intercambio de información genética entre distintos tipos de fago. Por todo esto, los fagos son considerados como auténticos brókeres de genes en el mundo microbiano.

No solo los fagos se insertan en el ADN bacteriano y van juntando genes que transmiten entre bacterias. Algunos virus, como los retrovirus, son capaces de insertar su código genético en el ADN celular de los eucariotas. Lo normal es que ese sea el primer paso para el conocido camino de fabricación masiva de nuevos viriones y destrucción de la célula huésped. Pero en contadísimas ocasiones eso no ocurre, el fragmento de ADN viral queda atrapado en el código genético, y será copiado cuando la célula se divida. Si esto sucede en células relacionadas con la línea germinal de espermatozoides u óvulos, en el caso de los humanos, el gen viral quedará fijado y pasará a la descendencia. Se cree que este es el origen de ese 8 % de nuestro genoma que tenemos en común con los virus.

---

127 Sin que nuestro propio sistema inmunitario dé cuenta rápidamente de ese virus que hemos introducido en el cuerpo

VIRUS DISEÑADOS PARA INTERCAMBIAR GENES

Algunos virus, como el de la gripe, tienen su ácido nucleico organizado en segmentos, en lugar de una cadena única. Esa organización hace muy sencillo el intercambio de piezas del código genético entre dos virus de la misma familia que coinciden en una misma célula huésped. Por supuesto, esta versatilidad del virus de la gripe tiene un precio: cuando van a componerse los viriones para salir de la célula es necesario contar con enzimas que aseguren que estén los siete segmentos distintos de ARN en cada uno de ellos. Algo bastante más fácil si solo hay una cadena de ácido nucleico.

La gran capacidad de variación del virus de la gripe, para el cual es necesario crear una vacuna nueva cada año, se debe a este truco. Ya no hay que confiar en que llegue un paquete de genes capturados del entorno, o traídos por algún fago. Basta con hacer un cambio de cromos en una célula huésped, entre segmentos de ARN que son equivalentes y tienen la misma función. Así es como a veces el virus de la gripe humana recibe fragmentos de otros virus de la gripe, que puede ser de gripe humana, aviar o porcina[128]. Con ello se pueden generar una amplia gama de variantes para las que nuestro sistema inmunitario está más que despistado.

RESUMIENDO

Ya hemos visto que los microorganismos utilizan dos estrategias fundamentales para conseguir nuevas soluciones a sus problemas. En algunos casos, el truco es contar con una alta tasa de mutaciones, lo que, combinado con ciclos de vida de horas y con el crecimiento exponencial de su población, es la mejor opción para añadir nuevas piezas a su caja de herramientas. En otros, se trata de ser más

---

128 Normalmente, los virus tienen dificultad para infectar células de un huésped que no es el habitual, pero en el caso de la gripe, cualquiera de los tres tipos (humana, aviar o porcina) puede infectar con facilidad células porcinas, lo que facilita el intercambio de segmentos de ARN. La incorporación de ARN de gripe aviar al virus de la gripe humana también se produce con frecuencia. Las personas que trabajan en granjas avícolas están expuestas a infecciones con cierto riesgo.

conservador e incorporar genes cuya eficacia ya haya sido probada. Esto no quiere decir que cualquier gen sea de utilidad para cualquier microorganismo. Es el entorno particular de cada microorganismo concreto lo que hace que contar con un nuevo paquete de genes otorgue realmente una ventaja. Si no es así, ese combo de genes no se consolidará e irá desapareciendo.

Debemos entender que, para un microorganismo, cualquier gen adicional es un lastre. Es un montón de nucleótidos más que hay que copiar cada vez que se reproduce, lo que hace que en cada ciclo reproductivo se generen menos copias. Los microorganismos se desenvuelven en entornos con nutrientes limitados y compiten por acaparar esos nutrientes. La velocidad con que consigues reproducirte y quitarle el alimento al microorganismo rival es clave en la supervivencia. Por esta razón, los microorganismos tienen una gran presión selectiva para perder parte de su código genético en los procesos de copia, y aligerar así peso.

Por ejemplo, en un entorno con presencia de antibióticos, los genes que confieren resistencia se propagan rápidamente entre las bacterias presentes, sean de la especie que sean. Pero si desaparecen los antibióticos, esos genes se van diluyendo y perdiendo en generaciones sucesivas, ya que no proporcionan ninguna ventaja. Las mutaciones, siempre presentes, van eliminando piezas del código genético cuando dejan de ser útiles[129].

GENERANDO VARIEDAD. 2: LOS HUMANOS

Los humanos, con ciclos de vida larguísimos en comparación con los de los microorganismos, hemos de generar variedad de respuestas de otra manera. Contamos con las mutaciones que, al fin y al cabo, son inevitables[130]. Pero una mutación, en caso de conferir alguna ventaja,

---

129 La forma de mutación más frecuente es el borrado de nucleótidos, o pérdida de eslabones de la cadena del ácido nucleico. Las inserciones de nuevos nucleótidos o las sustituciones de unos por otros se dan en menor medida.

130 Todos los procesos de copia de ácidos nucleicos y de traducción de estos a proteínas son, en el fondo, procesos de transferencia de información. Y en toda transferencia de información es imposible reducir a cero el riesgo de error, como

necesita decenas de generaciones para extenderse en una población, lo que en términos humanos son cientos de años. De este modo, podemos ver asentados en las poblaciones actuales genes que confieren ventajas en determinados entornos, como es la tolerancia a la lactosa en adultos que predomina en los europeos y otros pueblos ganaderos, y es una anomalía en otros grupos humanos.

Si bien a largo plazo las mutaciones pueden ayudar, a corto plazo, y enfrentados a una infección, necesitamos mecanismos más ágiles con los que generar respuestas. Como no podemos confiar en la generación rápida de cambios en sucesivos ciclos de reproducción, necesitamos tener variedad según salimos de fábrica. Para ello tenemos dos tipos de trucos, que actúan a niveles distintos.

HABLEMOS DE SEXO

Como grupo, los eucariotas crearon una forma de incorporar soluciones probadas que sustituyera a la transferencia horizontal de genes de los microorganismos. Al fin y al cabo, se trata de organismos muy sofisticados, de modo que es difícil que les sirva cualquier paquete de genes que se puedan encontrar. Hay que tomar genes de otro, algo diferentes, pero compatibles. Acabamos de inventar la reproducción sexual.

Lo cierto es que los biólogos han llenado casi tantas páginas intentado explicar el porqué de la reproducción sexual como intentando explicar el origen de la vida, o si los virus son seres vivos. Fíjense ustedes qué engorro. Mientras que una bacteria no necesita nada más que a sí misma y una fuente de nutrientes para liarse a generar nuevas bacterias, los organismos superiores, como los humanos, tenemos que buscar a otro ejemplar del sexo contrario para reproducirnos[131]. También les ocurre a las plantas, claro, pero ellas no

---

demostró Claude Shannon en 1948 en su publicación *Una teoría matemática de la comunicación*. Shannon está considerado el padre de la teoría de la información.

131 Si han visto el típico documental del tigre siberiano, que ha de vagar durante días por sus inhóspitos páramos hasta tropezar con otro tigre siberiano, no hace falta que hagan la dura reflexión de lo que les cuesta a algunas personas encontrar pareja.

se mueven. Han de soltar el polen al aire, y confiar en que llegue a alguna flor femenina en otra planta. El sexo, esto es, la necesidad de combinar gametos de dos individuos diferentes y de distinto género, supone un tremendo gasto de energía y tiempo[132].

Pero la mayoría de las criaturas que podemos distinguir a simple vista, y, por tanto, de las que somos conscientes, tienen reproducción sexual. Si esto es así es porque las ventajas que confiere superan con creces los conocidos inconvenientes.

Los humanos tenemos dos copias de todos los genes, una de nuestra madre y otra de nuestro padre. A su vez, estas copias son una mezcla de los genes que recibieron cada uno de sus progenitores. La naturaleza genera variedad en la descendencia introduciendo el azar en el proceso de meiosis, en el que se fabrican los ácidos nucleicos que formarán parte de los óvulos y espermatozoides, realizando una recombinación de los genes originales.

De todos los genes hay múltiples variantes en el genoma humano, a veces hasta miles de ellas. Así que, al barajar los genes a la hora de transferirlos a la descendencia, tenemos una gran diversidad de humanos. A partir del carácter y los rasgos externos de las personas que conocemos es fácil llegar a la conclusión de que «cada uno es de su padre y de su madre»[133]. Y eso sin nombrar las diferencias que veríamos si pudiéramos comparar sus cromosomas.

JUGANDO CON LOS GENES: EL SISTEMA INMUNITARIO

Hay tres pasos fundamentales a la hora de atajar una infección: Reconocer al patógeno, bloquear alguna de sus moléculas clave gracias a los anticuerpos y destruir las células propias que han sido infectadas.

Para estas tres funciones utilizamos moléculas que han de ser capaces de encajar con una amplia variedad de formas posibles,

---

132 Estoy intentando que esto me salga sin frases de doble sentido, pero no hay manera.
133 Pero no la mitad (50 %) de su padre y de su madre, sino una mezcla asimétrica de padre y madre.

todas las que puedan presentar los patógenos, que, como hemos visto antes, no paran de innovar.

El reconocimiento de un patógeno por parte de los linfocitos T requiere de un paso anterior: que las moléculas MHC, que están dentro de las células, consigan unirse a fragmentos de proteína del patógeno. Dentro de las células hay enzimas dedicadas a trocear proteínas de continuo, y lo hacen tanto con las propias como con las ajenas. De modo que el MHC se une a un fragmento de proteína y sale hacia la membrana celular, para que los linfocitos T que pasan por fuera puedan examinarlo.

Si la forma de la molécula MHC no es complementaria a la forma de un fragmento de proteína, no se unirán y no podrá exponerlo. Es muy importante, por tanto, que nuestras moléculas MHC no tengan «ángulos ciegos», como los coches. Secuencias de aminoácidos a las que no pueden pegarse.

Las moléculas MHC son las proteínas más polimórficas del ser humano. Esto es, las proteínas que más variantes tienen, de todas las que producimos. Hay 10 500 formas distintas de MHC tipo I y unas 3500 de MHC tipo II. Además, hay tres ejemplares distintos (llamados alelos) del gen que permite fabricar estas proteínas, en cada uno de los dos cromosomas[134]. Y en este caso se expresan todos, los que heredamos de nuestro padre y los que recibimos de nuestra madre. Con ello, nuestro cuerpo cuenta con seis variantes de moléculas MHC clase I, y aún más del MHC de clase II[135]. De esta manera es posible abarcar una enorme cantidad de formas posibles en las proteínas a detectar[136].

En este caso la evolución ha actuado asegurando que una de las piezas esenciales del sistema inmunitario, las proteínas MHC, tengan una gran variabilidad en el conjunto de la población, y un buen catálogo de opciones en un mismo individuo. De ese modo se garantiza

---

134 El de tener genes duplicados, y hasta triplicados, es otro truco evolutivo de los eucariotas.

135 Las moléculas MHC clase II se forman a partir de varias piezas que a veces pueden estar o no presentes. Por eso no es posible dar una cifra exacta de su variabilidad, ya que oscila de unas personas a otras, dependiendo de su dotación genética.

136 Lo que enlazan las moléculas MHC son, más bien, fragmentos de proteínas. Una proteína completa es demasiado grande como para que sea manejable.

que cada persona tenga un juego de herramientas propio y ligeramente distinto del de sus congéneres para detectar proteínas invasoras[137].

El mecanismo que permite a los linfocitos B y linfocitos T catalogar como ajenas una inimaginable cantidad de moléculas distintas es aún más espectacular. Tanto los receptores del antígeno del linfocito T como los anticuerpos del linfocito B son proteínas compuestas de varias cadenas, con partes fijas y partes variables. Esas partes variables se combinan de manera aleatoria al formarse cada linfocito, de forma que hay millones de posibilidades. Aquí no bastaba con tener miles de variantes de la misma proteína, se requiere una variabilidad de millones, ya que los linfocitos B y T, para ser efectivos, han de ser enormemente específicos. Por eso es necesario que en el código genético existan piezas para esas partes variables, y un mecanismo de ensamblado que introduzca una fuerte componente de azar.

Esa componente de azar que hace que cada linfocito sea distinto entra en juego en el momento en el que se fabrica, por lo que hablamos de variabilidad somática, a diferencia de la variabilidad genética, definida por los genes cuando estos se utilizan para sintetizar proteínas, siguiendo las instrucciones «al pie de la letra».

Molécula	Objetivo	núm. de variantes posibles	núm. de variantes presentes en una persona	Mecanismo de generación de variabilidad
MHC-I	Pegarse a trozos de proteína y exponerlos en el exterior de la célula para que los linfocitos puedan revisarlos y detectar elementos extraños	10 500	6	Genética
MHC-II		3500	>6	Genética
Receptor del antígeno del linfocito T	Detectar proteínas de patógenos y desencadenar la destrucción de la célula	10^{16}	10^7-10^9	Genética + Somática
Anticuerpo (linfocito B)	Detectar proteínas de patógenos y bloquearlas	10^{11}	10^7-10^9	Genética + Somática

Tabla 11-1. Número de variantes posibles en las moléculas clave del sistema inmunitario humano.

---

137 En realidad, el MHC solo «expone» todos los trozos de proteína que se encuentra, son luego los linfocitos T los que identifican si esa proteína es ajena, desencadenando la respuesta inmunitaria.

En resumen, los humanos (y junto con nosotros, otros muchos organismos semejantes) han encontrado la manera de generar una gran variedad de respuestas ante una infección, pese a tener ciclos vitales muchos más largos que los de sus patógenos. Gracias a la combinación somática de partes variables en anticuerpos y detectores de antígeno contamos con un mecanismo que nos permite cambiar las células y anticuerpos de nuestro sistema inmunitario con la misma agilidad con la que los patógenos mutan.

La gran variedad genética en otros elementos del sistema inmunitario y del organismo en general, junto con los procesos de formación de gametos y la reproducción sexual, sientan las bases de una población diversa en cuanto a sus respuestas a infección, y, con ello, mucho más resistente.

Reto	Microorganismos	Humanos
Explorar soluciones	Mutaciones	Variación somática en anticuerpos y detectores del antígeno en linfocitos T
Incorporar soluciones ya probadas	HGT (Transmisión horizontal de genes)	Reproducción sexual + Gran número de variantes en algunos genes

Tabla 11-2. Generación de variedad genética en microorganismos
y en el sistema inmunitario humano.

EN LAS DISTANCIAS CORTAS...

Es donde los procesos evolutivos, como muchas otras cosas, se la juegan.

La idea general de en qué consiste la evolución permanece anclada en los postulados de Darwin, con algunos añadidos del neodarwinismo de la primera mitad del siglo XX. Según esto, «la evolución consiste en la aparición de nuevos rasgos en los seres vivos, que se ponen a prueba en un determinado entorno, y si son exitosos van imponiéndose al favorecer la supervivencia y reproducción de quienes los portan. Los cambios son graduales y lentos, por lo que las especies que conocemos no cambian en el periodo de nuestra vida, ni en cientos de años».

Durante más de un siglo, el estudio de la evolución se ha centrado en lo que podíamos observar con facilidad: los animales y plantas de laboratorio y lo que era posible apreciar a simple vista. Sin embargo, el estudio genómico de microorganismos nos ha desvelado un mundo muy diferente. Para estas criaturas (y también para los animales y plantas en ciertas condiciones[138]), los cambios pueden ser rápidos y de gran calado.

Cuando un microorganismo consigue entrar en nuestro cuerpo, su plan es reproducirse a toda velocidad, para imponerse a otros microorganismos con los que compite y, además, superar la reacción de nuestro sistema inmunitario. Pero no se trata solo de crecer rápidamente en número, sino también de diversificar el ataque. Las mutaciones ayudan a los patógenos a probar variantes a la hora de burlar nuestras defensas.

Los anticuerpos y los receptores de antígenos de los linfocitos T, que son las moléculas que identifican a los patógenos, son muy específicos. Tanto, que si nos visita una cepa muy diferente de un virus que sufrimos antes, de nada sirven los linfocitos de memoria de la ocasión anterior[139]. Si un patógeno consigue cambiar la proteína por la que las células del sistema inmunitario le reconocen, conseguirá evitar todos esos anticuerpos y linfocitos hechos a medida con los que está siendo atacado, y el sistema inmunitario volverá a partir de cero en el proceso de desarrollar defensas *ad hoc*.

No podemos olvidar que, cuando tenemos una infección, cada uno de nosotros es una especie de isla, un hábitat al que el patógeno va a intentar adaptarse recurriendo a su mejor truco: ir cambiando y probando soluciones. La evolución tiene lugar en el plazo de horas y en el entorno interno de cada huésped.

Pero si los patógenos van refinando sus armas a lo largo del tiempo que dura una infección, el sistema inmunitario no se queda corto. Además de contar con un catálogo de soluciones para desarrollar en caso de que el patógeno cambie, tenemos mecanismos para que la efectividad de las defensas se vaya haciendo cada vez mayor. Se

---

138   Sobre este tema, el libro *Improbable Destinies*, de Jonathan B. Losos, es una maravilla.

139   Por eso hay que vacunarse de la gripe todos los años. Los anticuerpos generados por la infección del año anterior no nos valen para el virus de este año.

denomina maduración de la afinidad, y es un fenómeno propio de los anticuerpos del linfocito B.

En efecto, el fenómeno de mutación somática en las partes variables de los anticuerpos se da continuamente, y va generando pequeños cambios en los anticuerpos que se están produciendo para combatir una determinada infección. Esos anticuerpos se exponen a los fragmentos de proteína que van captando las células dendríticas en cada momento, seleccionándose los que mejor encajan. Con ello, la afinidad de los anticuerpos por el patógeno puede llegar a multiplicarse por cien, comparada con la que había al principio de la infección. Como la afinidad se expresa en unidades de concentración, esto significa que podemos inutilizar el mismo número de patógenos con cien veces menos anticuerpos.

La maduración de la afinidad se da tanto en infecciones prolongadas como en infecciones repetidas. Por esa razón muchas vacunas se dan en varias dosis. La primera estimula el desarrollo de defensas, y las dosis de refuerzo ayudan a hacerlas aún más efectivas.

Cuando se habla de evolución solemos pensar en los primeros homínidos o en los neandertales que vivieron hace miles de años, cuando en realidad la tenemos mucho más cerca. Si pudiéramos hacernos pequeñitos y viajar por nuestro cuerpo, observando las proteínas de los patógenos y los anticuerpos que los combaten, tendríamos asiento de primera fila en un proceso evolutivo sin fin. El que sostiene la lucha, minuto a minuto, entre los patógenos y nuestro sistema inmunitario.

12. ¿Cómo surgen y se propagan nuevas cepas?

Por su naturaleza, los virus son los seres con mayor facilidad para generar nuevas variantes mediante mutación o algún tipo de proceso de transferencia de genes. Pero la vida no es fácil para esos nuevos mutantes: han de sobrevivir, transmitirse con éxito a otros huéspedes y tener alguna ventaja respecto a otras variantes para acabar imponiéndose. La historia de las variantes del coronavirus que causa la COVID-19 nos ayuda a comprender los fenómenos que, a diferentes escalas, determinan que una nueva cepa de un virus acabe extendiendo sus genes hasta hacerse mayoritaria.

DE LO MÁS PEQUEÑO A LO MÁS GRANDE

Como ya hemos comentado, lo que un organismo puede o no puede hacer viene definido por las proteínas que es capaz de fabricar, y esto lo marca su genoma. Las modernas herramientas de secuenciación de ácidos nucleicos permiten a los microbiólogos detectar rápidamente la aparición de algún patógeno novedoso (como fue en su momento el SARS-COV-2) o de nuevas variantes en los ya conocidos.

Laboratorios de todo el mundo, en colaboración con hospitales y centros sanitarios, se esfuerzan en estudiar sin demora los patógenos presentes en el entorno, sobre todo cuando aparece un brote inesperado o una infección desconocida. Los resultados de decodificar el genoma de los virus, bacterias y demás seres microscópicos se comparten a través de bases de datos internacionales, dependientes de organismos de colaboración científica cuyo papel es fundamental hoy día.

El registro de cómo ha ido cambiando un microorganismo será tanto más preciso cuantas más muestras tengamos de él. Por el impacto que tuvo en todo el planeta, el SARS-COV-2 es el virus del que tenemos más datos y más completos. El seguimiento de las cepas del coronavirus, además, nos ofrece un ejemplo excepcional de cómo eventos que tienen lugar a escala microscópica se traducen en tendencias globales en cuanto a las cepas que se transmiten con mayor facilidad y que llegan a imponerse.

Como hemos visto en los capítulos anteriores, en la escala de los nanómetros tienen lugar los errores de copia de ácidos nucleicos y la transferencia de genes entre microbios. Estas modificaciones del genoma influyen en billones de eventos a escala de los micrómetros: las interacciones de los patógenos con nuestras células y con distintas células y moléculas producidas por nuestro organismo en respuesta a la infección. Un paso más allá, y a través de millones de interacciones a escala humana, esos cambios en el genoma acaban definiendo la dinámica de propagación de una epidemia con su sucesión de cepas dominantes y olas de contagios.

De este modo, la secuenciación del genoma presente en cada momento y en cada lugar de un determinado microorganismo nos lleva a enlazar lo que ocurre en el mundo molecular de los nanómetros con lo que percibimos en el mundo humano de los metros y los kilómetros.

Un camino donde el azar interviene de muchas maneras, lo que, unido al carácter exponencial de los procesos involucrados, hace el conjunto prácticamente impredecible.

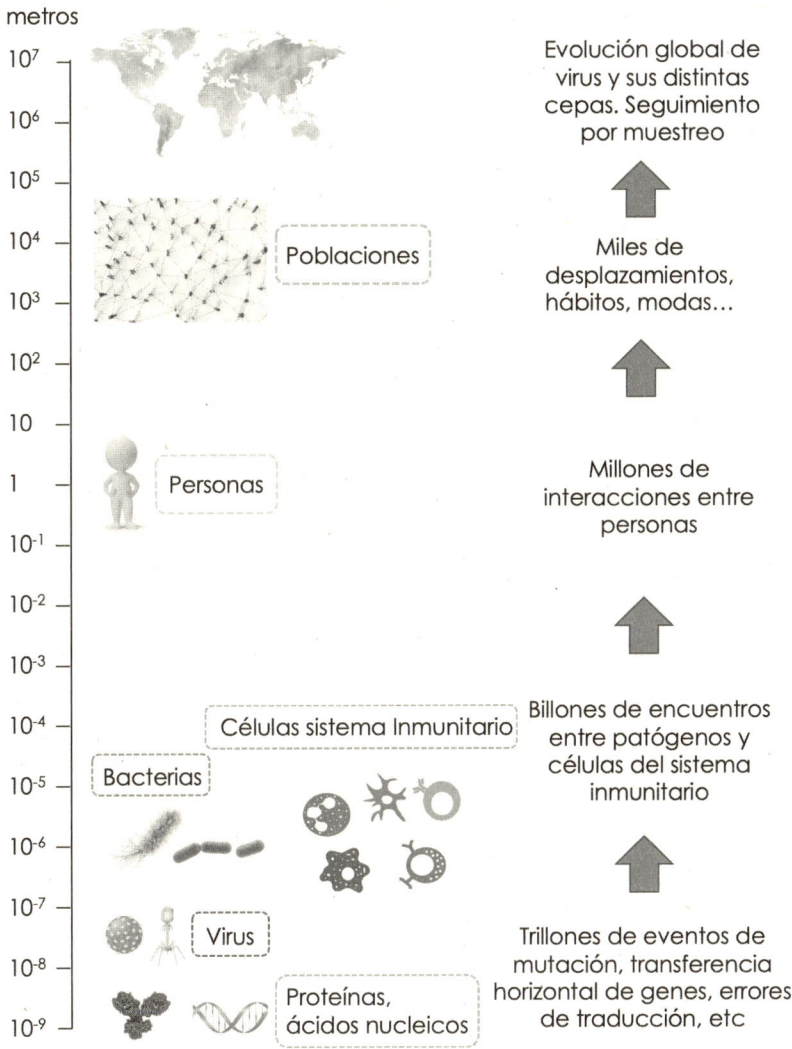

metros

10^7

10^6

10^5

10^4 — Poblaciones

10^3

10^2

10

1 — Personas

10^{-1}

10^{-2}

10^{-3}

10^{-4} — Células sistema Inmunitario

10^{-5} — Bacterias

10^{-6}

10^{-7}

10^{-8} — Virus

10^{-9} — Proteínas, ácidos nucleicos

Evolución global de virus y sus distintas cepas. Seguimiento por muestreo

Miles de desplazamientos, hábitos, modas...

Millones de interacciones entre personas

Billones de encuentros entre patógenos y células del sistema inmunitario

Trillones de eventos de mutación, transferencia horizontal de genes, errores de traducción, etc

Figura 12-1. La secuenciación del genoma de las muestras que vamos obteniendo de los patógenos en cada momento nos permite ver a escala global qué cepas se van imponiendo, y es consecuencia de lo que ocurre a otras escalas. Imagen de Mª Teresa Herrero, con elementos de Adobe Stock (Ver Créditos).

¿Y TÚ DE QUIÉN ERES?

Durante décadas, para estudiar el parecido y las relaciones evolutivas entre seres vivos, solo hemos podido confiar en nuestros ojos. La forma del pico o de la pata de un pájaro, el color de su plumaje o la forma de sus alas podían ser fundamentales para encuadrarlos en una especie u otra. Esos rasgos externos, y otros internos, como órganos especializados de todo tipo, nos daban las claves de a qué familia pertenecía un ser vivo, y cómo se las arreglaba para salir adelante.

En definitiva, en los animales que nos rodean es bastante evidente qué herramientas tienen para sobrevivir con solo echar un vistazo a su apariencia. Los carnívoros tienen poderosos colmillos con los que cazar y dar muerte a su presa, mientras que los murciélagos se sirven de grandes orejas para percibir el eco de ultrasonidos y así moverse en la oscuridad[140].

Los microbios, por el contrario, nos desconciertan. Sus herramientas son proteínas y otras moléculas, que producen en respuesta a los estímulos de su entorno. No se ven y, en realidad, no hemos podido empezar a estudiarlas hasta hace relativamente poco. Dos bacterias podían tener la misma apariencia (por ejemplo, las típicas esferas llamadas «cocos») y formas de vida completamente diferentes. De hecho, es posible que bacterias ya identificadas como pertenecientes a la misma especie sean muy distintas, según hayan incorporado o no determinados genes. Porque ahí está la razón de todo. La secuenciación de sus ácidos nucleicos y el estudio de los genes presentes en cada caso es lo que ahora nos permite estudiar el parecido entre distintos ejemplares. La genómica ha dotado a los taxonomistas de microbios de una herramienta vital para seguirle la pista a la evolución de la vida y al grado de parentesco entre microorganismos.

Estudiar las diferencias y puntos en común entre los genes de distintos organismos nos permite reconstruir su historia evolutiva, medir el grado de parentesco, e incluso estimar en qué momento sus caminos

---

140   En realidad, solo es fácil estudiar las formas de vida de los entornos con los que estamos familiarizados, donde podemos tirar de un largo historial de observaciones. Un paseo por el océano o por los espesos bosques apenas explorados nos suele mostrar seres sorprendentes con órganos cuya finalidad resulta difícil de entender. Pero, al menos, los vemos.

se separaron. La frecuencia con la que se producen mutaciones en distintas zonas del genoma, la medida del grado de parecido entre genes homólogos y otros parámetros permiten a los científicos construir los árboles filogenéticos. Elaborar un árbol filogenético es algo así como pintar un árbol genealógico, pero solo a partir de una pequeña muestra de personas. Como si el Registro Civil se hubiera incendiado y solo se hubieran salvado un puñado de datos al tresbolillo.

Les presento el árbol filogenético del SARS-COV-2, con las principales variantes. Es hora de ver las cepas que se han ido sucediendo, y vislumbrar cómo están relacionadas.

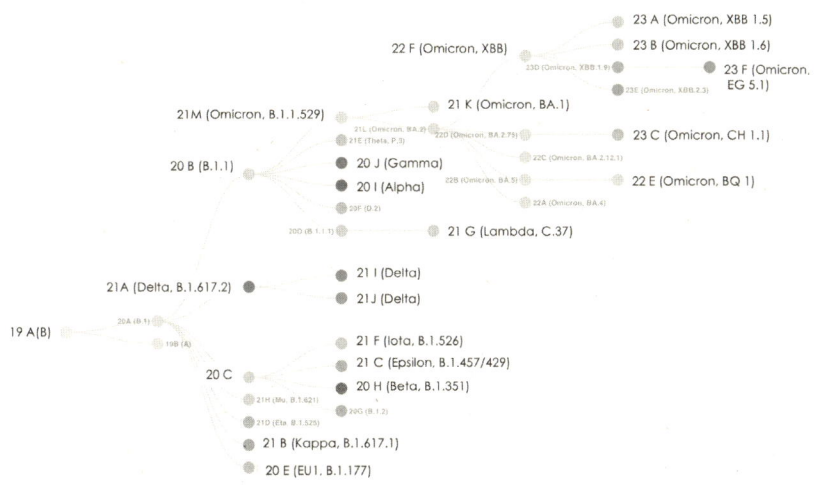

Figura 12-2. Árbol filogenético del virus SARS-COV-2 hasta septiembre de 2024. Fuente: Emma B. Hodcroft. 2021. CoVariants: SARS-COV-2 Mutations and Variants of Interest. https://covariants.org/, a partir de datos de GISAID. He destacado las más importantes.

Se observa que las cepas alfa y ómicron tienen un antecesor común (la cepa 20 B) y que delta se separó antes de la rama original, la 20 A. Esta es la «madre» de todas las variantes que hemos distinguido en los casi cuatro años desde que el SARS-COV-2 se cruzó en nuestra vida.

También se puede ver cómo la cepa ómicron ha sido la triunfadora desde hace tiempo en la evolución del SARS-COV-2. La variedad inicial que podemos apreciar por la multitud de ramas que salen de las primeras cepas (20 A y nivel siguiente) se ha visto limitada. Las cepas beta, gamma, theta, EU1, mu, etc. son cosa del pasado. El panorama hoy está dominado por herederos de la cepa ómicron, con mayor o menor divergencia entre sí.

Pero esta es una representación esquemática muy simplificada. Más cercana a lo que los microbiólogos estudian y tienen en la cabeza es la que sigue, en la que se representan con un círculo cada una de las muestras disponibles. En el extremo inferior izquierdo de la gráfica estaría la cepa que se considera original, la primera que se secuenció. *Grosso modo*, en el eje vertical se representa el número de diferencias que hay entre el genoma del virus de cada muestra y ese virus original, y en el eje horizontal se representa el tiempo. Como es lógico, a medida que pasa el tiempo las «nubes» de círculos se van desplazando hacia arriba. Las diferencias con la cepa inicial se van haciendo mayores.

Se ven también unas ramas que van uniendo las muestras, definiendo así el árbol filogenético. Estimar cómo son esas ramas, esto es, qué virus está emparentado con cuáles otros, y en qué momento se produce una bifurcación, es el resultado de complejos algoritmos bioinformáticos.

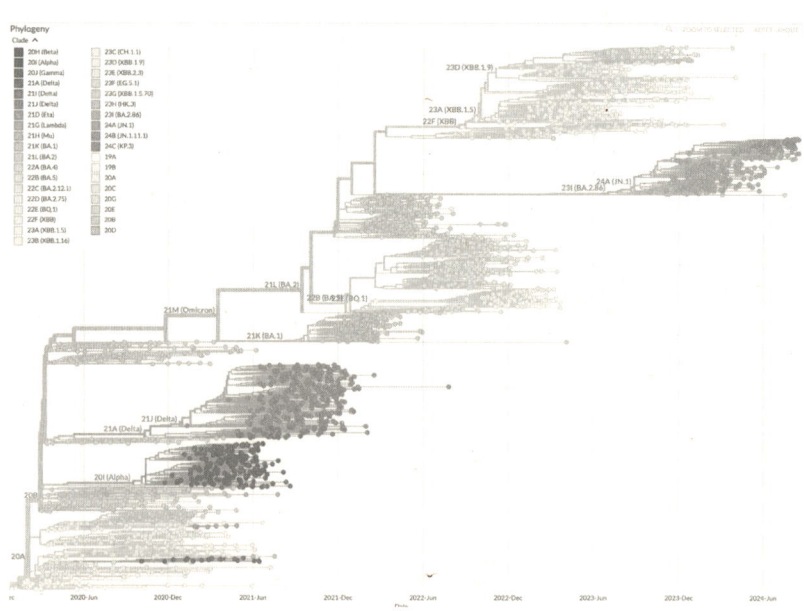

Figura 12-3. Árbol filogenético del SARS-COV-2 en Europa hasta septiembre de 2024. Fuente: Nextstrain.org, a partir de datos de GISAID.

Desde finales de 2019 hasta octubre de 2023, GISAID había recibido más de dieciséis millones de resultados de la secuenciación del SARS-COV-2, gracias a lo cual podemos dibujar estos árboles. La obtención de muestras y el análisis del genoma de un virus de esta peligrosidad es fundamental para detectar cambios en sus características, ver la velocidad de propagación de unas regiones a otras y, por supuesto, adoptar medidas de contención.

Si algo sorprende del SARS-COV-2, ha sido su capacidad para extenderse a todo el mundo y la facilidad con la que se han sucedido y convertido en dominantes distintas cepas, expandiéndose también a nivel mundial. Las distintas cepas dominantes han ido aprovechando sucesivas olas de contagios para imponerse, causando de vez en cuando algo de alarma cuando surge alguna muy novedosa.

Si se preguntan cómo de distintas han sido esas cepas entre sí, la respuesta puede sorprender. El genoma del SARS-COV-2 tiene unas 30 000 bases[141]. La cepa alfa difiere de la original en unas 30 bases, delta en unas 40, y ómicron tiene hoy unas 100 bases distintas, aunque los primeros ejemplares de esta cepa divergían en «solo» 60 bases. Parece una proporción minúscula, pero lo importante no es el número de mutaciones, sino dónde se producen.

El cambio de uno o dos aminoácidos en la secuencia de una proteína puede afectar a su afinidad con otras moléculas o cambiar su forma. Si la afectada es la proteína espicular del SARS-COV-2, que es la llave con la que entra en las células, un ligero aumento de afinidad con el receptor celular que utiliza (el ACE-II) bastaría para incrementar su éxito al atacar nuestras células. Por otro lado, cualquier cambio de forma le permitiría evitar ser detectada y neutralizada por los anticuerpos diseñados para una «versión anterior» del virus y de su proteína más reconocible[142].

Los virus sufren muchas mutaciones, pero solo las que otorgan ventajas se acaban consolidando. Así que, si hemos detectado muchas muestras de un virus con una determinada mutación, es porque aporta alguna ventaja. Y eso es preocupante.

No obstante, la historia de cómo una cepa llega a imponerse en

---

141   Para ser un virus de ARN, un tamaño considerable.
142   Lo que se llama «evasión inmune», y fue la clave del éxito de la cepa ómicron BA.1, por ejemplo.

una población no es sencilla. Hay interacciones y fenómenos a escala ya humana que influyen poderosamente en cómo y hasta qué punto una cepa puede extenderse. Es el momento de dejar el microscopio y subir a la escala de kilómetros para estudiar cómo se han extendido en Europa las cepas del SARS-COV-2.

OLAS DE CONTAGIOS Y CEPAS DOMINANTES

A lo largo de los meses más duros de la pandemia las principales olas de contagios en todo el mundo fueron acompañadas de un cambio en la cepa dominante del SARS-COV-2. Como si el virus adquiriese nuevas habilidades, o consiguiera eludir las defensas fabricadas por el organismo contra las versiones previas. Esto puede verse claramente en las gráficas de casos confirmados y de frecuencia de las distintas cepas en España[143] (figura 12-4).

Ahí podemos apreciar que la cepa alfa se impuso en España como dominante (la de mayor frecuencia) en marzo de 2021, si bien la ola de contagios había tenido su punto álgido dos meses antes. La cepa delta ya era dominante en el momento de mayor número de casos para la siguiente ola, de verano de 2021, aunque necesitó un mes más para llegar a suponer el 100 % de las muestras. La cepa ómicron, por el contrario, alcanzó su máximo de distribución (90 % de las muestras) coincidiendo con el pico de contagios de enero de 2022. Ninguna cepa se ha impuesto tan rápidamente como la primera variante de la familia ómicron, la BA.1, aunque esa hegemonía duró poco. A mediados de marzo de 2022, la variante ómicron BA.2 ya la estaba superando, con un 63 % de las muestras.

---

143 A partir de las muestras del virus secuenciadas cada semana, se contabiliza el porcentaje que supone cada una de las cepas identificadas. La dominante es la cepa cuya frecuencia es mayor. Para que las cifras obtenidas sean representativas de la presencia de cada cepa en la población, es necesario tomar un gran número de muestras del virus y secuenciar su ARN.

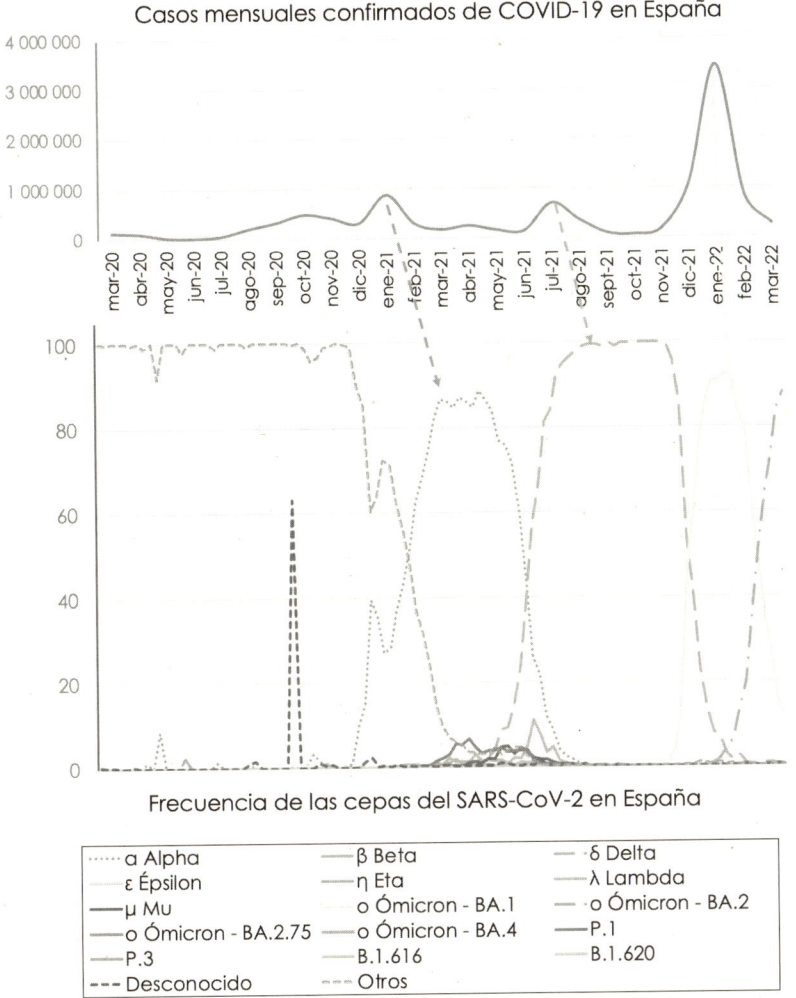

Figura 12-4. Relación entre las olas de contagios y la predominancia de las principales cepas del SARS-COV-2 en España. La escala temporal del eje horizontal es igual para las dos gráficas. Fuentes: Instituto Carlos III y ECDC (European Centre for Disease Prevention and Control) + GISAID.

En marzo de 2022 se dio por finalizada la fase crítica de la pandemia, reduciéndose considerablemente los medios dedicados a su seguimiento. Solo se reportan y publican los datos de incidencia relativos a los mayores de 60 años, que sigue siendo el grupo más vulnerable.

No obstante, el SARS-COV-2 ha quedado ya como un virus a seguir con tanta dedicación como el de la gripe y se vigila muy de cerca la evolución de sus variantes. Entre otras cosas, porque hay que renovar la vacuna en los colectivos más vulnerables cada año, para lo que necesitamos identificar la cepa más extendida y que supone mayor riesgo en cada momento[144].

Por esa razón seguimos estudiando a fondo cada nueva variante de este virus, y de forma periódica aparecen noticias sobre alguna subvariante con nombre extraño (Kraken, Arcturus, Pirola...) que se analiza en detalle con el temor de que sea capaz de extenderse y pillar a nuestro sistema inmunitario tan indefenso como cuando este coronavirus consiguió infectar por primera vez a un ser humano.

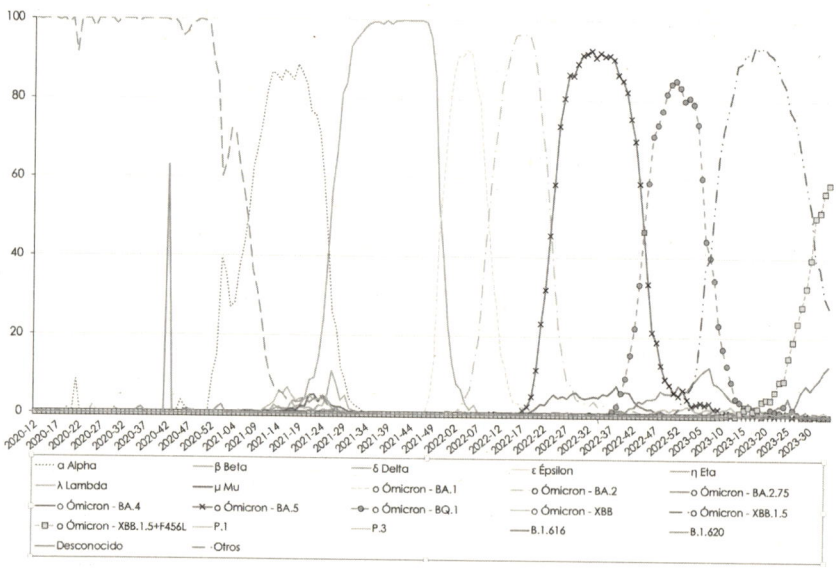

Figura 12-5. Frecuencia de las cepas del SARS-COV-2 en España entre marzo de 2020 y septiembre de 2023.
Fuente: ECDC (European Centre for Disease Prevention and Control), a partir de información de GISAID.

---

144 Hasta la aparición del SARS-COV-2, posiblemente el virus más vigilado del mundo fuera el de gripe. Ahora mismo comparten ese honor. Aunque en la mayor parte de los casos provoquen una enfermedad benigna, el virus de la gripe humana y el del COVID-19 tienen una gran facilidad de transmisión, y cada año infectan a un elevado porcentaje de la población en todo el mundo, a veces con resultado mortal. Dependiendo de la virulencia de las cepas preponderantes, la gripe causa entre 300 000 y 650 000 muertes todos los años.

Podemos ver que, desde enero de 2022, solo hemos tenido distintas subvariantes de la cepa ómicron, con un número cada vez mayor de mutaciones respecto a la cepa original, como muestra el árbol filogenético de la figura 12-3. Esas variantes se suceden con rapidez, dejando el dominio a la siguiente, y conviven con otras cepas de menor presencia. Si nos preguntaran qué cepa del coronavirus ha sido más efectiva hasta la fecha, habría que señalar que delta es la que ha conseguido mayor preponderancia, alcanzando el 100 % de presencia durante más tiempo. Y ómicron es la familia que más se ha mantenido, pasando el testigo de una subvariante a la siguiente desde enero de 2022 hasta la fecha de escribir estas líneas (septiembre de 2024).

COMO UNA MANCHA DE ACEITE

Como hemos visto, cada una de las principales cepas del SARS-COV-2 ha seguido un camino peculiar para imponer su dominio. Alfa y ómicron aprovecharon las navidades, pero la segunda fue mucho más fulminante en su expansión, y bastante menos mortífera, al encontrarse con una población ya protegida por las vacunas y los episodios de infección previos. Delta se impuso en junio-julio, una época en la que las enfermedades respiratorias no suelen dar gran problema, pero que en 2021 vio una ola de casos de COVID-19, con numerosas hospitalizaciones[145].

Pero esto fue lo que ocurrió en España. Si miramos estos mismos datos en los países de la Unión Europea aparecen diferencias, por toda la pléyade de circunstancias que pueden afectar a la expansión de un virus. Desde eventos de supercontagio, a desplazamientos humanos (como los asociados a la recolección de cosechas o ferias de cualquier tipo), reuniones familiares, festividades, factores climáticos, factores geográficos y sociales, hábitos..., todo ello modula nuestras relaciones, y, con ello, las posibilidades de transmisión del virus. Por no hablar de la importante influencia del azar[146], claro.

---

145 Las peores pandemias de gripe se han dado en meses de primavera-verano, no en la temporada habitual de la gripe, que tiene el máximo de casos en enero-febrero normalmente.

146 o de la necesidad, según se mire.

En las figuras 12-6 y 12-7 he marcado el inicio de la presencia de una cepa en un país cuando supera el 5 % de las muestras en una semana. Se destaca también la semana en la que la cepa alcanza el máximo de presencia, normalmente, cercano al 100 % en cada país. Se aprecia una gran variabilidad de unos países a otros, pese a su proximidad e intensas comunicaciones. Vemos, por ejemplo, que la cepa alfa aparece en Irlanda en octubre de 2020, y en Suecia poco después, mientras que en el resto de los países surge entre diciembre de 2020 y enero de 2021. En Hungría y Grecia llega a su máxima expansión en febrero de 2021, mientras que en la mayoría de los países europeos ese máximo no se producirá hasta abril-mayo de 2021. En suma, la aparición y evolución de la cepa alfa fue muy desigual de unos países a otros dentro de la propia Unión Europea.

La cepa delta también llega de manera muy espaciada entre países. En Italia la tenemos ya en marzo de 2021, aunque no alcanza su máxima presencia en este país hasta finales de octubre de 2021. En la mayoría de los países de la UE, delta alcanzó su máxima difusión en los meses de verano de 2021, si bien hay una dispersión de fechas notable.

La excepción a esta heterogeneidad de comportamientos es ómicron BA.1, que aparece prácticamente al mismo tiempo en todos los países de la UE, y en 2-4 semanas alcanza su máximo también en todos ellos. Pero esta hegemonía durará poco. Nada más producirse ese máximo vemos aparecer una nueva cepa, ómicron BA.2 en casi todos los países.

Ninguna subvariante de ómicron ha logrado imponerse con la uniformidad y rapidez que vemos en la cepa BA.1. Eso sí, se han sucedido rápidamente entre sí.

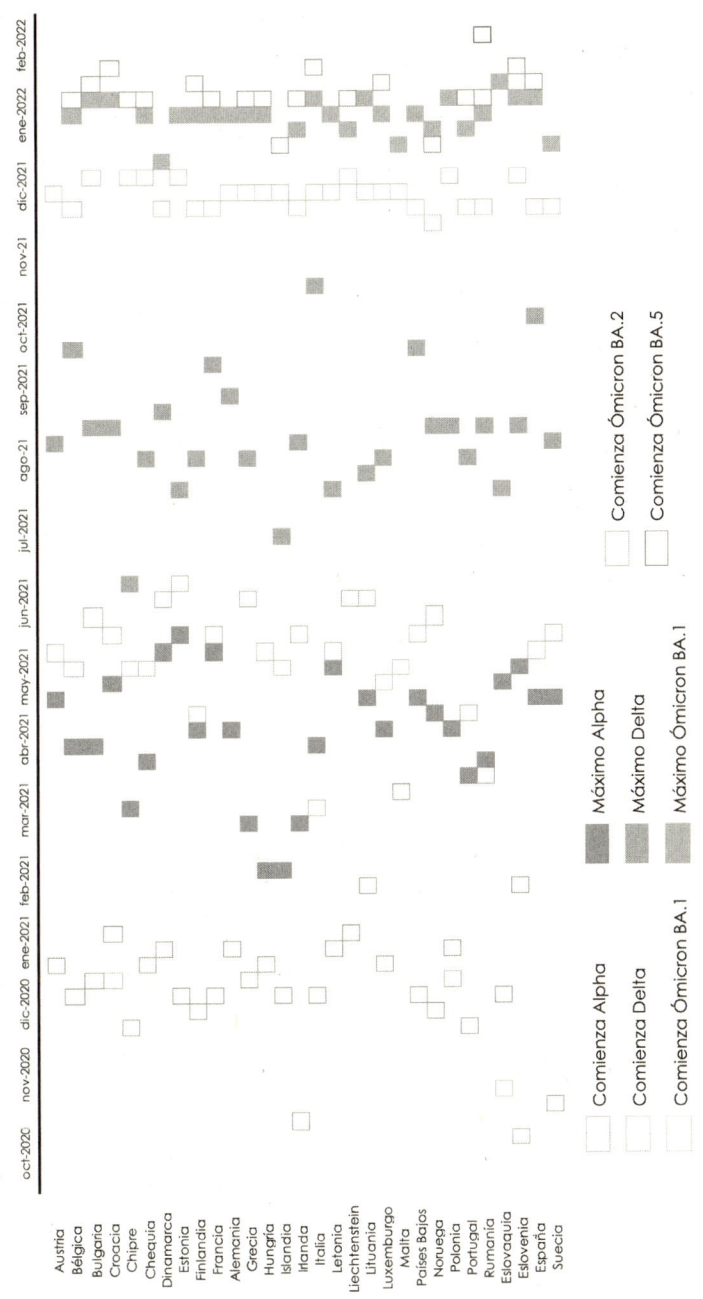

Figura 12-6. Momento de entrada y de máxima presencia de las distintas cepas del SARS-COV-2 en los países de la Unión Europea (octubre 2020-febrero 2022).

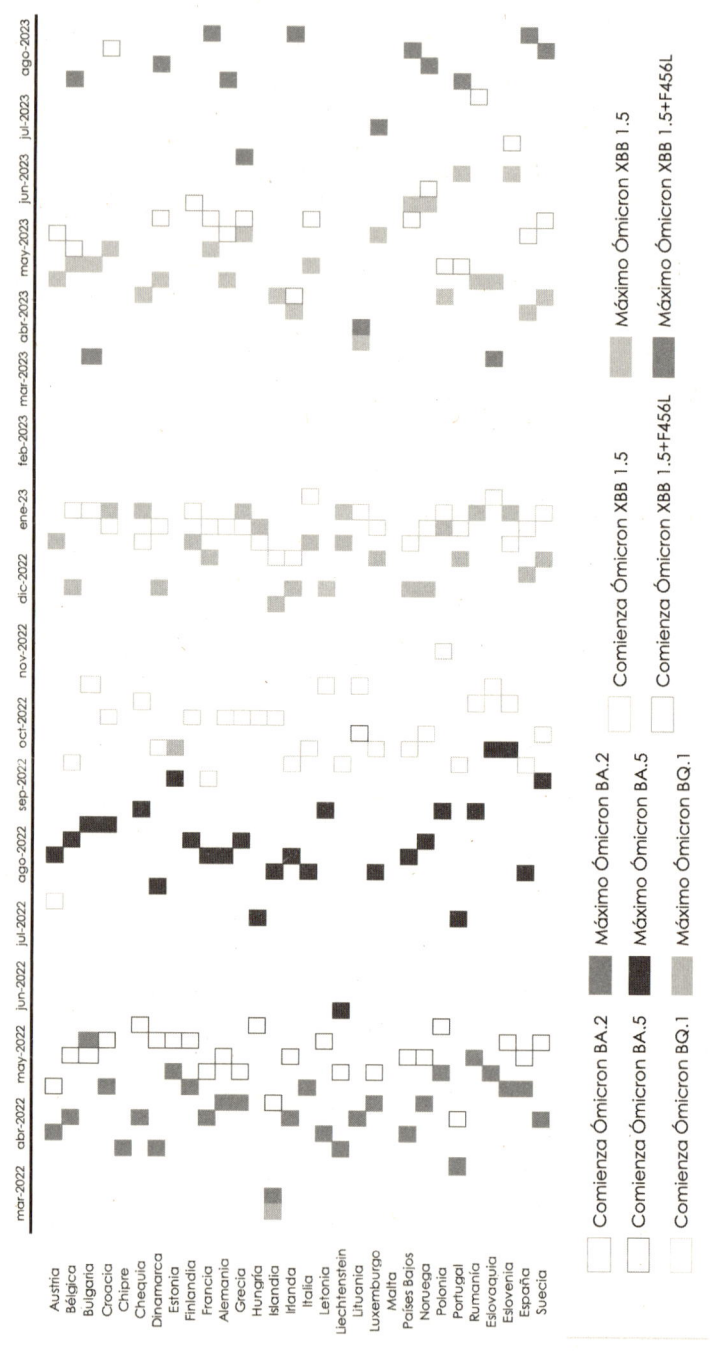

Figura 12-7. Momento de entrada y de máxima presencia de las distintas cepas del SARS-COV-2 en los países de la Unión Europea (marzo 2022-agosto 2023).

LAS FASES EVOLUTIVAS DEL SARS-COV-2 EN LA PANDEMIA

Los virus de ARN evolucionan rápidamente, en el marco temporal de meses o años[147]. Los virus de ARN altamente contagiosos evolucionan aún más rápido, como hemos podido ver en el caso del SARS-COV-2. Al fin y al cabo, la evolución se da por errores de copia de genes o intercambio de estos por distintos mecanismos, y se ponen a prueba en cada generación. Cuantas más generaciones haya, y más huéspedes infectados, mayores oportunidades habrá de que aparezcan novedades ventajosas.

Pero la evolución que podemos ver de manera global es fruto de multitud de eventos, a distintos niveles, que tienen lugar en un momento y en un lugar. No debemos ver la evolución como un proceso de perfeccionamiento progresivo en que cada generación es mejor que la anterior de manera intrínseca. A medida que un patógeno, o cualquier criatura, evolucionan, también lo hace su huésped y su entorno. Como destacábamos en el capítulo 5 al hacer balance de la pandemia en España y el efecto de la vacunación, cada ola de contagios se encontró con un entorno muy diferente.

Las diferencias en el momento de aparición y máxima expansión de las sucesivas cepas en diferentes países de la UE nos muestran la importancia del azar en la aparición de brotes y el dominio de las sucesivas cepas. Pese a estar geográficamente muy próximos y tener costumbres parecidas (lo que condiciona la velocidad y oportunidades de contagios), los picos de casos de las distintas cepas tuvieron lugar en semanas distintas en diferentes países, a veces con separación de hasta dos meses. Cuanto más vayamos al detalle más disparidad veremos.

Pero si en lugar de bajar al detalle subimos más el *zoom* y estudiamos la evolución de las cepas en los cinco continentes, aparece alguna sorpresa adicional, como puede apreciarse en la figura 12-8.

Podemos distinguir tres fases en lo que ha sido la evolución de este virus hasta septiembre de 2023. A pesar de que los virus de ARN sufren frecuentes mutaciones, en los primeros ocho meses de la pandemia, el estudio del genoma sobre las muestras recogidas no dejaba ver nin-

---

147 Los humanos necesitamos siglos para que aparezcan cambios apreciables. Es una simple cuestión del tiempo que lleva tener descendencia.

guna variante muy distinta de la cepa original. Este primer periodo se caracteriza por la «estasis evolutiva». El SARS-COV-2 parecía un virus de evolución lenta, con un ritmo de sustitución de dos bases al mes.

Pero los científicos no paraban de estudiar el genoma de las muestras del virus tratando de comprender cómo estaba cambiando al extenderse entre los humanos. No se fiaban en absoluto de esa aparente estabilidad. Y hacían bien. A principios de 2020 empezó a verse en las muestras de diversas partes del mundo una mutación cada vez más común, identificada como D614G[148]. Suponía el cambio en un aminoácido dentro de la proteína de la espícula, pero un cambio muy importante. La mutación D614G consiste en cambiar el aminoácido codificado en la posición 614 del genoma, sustituyendo el ácido aspártico (D) por glicina (G). Este cambio tiene consecuencias en la forma de la proteína y en las interacciones entre zonas de esta que hacen que la unión al receptor ACE-2 sea más efectiva[149].

La mutación D614G hacía a los virus que la poseían más efectivos transmitiéndose, y dio lugar a una nueva familia de SARS-COV-2, de la que derivan todas las variantes más importantes que hemos conocido. La 20A, también conocida como variante B.1; era solo una mutación en una base, pero a mediados de 2020 ya suponía en todo el mundo más de la mitad de las muestras obtenidas.

La mutación D614G permitió a distintos virus dar el pistoletazo de salida para encadenar cambios que facilitaron un fuerte salto evolutivo. La segunda etapa de la pandemia vino marcada por la aparición de las «variantes de preocupación» (*variants of concern* en inglés). Casi simultáneamente aparecieron tres variantes con grandes diferencias ya con respecto al virus original, que lograron una fuerte presencia en distintas zonas del mundo. Alfa en Europa, beta en Sudáfrica y gamma en Sudamérica.

---

148   Las mutaciones en los ácidos nucleicos se identifican por los aminoácidos a los que afectan, una vez traducidos a proteínas. Cuando una mutación supone sustituir un aminoácido por otro se denominan con una letra, un número y otra letra. El número hace referencia a la posición de la base que se sustituye dentro del genoma. La primera letra identifica el aminoácido sustituido, y la letra final, el nuevo.

149   La proteína espicular del SARS-COV-2 es una cadena 1273 aminoácidos. Aunque nos parezca asombroso, una modificación en uno de ellos se traduce en cambios apreciables en sus propiedades fisicoquímicas. De igual manera, otros cambios pueden no tener mayores consecuencias, todo depende de la zona afectada.

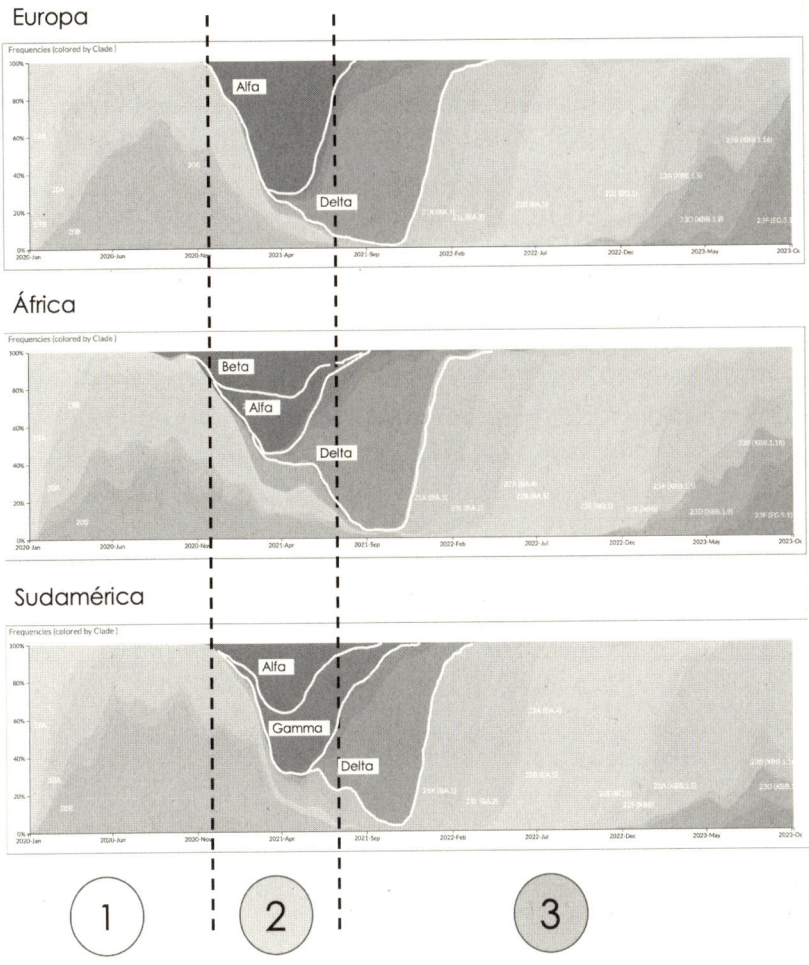

Figura 12-8. Frecuencia de las sucesivas cepas del SARS-COV-2 en Europa, África y Sudamérica. Se destacan las cepas beta en África y gamma en Sudamérica. Se han marcado con líneas discontinuas las tres fases evolutivas por las que ha pasado el virus hasta octubre de 2023. Fuente: Nextstrain.org, a partir de datos de GISAID.

Estas variantes supusieron una sorpresa para los científicos, por la cantidad de mutaciones que acumulaban y, sobre todo, por haber pasado inadvertidas. El virus se las había arreglado para acumular mutaciones de manera soterrada hasta irrumpir con fuerza y generalizarse por zonas con una nueva cepa. Estas variantes eran, en general, más efectivas transmitiéndose que su competencia y se impusieron rápidamente. A principios de 2021, alfa causaba una dura ola de contagios en Europa, al tiempo que beta se imponía en Sudáfrica y gamma en Sudamérica.

La cepa delta, cuyas primeras muestras aparecieron en la India en otoño de 2020, no consiguió hacerse dominante en este país hasta abril de 2021. En esas fechas había barrido literalmente a las cepas alfa y kappa, mayoritarias solo un mes antes.

Delta marcó una nueva fase en la evolución del coronavirus, al conseguir un dominio mundial. A partir de ese momento, y facilitado por el levantamiento de las restricciones más duras a la movilidad y a los viajes, las cepas del coronavirus se extienden de manera bastante homogénea por todas partes. No hay grandes desigualdades entre regiones del mundo, aunque el momento en el que una subvariante toma el relevo a la anterior varía de unos países a otros, como podemos ver por los gráficos de los países de la Unión Europea.

¿CÓMO LOGRA IMPONERSE UNA CEPA?

Las distintas cepas de un mismo virus compiten entre sí por un recurso limitado: las personas a las que infectar. Para barrer a la competencia, una variante ha de ser mucho más efectiva que las anteriores. Y eso se consigue de dos maneras:

— Transmitiéndose mejor.
— Escondiéndose de manera más eficaz del sistema inmunitario o entorpeciendo su labor.

Las primeras variantes preocupantes (alfa, beta, gamma, delta) poseían mutaciones que, sobre todo, mejoraron su transmisibilidad. Esto no ocurre de forma directa, sino por caminos algo complicados. Una mutación que incremente la afinidad con el receptor que un virus utiliza para entrar en una célula va a incrementar la probabilidad de éxito de la infección. Con ello, la carga viral en el huésped también será superior, lo que hará más probable el salto a otro huésped. En suma, la transmisión de la enfermedad es mayor, conjugándose distintos efectos.

Las armas de ómicron han sido un poco distintas. Ómicron se encontró con una población que, en gran medida, había sido vacunada, o bien había superado ya un encuentro con el SARS-COV-2, por lo que estaba inmunizada hasta cierto punto. La transmisibilidad de la cepa anterior, delta, era ya muy alta y difícil de superar. El arma secreta de ómicron es la evasión inmune. Distintas mutaciones le ayudan a eludir los anticuerpos diseñados para cepas anteriores, a evitar ser reconocido por los linfocitos T, e incluso a protegerse del sistema inmune innato. Las sucesivas subvariantes de ómicron van inventando nuevas formas de evadir la respuesta inmunitaria, y con ello se imponen en una población que ya ha desarrollado defensas contra la versión anterior del virus.

Todo esto lo sabemos ahora, después miles de horas de estudio en el laboratorio de estas variantes de SARS-COV-2, su genoma, sus proteínas, la manera de entrar en las células, cómo afectan a la expresión de los genes de esta, cómo interaccionan con el sistema inmunitario, etc. Ello nos permite conocer mejor a este enemigo formidable, y aprender en general de los virus que podrían surgir.

En cuanto al futuro, no sabemos de qué manera va a evolucionar el SARS-COV-2. Si seguirá con una forma menos virulenta, como parece que es ómicron respecto a las anteriores, si incorporará nuevas mutaciones que cambien su forma de atacarnos, si surgirá una cepa híbrida por mezcla de otras dos... Solo podemos aplicarnos a mantener un seguimiento intensivo de las variantes que van apareciendo para estudiar en el laboratorio cómo actúan y desarrollar vacunas contra las que creamos que dominarán en los siguientes meses. Y en eso estamos. Con el SARS-COV-2, con el virus de la gripe, con el mPOX, y con todos los virus que se consideran una amenaza seria.

13. ¿Cómo será la próxima pandemia?

Los antibióticos, las campañas de vacunación y la mejora de la higiene y la alimentación marcaron la segunda mitad del siglo XX y cambiaron totalmente nuestras vidas, aunque la mayoría de nosotros somos demasiado jóvenes como para saberlo[150]. Nacer en un mundo en el que las enfermedades infecciosas no acaban con la mitad de la población es un privilegio del mundo desarrollado que se va desvaneciendo. Los casos de bacterias resistentes a los antibióticos, de nuevas enfermedades como el virus Ébola, o aquel terror de la enfermedad de las vacas locas, han protagonizado las noticias de manera esporádica. Pero superada la crisis, todo nos seguía pareciendo bastante lejano. Solo la pandemia de COVID-19 ha conseguido darnos un golpe de realidad, mostrando que, en cualquier momento, puede surgir un nuevo patógeno capaz de parar el mundo. Es hora de hacer un repaso a dos temas cruciales: de dónde pueden venir estas enfermedades emergentes, y qué necesita un patógeno como el virus SARS-COV-2 para convertirse de la noche a la mañana en un enemigo imponente.

---

150 Algunas personas creen tener propiedades mágicas y que la vacunación y las medicinas no tienen nada que ver con que hayan llegado a adultos sin sufrir ninguna enfermedad grave.

¿QUÉ ES UNA ENFERMEDAD EMERGENTE?

Una enfermedad infecciosa emergente es aquella de la que hasta hace poco no teníamos que preocuparnos y ahora es un problema. Esto nos deja con tres tipos de enfermedades:

1. Enfermedades conocidas desde hace tiempo para las que los tratamientos habituales han perdido efectividad debido al desarrollo de resistencias. La malaria resistente a la cloroquina, la tuberculosis resistente a los antibióticos y, en general, las infecciones causadas por bacterias multirresistentes[151] forman parte de este grupo. Estas enfermedades ahora mismo exigen el desarrollo de nuevos antimicrobianos, y son cada vez más frecuentes.

2. Enfermedades conocidas cuya extensión geográfica (y con ello el número de afectados) se está ampliando debido a cambios ambientales. Suele ser el caso de enfermedades transmitidas por vectores, que es como llamamos a animales que hacen de intermediarios necesarios en la transmisión de una enfermedad.

   Son enfermedades que nos llegan a través de picaduras de artrópodos[152], esencialmente. La enfermedad de Lyme o borreliosis, trasmitida por las garrapatas, es cada vez más común debido al incremento de la población de estos desagradables arácnidos observado en latitudes templadas. Los inviernos y otoños con temperaturas más suaves aumentan el tiempo en que las garrapatas pueden desarrollarse, ya que necesitan temperaturas cálidas. Aunque aún más importante en la proliferación de garrapatas es el incremento, debido a la desaparición de depredadores, de la población de jabalíes, ratones y otros mamíferos que son el reservorio natural de la bacteria causante de la borreliosis.

3. Enfermedades nuevas, que son enfermedades causadas por microorganismos patógenos de los que no teníamos noticia antes. El SIDA o la COVID-19 son ejemplos de libro de estas

---

151 Una bacteria es multirresistente si presenta resistencia a varios antibióticos.
152 Son artrópodos los insectos (mosquitos, chinches, piojos) y los arácnidos (garrapatas), por ejemplo. Pero no les cojan manía porque sí, los artrópodos tienen un papel fundamental en todos los ecosistemas de la tierra, aunque haya algunos «villanos» entre ellos.

enfermedades que nos pillan por sorpresa, como fruto de la adaptación a huéspedes humanos de patógenos que hasta el momento habían parasitado a otras especies. Este tercer conjunto de enfermedades emergentes es el que vamos a analizar con mayor profundidad.

¿DE DÓNDE VIENEN LAS ENFERMEDADES INFECCIOSAS?

Las enfermedades infecciosas están con nosotros desde que el mundo es mundo. De hecho, se cree que desde el momento en que surgió un ser vivo capaz de generar nutrientes y reproducirse aparecieron estructuras especializadas en mantenerse a costa de otros. El parasitismo es tan antiguo como la vida[153]. Pero si no nos remontamos tanto la conclusión es la misma: nuestros parásitos (lo que incluye los agentes que nos causan infecciones) han influido poderosamente en nuestro desarrollo como especie, e incluso más recientemente, en nuestra historia. Al fin y al cabo, no hay mayor presión evolutiva que la ejercida por todo aquello que nos amarga la existencia o puede acabar con ella.

Por esta razón, si queremos entender dónde podrían surgir nuevas enfermedades infecciosas, lo mejor es mirar al pasado y estudiar las enfermedades de mayor impacto en el ser humano. Tres científicos mucho más cualificados que yo lo hicieron hace unos años, y voy a apoyarme en su trabajo para poner en contexto el origen y características de las principales enfermedades infecciosas en la historia de la humanidad[154]. En la tabla que sigue hay quince enfermedades propias de latitudes templadas y diez de zonas tropicales, causadas por virus, bacterias y protozoos. Todas surgieron en alguna especie animal, y de ahí pasaron a contagiar al ser humano. En muchos casos hemos podido seguir la pista de su origen gracias a los estudios genómicos de los patógenos humanos y de los que habitualmente sufren

---

153   Lo que no quiere decir que tengamos que resignarnos cuando lo ejercen personas.
154   Wolfe, N., Dunavan, C. & Diamond, J. (2007) Origins of major human infectious diseases. Nature 447, 279-283.

otras especies. En otros, seguimos buscando el posible origen en los microorganismos que parasitan otras especies.

Enfermedades infecciosas de mayor impacto (actual e histórico)			
	Enfermedad	Tipo de microorganismo	Posible origen
Latitudes templadas	Difteria	Bacteria	Herbívoros domésticos
	Hepatitis B	Virus	Simios
	Gripe A	Virus	Patos y cerdos, en última instancia aves salvajes
	Sarampión	Virus	Ganado
	Paperas	Virus	Mamíferos, posiblemente cerdos
	Tosferina	Bacteria	Mamíferos (amplia gama de hospedadores)
	Peste	Bacteria	Roedores
	Rotavirus A	Virus	Herbívoros domésticos, otros mamíferos
	Rubeola	Virus	Desconocido
	Viruela	Virus	¿Camellos?
	Sífilis	Bacteria	Desconocido
	Tétanos	Bacteria	Desconocido
	Tuberculosis	Bacteria	¿Rumiantes?
	Fiebres tifoideas	Bacteria	Desconocido
	Tifus	Bacteria	¿Roedores?
Tropicales	SIDA	Virus	Chimpancé
	Enfermedad de Chagas	Protozoo	Muchos mamíferos salvajes y domésticos
	Cólera	Bacteria	¿Organismos acuáticos?
	Dengue (hemorrágico)	Virus	Primates del Viejo Mundo
	Enfermedad del sueño de África oriental	Protozoo	Rumiantes salvajes y domésticos
	Malaria por Plasmodium falciparum	Protozoo	Aves
	Leishmaniasis	Protozoo	Perros, roedores
	Malaria por Plasmodium vivax	Protozoo	Macacos asiáticos
	Enfermedad del sueño de África occidental	Protozoo	Rumiantes salvajes y domésticos
	Fiebre amarilla	Virus	Primates africanos

Tabla 13-1. Relación de enfermedades infecciosas de mayor impacto en la humanidad, tipo de agente que las causa y posible hospedador original.

Estamos seguros de que estos microbios tienen su origen en microorganismos que parasitaban otros animales por una razón muy sencilla: Los parásitos solo pueden vivir si es explotando a un huésped. Necesitan pasar a otro hospedador antes de que su víctima consiga echarlos, o sucumba a la enfermedad. Por tanto, los microbios que de repente se convierten en parásitos del ser humano deben haber tenido su hábitat antes en otro hospedador donde se mantenga su ciclo vital pasando de huésped a huésped.

La otra posibilidad sería la generación espontánea, que está descartada, o que vinieran en un platillo volante. Permítanme que desestime también la última.

DISEÑANDO UN MICROORGANISMO INFECCIOSO

Los organismos patógenos, como todos los seres vivos, evolucionan continuamente para adaptarse a su entorno. Las mutaciones producidas en el proceso de copia del material genético dan pie a cambios que, en ocasiones, brindan nuevas oportunidades, como infectar a una especie distinta del huésped habitual. No es un paso sencillo, sin embargo. La probabilidad de que un virus propio de un determinado animal «salte» a los humanos es extremadamente baja, ya que son necesarios cambios genéticos importantes.

Sin embargo, a veces ocurre, y un ser humano es infectado por un microorganismo procedente de otro animal. ¿Qué tiene que pasar para que nos encontremos con una infección de este tipo?

LLEGAR Y BESAR EL SANTO

El conjunto de procesos que hacen posible que un determinado microorganismo parásito colonice a un huésped definen las dinámicas intrahuésped, e incluyen:

1. Salvar las barreras de protección básicas, tanto físicas como inmunológicas, que se despliegan en las fronteras de nuestro organismo. La piel, las mucosas, la sangre y el sistema linfático están dotados de herramientas de varios tipos con las que repeler la entrada de microbios. Para eludir estas defensas, los

patógenos invasores han de recurrir a diversos «trucos», que son fruto de la evolución y la adaptación.

2. Contar con proteínas capaces de acoplarse a algún tipo de receptor celular de algún tejido. Los microbios infecciosos han de disponer de mecanismos para acceder a las células de su huésped, lo que, en virus, por ejemplo, supone tener proteínas que encajen perfectamente en algún receptor celular. Gracias a esas proteínas, el virus consigue que la célula permita su entrada y, a partir de ahí, hacerse con el control.

A pesar de contar con algún antepasado común, cada especie animal tiene sus particularidades en cuanto a esos receptores celulares. Eso es lo que hace que, en la inmensa mayoría de los casos, no nos afecten las enfermedades de nuestros perros, gatos o canarios, y viceversa. Para que tal cosa ocurra, la proteína utilizada como «llave» para acceder a la célula debe sufrir modificaciones que la hagan adecuada para interaccionar con el receptor de las células de un nuevo huésped. Una o varias mutaciones sucesivas podrían realizar esos cambios.

3. Contrarrestar los mecanismos protectores dentro de la propia célula. Los patógenos manipulan los mecanismos internos de las células de sus huéspedes, bloqueando proteínas defensivas, interrumpiendo procesos, incrementando el bombeo de moléculas fuera de la célula… todo esto gracias a enzimas específicas diseñadas para ello.

En suma, la adaptación entre parásito y huésped involucra múltiples rasgos, controlados genéticamente. Solo una sucesión de afortunadas (o más bien, desafortunadas) mutaciones pueden hacer que un patógeno sea capaz de infectar a un huésped de otra especie. A pesar de lo improbable que es que esto pase, a veces ocurre. Entonces es cuando nuestro patógeno debe solventar el segundo problema.

MÁS DIFÍCIL QUE LLEGAR ES MANTENERSE

Para establecerse de manera permanente, un patógeno invasor debe ser capaz de pasar de un huésped a otro. Los mecanismos que facilitan ese paso son diferentes de los que ayudaron a infectar a ese huésped en primera instancia. De nuevo, el patógeno necesitará incorporar cambios mediante distintas mutaciones para conseguir transmitirse con éxito de un humano a otro.

Tenemos muy estudiado este largo camino de adaptación en el virus de inmunodeficiencia humana. El VIH[155] ha sido transmitido de los simios al ser humano en repetidas ocasiones desde 1920. No obstante, era incapaz de pasar de un humano a otro humano. Durante muchos años, cada salto del simio al humano de este virus fue una vía muerta. El virus causaba la enfermedad en el humano infectado, pero no se transmitía. Hasta la década de los 80 no se dieron las circunstancias propicias para que el virus de VIH adquiriese la habilidad de transmitirse entre humanos. El resto ya es conocido.

Ese mismo proceso se viene observando en diversas enfermedades emergentes. Los casos conocidos en los primeros brotes se limitan a la transmisión de un animal a un humano, sin que este contagie a otras personas[156]. Poco a poco el virus va mejorando sus capacidades, y empieza a transmitirse entre humanos, si bien de manera poco eficiente. La enfermedad se mantiene porque el virus sí se contagia de manera eficaz en el animal origen, de modo que su población se mantiene[157], y en sucesivos contactos entre el animal y el humano se vuelve a transmitir a este.

Las infecciones de humanos permiten al virus evolucionar sobre su nuevo hospedador, y, con ello, experimentar mutaciones que van mejorando su adaptación al nuevo huésped en cuanto a su transmisibilidad. El SARS-COV-2 nos mostró claramente esta mejora gracias a la evolución en el nuevo huésped (humano), ya que las sucesivas cepas dominantes cada vez eran más contagiosas.

En definitiva, podemos identificar cinco fases en el proceso de adaptación de un microorganismo patógeno de un huésped animal a convertirse en una enfermedad 100 % humana, que vemos en el diagrama que sigue.

---

155 Siendo puristas, el virus que repetidamente pasó de simios a humanos sin prosperar entre estos es el Virus de Inmunodeficiencia de Simios. Hablamos de VIH (virus de Inmunodeficiencia Humana) una vez se ha adaptado al ser humano y pasa con facilidad de un humano a otro.

156 Por ejemplo, con el virus de Marburg, transmitido también de simios a humanos.

157 A estas especies animales donde el virus ha acampado y se sigue reproduciendo eficazmente se las denomina reservorio.

Fases de adaptación de una enfermedad animal al ser humano

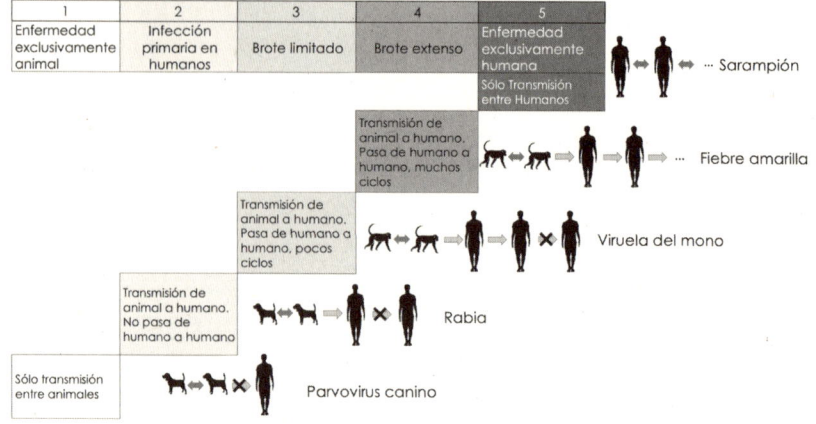

Figura 13-1. Fases de adaptación de una enfermedad animal al ser humano.
Imagen de Mª Teresa Herrero, con elementos de Adobe Stock (ver Créditos).

La fase 4 es la más crítica, ya que corresponde a la etapa en la que el patógeno sigue asentado en su huésped habitual además de infectar a humanos, y se va haciendo cada vez más eficiente en transmitirse de persona a persona. Los expertos distinguen tres subfases dentro de esta: en la primera (4a) predomina el contagio de animal a persona, siendo minoritario el papel del contagio entre personas. Poco a poco, el contagio entre personas va ganando eficiencia y peso en el número de casos que aparecen (subfase 4b). En la última subfase (4c) predomina el contagio entre personas, si bien el animal origen sigue siendo fuente de contagios en muchos casos.

En la fase 4a, por ejemplo, tenemos la enfermedad de Chagas, que se transmite de persona en persona, pero en la que la fuente predominante de casos se da por contagio de un animal. En la fase 4b estaría la fiebre del Dengue, donde tenemos contagios a partir de animales y entre personas a partes iguales. En la fase 4c estaría la gripe, una enfermedad peculiar que se transmite muy eficazmente entre personas, pero de la que muchas nuevas cepas son transmitidas por su reservorio natural: las aves acuáticas, normalmente a través de animales domésticos.

Recuperando la lista de enfermedades de mayor impacto podemos identificar en qué fase se encuentra cada una y la vía de contagio para ver la situación en que nos encontramos. He marcado especialmente las transmitidas a través de vectores, normalmente por picaduras. Se puede observar que las principales enfermedades de latitudes templadas son ya exclusivamente humanas, y lo habitual es el contagio directo. En zonas tropicales destacan las enfermedades transmitidas por vectores[158], y pocas han alcanzado la fase 5 de ser exclusivamente humanas. Estas diferencias tienen mucho con ver con las condiciones de vida y la distribución de la población humana en una y otra zona, como veremos más adelante.

Enfermedades infecciosas de mayor impacto (actual e histórico)			
	Enfermedad	Transmisión	Fase
Latitudes templadas	Difteria	Humano: aerosol, contacto	5
	Hepatitis B	Humano: perinatal, horizontal, sexual, parenteral	5
	Gripe A	Humano: aerosol	4c
	Sarampión	Humano: aerosol	5
	Paperas	Humano: saliva, aerosol	5
	Tosferina	Humano: aerosol	5
	Peste	Vector: Pulgas / Humano: aerosol	3
	Rotavirus A	Humano: fecal-oral	¿5?
	Rubeola	Humano: aerosol, transplacental	5
	Viruela	Humano: aerosol, piel	5
	Sífilis	Humano: sexual, transplacental	5
	Tétanos	Heridas	2
	Tuberculosis	Humano: aerosol	5
	Fiebres Tifoideas	Humano: fecal-oral	5
	Tifus	Vector: piojo	4c
Tropicales	SIDA	Humano: sexual	5
	Enfermedad de Chagas	Vector: chinches	3
	Cólera	Humano: fecal-oral	4c
	Dengue (hemorrágico)	Vector: mosquitos	4c
	Enfermedad del sueño de África oriental	Vector: mosca tsé-tsé	2
	Malaria por Plasmodium falciparum	Vector: mosquitos	5
	Leishmaniasis	Vector: moscas de la arena	2, pero 5 en la India
	Malaria por Plasmodium vivax	Vector: mosquitos	5, pero 4c en América
	Enfermedad del sueño de África occidental	Vector: mosca tsé-tsé	4c
	Fiebre amarilla	Vector: mosquitos	4a

Tabla 13-2. Relación de enfermedades infecciosas de mayor impacto en la humanidad. Vías de transmisión y grado de contagiosidad entre humanos.

---

158 En núcleos de población de las zonas tropicales grandes tenemos además las mismas enfermedades propias de latitudes templadas. Al ser mayoritariamente transmitidas por vectores, las llamadas enfermedades tropicales afectan mucho más a la población rural, por su mayor contacto con animales salvajes o domésticos, así como con cursos de agua que son el hábitat natural de mosquitos.

RELACIÓN PARÁSITO-HUÉSPED: EVOLUCIÓN GENÉTICA Y TRANSMISIÓN

La adaptación de los patógenos a un nuevo huésped y la expansión de la nueva enfermedad en la población objetivo implica dos fenómenos muy importantes: la evolución del patógeno desarrollando nuevas capacidades mediante mutaciones y el contagio eficiente de un huésped a otro. Vamos a verlo de manera conjunta en la siguiente figura.

He representado la curva del número de patógenos presentes en un huésped dependiendo del tiempo transcurrido desde el inicio de la infección. Vamos a tomar siempre un virus como ejemplo, pero con otro tipo de microorganismo ocurriría lo mismo. Una vez que el microorganismo ha salvado las barreras defensivas, empieza a reproducirse a toda velocidad, aumentando su número. Solo cuando se supera una cierta carga viral es posible la transmisión a otro huésped. Es lo que se denomina el umbral de transmisión.

Si el sistema inmunitario no logra detener la infección antes, el virus sigue reproduciéndose y manteniendo un número suficientemente elevado como para contagiar a otro huésped. He llamado «ventana de transmisión» al periodo en el que el enfermo puede contagiar a otro huésped. Esa ventana tiene relación directa con la duración de la enfermedad.

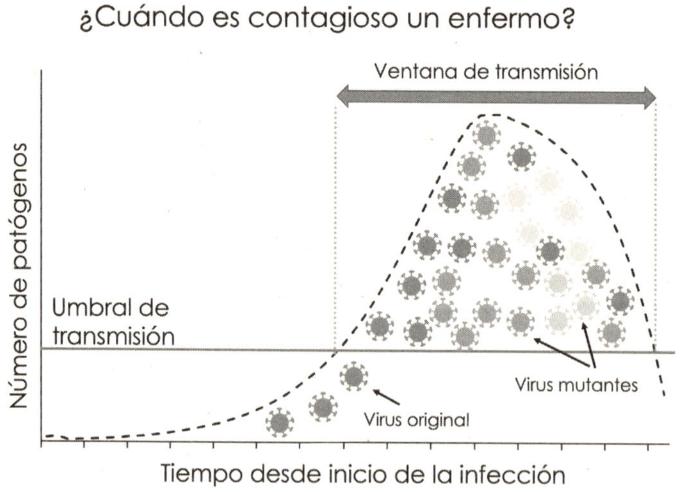

Figura 13-2. Ventana de transmisión y mutaciones de un virus.

Además, al reproducirse, el virus sufre mutaciones, que generan nuevas variantes. El azar determinará qué virus son los que se transmitirán al siguiente huésped en caso de que haya contagio. En cualquier caso, las nuevas variantes surgidas de las mutaciones del virus original se ponen a prueba con el sistema inmunitario del huésped, y si presentan alguna ventaja se irán imponiendo.

SALVANDO LOS CUELLOS DE BOTELLA

Si echamos cuentas de la frecuencia de las mutaciones en virus (típicamente, 1 por cada 10 000 bases en virus de ARN) y el número de estos que aparecen en cada generación (millones), la evolución de estos microorganismos sería vertiginosa, aun cuando solo una pequeñísima parte de las mutaciones sean viables[159]. No obstante, hay un fenómeno que limita drásticamente la variabilidad genética de los virus en la naturaleza: el denominado «cuello de botella» de la transmisión.

Aunque un huésped tenga millones de partículas virales, con cientos de variantes, solo una pequeña parte de esa diversidad va a pasar al siguiente huésped. Eso hace que la inmensa mayoría de las variantes del genoma del virus que pueden desarrollarse en un huésped se pierdan.

En la figura 13-3 se ve de forma muy esquemática eso mismo. La probabilidad de que una determinada variante esté presente en el conjunto de partículas que consiguen llegar a otro huésped será proporcional a su abundancia en el huésped original.

Por esta razón, cuanto más dure una infección en un huésped, más probable es que vayan apareciendo variantes del virus más capaces. Serán virus que han puesto a prueba su efectividad contra un sistema inmunitario con mejores resultados que la cepa inicial. Cualquier infección mantenida durante mucho tiempo en un huésped es causa de preocupación por las posibilidades que abre a que surjan nuevas cepas más exitosas.

---

159 No olvidemos que la inmensa mayoría de las mutaciones que sufre un microorganismo son neutras o dañinas. Es lo que tiene cambiar a ciegas un mecanismo cuidadosamente engranado.

Cuello de botella de transmisión + contagio interespecie

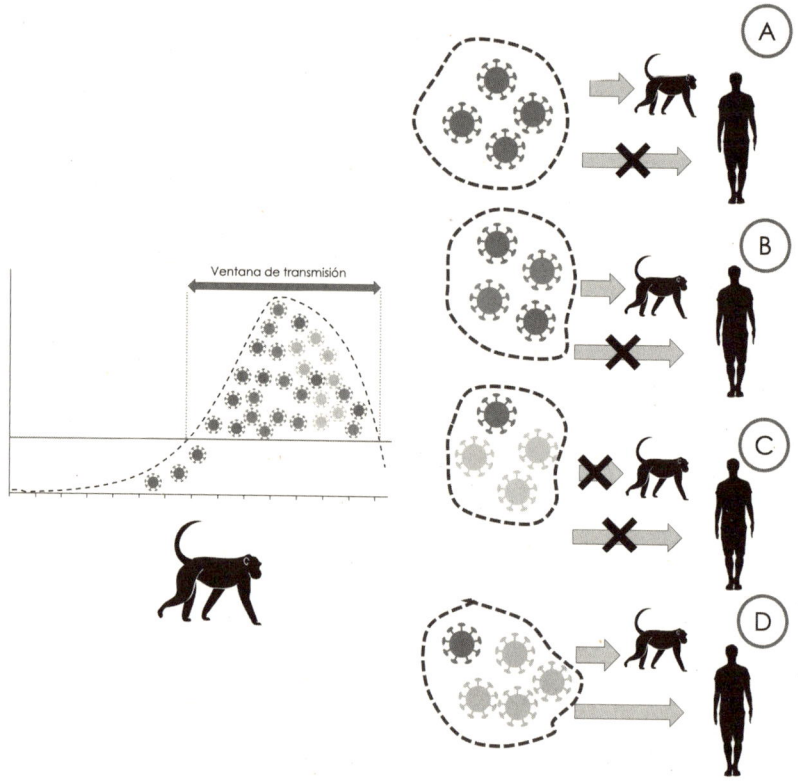

Figura 13-3. Cuello de botella de la transmisión de microorganismos. El huésped original alberga numerosas variantes del virus, de las que solo una pequeñísima parte tiene la oportunidad de llegar a otro huésped. Es posible que alguna de esas variantes ni siquiera sea adecuada para pasar a otro huésped de la misma especie (caso C). Y, muy excepcionalmente, alguna de esas variantes es capaz de infectar a otra especie (caso D). Imagen de Mª Teresa Herrero, con elementos de Adobe Stock (ver Créditos).

CONTAGIO EFICIENTE: CUANDO TRES NO SON MULTITUD

Para mantenerse en una determinada población, un parásito necesita pasar a otro huésped antes de que la infección termine, esto es, en su ventana de transmisión. Las enfermedades de corta duración deben ser muy contagiosas. De lo contrario, los microbios se extinguirán al no conseguir transmitirse con la suficiente celeridad. En la

COVID-19, se estima que los pacientes eran contagiosos durante tres o cuatro días. En otras enfermedades que cursan más lentamente la ventana de transmisión puede ser de meses o de años.

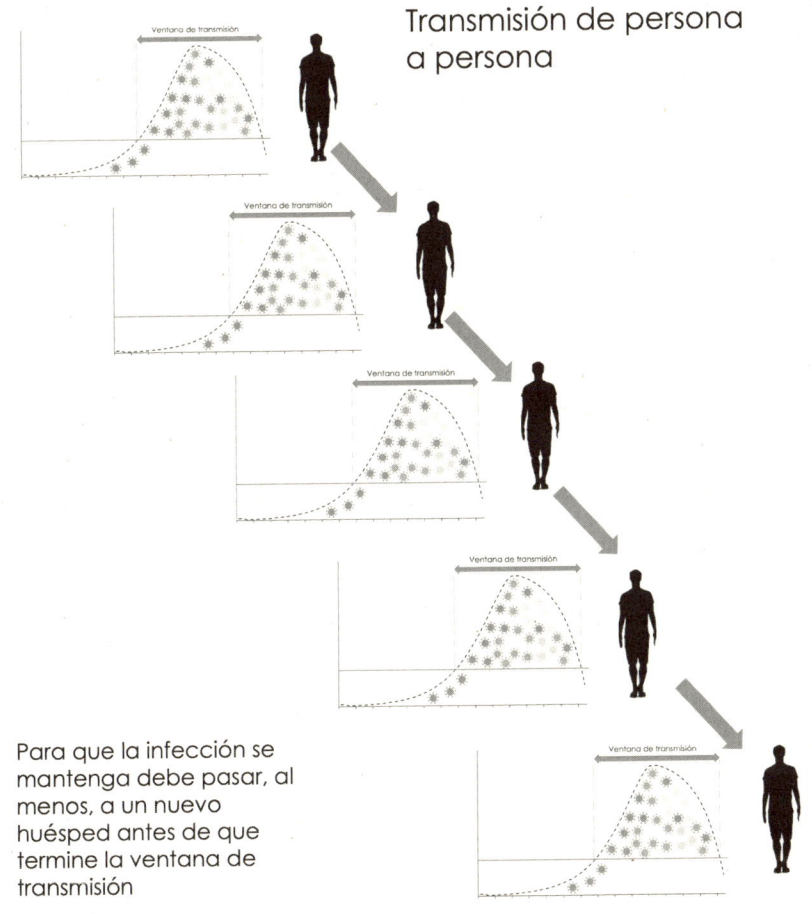

Transmisión de persona a persona

Para que la infección se mantenga debe pasar, al menos, a un nuevo huésped antes de que termine la ventana de transmisión

Figura 13-4. Transmisión de persona a persona. Según la duración de la ventana de transmisión el contagio ha de ser más o menos rápido. Imagen de Mª Teresa Herrero, con elementos de Adobe Stock (ver Créditos)

Hay otro rasgo fundamental en enfermedades cortas y muy contagiosas: si generan inmunidad permanente, solo pueden existir en poblaciones muy grandes, donde continuamente aparecen nuevos individuos que no han sido contagiados antes. Se llaman «enfermedades de multitudes» a las que reúnen estas características.

Estudios realizados en islas antes de que se generalizase el turismo y los viajes mostraron que se necesita una población de al menos 300 000 habitantes para que se mantengan este tipo de enfermedades. En las tablas que siguen he agrupado las enfermedades que estamos estudiando según su duración típica, indicando las que se consideran «enfermedades de multitudes». También he marcado en gris las enfermedades de latitudes tropicales.

Enfermedades de corta duración		¿De multitudes?
Difteria	1-2 semanas	Sí
Gripe A		Sí
Peste		Sí
Rotavirus A		No
Tifus		Sí
Cólera		No
Dengue (hemorrágico)		No
Fiebre amarilla		No
Sarampión	2-4 semanas	Sí
Paperas		Sí
Tosferina		Sí
Rubeola		Sí
Viruela		Sí
Fiebres tifoideas		Sí

Tabla 13-3. Enfermedades de corta duración.
Están sombreadas las tropicales. Adicionalmente, en la tercera columna se indica si son o no enfermedades de multitudes.

Enfermedades de larga duración		¿De multitudes?
Hepatitis B	meses	No
Sífilis	antes meses, ahora años	No
Tuberculosis	años	No
Enfermedad de Chagas	de meses a décadas	No
Enfermedad del sueño de África oriental	de semanas a 9 meses	No
Malaria por Plasmodium falciparum	de 9 días a años	No
Leishmaniasis	años	No
Malaria por Plasmodium vivax	de 2 semanas a años	No
Enfermedad del sueño de África occidental	de meses a 6 años	No

Tabla 13-4. Enfermedades de larga duración.
Están sombreadas las tropicales. Adicionalmente, en la tercera
columna se indica si son o no enfermedades de multitudes.

Se ve claramente que las enfermedades de corta duración son, en su mayoría, de latitudes templadas, y casi todas necesitan de una gran población para mantenerse. En realidad, todo va unido: cuando hay mucha población susceptible y «a tiro» para ser contagiada tenemos las condiciones necesarias para que se desarrollen enfermedades que cursan con rapidez y se transmiten de forma muy efectiva. Como veíamos en el capítulo 5, el sarampión, la rubeola o la tosferina figuran entre las enfermedades con mayor R_0, esto es, las más contagiosas con diferencia.

En zonas escasamente pobladas, es mejor confiar la transmisión a intermediarios, ya que el contacto de persona a persona es menos frecuente y las poblaciones son pequeñas. Por eso predomina el contagio a través de vectores. Además, las enfermedades deben ser largas, pues solo así dará tiempo a que alguna transmisión sea exitosa. Pero estoy adelantándome un poco, en el siguiente punto veremos el aspecto más importante para que una enfermedad se asiente en el ser humano: el peso del hábitat y de los hábitos.

MÓVIL, MEDIOS Y OPORTUNIDAD

Como en un crimen, nuestro patógeno necesita solo tres cosas. El móvil va con él a todas partes: damos por sentado que no hay móvil más fuerte que el de la supervivencia. Y nuestro patógeno únicamente puede sobrevivir infectando a algún huésped.

Los medios los pone la naturaleza gracias al azar, que

1. propicia la aparición de las mutaciones que capacitarán al microorganismo para colonizar otra especie, e
2. interviene de nuevo en los cuellos de botella de la transmisión.

Debemos ser conscientes de que, en cada momento, millones de virus en millones de animales distintos se están reproduciendo y generando mutaciones. Una ínfima parte son virus que, siendo propios de otro tipo de animal, podrían prosperar teniendo un humano como huésped. De todos los ejemplares de ese virus que alberga el huésped inicial, únicamente una fracción diminuta va a poder pasar a otro huésped. Y ahora hay que esperar que ese huésped receptor sea un humano.

Así que solo nos queda hablar de la oportunidad, de cómo de común es que ocurra esto último.

Esa tercera condición es la que está directamente relacionada con nuestros hábitos y con aspectos ambientales. El encuentro necesario entre el animal y el ser humano se puede dar de muchas maneras, según la forma de transmisión. Puede ser indirecto, si la transmisión es por un vector que nos inocula el microbio infeccioso al chuparnos la sangre. Puede ser directo, por entrar en contacto con animales, vivos o muertos, o comer su carne. O puede ser indirecto también por inhalar aerosoles de heces o restos de animales, como ocurre con el Hantavirus transmitido por roedores. Son nuestros hábitos y las condiciones de vida de nuestro entorno los que van a determinar cuán probables son esos encuentros entre animales y humanos.

UN POCO DE HISTORIA

Las oportunidades de paso de enfermedades de animales a humanos se dispararon hace unos 11 000 años, con la aparición de la agricultura y la domesticación de animales. La agricultura introdujo grandes cambios en la humanidad:

— Aparecieron las ciudades, con miles de personas viviendo muy próximas entre sí.
— Creció notablemente la población. No solo porque se podía alimentar de forma más eficiente, sino porque al no necesitar caminar continuamente en busca de alimento era posible tener hijos con menos diferencia de edad entre sí. Para un grupo nómada, un niño no era independiente para trasladarse largas distancias antes de los cinco años.
— Se domesticaron animales para trabajar el campo y proporcionar alimento u otras ayudas. Animales que vivían muchas veces bajo el mismo techo que sus dueños. O, en cualquier caso, que siempre estaban cerca.

Todo esto nos llenó las zonas templadas del mundo de ciudades con abundante población, con personas que cada día estaban en estrecho contacto con animales, con animales que vivían en grupos grandes, muy cercanos entre sí. En definitiva: un parque temático para un microorganismo infeccioso capaz de pasar muy rápidamente de un huésped al siguiente. Por eso, la mayoría de las enfermedades más impactantes en latitudes templadas son muy contagiosas y de corta duración.

Las zonas tropicales que no eran propicias para el desarrollo de la agricultura siguieron con una población dispersa formada por pequeños grupos con poco contacto con el exterior, a veces incluso nómadas. La proximidad con los animales se daba en el caso de domesticación, o simplemente por compartir el hábitat o ser presa de los humanos. Pero no había forma de que una enfermedad con ciclo corto se mantuviese, ya que las poblaciones eran muy pequeñas. Así que las enfermedades más asentadas son largas, y dado que el contacto entre personas es limitado, la mayoría se transmiten a través de vectores.

EL MUNDO ACTUAL

Durante años, las condiciones de hacinamiento y falta de higiene de las ciudades han sido un caldo de cultivo para epidemias. Al mismo tiempo, el desplazamiento de personas para comerciar, o simplemente para invadir otras zonas, llevaba consigo los patógenos del lugar de origen o los vectores que los transportaban. Un ejemplo típico es la llegada de la peste a Europa de la mano de los invasores mongoles o, más bien, de las ratas que los acompañaban en sus campamentos. Otro ejemplo es la llegada de la viruela o el sarampión al continente americano de la mano de los europeos.

El movimiento de personas y mercancías a través del mundo es cada vez más intenso, lo que propicia la rápida expansión de cualquier enfermedad nueva. El primer coronavirus capaz de causar graves problemas respiratorios que pasó a los humanos (SARS) no llegó a extenderse por tres razones esenciales:

1. No era muy eficaz pasando de humano a humano.
2. La dinámica de la enfermedad hizo posible cortar la transmisión a base de aislar rápidamente a los enfermos.
3. Los países donde apareció reaccionaron rápidamente poniendo en cuarentena a todo enfermo que se detectaba.

El SARS-COV-2 era mucho más eficaz en su transmisión y tenía además un arma secreta: más de la mitad de sus huéspedes eran asintomáticos. No había forma de poner en cuarentena eficazmente a los afectados porque muchos de ellos no sabían que lo eran. Para cuando quisimos darnos cuenta y reaccionar, la pandemia se había extendido por todo el mundo gracias a los miles de viajeros que cruzan cielos y fronteras cada día.

La intensa circulación de personas y mercancías constituye un claro factor de riesgo en la difusión de enfermedades. Muchas de ellas viajan en los inmensos buques de contenedores que surcan los mares. Algunas bacterias pueden permanecer años en formas latentes capaces de resistir duras condiciones ambientales (como el *Bacillus antracis*, causante del carbunco), otros microorganismos viajan sencillamente en sus huéspedes, que van de polizones con la carga (ratas, ratones, parásitos de estos), por no hablar del tráfico incontrolado de animales salvajes.

Además, los animales que hacen de intermediarios en la transmisión de enfermedades están extendiendo su hábitat debido a cambios en las temperaturas (mosquitos: virus del Zika, garrapatas: bacterias del género *Borrelia*[160]), o en la disponibilidad de alimentos (ratones: hantavirus[161]).

A todo ello se une la intensa urbanización. Cada vez hay una proporción mayor de la población que vive en ciudades, esos entornos que fueron históricamente el mejor lugar para la aparición de epidemias. Además de esto, el fuerte crecimiento de las ciudades sin un espacio de transición entre estas y las zonas silvestres está propiciando que muchas enfermedades propias de estas áreas se conviertan ahora en enfermedades urbanas, con mucha mayor incidencia.

Nos queda solo mencionar un factor crucial: los cambios de hábitos. Las enfermedades de transmisión sexual o aquellas que requieren un contacto muy estrecho para su contagio, como la viruela del mono, se ven favorecidas por cambios en nuestras costumbres. Además de cambios en conductas sexuales, debemos pensar en otros, como la drogadicción. Al compartir jeringuillas, muchos drogadictos pusieron en marcha un gran vehículo para la trasmisión del SIDA. No sé si considerarlo un cambio de hábito, pero lo cierto es que el alimentar a las vacas con piensos producidos a partir de restos animales hizo posible la aparición de la enfermedad de las vacas locas[162], una grave encefalopatía, que causó toda una crisis sanitaria en Reino Unido entre 1994 y 1996.

En suma, los epidemiólogos tienen razones de sobra para estar preocupados por la posibilidad de nuevas epidemias: Los cambios en el medio ambiente, el desarrollo de las ciudades, la intensificación del movimiento de personas, animales y mercancías, así como los cambios de costumbres están creando un mundo que parece diseñado por un fabricante de plagas.

---

160   Causantes de la enfermedad de Lyme, o borreliosis.

161   Los hantavirus pueden causar graves infecciones en pulmones y riñones cuando infectan a un ser humano.

162   Hablando de hábitos, la práctica del canibalismo era clave en la transmisión entre humanos de una forma de encefalopatía propia de Nueva Guinea, el kuru. Descubrir el tipo de agente que la producía (un prion) y el mecanismo de contagio hizo merecedor del Premio Nobel al médico que dejó todo para irse a una de las regiones más recónditas y pobres del mundo, Daniel C. Gajduse

LAS NUEVAS AMENAZAS

Como decía Yogi Berra, «predecir es muy difícil, sobre todo si lo que hay que predecir es el futuro». Decir qué patógenos podrían causar la siguiente gran crisis sanitaria es imposible, dada la enormidad del número de candidatos y el fuerte componente de azar que gobierna su evolución. Los microbiólogos y epidemiólogos de todo el mundo están muy atentos a la aparición de brotes infecciosos para investigar cualquier enfermedad que se salga de lo común, mientras no pierden de vista la evolución de los viejos conocidos. Es esencial detectar de manera temprana cualquier cambio.

Dicho esto, ¿qué microorganismos encabezan la lista de sus preocupaciones? Pues la verdad es que tenemos demasiados candidatos.

LOS VILLANOS

1. Los viejos conocidos

Los principales candidatos a causar una crisis sanitaria son patógenos que llevan mucho tiempo con nosotros y que ya lo han hecho antes. La capacidad de evolución de los microorganismos es muy grande, y la aparición de nuevas cepas capaces de evitar nuestras defensas o los medicamentos que hasta ahora nos han permitido controlarlos es más que posible.

La enfermedad infecciosa más vigilada y a cuya prevención se dedican más recursos es nuestra archiconocida gripe. Un enemigo potencialmente formidable, al que hace poco se ha unido la COVID-19. No haríamos el esfuerzo de fabricar una vacuna cada año y realizar campañas de vacunación entre la población más vulnerable si, pese a su familiaridad, no fueran enfermedades peligrosas.

Aquí tenemos también otras enfermedades «clásicas» que ya consideramos controladas, pero que, debido a la aparición de cepas resistentes, han vuelto a extenderse. La lista la encabezan la tuberculosis y un conjunto de cepas de bacterias multirresistentes, que quitan el sueño a los microbiólogos y cada vez son más comunes[163].

---

163   El conjunto más temible de estas bacterias multirresistentes se agrupa en un solo término: ESKAPE, que son las iniciales de seis tipos de bacterias: *Enterococcus faecium*, *Staphylococcus aureus*, *Klebsiella pneumoniae*, *Acinetobacter baumannii*, *Pseudomonas aeruginosa* y *Enterobacter spp.*

2. Los muy cambiantes

Además de lo anterior, se consideran una gran amenaza los virus cuyo material genético sufre abundantes mutaciones, ya que son los que más posibilidades tienen de generar variantes capaces de pasar de una especie a otra o de mejorar su efectividad infecciosa. Los virus de ARN son los principales sospechosos de entre todas las familias de virus, ya que carecen, en general, de mecanismos de corrección de errores en la copia de sus ácidos nucleicos, lo que hace que las mutaciones sean más frecuentes.

Los virus de los que más se ha hablado últimamente: el del Zika, el del Ébola, el de Marburgo o el chikunguña son virus de ARN. El SARS-COV-2 también lo es.

En nuestra lista de enfermedades de mayor impacto en la humanidad hay diez (de veinticinco) enfermedades causadas por virus. Solo dos, la hepatitis B y la viruela, son causadas por virus cuyo material genético es ADN. Las otras ocho son causadas por virus de ARN, si bien de familias y características muy diferentes.

Este dato vendría a corroborar que los virus de ARN son los más propensos a causarnos enfermedades. Pero también nos dice que en la naturaleza no hay leyes absolutas y siempre vamos a encontrarnos excepciones.

Principales enfermedades humanas causadas por virus		
Enfermedad	Tipo de microorganismo	Familia, agente
Hepatitis B	Virus ADN	Hepadnaviridae : Virus de la hepatitis B
Gripe A	Virus ARN	Myxoviridae : Virus de la gripe A
Sarampión	Virus ARN	Paramyxoviridae : Morbillivirus
Paperas	Virus ARN	Paramyxoviridae : Rubulavirus
Rotavirus A	Virus ARN doble cadena	Reoviridae : Rotavirus
Rubeola	Virus ARN	Togaviridae : Rubivirus
Viruela	Virus ADN	Poxviridae : Virus variola
SIDA	Virus ARN	Retroviridae : VIH-1
Dengue (hemorrágico)	Virus ARN	Flaviviridae : virus de dengue, serotipos DEN-1,2,3,4
Fiebre amarilla	Virus ARN	Flaviviridae : Virus de la fiebre amarilla

Tabla 13-5. Clasificación según el tipo de material genético (ARN O ADN) de los virus responsables de las principales enfermedades humanas.

3. Los muy flexibles

En los últimos años, los científicos se han volcado en estudiar los virus que parasitan distintas especies animales, buscando características que indicaran una mayor propensión o facilidad para pasar a seres humanos. Se ha visto claramente que un factor de riesgo muy importante es el hecho de que un virus esté presente en más de una especie animal. Un 63 % de los virus zoonóticos[164] descubiertos entre 1980 y 2015 parasitaban al menos dos especies, y un 45 % eran capaces de infectar cuatro especies animales diferentes[165]. No es de extrañar que un virus que ha evolucionado para infectar varias especies distintas tenga facilidad para intentarlo con éxito en la nuestra.

Pero la adaptabilidad no solo va a darse entre posibles huéspedes, sino también dentro del huésped en sí. Aquellos virus capaces de infectar células de distintos tejidos también se consideran de mayor riesgo, ya que ese rasgo les da una capacidad adicional para evolucionar una vez han iniciado una infección, además de mostrar una considerable flexibilidad a la hora de adaptarse a las peculiaridades de un nuevo huésped.

4. Retrato robot de un patógeno emergente

En suma, las mayores amenazas para la humanidad van a venir bien de cambios genéticos en los agentes causantes de enfermedades conocidas, bien de nuevos agentes, que muy probablemente serán virus de ARN con capacidad para infectar varias especies. O no.

Aunque los patógenos tradicionales «revirados» y los virus de ARN sean nuestros candidatos más probables, no podemos olvidar que la naturaleza tiene una enorme capacidad de sorprendernos. En la lista de enfermedades de mayor impacto, las hay causadas por virus de ADN y por protozoos. Y no olvidemos que la lotería a veces toca al que la ha comprado por primera vez, y no al jugador habitual.

---

164   Se denominan zoonosis a las enfermedades causadas a los seres humanos por un patógeno que en su origen infectaba una especie animal.
165   Kreuder Johnson, C., Hitchens, P., Smiley Evans, T. et al. (2015) Spillover and pandemic properties of zoonotic viruses with high host plasticity. Sci Rep 5, 14830.

LOS CÓMPLICES

Todo villano necesita una guarida en la que reponer fuerzas y preparar sus golpes. De igual manera, los patógenos con potencial para infectar al ser humano deben crecer y «entrenarse» en otras especies. ¿Cuáles son las especies animales que más probabilidad tienen de pasarnos sus enfermedades?

1. Parientes Cercanos
Los primeros candidatos para pasarnos sus patógenos son aquellos que más se nos parecen. Para ser exitoso en un nuevo huésped, un patógeno debe sufrir adaptaciones, ya que nuestras células tienen particularidades propias de cada especie en la estructura molecular de receptores y enzimas.

Los microorganismos que más fácilmente se van a adaptar a los humanos son, en principio, los que parasitan a simios. Más concretamente, a los simios del Viejo Mundo. De ellos nos han venido el VIH, que causa el SIDA, el virus del Ébola y el virus de Marburgo, por ejemplo. Nuestra proximidad genética con los monos del Nuevo Mundo es bastante menor, lo que se considera una buena razón para que no nos hayan pasado enfermedades.

Pese a la proximidad genética, lo cierto es que hombres y monos convivimos poco. Los saltos de enfermedades desde estas especies al humano están asociados a la caza, a comerlos, y a los contactos en zoos o santuarios animales y en laboratorios.

2. Buenos Vecinos
Aunque siempre se ha pensado que los más problemáticos como fuente de zoonosis son los primates, en muchos casos es más importante la frecuencia con que se producen los contactos entre especies que la similitud genética. Como dice el refrán, tanto va el cántaro a la fuente que al final se rompe.

Por esa razón, uno de los grupos de animales que más fácilmente nos transmite enfermedades son los ratones. Esta vez no por comerlos o cazarlos, sino por compartir espacios cerrados con ellos, lo que hace que podamos muy fácilmente respirar, tocar o comer algo contaminado por un ratón infectado. Los ratones son una magnífica vía de difusión, por ejemplo, para las enfermedades causadas por los hantavirus, la fiebre de Lassa, la viruela del mono, la tularemia o el tifus.

Otras especies domésticas constituyen también una fuente considerable de infecciones. Los animales criados de manera intensiva forman grandes poblaciones viviendo en espacios pequeños y cerrados. Un espléndido caldo de cultivo para patógenos que puedan pasar rápidamente de un huésped a otro. Las granjas avícolas y de cerdos son objeto de un seguimiento epidemiológico muy cuidadoso por esta razón.

También otros animales domésticos, por la frecuencia de su contacto con humanos, son objeto de preocupación. Los dromedarios fueron la especie desde la que el virus MERS[166] pasó a los humanos, por ejemplo. Pero, en este caso, los dromedarios no eran el huésped original, sino que hicieron de intermediarios. MERS tuvo su origen en una familia de animales que atrae una enorme atención por parte de los epidemiólogos, los murciélagos.

3. Apelotonados

Hemos señalado varias veces que el entorno ideal para que un patógeno prolifere es una población muy numerosa compartiendo un pequeño espacio. Algo así como esto:

Figura 13-5. Colonia de murciélagos frutícolas. Cueva de Monfort, isla de Samal, Davao. Imagen de MilletStudio@stock.adobe.com

---

166 MERS significa síndrome respiratorio de Oriente Medio. Está causado por un coronavirus y ocupó titulares de prensa por un brote que tuvo lugar en 2012.

Figura 13-6. Colonia de gansos migratorios. Valle Skagit, Alaska.
Imagen de LoweStock@stock.adobe.com

Además de vivir en grandes colonias, favoreciendo así la prolife-ración de enfermedades, los murciélagos albergan multitud de virus (en variedad y cantidad) sin que ello parezca afectarles. Se cree que su alta temperatura corporal, necesaria por el coste energético de volar, les permite mantener a raya las poblaciones de virus que les infectan. Sea como sea, sobreviven siendo un laboratorio volante de cría de virus.

Esa habilidad les convierte en los sospechosos número uno cuando aparece cualquier enfermedad nueva[167]. No obstante, los humanos solemos evitar sitios como la cueva que tenemos en la figura 13-5. Si los murciélagos son el origen de algún brote, suele ser a través de un animal intermediario.

Podemos poner distancia entre nosotros y los murciélagos gracias a sus peculiares costumbres de vivir en bosques o cuevas. Pero hay otro importante conjunto de animales que pueden formar grandes

---

167   Los murciélagos son el reservorio natural de los virus Hendra, Sosuga, Nipah y Marburgo, si bien estos pasan a los humanos a través de otros animales intermediarios y amplificadores. También hay razones para considerarlos el origen de otros virus como el del Ébola, y los coronavirus causantes del MERS, SARS y COVID-19.

colonias, ocupan zonas habitadas por humanos y entran continuamente en contacto con animales domésticos. Por si fuera poco, algunos de ellos viajan miles de kilómetros, difundiendo así las enfermedades que portan por todo el mundo.

No son muy parecidos a nosotros, al tratarse de aves, pero lo suficiente para constituir el origen y reservorio natural de una de las enfermedades más preocupantes: la gripe.

14. ¿Es buena noticia la «gripalización» de la COVID-19?

Avanzada ya la pandemia de COVID-19, se habló mucho de la «gripalización» de la enfermedad como el objetivo a conseguir. Se trataba de convertir la enfermedad que había paralizado el mundo el algo mucho más manejable. No obstante, la gripe dista mucho de ser una enfermedad «amable». Hasta la pandemia causada por el SARS-COV-2, la gripe ha sido la primera en la lista de preocupaciones de los epidemiólogos[168]. La gripe fue responsable de la más letal de las pandemias del siglo XX, causando unos cincuenta millones de muertes en 1918[169]. Otras pandemias de gripe con alta mortalidad tuvieron lugar en 1957, 1968, 1977 y 2009. El impacto y la capacidad de adaptación de este virus son tales que merecen un capítulo especial a la hora de hablar de la amenaza de futuras pandemias y qué estamos haciendo para limitar la posibilidad de que ocurran.

---

168   Ahora gripe y COVID-19 van de la mano.

169   Se estima que el VIH, la segunda gran pandemia del siglo XX, ha acabado con la vida de unos cuarenta millones de personas entre 1981 y 2023. Aunque la mortalidad es semejante en magnitud, la gran diferencia en impacto entre ambas enfermedades estriba en que la gripe de 1918 acabó con cincuenta millones de personas en apenas un año (algunos autores suben la cifra a cien millones). El SIDA ha acabado con cuarenta millones de vidas a lo largo de 52 años.

SOSPECHOSOS HABITUALES

Últimamente no paramos de tener noticias inquietantes sobre nuevas enfermedades. Nombres tan exóticos como Zika, Chikunguña o la fiebre del Nilo ocupan titulares a medida que estas afecciones, antes confinadas a zonas tropicales y boscosas, aparecen en latitudes templadas y en ciudades. No obstante, la amenaza más acuciante para nosotros sigue siendo una vieja conocida. Si repasamos los factores de riesgo para causar una pandemia, el virus de la gripe tiene un pleno.

Factores de riesgo para ocasionar una pandemia	Virus de la gripe
Patógeno adaptado al ser humano	✓✓✓✓
con alta transmisibilidad de humano a humano	✓✓✓
con alto número de mutaciones	✓✓✓
con un reservorio animal donde reproducirse y evolucionar	✓✓✓✓
capaz de infectar especies diferentes	✓✓✓✓✓
capaz de atacar distintos tipos celulares	✓✓✓

Tabla 14-1: Factores de riesgo para ocasionar una pandemia. El virus de la gripe.
Imagen de Mª Teresa Herrero, con elemento gráfico de CDC
(Centro del Control de enfermedades, Estados Unidos).

Es cierto que para causar una pandemia solo son imprescindibles los dos primeros, pero cuantos más puntos se acumulen en el resto, mayor es la probabilidad de que el patógeno nos quite el sueño, y muchas cosas más.

Con esta carta de presentación, es comprensible que microbiólogos y epidemiólogos se hayan volcado en estudiar al virus de la gripe. Y como la naturaleza se empeña en sorprendernos, lo cierto es que han sido otros dos patógenos diferentes los que han causado la mayor mortandad desde aquella terrible pandemia de gripe de 1918. Veamos cómo puntúan en nuestra tabla.

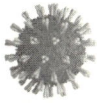

Factores de riesgo para ocasionar una pandemia	Virus de la gripe	Virus de la COVID-19 (SARS-CoV2)	Virus del SIDA (VIH)
Patógeno adaptado al ser humano	✓✓✓✓	✓✓✓✓✓	✓✓✓✓✓
con alta transmisibilidad de humano a humano	✓✓✓	✓✓✓✓✓	✓
con alto número de mutaciones	✓✓✓	✓✓✓✓	✓✓✓✓✓
con un reservorio animal donde reproducirse y evolucionar	✓✓✓✓✓	✗	✗
capaz de infectar especies diferentes	✓✓✓✓✓✓	✗	✗
capaz de atacar distintos tipos celulares	✓✓✓	✓✓✓✓	✓

Tabla 14-2. Factores de riesgo para ocasionar una pandemia.
El virus de la gripe, de la COVID-19 y del SIDA[170]
Imagen de Mª Teresa Herrero, con elementos de CDC y Adobe Stock (ver créditos)

En los tres casos se trata de virus perfectamente adaptados al ser humano, lo que suele llevar tiempo. Por suerte para nosotros, el virus de SIDA no es muy eficiente transmitiéndose entre humanos. Por ejemplo, su transmisibilidad es mucho menor que la del virus del papiloma humano, que muchas veces se transmite por vía sexual. Por otro lado, el virus del SIDA se caracteriza por mutar muchísimo, lo que hace imposible diseñar una vacuna.

La comparativa en capacidad de mutar entre el virus de la gripe y el SARS-COV-2 es un poco complicada, ya que el virus de la gripe tiene un as en la manga con el que no cuenta el coronavirus. Su ARN segmentado facilita recombinaciones que no están al alcance del coronavirus. No obstante, la rápida sucesión de cepas del SARS-COV-2 nos habla de una gran habilidad de evolución en este virus.

---

170 En las representaciones de los virus podemos ver que realmente son muy parecidos. Una esfera con protuberancias, gracias a las cuales pueden entrar en las células (una pelota lisa no tendría cómo agarrarse a un receptor celular). Los colores de cada virus son una licencia del artista para ayudar a distinguir las diferentes proteínas, o simplemente por estética. El tamaño de los tres virus es muy semejante, del orden de 100 nm de diámetro.

En cuanto a las posibilidades que brindan otras especies animales para albergar el virus y facilitar su evolución, la gripe gana por goleada. Aunque los virus responsables de la COVID-19 y del SIDA tienen su origen en un virus animal, podemos decir que ahora ya vuelan solos, teniendo a los humanos como únicos huéspedes. Por el contrario, la gripe es una enfermedad extendida entre muchas especies animales, y es evidente que de continuo se producen intercambios genéticos entre los virus de la gripe que parasitan a especies diferentes.

La capacidad de infectar distintos tipos de células se considera un factor de riesgo importante, por la dinámica de la enfermedad dentro del huésped. El SIDA está especializado en ciertas células del sistema inmunitario, la gripe se centra en células del sistema respiratorio[171], pero algunas variantes tienen más afinidad con las de las vías superiores (nariz, garganta), y otras atacan a las células de zona más profundas (bronquios, pulmones). La COVID-19 es sobre todo una enfermedad de las vías respiratorias, pero con competencia demostrada de atacar otros tejidos causando una enfermedad sistémica.

Si nos guiáramos por la atención que reciben de los medios, nuestros principales sospechosos para una pandemia serían otros virus con nombres más exóticos, como el Zika o el Chikunguña. Pero por más que nos den escalofríos, estos virus son transmitidos por mosquitos. Al no pasar directamente de persona a persona no pueden desencadenar una crisis comparable a la causada por la COVID-19 o, mismamente, la gripe en una temporada normal.

Además de las características propias del patógeno que hemos revisado, la capacidad para generar una epidemia depende mucho de ciertos rasgos de la afección en sí. Enfermedades muy graves cuyos síntomas son evidentes pueden frenarse aislando rápidamente a las personas que las padecen. De este modo, aunque la enfermedad por el virus del Ébola tiene una alta tasa de mortalidad, los brotes se pueden controlar, dado que los enfermos se identifican rápidamente. Además, su tiempo de incubación es también largo. Esto es, si detectamos un caso, es posible identificar los contactos de los días anterio-

---

171   En humanos y mamíferos, porque en aves es una enfermedad intestinal.

res y empezar a tratarlos (y aislarlos) antes de que enfermen y puedan contagiar a más personas.

Las enfermedades que han causado pandemias en el último siglo y medio han sido el SIDA, la gripe y la COVID-19. En los tres casos, un enfermo puede ser contagioso sin saberlo ni presentar síntomas. Esa es la auténtica bomba de relojería de una pandemia. No hay patógeno más peligroso que el que consigue propagarse con la mayor discreción. Como dijo Baudelaire, «el mayor truco del diablo fue hacernos creer que no existe».

DOCE PROTEÍNAS PARA DOMINAR EL MUNDO

El virus de la gripe es realmente sencillo. Para dominar el mundo se basta y se sobra con doce proteínas, con diferentes funciones, que vemos en la siguiente tabla.

Proteínas del virus de la gripe	
Proteínas de superficie	**Hemaglutinina (H)** **Neuraminidasa (N)** Proteína de membrana (M2)
Proteínas internas	**Proteína de matriz M1** Proteína de exportación nuclear (NEP) **Nucleoproteína (NP)** Polimerasa ácida PA Polimerasa básica 1 (PB1) Polimerasa básica 2 (PB2)
Proteínas no estructurales	Proteína no estructural 1 (NS1) PB1-F2 PB1-N40

Tabla 14-3. Proteínas del virus de la gripe.

He destacado las dos proteínas internas que nos permiten clasificar las tres familias de virus de la gripe (A, B y C), la proteína de matriz M1 y la nucleoproteína NP. De las tres clases de virus de la gripe, solo los de tipo A y B pueden infectar a humanos.

Por otro lado, destaco entre las proteínas de superficie las dos que determinan la capacidad del virus para entrar en una célula (hemaglutinina) y para romper luego la membrana celular liberando los nuevos viriones (neuraminidasa). La modalidad de Hemaglutinina (H) y de Neuraminidasa (N) que tenga cada virus de gripe A va a definir la familia a la que pertenece. Hay quince tipos de hemaglutinina y nueve de neuraminidasa en los virus de gripe A, lo que da lugar a denominar las distintas cepas según estas proteínas como HxNy, siendo x e y el tipo de proteína correspondiente. Ejemplos de cepas de gripe A, que veremos más adelante, son: H1N1 (Hemaglutinina tipo 1, Neuradimidasa tipo 1) o H3N2 (Hemaglutinina tipo 3, Neuradimidasa tipo 2).

Pero ¿Cómo de diferentes son las proteínas de superficie de distintas familias H entre sí? La divergencia entre dos proteínas de hemaglutinina de distinto subtipo puede ser del orden del 30 %, lo que nos da una idea de la diversidad que existe en el virus. Hasta la fecha, solo los virus de gripe A con las proteínas H1, H2, H3, por un lado, y N1, N2, por otro, pueden infectar hasta la fecha a humanos.

El virus de la gripe tiene su origen y su principal reservorio en aves acuáticas. En estos animales se han podido identificar prácticamente todas las combinaciones posibles de las proteínas H y N. La gripe es una enfermedad benigna para las aves, que afecta a su tracto intestinal. No obstante, algunos años aparece una cepa especialmente virulenta causando una alta mortandad, normalmente asociada a los subtipos H5 y H7[172]. De las aves salvajes es fácil el contagio a aves domésticas, por lo que la gripe aviar es especialmente temida por los criadores de aves para consumo humano.

Tampoco están exentos de temores los criadores de cerdos, ya que la gripe es transmitida con facilidad por las aves a estos animales. De hecho, una de las hipótesis más extendidas sobre el paso de nuevas variantes antigénicas de las aves a los humanos es que este se realice a través de los cerdos, que hacen de laboratorio para la recombinación de genomas víricos.

---

172   Las cepas más virulentas de la gripe aviar se caracterizan por su capacidad de infectar un gran número de clases de células, por lo que causan una enfermedad sistémica, en lugar de causar infecciones localizadas en el intestino o en el tracto respiratorio. La proteína H es responsable de esta habilidad.

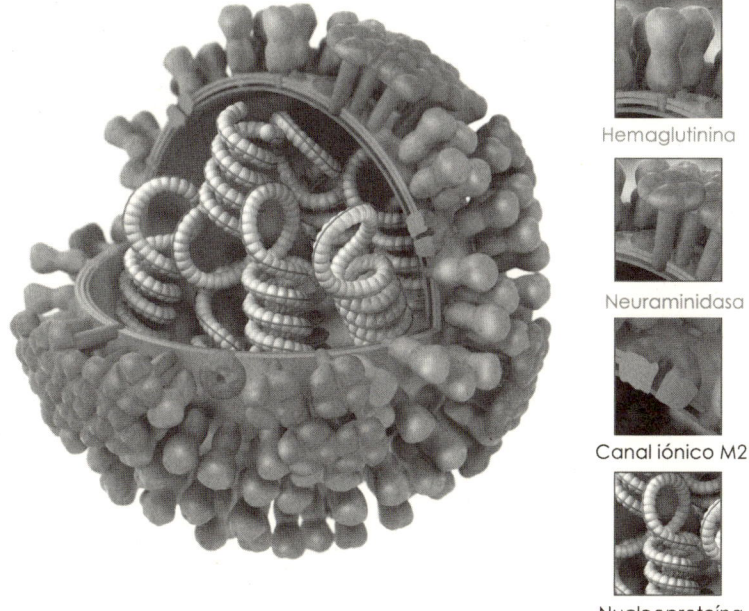

Hemaglutinina

Neuraminidasa

Canal iónico M2

Nucleoproteína

Figura 14-1. Estructura del virus de la gripe.
Fuente: Centro de Control de Enfermedades - Estados Unidos

FABRICANDO UN NUEVO VIRUS

Parándonos a pensar, hay tres tipos de enfermedades: aquellas para las que no tenemos vacunas (como el SIDA), las que tienen una vacuna duradera que nos protege durante años (como el sarampión), y las que requieren una vacuna nueva todos los años, como la gripe o el COVID-19. ¿Por qué estas dos enfermedades necesitan renovar las vacunas cada año?

Necesitamos una vacuna de la gripe nueva cada año porque el virus cambia muy rápidamente, haciendo inútiles de un año para otro los anticuerpos desarrollados por el sistema inmunitario.

La facilidad de evolución del virus de la gripe[173] se debe a dos fenómenos: la deriva genética y el cambio o desplazamiento gené-

---

173   Y, en general, de cualquier virus.

tico. Aunque puedan parecer redundantes, se trata de dos fenómenos muy distintos.

La deriva genética es consecuencia de los pequeños cambios que se producen por mutaciones en los procesos de copia del material genético. Es la responsable de que el virus de la gripe de un año sea ligeramente distinto del que había en la campaña anterior, o incluso unos meses antes. Al igual que la deriva continental, que separa los continentes a un ritmo de un centímetro al año, la deriva genética es un proceso lento y continuo.

El cambio genético, sin embargo, es un proceso mucho más brusco. Consiste en sustituir o incorporar un fragmento significativo del genoma, con lo que el virus resultante diverge mucho del anterior. Estos cambios son posibles cuando una misma célula está infectada por virus distintos, y en el proceso de ensamblado de los nuevos viriones se añade o se intercambia parte del ácido nucleico de un virus en el ácido nucleico del otro. Ni que decir tiene que estos cambios tan grandes rara vez dan un organismo viable, pero cuando es así, el salto con respecto al virus original es enorme.

Mecanismos de evolución

Deriva genética: Pequeños cambios por acumulación de mutaciones puntuales

Cambio genético: Gran cambio al incorporar/intercambiar fragmentos completos de ARN (o ADN)

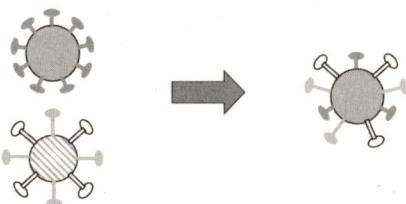

Figura 14-2. Deriva y cambio genético en virus.

En el caso del virus de la gripe, el proceso de recombinación de partes de genoma a partir de virus muy diferentes es relativamente sencillo, ya que el ARN está agrupado en segmentos. En un virus cualquiera, la recombinación de fragmentos grandes de ARN es complicada, ya que cada parte del genoma tiene una función muy determinada, y es difícil que, cambiando o incorporando un trozo grande, la quimera resultante funcione. Pero si tenemos dos virus con el ARN organizado en piezas, de modo que las piezas equivalentes cumplan la misma función en ambos, la probabilidad de éxito de un virus resultante de recombinar el ARN de los virus originales es mucho mayor.

En el virus de la gripe, el cambio genético se puede dar por recombinación entre dos virus de gripe humana, o bien entre un virus de gripe humana y otro virus de gripe de otra especie animal. En ocasiones, puede darse también el resurgir de un virus que circuló hace muchos años, y reaparece con fuerza entre una población que no se ha visto expuesta al mismo. Es el caso del virus de la gripe rusa, que circuló en los años 50 y reapareció en 1977 causando una pandemia.

LA COCTELERA GENÉTICA

Analizar cómo fueron las pandemias de gripe de los últimos cien años y cómo eran los virus que las causaron ha sido un objetivo prioritario al que aplicar todas las herramientas de la genómica. Gracias a eso, y a las muestras biológicas que se conservan de esas pandemias, podemos seguirle la pista al virus más peligroso del mundo.

Estas investigaciones han dado sus frutos. Hoy sabemos que las cepas más virulentas de la gripe A han surgido al incorporarse al virus humano segmentos de ARN procedentes de virus de la gripe que habitualmente parasitan otras especies animales.

Es vital, por tanto, incluir en nuestra vigilancia y seguimiento los virus de gripe que aquejan a aves y mamíferos. La figura siguiente muestra la variedad de tipos de virus de gripe A que se han identificado en humanos, aves, cerdos y caballos. Dos cosas resultan evidentes con esta imagen: que las aves son la «casa madre» de la gripe A, y que tenemos mucho en común con los cerdos. Para empezar, los tipos de virus de gripe A que nos causan esta enfermedad.

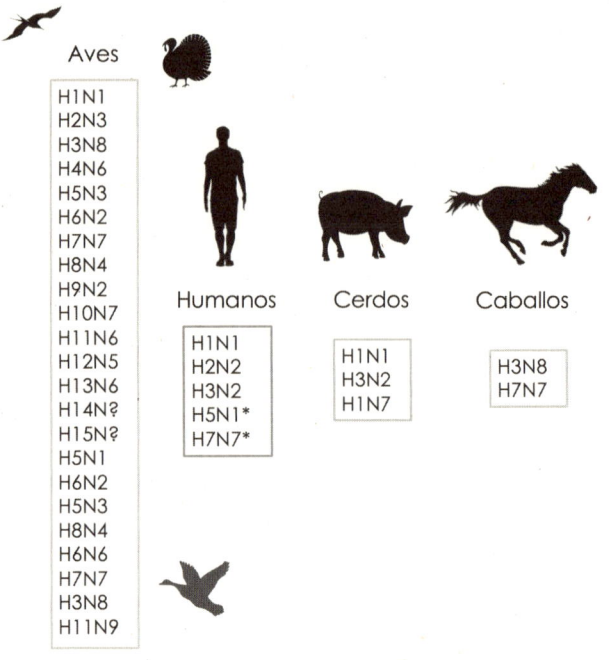

Figura 14-3. Cepas de gripe A encontradas en diferentes especies animales. Las H5N1 y H7N7 en humanos están marcadas con un asterisco porque, pese a haber sido detectadas ocasionalmente, al menos de momento no se transmiten con facilidad entre humanos. Fuente: Horimoto T, Kawaoka Y. Pandemic threat posed by avian influenza A viruses. Clin Microbiol Rev. 2001 Jan;14(1):129-49. Imagen de Mª Teresa Herrero, con elementos de Adobe Stock (ver Créditos).

La gripe de 1918 se considera «la madre de todas las pandemias», ya que la totalidad de las pandemias de gripe posteriores han sido causadas por descendientes de aquel virus. Su especial virulencia hace que su estudio sea caso el «santo grial» de los microbiólogos, aunque el tiempo transcurrido y la falta de medios de aquella época lo convierten en una misión muy complicada.

En 1995, un equipo de científicos encontró una serie de muestras de autopsias de aquella pandemia en un estado de conservación razonable, lo que permitió analizar el genoma de aquel virus de la gripe A. Fue un virus de tipo H1N1 muy diferente en sus ocho segmentos de ARN de las cepas que circulaban en aquel momento, lo que explica que el sistema inmunitario se encontrara totalmente inerme. Es también muy probable que este virus sea el antecesor de los actuales linajes H1N1 y H2N3 de humanos y cerdos.

La última pandemia de gripe hasta la fecha ha sido la de 2009, y su causante fue un virus de gripe A H1N1 con bastantes innovaciones. Al parecer, nuestro virus se remezcló en los cerdos, tomando fragmentos de ARN aviar, humano y porcino. De hecho, la cepa de H1N1 que apareció en esta pandemia se sigue hoy en día mundialmente como caso particular de los virus de gripe A H1N1.

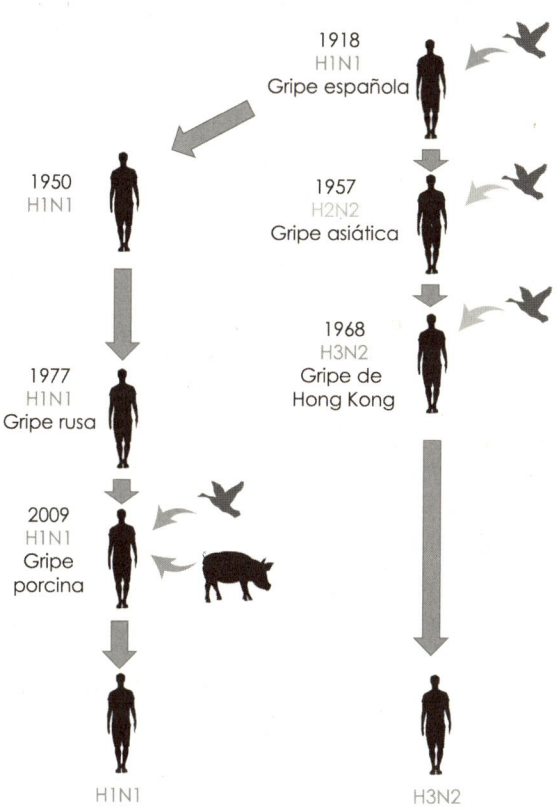

Figura 14-4. Posible origen de los virus de gripe A causantes de pandemias. Hay evidencias de que los virus de gripe de mayor impacto son el resultado de recombinaciones de genes procedentes de aves o cerdos. Fuente: Horimoto T, Kawaoka Y. Pandemic threat posed by avian influenza A viruses. Clin Microbiol Rev. 2001 Jan;14(1):129-49. Modificado para añadir la gripe de 2009. Imagen de Mª Teresa Herrero, con elementos de Adobe Stock (ver Créditos)

Combinando la información de las figuras 14-3 y 14-4 es fácil comprender por qué el virus de la gripe es tan versátil y temido. Las pandemias de gripe han ido normalmente asociadas a la aparición de virus capaces de infectar humanos que incorporaban genes de la gripe aviar o porcina. Si vemos la enorme variedad de virus de gripe que albergan las aves, su facilidad para cruzar el mundo y para convivir con nosotros o con nuestros animales domésticos, resulta evidente que es algo que debemos vigilar muy de cerca.

… Y MÁS DE CIEN LABORATORIOS PARA VIGILARLO

Las enfermedades infecciosas son una amenaza cada vez mayor en este mundo nuestro interconectado y de actividad febril. Las autoridades sanitarias siguen de manera sistemática la aparición de casos de estas enfermedades, para detectar de forma temprana cualquier brote anómalo. Además, se toman muestras para secuenciar el genoma de los microorganismos causantes y así seguirle la pista a la evolución genética que están experimentando.

Diversos organismos internacionales facilitan el intercambio de la información genética de los patógenos estudiados, algo así como bibliotecas de genomas. Gracias a estas bibliotecas, cualquier científico puede comparar rápidamente el parecido entre el genoma de un microorganismo que acaba de identificar y otros de la misma familia que están apareciendo en otras zonas del mundo. El muestreo de microorganismos causantes de infecciones y la secuenciación de sus genes permiten identificar mutaciones potencialmente peligrosas y reconstruir la historia de las nuevas cepas que van surgiendo.

Aunque este seguimiento se hace para muchas enfermedades, sin duda la que mayor movilización causaba hasta 2020 era la gripe. Gracias a organismos como GISAID, el intercambio de información genética sobre el virus de la gripe y el seguimiento de esta enfermedad se hace de manera coordinada entre más de 167 países del mundo, a fecha de 2024.

La cifra de países que informan a la Organización Mundial de la Salud sobre los casos de gripe y la tipología de los virus muestreados no ha parado de crecer.

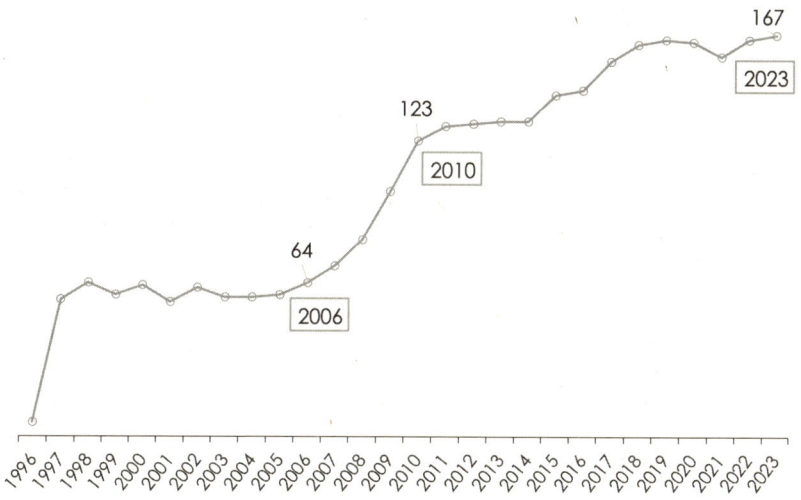

Figura 14-5-. Número de países reportando información
sobre el virus de la gripe, casos y tipología.
Fuente: Organización Mundial de la Salud.

Esto se ha traducido en un crecimiento de las muestras del virus de gripe secuenciadas, haciendo el seguimiento de la enfermedad mucho más efectivo. La figura siguiente recoge la evolución en el número de muestras reportadas a la OMS, sobre la que podemos destacar varias observaciones.

Primero, el número de muestras cada vez mayor se corresponde, en general, con el incremento del número de países y laboratorios que se han sumado a la iniciativa. No obstante, cuando nos encontramos con una pandemia, el número de muestras estudiadas se dispara, ya que el seguimiento se intensifica en todas partes. Este sería el ejemplo de lo acontecido en el año 2009.

Por otro lado, cuando los casos de gripe se reducen a lo mínimo, no hay apenas muestras. Es lo que ocurrió en 2020 y 2021, cuando las medidas adoptadas para evitar la transmisión de la COVID-19 prácticamente redujeron a cero los casos de gripe.

Se puede observar, además, que hay un seguimiento de los virus de gripe A y B, y que, algunos años, como en la campaña de 2017-2018 o la de 2019-2020, la gripe B ha sido muy significativa.

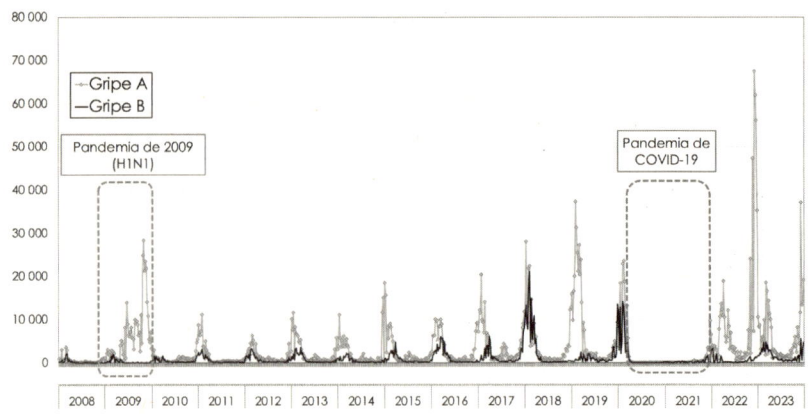

Figura 14-6. Muestras de virus de la gripe A y B secuenciadas
en todo el mundo (2008-2023). Fuente: OMS.

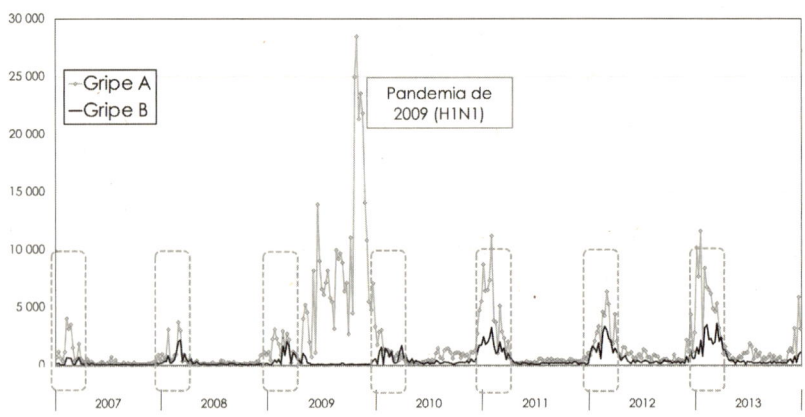

Figura 14-7. Número de muestras de virus de gripe tomadas en todo el mundo y estacionalidad de la enfermedad. Se ve claramente que los picos de la gripe se dan regularmente en los primeros meses del año. Esto se corresponde con la estacionalidad del hemisferio norte, ya que es donde se localiza mayor número de países y población, y los que más medios disponen para el seguimiento. Como en otras pandemias de gripe, la de 2009 rompe ese patrón, con gran número de casos en meses fuera de lo habitual. Fuente: OMS.

A su vez, podemos apreciar en la gráfica 14-6 un rasgo muy importante a destacar de las pandemias de gripe, y es que se producen «fuera de temporada». La gripe es una enfermedad estacional en latitudes templadas, de ambos hemisferios[174], pero que en el hemis-

---

174   En zonas tropicales, como México y el sudeste asiático, la gripe es una enfermedad

ferio norte tiene su punto álgido en los meses de enero-febrero. Se puede ver claramente en los datos de 2009 que los casos de gripe se agolpan entre mayo y noviembre. Salirse de la estacionalidad habitual es marca de la casa para las pandemias de gripe, como se muestra claramente en la figura 14-7.

Analizando más en detalle, se aprecia cómo apareció y se impuso la cepa H1N1 de 2009, de igual manera que las sucesivas cepas de SARS-COV-2 se fueron haciendo dominantes. En la gráfica que sigue se ve cómo la cepa H1N1 dominó el panorama, provocando un brote a partir de la semana 26. Apenas existente antes, se convirtió en la variante más común eliminando casi al resto.

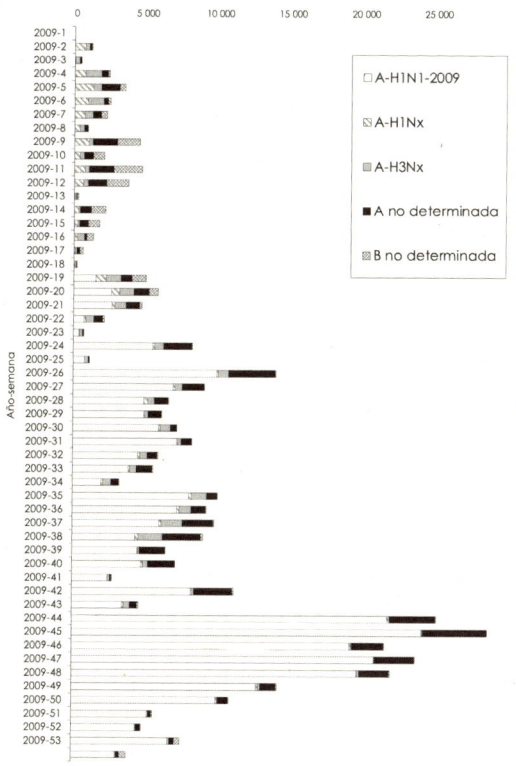

Figura 14-8. Número de muestras de los distintos tipos de gripe A y B obtenidas en todo el mundo en 2009, por semanas. Se representan solo las cinco cepas más representativas. Fuente: OMS.

endémica que se mantiene todo el año. La pandemia de 2009 surgió, de hecho, en México. Al ser una cepa muy novedosa se propagó rápidamente a otros países.

Superada esa crisis, la variante de gripe H1N1 descendiente de la que provocó la pandemia de 2009 se sigue especialmente, como vemos por los datos de 2022 y 2023. Ahora mismo compite con otras cepas de gripe A y B, que suelen superarla.

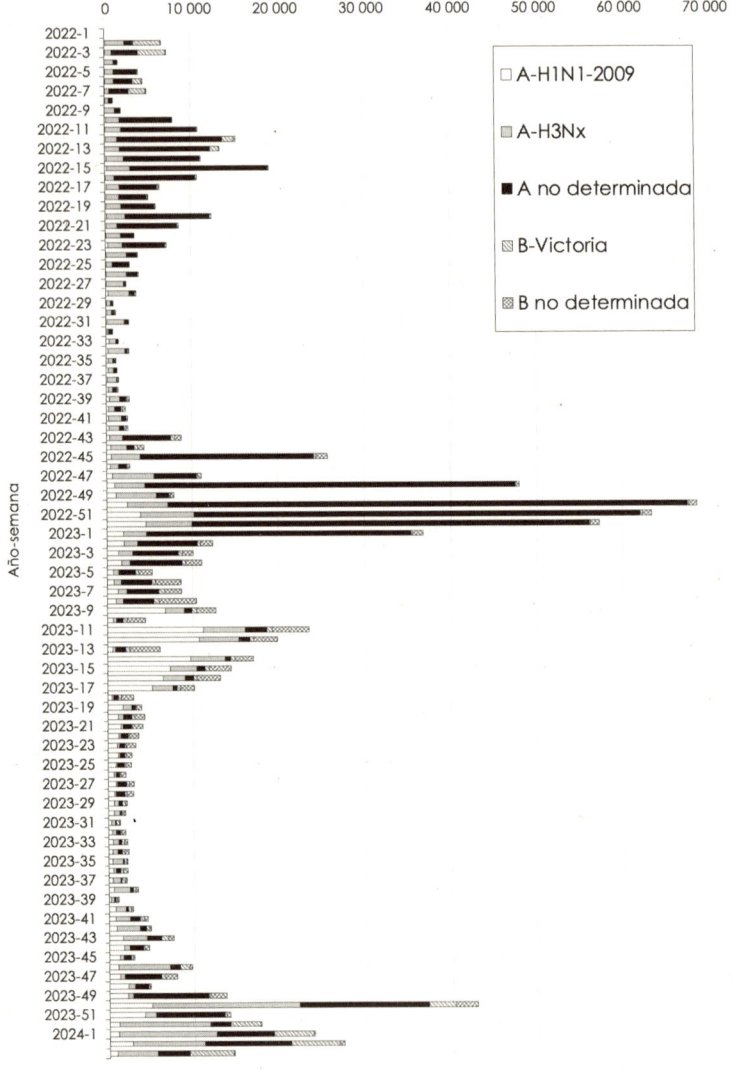

Figura 14-9. Número de muestras de los distintos tipos de gripe A y B obtenidas en todo el mundo en 2022-2023, por semanas. Se muestran solo las cinco cepas más representativas. Fuente: OMS.

ADIVINANDO EL FUTURO. ¿QUÉ VACUNA PONEMOS?

La facilidad para mutar del virus de la gripe hace que, en cuestión de meses, la deriva genética pueda cambiar de manera apreciable el virus. No obstante, todos los años hay una campaña de vacunación cuyo fin es proteger a la población más vulnerable frente a las cepas que, creemos, van a imponerse en el otoño.

Como el proceso de fabricación de las vacunas lleva varios meses, es necesario, estudiando los datos de los virus de gripe que circulan en primavera, adivinar cuáles serán los que se impongan unos meses después.

Para hacer esto posible no solo hay que tomar muchas muestras y analizar las variantes que van apareciendo. Hay que estudiar las características de estas variantes, para estimar cuáles tienen mayor potencial para convertirse en dominantes. Como resultado de esas investigaciones, la Organización Mundial de la Salud (OMS) publica todos los años una recomendación sobre las cepas de virus que deben incluirse en la vacuna. En la figura 14-10 tenemos la recomendación para la campaña de 2023-2024 en el hemisferio norte.

En caso de incluir tres cepas en la vacuna, se identifica una de tipo H1N1, otra de tipo H3N2, y otra de tipo B, del linaje Victoria. Si se incluyeran cuatro cepas, la cuarta será una de tipo B del linaje Yamagata[175]. La cepa de tipo H1N1 lleva los apellidos pdm-09, que quiere decir que es descendiente del virus H1N1 que causó la pandemia de 2009. Los nombres de las cepas son bastante largos, pues identifican el lugar donde se secuenciaron y la muestra concreta, de modo que los laboratorios puedan obtener la secuencia exacta del virus para el que ha de diseñarse la vacuna.

---

175 En la gripe B se identifican dos linajes principales, con estos llamativos nombres.

World Health
Organization

🏠   Health Topics ∨   Countries ∨   Newsroom ∨   Emergencies ∨   Data ∨

Home / Publications / Overview / Recommended composition of influenza virus vaccines for use in the 2023-2024 northern hemisphere

Recommended composition of influenza virus vaccines for use in the 2023-2024 northern hemisphere influenza season

24 February 2023 | Meeting report

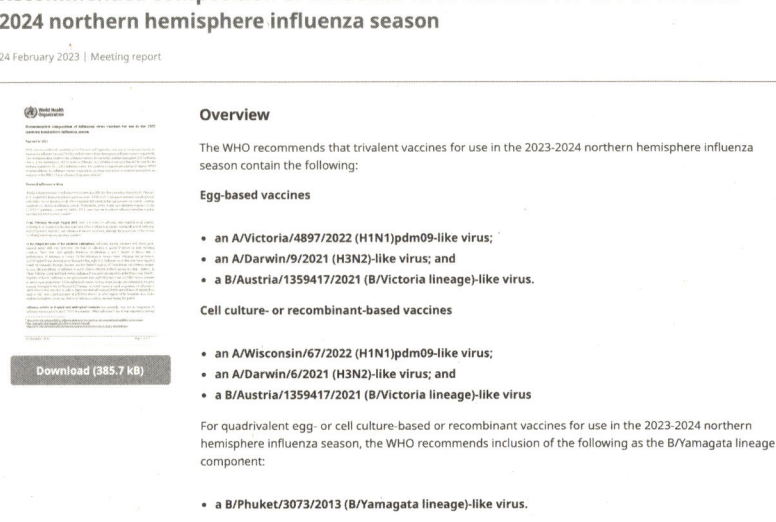

Overview

The WHO recommends that trivalent vaccines for use in the 2023-2024 northern hemisphere influenza season contain the following:

Egg-based vaccines

- an A/Victoria/4897/2022 (H1N1)pdm09-like virus;
- an A/Darwin/9/2021 (H3N2)-like virus; and
- a B/Austria/1359417/2021 (B/Victoria lineage)-like virus.

Cell culture- or recombinant-based vaccines

- an A/Wisconsin/67/2022 (H1N1)pdm09-like virus;
- an A/Darwin/6/2021 (H3N2)-like virus; and
- a B/Austria/1359417/2021 (B/Victoria lineage)-like virus

For quadrivalent egg- or cell culture-based or recombinant vaccines for use in the 2023-2024 northern hemisphere influenza season, the WHO recommends inclusion of the following as the B/Yamagata lineage component:

- a B/Phuket/3073/2013 (B/Yamagata lineage)-like virus.

Figura 14-10. Página de la Organización Mundial de la Salud con la recomendación de la vacuna de la gripe a desarrollar para la campaña 2023-2024 en el hemisferio norte. Hay una recomendación semejante para el hemisferio sur.

Para hacer estas recomendaciones, es esencial un seguimiento y caracterización continuos de las variantes de los distintos tipos de gripe A. En las siguientes figuras tenemos el árbol filogenético de las cepas H1N1-pdm y H3N2, indicándose con aspas la cepa concreta que se ha seleccionado, cada año, para las vacunas.

298

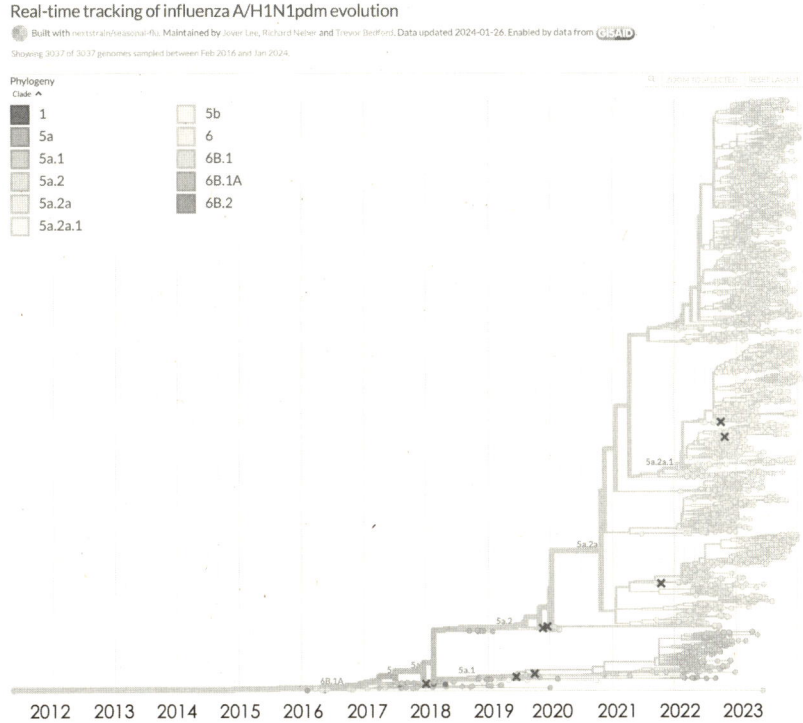

Figura 14-11. Árbol filogenético de la variante H1N1-pdm del virus de gripe A.
Fuente: *www.nextstrain.org*, a partir de los datos recopilados por GISAID.

Al igual que con las variantes de gripe A, se hace seguimiento de las de gripe B, así como de las de la gripe aviar, sobre todo de aquellas con mayor potencial para causar una alta mortandad.

Las vacunas de la gripe han de cambiarse cada año porque se diseñan para generar una respuesta inmunitaria contra la «cabeza» de la proteína H, que cambia con facilidad. Se ha propuesto desde foros científicos hacer el esfuerzo de desarrollar una vacuna cuyo objetivo sea la base de la proteína H, mucho menos cambiante. Esto permitiría contar con una vacuna válida para más tiempo. El coste del desarrollo de esta vacuna universal contra la gripe es muy alto, por lo que sería necesario un gran esfuerzo económico para afrontarlo. No obstante, no faltan estudios que demuestran el favorable impacto económico y humano que esta medida tendría.

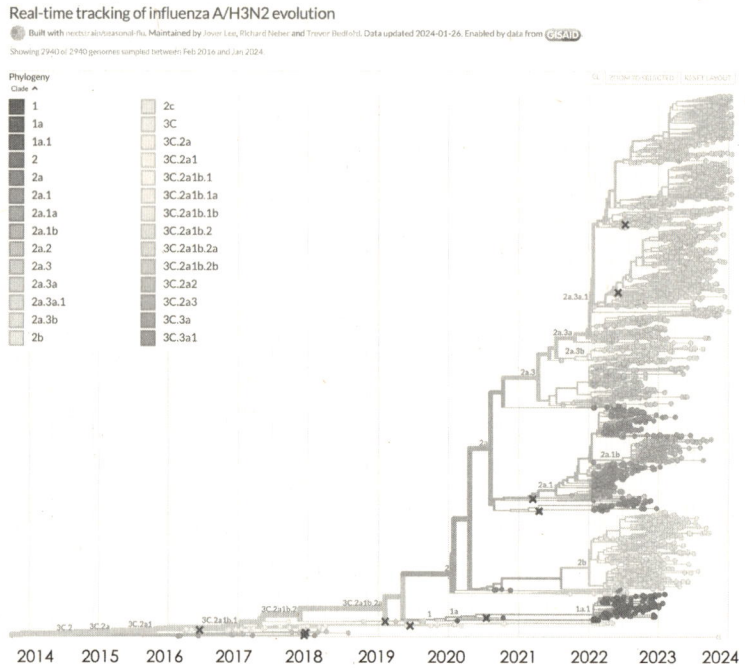

Real-time tracking of influenza A/H3N2 evolution
Built with nextstrain/seasonal-flu. Maintained by Jover Lee, Richard Neher and Trevor Bedford. Data updated 2024-01-26. Enabled by data from GISAID.
Showing 2940 of 2940 genomes sampled between Feb 2016 and Jan 2024.

Figura 14-12. Árbol filogenético de la variante H3N2 del virus de gripe A.
Fuente: *www.nextstrain.org*, a partir de los datos recopilados por GISAID.

¿HEMOS «GRIPALIZADO» LA COVID-19?

La COVID-19 y la gripe tienen varias cosas en común: ambas son enfermedades víricas causadas por virus de ARN con facilidad para evolucionar. Esa facilidad hace que los anticuerpos desarrollados contra la enfermedad no sean de utilidad en sucesivas infecciones, ya que el virus puede haber cambiado significativamente en cuestión de meses. Las dos son enfermedades con una tasa de mortalidad baja, pero muy contagiosas, por lo que su impacto es alto. Por esa razón se desarrollan vacunas todos los años para los colectivos más vulnerables.

Ahí, por fortuna, acaban los parecidos entre las dos enfermedades. En cuanto a la gran población de su reservorio animal y a contar con un excelente propagador de la enfermedad en las aves, la gripe gana por mucho al SARS-COV-2 en peligrosidad. A cambio, esta última es una enfermedad más contagiosa y grave.

Pero quizá lo más importante de la gripe es cómo nos preparó para afrontar la crisis de la COVID-19. Los mecanismos de alerta temprana e intercambio de información ante la aparición de un nuevo patógeno, instaurados a nivel mundial para el seguimiento de enfermedades infecciosas, fueron clave para levantar la voz de alarma ante los primeros casos. Esos mecanismos pusieron rápidamente en marcha a laboratorios de todo el mundo para identificar y empezar a estudiar al nuevo virus, así como para el desarrollo de programas informáticos con los que analizar los genomas y su evolución.

Organismos internacionales centrados en el intercambio y estudio de información genética, sobre todo los relacionados con la gripe, tuvieron un papel esencial en facilitar herramientas y repositorios de información desde el minuto cero de la crisis. Ahí hay que destacar sin duda la labor de GISAID, consorcio que se creó originalmente para coordinar estas tareas en el seguimiento mundial de la gripe. El desarrollo de vacunas contra la COVID-19 en un tiempo récord también se benefició de más de una década de investigación de vacunas basadas en ácidos nucleicos. Y por supuesto, de la experiencia en otros tipos de vacunas.

En suma, la COVID-19 no es una gripe, pero si fuimos capaces de afrontar la pandemia o, al menos, paliar sus efectos, fue gracias a mucho de lo que la gripe nos ha obligado a crear e investigar.

15 ¿Cómo diseñamos medicamentos?

Las enfermedades infecciosas han sido, a lo largo de la historia de la humanidad, la principal causa de muerte. El siglo XX nos trajo la edad dorada de los antibióticos, fármacos con los que se consiguió poner freno a las infecciones bacterianas. Los acompañan los antivirales, antifúngicos y antiparasitarios de todo tipo, con lo que podemos hacer frente a agentes infecciosos no bacterianos (virus, hongos y protozoos). Pero la evolución no para, y los microorganismos cambian continuamente para sobrevivir a nuestros trucos, lo que está haciendo que las enfermedades infecciosas vuelvan a ser una amenaza muy seria. Buscar nuevas soluciones para afrontar las enfermedades causadas por microorganismos se ha convertido en una cuestión de vida o muerte.

¿CÓMO COMBATIR A UN MICROORGANISMO?

Para ayudar a nuestro organismo a superar una infección tenemos dos tipos de armas: las vacunas y los agentes antimicrobianos, englobando estos últimos los antibióticos, antivirales, antifúngicos y antiprotozoarios[176].

Utilizamos las vacunas para entrenar a nuestro sistema inmunitario, de modo que reaccione mucho más rápidamente si un determinado patógeno consigue infectarnos. Para ello, se introducen en el

---

176   Que, respectivamente, atacan a bacterias, virus, hongos o protozoos.

cuerpo versiones atenuadas de los virus o bacterias, o bien otro tipo de vehículos gracias a los cuales ponemos en contacto a las células de nuestro sistema inmunitario con proteínas propias de ese microorganismo[177]. A veces se trata de proteínas que presentan en su exterior, los llamados antígenos, otras veces las peligrosas toxinas que producen, como ocurre con el tétanos[178]. Gracias a la vacunación, nuestro sistema inmunitario crea linfocitos B y T contra ese agente infeccioso, y guarda memoria de ello.

Pero las vacunas son totalmente específicas, no tenemos vacunas para todos los microorganismos, ni es posible desarrollarlas en todos los casos, como veremos más adelante. Así que necesitamos un plan B que nos permita hacer frente a los patógenos que consiguen noquear a nuestro sistema inmunitario y contra los que las vacunas no han conseguido protegernos[179]. Ahí entran los agentes antimicrobianos, de los que los más familiares son los antibióticos.

ANTIBIÓTICOS: EL ARMA CONTRA LAS BACTERIAS

A principios del siglo xx, gracias a la observación en el laboratorio de cómo algunos tintes se adherían a ciertos tipos de bacterias, pero no a otras, Paul Ehrlich introdujo la idea de la *quimioterapia específica*. El objetivo prioritario de la ciencia debía ser encontrar una «bala mágica», un instrumento de precisión que acabara con los patógenos dejando indemne al paciente. Buscaríamos sustancias que atacaran a los microorganismos, pero no a las células del huésped. Esta idea sigue siendo clave en el desarrollo de fármacos contra los agentes infecciosos, aunque los primeros pasos fueron muy lentos. Y es que las balas mágicas no son nada fáciles de encontrar.

---

177 Cosa que sabemos pone en guardia a nuestros linfocitos B y T, desencadenando la generación de anticuerpos y la clonación de los linfocitos especializados en detectar y combatir esa proteína y, con ello, a quien la produce.

178 La vacuna antitetánica no busca generar anticuerpos contra la bacteria propiamente, sino contra la toxina terriblemente dañina que fabrica.

179 Bien porque no la haya, porque se haya quedado sin efectividad al mutar el microorganismo, o bien porque no haya conseguido estimular suficientemente al sistema inmunitario.

Como consecuencia de los trabajos de Ehrlich, el primer antibiótico descubierto y comercializado fue el Salvarsán, allá por 1909. Activo contra ciertos tipos de bacterias y algunos protozoos, este compuesto cambió por completo la forma de tratar la sífilis, que pasó de ser una lenta y dolorosa sentencia de muerte a convertirse en una enfermedad curable.

La búsqueda de agentes que mataran bacterias continuó, y en 1928 Fleming descubrió la penicilina, una sustancia fabricada por un hongo, muy activa contra distintas bacterias. No obstante, el camino desde que se descubre un agente antimicrobiano hasta que tenemos en nuestras manos una medicina que el cuerpo tolera bien y se puede fabricar de manera masiva, es muy largo. La penicilina no consiguió el papel preponderante que habría de tener en el tratamiento de infecciones bacterianas hasta 1941, fecha en que Florey y Chain desarrollaron un método para purificarla y fabricarla con facilidad.

Entre 1909 y 1941 tenemos treinta años de diferencia. Si sabíamos qué había que buscar, y cómo hacerlo, ¿Por qué costó tanto dar esos primeros pasos en la obtención de antibióticos? Bueno, esencialmente, porque la forma en que los antibióticos actúan y lo que los hace efectivos es, en principio, un misterio[180]. No hay un plano, ni un manual de instrucciones sobre cómo diseñar una molécula que mate microbios.

Como todo lo que hemos visto, la actividad de un antibiótico tiene lugar a nivel molecular, en la escala de los nanómetros. Y aunque en el siglo XXI contamos ya con herramientas para dilucidar la estructura molecular de los antibióticos, aún estamos muy lejos de entender completamente las complejas interacciones moleculares que sustentan la actividad de cualquier microorganismo. Así que, históricamente, el método de búsqueda ha sido bastante burdo: criamos bacterias en laboratorio y probamos a añadir sustancias al cultivo, para ver si alguna consigue matarlas[181].

---

180 El desarrollo de distintas ramas de la química, de la física, de la biología molecular y de la ciencia en general nos ha permitido rellenar muchas lagunas sobre la forma en la que actúan los fármacos de todo tipo, aunque siempre a posteriori. Es decir, ahora podemos explicar cómo actúa un antibiótico, pero en general no podemos diseñar exprofeso una molécula con una determinada función.

181 Actualmente sabemos algo más del metabolismo celular, de las estructuras

Así fue como se descubrió el Salvarsán, sintetizado a partir de una sustancia que se utilizaba como tinte. La sustancia que finalmente se seleccionó era la 606 del programa de pruebas, lo que quiere decir que antes se probaron 605 potenciales soluciones infructuosamente.

Pero si los humanos llevamos ciento y pico años buscando sustancias contra los microorganismos, hay quien nos lleva millones de años de ventaja en esto de probar cosas que puedan eliminar microorganismos: otros microorganismos. En la lucha por la supervivencia, la estrategia evolutiva de algunos microbios ha sido fabricar sustancias destinadas a eliminar a la competencia. Toxinas que envenenan a los rivales y permiten a quienes las producen hacerse con todo. La mayoría de los antibióticos que utilizamos proceden de microorganismos, ya se sabe que no hay peor cuña que la de la misma madera.

Figura 15-1. Imaginando microorganismos luchando
entre sí. No, no es así como ocurre.
Imagen de Pavlo Syvak@stock.adobe.com

Los antibióticos son moléculas que interfieren en alguna estructura vital para la bacteria (como son su pared o su membrana celular), o bloquean algún proceso esencial, como la síntesis de proteínas, la síntesis de ácidos nucleicos o la de moléculas esenciales para el metabolismo (como los folatos o el ATP). Una vez más, la forma de la molécula es clave para que interaccione de manera adecuada

moleculares y de los procesos vitales de los microorganismos y hay herramientas que hacen la búsqueda un poco menos dependiente del azar, como veremos más adelante.

con otras moléculas de la bacteria, alterando su funcionamiento. Podemos visualizar nanomáquinas bloqueando a otras nanomáquinas. Esa es una imagen es más fiel de lo que pasa cuando tomamos estas medicinas.

Cada antibiótico tiene su particular forma de actuar, de modo que podemos clasificarlos de acuerdo con el proceso que alteran o la enzima con la que interaccionan. La tabla que sigue resume los principios de acción de los antibióticos con los que contamos.

¿Cómo actúan los antibióticos?		
Acción	**Ejemplo**	**Objetivo**
Alterar la membrana celular	Gramicidina	Bacterias gram positivas
Bloquear la síntesis de pared celular	Amoxicilina	Bacterias gram positivas y gram negativas
Bloquear la síntesis de proteínas	Tetraciclina	Bacterias gram positivas, gram negativas y algunos protozoos
Bloquear la síntesis de folatos	Sulfonamida	Bacterias gram positivas, gram negativas y algunos protozoos
Bloquear la síntesis de ADN	Ciprofloxacino	Bacterias gram positivas y gram negativas
Bloquear la síntesis de ARN	Rifamicina	Bacterias gram positivas
Bloquear la síntesis de ATP	Bedaquilina	Tuberculosis multiresistente

Tabla 15-1. Principios de actuación de los antibióticos y un ejemplo de cada caso.

Y si lo pintamos sobre el dibujo de una bacteria se vería así.

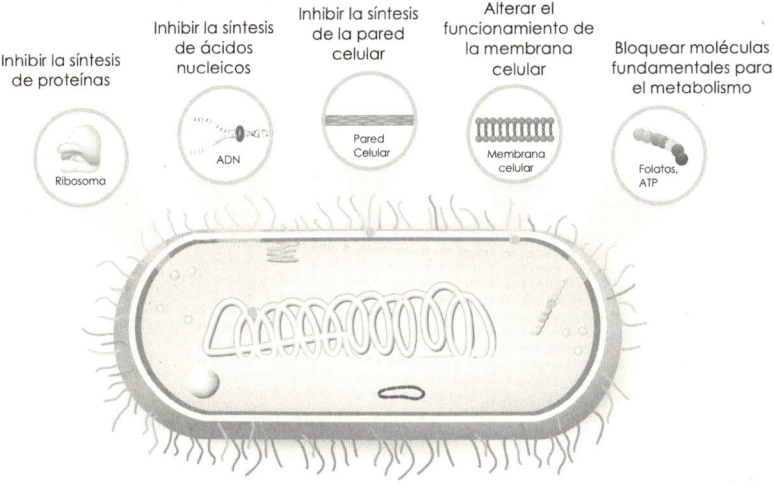

Figura 15-2. Principios de acción de los antibióticos sobre bacterias.
Imagen de designua@stock.adobe.com

Los antibióticos actúan fundamentalmente contra bacterias, aunque algunos pueden utilizarse, además, contra protozoos y hongos. Todo depende de su mecanismo de acción, y si los procesos sobre los que actúan tienen sus equivalentes en otras familias de microorganismos. Hay medicamentos específicos contra hongos y protozoos, centrados en actuar contra estructuras y enzimas propias de estos, si bien la idea es muy parecida a lo que hemos visto para las bacterias.

Un capítulo aparte merecen los virus, de los que ya hemos dicho que son muy diferentes del resto de microbios. Los antivirales han de atacar de manera distinta, ya que los virus no tienen una pared protectora con una composición peculiar (lo cual sí ocurre con hongos y bacterias), ni un metabolismo propio. Por esta razón se insiste mucho en que los antibióticos no sirven contra una infección vírica. Para eso necesitamos antivirales.

LOS ANTIVIRALES: ATACANDO A LOS VIRUS

Aunque los virus carezcan de las herramientas necesarias, indudablemente para reproducirse necesitan hacer las mismas cosas que los seres vivos propiamente dichos: replicar sus ácidos nucleicos (ADN o ARN), transcribir parte de ellos para obtener el molde con el que el fabricar proteínas (ARNm) y utilizar la maquinaria celular de su huésped para crear y ensamblar las proteínas que los constituyen.

De forma esquemática y general ya vimos los siete pasos[182] que ha de recorrer un virus para invadir una célula y explotarla de cara a reproducirse, representados en la Figura 15-3:

1. Adhesión
2. Entrada a la célula (mediante fusión con la membrana)
3. Transcripción: obtención del ARNm que codifica las proteínas

---

182   Esta intenta ser una descripción muy general. Algunos pasos son diferentes, dependen del ácido nucleico utilizado por el virus para almacenar la información genética. La diferencia más marcada sería la de los retrovirus, que han de realizar una transcripción inversa (de ARN a ADN) e integrarse en el ADN del núcleo, pero no lo he representado por no aumentar la complejidad del esquema.

4. Traducción: fabricación de proteínas según las instrucciones de ARNm
5. Réplica del ADN (o ARN)
6. Ensamblado de los viriones
7. Salida de los viriones de la célula

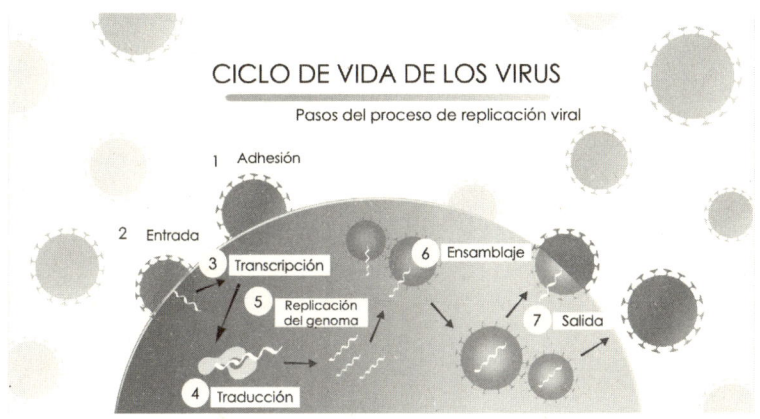

Figura 15-3. Ciclo de vida de los virus. Los antivirales son moléculas diseñadas para bloquear alguno de los procesos identificados. Imagen de IM Studio@stock.adobe.com

Los antivirales son moléculas diseñadas para interceptar alguno de esos siete pasos del ciclo de vida de los virus. En muchos casos debe hacerse un «traje a medida» de la enzima que necesitamos inutilizar, siendo esta específica de un determinado virus. En esos casos tenemos antivirales que solo son efectivos contra un tipo de virus, como ocurre con los inhibidores de neuraminidasa, utilizados contra la gripe.

A veces es posible seguir una estrategia más generalista, como ocurre con las moléculas denominadas «análogos de nucleósidos». Estas son moléculas parecidas a los nucleótidos que forman los ácidos nucleicos, pero con alguna pequeña diferencia. Suficientemente parecidas como para que en el proceso de síntesis de ADN se coja una de estas piezas, y suficientemente distintas como para que su presencia haga que la cadena de ADN resultante no funcione.

En la tabla que sigue se recogen los distintos mecanismos de acción de los antivirales, un ejemplo y el virus contra el que se utilizan. Una buena parte de los antivirales existentes tienen como objetivo el virus de inmunodeficiencia humana (VIH), aunque también se han desarrollado antivirales especialmente contra la hepatitis C, el herpes, la gripe, el virus sincitial o el citomegalovirus.

¿Cómo actúan los antivirales?		
Tipo de Acción	**Ejemplo**	**Virus Objetivo**
① Impedir el anclaje al receptor de membrana	MARAVIROC	VIH (SIDA)
② Inhibir la fusión con la membrana celular	ENFUVIRTIDE	VIH (SIDA)
③ Inhibir la transcripción inversa (análogo de nucleósido)	AZIDOTHIMIDINE (AZT)	VIH (SIDA)
③ Inhibir la integración en el ADN huésped (retrovirus)	RALTEGRAVIR	VIH (SIDA)
④ Inhibir la síntesis de ADN (análogo de nucleósido)	RIBAVIRIN	Amplio espectro
⑤ Inhibir la síntesis de ADN (análogo de nucleósido)	ACICLOVIR	Herpes simplex
⑥ Inhibir el ensamblado de viriones y fabricación de proteínas	TELAPREVIR	Hepatitis C
⑦ Inhibir la salida de viriones	OSELTAMIVIR (TAMIFLU)	Gripe

Tabla 15-2. Principios de actuación de los antivirales y un ejemplo de cada caso. Los retrovirus se salen un poco del guion general, he asimilado el proceso de transcripción inversa e integración en el ADN huésped al paso 3.

¿DÓNDE BUSCAMOS, Y POR QUÉ?

Los antibióticos se obtienen generalmente de sustancias producidas por microbios, que las fabrican para eliminar a los organismos (normalmente bacterias u hongos) con los que compiten por los recursos[183]. El principal caladero de sustancias de este tipo han sido tradicionalmente microorganismos del suelo. La imagen del investigador en busca de un antibiótico pasa por imaginarlo recogiendo muestras del suelo en cualquier rincón del mundo[184] y cultivando luego los microbios en laboratorio para identificar especies y estudiar la efectividad contra distintos patógenos de las sustancias que producen.

La edad dorada los antibióticos se dio entre los años 40 y 60, época en la que se desarrollaron la mayoría de las sustancias antibióticas que seguimos utilizando. Desde entonces, apenas se han descubierto nuevas moléculas con propiedades antibióticas. Esencialmente,

---

183 Algunas de estas sustancias son efectivas contra protozoos, e incluso contra parásitos mayores.

184 Las empresas farmacéuticas animaban a sus empleados a recoger muestras del suelo siempre que viajasen, para luego estudiarlas.

hemos ido modificando las antiguas, o utilizando combinaciones para salvar las defensas de las bacterias resistentes. La mayoría de los antibióticos con los que contamos (el 52 %, según algunas fuentes[185]) proceden de un tipo muy especial de bacterias, los actinomicetos. Aunque los hongos nos han proporcionado algunos de los antibióticos más efectivos, como la penicilina y las cefalosporinas, la mayoría de las sustancias para combatir bacterias se han obtenido…de otras bacterias.

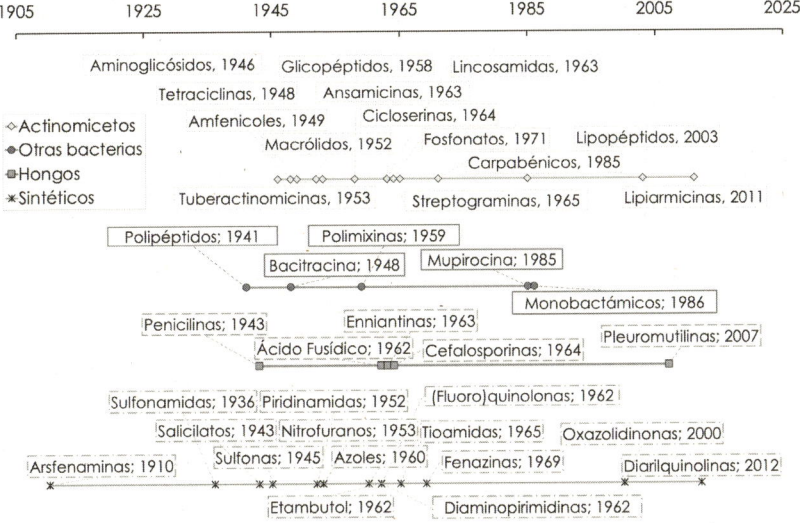

Figura 15-4. Familias de antibióticos según su origen y fecha de inicio de uso clínico. Obsérvese que la mayor concentración se da entre 1940 y 1965.

El hecho de que las sustancias antibióticas procedan en gran parte de una determinada familia de bacterias nos enseña mucho sobre la

---

185 Este porcentaje de sustancias antibióticas procedentes de actinomicetos es aún mayor según otros autores. Podemos calcular el porcentaje de antibióticos obtenidos de actinomicetos a partir del número de medicamentos registrados y comercializados de cada tipo, del volumen de antibióticos de cada tipo que se consumen en un determinado momento, o del volumen consumido a lo largo de la historia. Y con ello nos van a salir cifras algo distintas. Sea cual sea la medida que utilicemos, quédense con la idea de que los antibióticos obtenidos de actinomicetos ganan por goleada a todos los demás.

ecología del mundo microscópico, esto es, sobre las relaciones entre especies. Y también sobre nuestras dificultades para estudiarlas.

El mundo de los microbios, como el nuestro, responde a dos principios clave: la cooperación y la competencia. En cualquier hábitat que miremos conviven diferentes especies de microorganismos, de modo que unos crean las condiciones necesarias para que otros sobrevivan, directa o indirectamente. Esto explica por qué, cuando recogemos una muestra de microorganismos de cualquier entorno solo una pequeña parte de ellos sobreviven en las condiciones de cultivo de laboratorio[186]. Los microorganismos viven en comunidades con unas determinadas condiciones ambientales de humedad, temperatura, concentración de sustancias químicas..., muchas veces, generadas por su propia actividad. Y no somos capaces de «trasplantar» al laboratorio ese conjunto.

Así que todo lo que sabemos de los microorganismos se basa en lo que hemos podido aprender de las especies que «se dejaban cultivar» en una placa de agar. Sea porque necesitan de otros nutrientes que no hemos sabido identificar, o porque necesitan de sustancias producidas por otros microorganismos que no sobreviven en laboratorio, muchas especies de microorganismos han quedado al margen de la investigación y de la experimentación durante más de un siglo. Así que no sabemos si los actinomicetos son protagonistas en el mundo de los antibióticos porque producen muchas sustancias antibióticas o porque son los que podemos cultivar bien en laboratorio en nuestra búsqueda de estas sustancias.

Pero no todo es paz y amor en el mundo microscópico. Al contrario, muchas especies de microbios compiten por los mismos nutrientes en una carrera desenfrenada de crecimiento, y a veces les merece la pena reservar algo de energía en eliminar a la competencia o al enemigo. Por eso muchos microorganismos fabrican sustancias contra sus rivales, que hemos explotado durante años como antibióticos.

Ahora bien, esa lucha entre microorganismos ha tenido lugar durante millones de años y es objeto de selección natural. La evolución ha hecho que algunos microbios fabriquen sustancias antibióticas, y de igual manera ha propiciado el desarrollo de defensas

---

186 Este fenómeno tiene un nombre bastante largo: la anomalía del recuento de la placa.

contra estas. La raíz de las resistencias a los antibióticos está en la propia herencia genética de muchas bacterias. El uso indiscriminado, masivo e incorrecto de estos medicamentos milagrosos solo ha venido a acelerar la difusión y combinación de genes que convierten a las bacterias, de nuevo, en extraordinarios contrincantes.

¿POR QUÉ APARECEN ORGANISMOS RESISTENTES?

Los antibióticos, junto con las vacunas, han sido el arma fundamental en la espectacular reducción de la mortalidad por enfermedades infecciosas lograda en el siglo XX. Estas pasaron de suponer la causa del 43 % de las muertes a principios del siglo XX a ser el 13 % hoy día. Pero los antibióticos no solo han tenido un papel protagonista en combatir las enfermedades infecciosas. Su desarrollo ha revolucionado igualmente el tratamiento de otras muchas afecciones.

La mayoría de las cirugías que se practican para todo tipo de dolencias no se podrían realizar sin la protección de antibióticos. Muchas de las enfermedades más prevalentes hoy día nos hacen muy vulnerables frente a infecciones, bien por la propia enfermedad, bien por las medicinas que tomamos para controlarlas. El cáncer, la diabetes, las enfermedades renales y otras enfermedades crónicas que debilitan el sistema inmunitario tendrían una mortalidad mucho mayor de no ser por el escudo de los antibióticos. Los trasplantes de órganos, que requieren mantener de por vida al sistema inmunitario bajo mínimos para que no ataque al órgano trasplantado, serían imposibles sin estos fármacos. Y, sin embargo, estas «balas mágicas» están fallando cada vez más debido a la resistencia desarrollada por muchos microorganismos. Resistencia que, como podemos ver en la siguiente figura, tarda muy poco en aparecer.

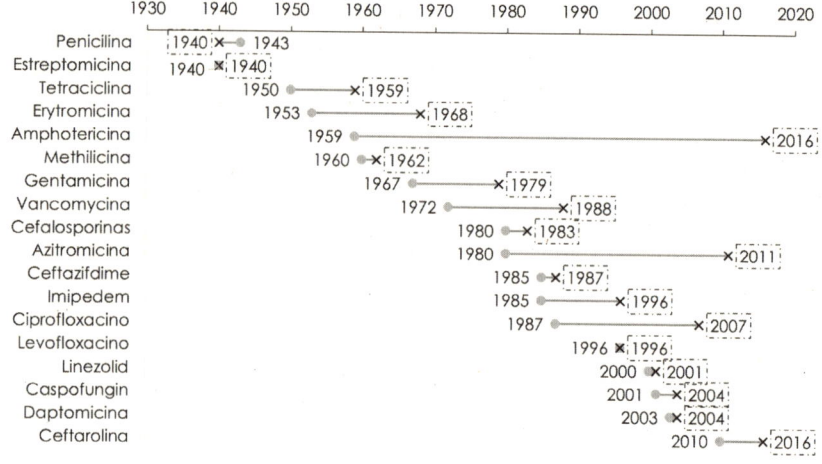

Figura 15-5. Fechas de introducción de algunos antibióticos y detección del primer microorganismo resistente.

¿Cómo aparecen esos patógenos resistentes? Mediante los dos trucos principales de la evolución, que ya vimos en el capítulo 12:

1. Las mutaciones genéticas, que permiten introducir cambios en moléculas o procesos clave en la supervivencia.
2. La transferencia horizontal de genes entre microorganismos.

En los virus, con su enorme tasa de reproducción y la facilidad con la que se producen mutaciones, predomina el primer mecanismo. En bacterias sobre todo vamos a encontrarnos con esa transferencia de genes procedentes de otras bacterias, muchas veces transportados por algún virus o un elemento genético móvil semejante a un virus[187].

Las estrategias de la resistencia a antibióticos de las bacterias se corresponden con sus mecanismos de actuación. Para cada principio de acción explotado por los antibióticos hay un «antídoto» diseñado por la selección natural. A veces surgen pequeños cambios en las moléculas sobre las que actúan los antibióticos que hacen que estos no se puedan ya «pegar» a la molécula cuya acción bloqueaban, otras veces aparecen modificaciones en la pared celular o en su composición que impiden que el antibiótico entre en la bacteria, o bien se incrementa la actividad de las nanomáquinas moleculares que bom-

---

187 Llamados agentes de transferencia genética.

bean hacia el exterior las moléculas de antibióticos... la naturaleza ha inventado de todo.

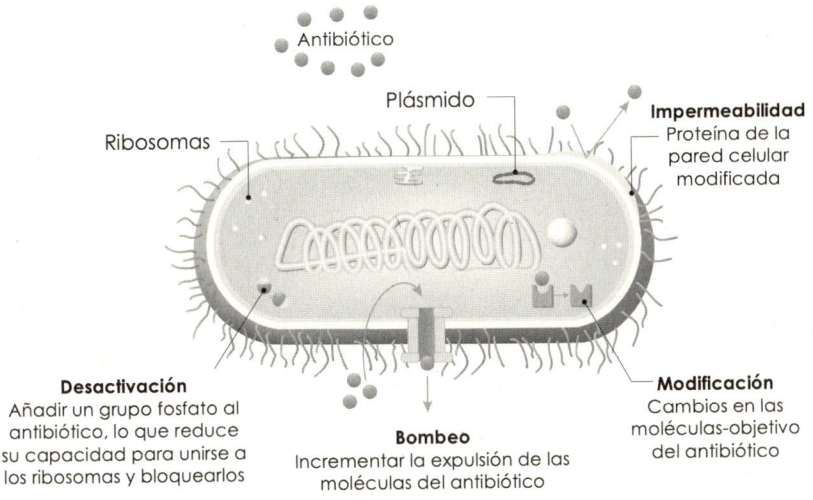

Figura 15-6. Mecanismos de resistencia a antibióticos.
Imagen de designua@stock.adobe.com

Con los antivirales tenemos el mismo problema. Los errores de copia de los ácidos nucleicos propician la aparición de variantes en proteínas que son el objetivo de los antivirales, con la posibilidad de que en algún caso el cambio permita al virus escapar a su acción. O bien se modifican otras moléculas esenciales, haciéndolas capaces de desactivar la acción del antiviral. Cuando eso ocurre, la capacidad de resistencia se extiende rápidamente.

Comprendamos o no cómo funciona, la selección natural está siempre presente, lo que nos obliga a utilizar los medicamentos antimicrobianos con mucha prudencia. Cada vez que empleamos un antibiótico o un antiviral estamos entrenando a un conjunto de patógenos para que desarrollen resistencias. Por eso es muy importante respetar las dosis y el tiempo de tratamiento.

Al emplear un fármaco antimicrobiano contra una infección es fundamental asegurarse de haberla erradicado. Si interrumpimos el tratamiento antes de que esto ocurra, los microbios que quedan son los que mejor podían contrarrestar la acción de la medicina que hemos utilizado. Serán los que se reproduzcan, y los que reactiven la infección o pasen a otro huésped, en el que seguirán refinando su capacidad de resistencia.

Por si esto fuera poco, la actividad humana ha creado ambientes en los que hay una abundancia de antibióticos en concentraciones inferiores a las necesarias para liquidar una infección, lo que se llama «dosis subclínicas». La industria alimentaria utiliza antibióticos de manera sistemática en la alimentación de los animales de granja. Con ello no solo se previenen infecciones, sino que se ha comprobado que los animales engordan más deprisa. Todos los años se emplean toneladas de antibióticos en la alimentación de animales, facilitando la aparición de bacterias resistentes y su extensión.

Parte de los antibióticos que administramos a los animales y a nosotros mismos llegan al entorno al ser excretados. Las plantas de tratamiento de residuos son hoy día un enorme caldo de cultivo, lleno de microorganismos de todo tipo, acompañados de una abundancia considerable de antibióticos en dosis insuficientes para matarlos, pero suficientes para entrenarlos. Encontrar medios para acabar de manera efectiva con los organismos resistentes que se desarrollan en las plantas de aguas residuales es un reto de primer orden. Mientras tanto, los microbiólogos tienen claro dónde deben tomar muestras para saber en todo momento el estado de salud de los habitantes de una ciudad. Y, por supuesto, para verificar el estado y capacidades de microorganismos resistentes.

DE LA PLACA A LA CAJA. DESARROLLO DE MEDICAMENTOS

IDENTIFICANDO CANDIDATOS

El proceso de obtención de un medicamento antimicrobiano es largo y complicado. Ya hemos comentado los primeros pasos: identificar sustancias candidatas a probar, para lo que mayoritariamente hemos acudido a la propia naturaleza. En el caso de antibióticos, a microorganismos que normalmente han de sobrevivir en entornos con abundancia de bacterias.

Cultivamos en laboratorio microorganismos obtenidos en diferentes entornos, y extraemos las sustancias que liberan. Estas sustancias se denominan «productos naturales», y se trata de moléculas que los microbios producen, pero no están directamente relacionadas con sus procesos vitales. Esto es, no son ácidos nucleicos ni moléculas estructurales para conformar piezas, como las membranas internas o externas, ni enzimas necesarias para los procesos básicos de obtención de energía y mantenimiento de la célula. Se diría que estos productos naturales son sustancias que los microbios fabrican sin una función clara. En un entorno en el que la energía es un bien muy escaso, ha de haber una buena razón para hacer semejante derroche.

Esas sustancias se extraen y probamos su efecto sobre otros microorganismos patógenos, también cuidadosamente cultivados. Hay que probarlo con diferentes concentraciones, en distintas condiciones, etc. El número de pruebas posibles hasta verificar si una sustancia es o no buena para eliminar un patógeno sería desalentadora para alguien sin la paciencia infinita de los microbiólogos.

La inmensa mayoría de las pruebas resultan ser una vía muerta, pero en ocasiones logramos identificar una sustancia que es efectiva eliminando ciertos patógenos: Bacterias gramnegativas, algún protozoo, algún tipo de virus... Y entonces es cuando pasamos a la siguiente fase.

QUE NO SEA PEOR EL REMEDIO QUE LA ENFERMEDAD

La mayoría de las sustancias antimicrobianas que llegamos a identificar se desestiman en la siguiente fase del proceso: las pruebas de toxicidad. Es necesario comprobar si la sustancia que consigue eliminar un patógeno en una placa de cultivo no es igualmente dañina para nuestro organismo.

Cuando una de estas sustancias candidatas presentan una alta toxicidad, uno de los trucos más utilizados es modificar su composición, de modo que siga funcionando como antimicrobiano, pero resulte más tolerable a nuestras células. Para ello es necesario identificar la estructura molecular subyacente. Qué átomos la componen y cómo están dispuestos. Se distingue entonces lo que es el «núcleo esencial» de la molécula, lo que la hace efectiva atacando a los microorganismos, y las partes que podemos considerar accesorias.

Hecho esto, es necesario fabricar una nueva molécula en la que conservemos ese núcleo y vayamos cambiando las partes accesorias[188]. Diseñar los procesos que permiten realizar tales cambios es algo muy complejo. No existe el «bricolaje de moléculas», o al menos no se puede hacer como si de un mecano se tratara. Los químicos han de utilizar distintos trucos para romper ciertos enlaces (y no otros) y conseguir sustituir las partes, de modo que obtengamos el reajuste que buscábamos. Y cuando lo consiguen, queda probar cómo funciona la nueva la molécula candidata, lo que nos lleva de nuevo a una serie de pruebas y ensayos.

No me extenderé en describir el diseño de ensayos clínicos para verificar la acción y toxicidad de medicamentos o determinar la dosis adecuada. Basta saber que se trata de abordar esas pruebas con la mayor seguridad posible, pero al mismo tiempo abarcando una población de personas suficientemente amplia en sus características (edad, género, dolencias crónicas, historial, condiciones de vida, etc.) que nos permita estar seguros sobre los efectos del medicamento. No olvidemos que somos un ser vivo tremendamente complejo, que cada uno de nosotros tiene un metabolismo, un sistema inmunitario, unos hábitos, etc. prácticamente únicos. Hay que realizar pruebas con cientos, miles de personas, para estar seguros de que hemos testeado la gran mayoría de las condiciones posibles.

Y, aun así, muchos de estos medicamentos nos dejan hechos papilla. ¿Por qué ocurre esto?

¿POR QUÉ TOLERAMOS MAL ALGUNOS MEDICAMENTOS ANTIMICROBIANOS?

Hay dos razones fundamentales por las que los medicamentos antimicrobianos nos hacen sentir mal.

La primera la vimos en el capítulo 7. Todos los seres vivos compartimos algunos procesos vitales esenciales, que son los procesos que la mayoría de los antimicrobianos buscan alterar o bloquear. Aunque en el caso de antibióticos se tenga como diana moléculas y estructu-

---

188   La figura 15-7 muestra bien ese proceso sobre el ejemplo de las sucesivas generaciones de la familia de antibióticos de las cefalosporinas.

ras propias de bacterias, como su pared celular o alguna de sus enzimas, lo cierto es que nuestra relación con nuestros antepasados procariotas es mucho más estrecha de lo que creemos. La mayoría de los procesos metabólicos de nuestras células son heredados de nuestros antepasados bacterianos. Y aunque los antibióticos se diseñen expresamente para bloquear o alterar el funcionamiento de enzimas bacterianas, en alguna medida pueden afectar a las nuestras.

Pero si se siente mal tomando antibióticos, la causa se encuentra principalmente en ese órgano tan importante y al mismo tiempo tan desconocido: la microbiota. La inmensa mayoría de las bacterias que han hecho de nuestro cuerpo su hábitat se encuentran en el intestino grueso[189]. Desde allí desempeñan un papel clave en nuestra capacidad de absorción de nutrientes, en nuestro sistema inmunitario, e incluso en nuestro sistema nervioso, que sepamos. La microbiota del intestino, la más numerosa y conocida, tiene una composición peculiar en cada uno de nosotros, fruto de nuestras costumbres alimenticias, nuestro entorno y nuestra genética. Y cuando tomamos antibióticos, ese delicado equilibrio entre especies de bacterias, hongos y virus se va al traste. Ese malestar que suele acompañar a la toma de antibióticos se debe en gran medida a la patada que le damos a la microbiota intestinal, que necesitará semanas para recuperarse.

Hay otro importante polizón bacteriano en nuestro cuerpo del que aún no hemos hablado. Lleva tanto tiempo con nosotros y está tan integrado que solo hace unas décadas hemos descubierto que se trata de una bacteria de tapadillo. En cada una de nuestras células hay cientos de mitocondrias, gracias a las cuales podemos utilizar el oxígeno de la atmósfera para obtener energía. La incorporación de las mitocondrias y el desarrollo de la habilidad de extraer energía del oxígeno marcó la diferencia fundamental para la aparición de los eucariotas hace dos mil millones de años. Pero estos apasionantes orgánulos a los que debemos una auténtica revolución del mundo vivo no son otra cosa que bacterias. Algo modificadas, eso sí, al integrarse en la célula eucariota, pero bacterias al fin y al cabo. No todos los antibióticos per-

---

189 Todos los días se descubren, además, bacterias presentes de manera habitual en otros órganos, que tradicionalmente se habían considerado estériles. Los pulmones o el tejido mamario, por ejemplo, tienen también su microbiota.

judican a las mitocondrias, pero algunos sí que lo hacen. Otra buena razón para sentirnos «flojos» cuando tomamos antibióticos.

Nos hemos centrado mucho en los efectos de los antibióticos, pero algo muy parecido ocurre con los antivirales. La microbiota integra múltiples especies de virus, asociadas a las bacterias a las que parasitan. Creemos que hay diez virus por cada bacteria presente en nuestro intestino. Esa población puede verse afectada, en mayor o menor medida, por los medicamentos antivirales, lo que cambiará el equilibrio entre las distintas poblaciones de bacterias. Además, los antivirales utilizan mecanismos que pueden bloquear receptores celulares o alterar los procesos de copia de ácidos nucleicos o los de síntesis de proteínas. Justo el tipo de procesos que nuestras células deben realizar continuamente para sobrevivir.

No hay medicina que no tenga efectos secundarios. Sea un antimicrobiano o para controlar la tensión, estamos introduciendo en nuestro organismo moléculas que van a interaccionar con otras presentes en nuestro cuerpo, y que van a alterar procesos vitales. En su mayor parte, del patógeno que intentamos eliminar, pero a veces también de los nuestros. Cuando decidimos tomar una medicina es porque la alternativa es mucho peor. Quién no ha buscado desesperado algún alivio a un terrible dolor de garganta, y ha sobrellevado sin problemas el malestar digestivo del antibiótico que nos devolvió la paz. Los medicamentos antimicrobianos han salvado millones de vidas de pacientes de gripe, hepatitis-B, o SIDA, o de tuberculosis, entre muchas enfermedades.

Y necesitamos encontrar más, porque los microorganismos resistentes cada vez acumulan más trucos.

BUSCANDO NUEVOS ANTIMICROBIANOS

La resistencia a los antimicrobianos es un problema cada vez más acuciante. La OMS ha estimado que en 2050 habrá diez millones de muertes debido a infecciones, superando a la principal causa de mortalidad hoy en día: las enfermedades cardiovasculares. A menos que encontremos una nueva batería de medicinas, volveremos a la casilla de salida en cuanto a la lucha contra las enfermedades infecciosas.

La búsqueda es complicada. Ya hemos comentado que, pasada la edad de oro de los antibióticos, entre los años 40 y los 60 del siglo XX, pocos han sido los nuevos antibióticos que se han descubierto. En esencia, nos hemos dedicado a hacer sucesivos «refritos» de antibióticos anteriores para sortear por un tiempo a las bacterias resistentes, mejorar la efectividad o abarcar distintas familias de microorganismos. Quizá el mejor ejemplo sean las cefalosporinas, de las que se han desarrollado cinco generaciones, mejorando su capacidad de acción y adaptándolas para combatir diferentes tipos de bacterias. Las de última generación se reservan hoy en día para los casos más complicados de infecciones causadas por bacterias multirresistentes, esto es, resistentes a muchos tipos de antibióticos.

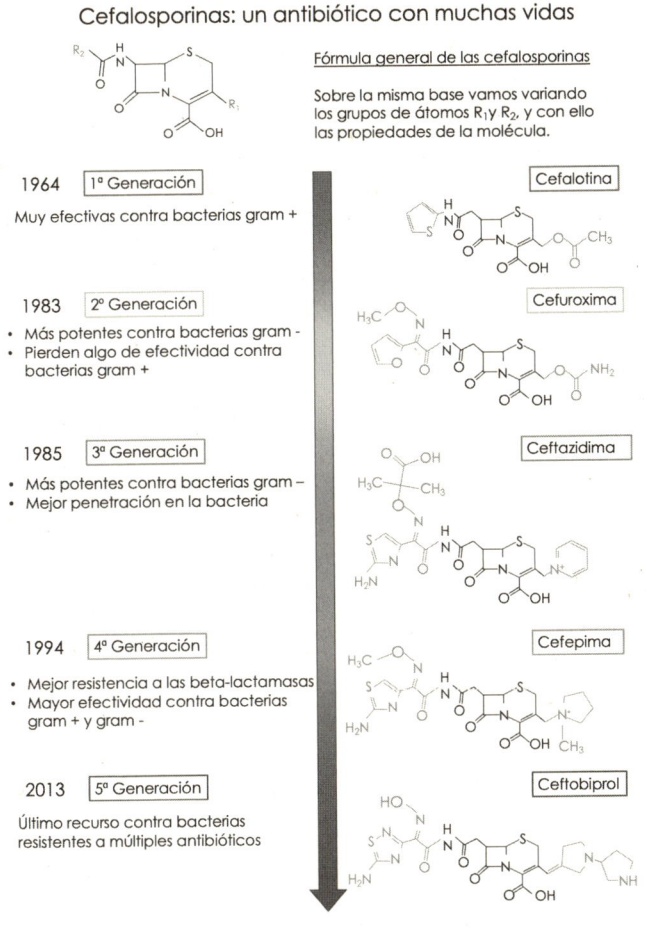

Figura 15-7. Las sucesivas generaciones de antibióticos de la familia de las cefalosporinas han permitido abordar distintos tipos de infección y mejorar su efectividad. El cuerpo de la molécula se mantiene, son los «residuos» que se añaden a los lados los que cambian la manera de actuar y las capacidades de la molécula.

Al ritmo al que van apareciendo microorganismos resistentes a los fármacos antimicrobianos tradicionales y a sus más recientes versiones, es perentorio encontrar nuevas sustancias antimicrobianas. Los microbiólogos ya no solo recogen muestras de charcas y suelos de todas partes del mundo, también estudian la microbiota de organismos marinos[190], así como microorganismos de entornos extremos en busca de nuevas soluciones.

Aparte de esta búsqueda de sustancias candidatas en entornos no explorados antes, el desarrollo de la genómica y la proteómica nos permiten ahora dar una nueva vuelta de tuerca a nuestros viejos conocidos. Los microorganismos que nos han proporcionado hasta ahora los mejores antibióticos tienen en su código genético la receta de muchas moléculas que nunca hemos conseguido ver en entornos de laboratorio. Nuestros tímidos aliados no dejan ver en los cultivos de laboratorio más allá del 10 % de las moléculas que pueden producir. Con la ayuda de la ingeniería genética buscamos mecanismos para conseguir que un microorganismo «domesticado» produzca esas sustancias, de modo que podamos estudiar sus efectos. Este truco nos proporcionaría miles de moléculas cuyos efectos estudiar.

Otra línea de investigación apunta a utilizar moléculas sencillas, los llamados péptidos antimicrobianos. Son moléculas que producen todas las células para defenderse de los microbios, y suelen tener además propiedades de modulación del sistema inmunitario. Sus mecanismos de acción se están estudiando de manera intensiva, si bien quedan muchos problemas que resolver, desde su toxicidad hasta la dificultad de conocer sus efectos secundarios, y la de conseguir que lleguen allí donde los necesitamos sin ser antes degradados por los múltiples procesos con que cuentan las células para librarse de las sustancias extrañas.

Como no podía ser menos, estamos recurriendo también al uso de inteligencia artificial para identificar sustancias a probar en laboratorio. El análisis de patrones en moléculas de conocidos efectos antimicrobianos se utiliza para identificar entre los miles de moléculas candidatas las más prometedoras o las que difieren más en

---

190   Sí, estamos buscando antibióticos en las bacterias del intestino de cangrejos, babosas marinas y de bichos aún más marcianos.

su estructura de los antibióticos conocidos y que, por tanto, darían menos facilidades al desarrollo de resistencias.

El desarrollo de nuevas medicinas incorpora cada vez científicos de disciplinas más dispares. Desde hace años, matemáticos, estadísticos y bioinformáticos colaboran en el desarrollo de algoritmos para buscar potenciales antimicrobianos en las bibliotecas de moléculas o predecir la forma de una proteína con una determinada secuencia de aminoácidos. Se han sumado a este reto los físicos expertos en el estudio de nanoestructuras y nanomáquinas, diseñando moléculas que, unidas a los antibióticos tradicionales, explotan las debilidades de la estructura de la pared celular de las bacterias. Estos físicos especializados en el estudio del mundo nanométrico analizan las fuerzas a las que están sometidas las células en su entorno, cómo se transmiten a su interior y qué reacciones provocan[191]. El objetivo es diseñar moléculas capaces de desmantelar las estructuras que protegen a los patógenos con medios físicos, más que químicos, contra los que los microorganismos normalmente no han tenido que luchar. Se espera que, de esta manera, sea mucho más complicada la aparición de resistencias. Una bacteria o un virus pueden cambiar una enzima, pero es dudoso que puedan cambiar la forma de su cápside o de su membrana celular.

PARA UN ROTO O PARA UN DESCOSIDO: NUEVOS USOS PARA VIEJOS CONOCIDOS

Los antibióticos, desarrollados para combatir infecciones bacterianas, marcaron la pauta en el proceso de obtención de fármacos específicos contra una determinada enfermedad. El comienzo del siglo XX convirtió a los médicos en científicos que, armados con los conocimientos de químicos y (micro)biólogos buscaban esas «balas mágicas» que permitieran vencer a las distintas enfermedades.

A mediados del siglo XX, los descubrimientos sobre los ácidos nucleicos, las proteínas y el conjunto de moléculas básicas para la vida sentaron las bases de una nueva disciplina científica. La biología molecular permitió dilucidar al menos en parte las complejas redes

---

191   Se cree que promueven la expresión de ciertos genes al propagarse la presión hasta el núcleo celular e inducir deformaciones mecánicas en este.

de reacciones químicas enlazadas que sustentan la vida. Gracias a estos descubrimientos, la búsqueda de fármacos se pudo hacer de manera más focalizada. Ya no se trataba de probar si una sustancia era capaz de matar unas bacterias cultivadas en laboratorio. Se trataba de identificar el proceso metabólico o la molécula vital que queríamos bloquear, y ver de manera específica si tal cosa era posible. El diseño de las pruebas de laboratorio se hizo mucho más definido y sencillo, igual que la verificación de resultados.

Al comprender con mayor detalle cómo actúan los antibióticos, quedó claro que podían utilizarse estrategias semejantes en el desarrollo de fármacos contra enfermedades infecciosas causadas por otros agentes, como virus u hongos. Y que la experiencia adquirida podía ser de ayuda contra otro tipo de células temibles que actúan como si de un invasor se tratara: el cáncer. Si un fármaco antimicrobiano es capaz de interferir en el proceso de reproducción de una célula, quizá podamos utilizar trucos parecidos para frenar la reproducción descontrolada de células cancerosas.

Esa semejanza en los procesos en los que se basa la supervivencia de «criaturas» tan distintas es la base de una estrategia utilizada desde hace mucho tiempo en el diseño de fármacos: probar si una medicina diseñada como antimicrobiano contra un determinado microorganismo es de utilidad contra otra familia de patógenos. Siendo los virus los enemigos más complicados por su versatilidad, ahora mismo hay multitud de iniciativas para probar el efecto contra distintos tipos de virus de medicamentos antibacterianos, antifúngicos, antihelmínticos y antiprotozoarios. Y se están encontrando bastantes soluciones prometedoras, aunque siempre muy específicas.

No podemos perder de vista que una de las partes más complicadas en el desarrollo de un fármaco es superar las pruebas de toxicidad. Si podemos encontrar un nuevo uso a una medicina que ya sabemos fabricar y es bien tolerada por el organismo, podrá utilizarse con ese nuevo fin casi de inmediato. Dado que la gran mayoría de los candidatos a fármacos son desestimados en las pruebas de toxicidad, la ventaja de esta opción es indudable.

Por esta razón, al aparecer un nuevo patógeno, lo primero que se intenta, aunque parezca extraño, es probar si alguno de los fármacos disponibles puede eliminarlo. Es algo improbable, la verdad, pero como suele decirse, ¿Y si sí?

ALIADOS INSOSPECHADOS. ¿Y SI ALGUNOS VIRUS VIENEN EN NUESTRA AYUDA?

Ya hemos visto que nuestros mejores aliados para combatir microbios patógenos han sido tradicionalmente otros microorganismos. Hasta ahora nos hemos fijado en bacterias u hongos, pero hay incluso una opción más inmediata y sencilla. Unos microbios que solo pueden vivir aprovechándose de otros hasta matarlos: nuestros amigos los virus. Entre los virus más estudiados, aparte de los que causan enfermedades a los seres humanos, están los bacteriófagos, o fagos. Estos virus atacan a las bacterias, como ya explicamos en el capítulo dedicado a la evolución.

Los fagos son una buena opción para controlar una infección bacteriana, ya que son muy específicos. No hay riesgo de que ataquen a las células propias confundiéndolas con su objetivo. Desde su descubrimiento en los años 20 del siglo xx, se vio en estos virus una buena opción para atajar infecciones bacterianas. La terapia con fagos se ha utilizado ampliamente en Europa del Este y la Unión Soviética casi hasta ahora. En Europa occidental no llegó a extenderse, ya que la aparición de los antibióticos de amplio espectro se interpuso en su camino.

Dos factores han hecho que los microbiólogos vuelvan a investigar el uso de fagos para controlar poblaciones bacterianas: la aparición de resistencias a los antibióticos tradicionales, con bacterias multirresistentes, y la necesidad de proteger nuestra microbiota. Al fin y al cabo, los antibióticos de amplio espectro arrasan con todo, y para algunas personas eso supone mucho más que una molestia pasajera. A medida que vamos comprendiendo mejor la conexión de nuestra microbiota y de su estado de salud con enfermedades de todo tipo crece el interés en preservarla utilizando tratamientos mucho más dirigidos.

El uso de fagos para el tratamiento de infecciones se realiza de forma más o menos «artesanal». Suelen emplearse en infecciones causadas por bacterias multirresistentes, las más peligrosas, ya que son capaces de sobreponerse a todos los antibacterianos de los que disponemos. No obstante, ahora mismo el uso más extendido de bacteriófagos se da en la industria alimentaria, donde se utilizan para garantizar la seguridad de los alimentos y de las instalaciones donde se procesan.

La alta especificidad de los fagos son al mismo tiempo su mayor ventaja y su mayor inconveniente. Ventaja porque estamos seguros de que van a atacar solo a la bacteria que queremos que ataque, dejando tranquilos al resto de los integrantes de nuestra microbiota y a nuestras células. Inconveniente porque no tiene sentido su fabricación en masa, lo que encarece su preparación. Además, no es posible tener fagos «de reserva» ante posibles infecciones. Si aparece una nueva bacteria que amenace nuestra salud, habrá que ponerse a buscar su némesis entre los fagos que la acompañan.

NUESTRO PLAN B (O PLAN A): LAS VACUNAS

TIPOS DE VACUNAS

Si los fármacos antimicrobianos han salvado vidas, las vacunas no les han ido muy atrás. Gracias al entrenamiento de nuestro sistema inmunitario, se consigue que la respuesta a la entrada de un patógeno en el organismo sea rápida y tajante. La infección muere antes de empezar.

Para conseguir esto necesitamos proporcionar a nuestro sistema inmunitario un *sparring*. Algo que provoque suficiente reacción como para desencadenar la producción de linfocitos B y T especializados contra ese patógeno, pero que esta sea suficientemente suave como para no provocar la enfermedad.

Las características de cada patógeno nos dan las claves sobre la mejor manera de conseguir este objetivo. En ocasiones, las vacunas contienen virus vivos atenuados, mientras que otras veces utilizamos virus desactivados. Con las vacunas de virus vivos atenuados, la reacción del sistema inmunitario es más fuerte, y hacen falta pocas dosis para generar la memoria que vamos a necesitar. El inconveniente es que en personas con un sistema inmunitario debilitado puede desencadenarse la enfermedad que pretendíamos evitar.

Las vacunas de virus desactivados no conllevan ese riesgo, aunque provocan una respuesta menos intensa, y se necesita repetir más veces la vacunación para que el sistema inmunitario quede realmente entrenado.

Tipo de vacuna	Se usa contra...
Virus inactivados	Hepatitis A Gripe Polio Rabia
Virus vivos atenuados	Sarampión, rubeola, paperas Rotavirus Viruela Varicela Fiebre amarilla
Subunidades, recombinantes, de polisacáridos y conjugadas	Hemophilus Influenzae tipo B Hepatitis B Virus del papiloma humano (VPH) Tosferina Neumococo Herpes Zóster
Toxoides	Difteria Tétanos
Vectores virales	Ébola, COVID-19
ARNm	COVID-19

Tabla 15-3. Tipos de vacunas.

Otras veces nos basta con que el sistema inmunitario responda contra una proteína o un azúcar[192] que resultan esenciales para el microorganismo. Dado que nuestro sistema inmunitario reacciona contra todo lo que aprecia como ajeno, es posible desencadenar su respuesta solo con exponerlo a determinadas moléculas procedentes del patógeno contra el que queremos generar la respuesta inmunitaria. Con este tipo de vacunas (que pueden ser de subunidades, de proteínas o conjugadas) no hay el menor riesgo de generar una infección real. No hay ácidos nucleicos ni maquinaria de proteínas capaz de sustentar la reproducción del microorganismo.

Cuando optamos por utilizar piezas del patógeno, como proteínas o azúcares, tenemos que resolver el problema de introducirlas en

---

192   Las paredes celulares de las bacterias están hechas de polisacáridos. Es decir, azúcares, pero no unos cualesquiera.

el cuerpo y que lleguen a provocar una respuesta inmunitaria antes de ser eliminadas. Muchas veces, inoculamos sencillamente las proteínas o azúcares contra los que queremos generar una respuesta. Pero en otros casos necesitamos utilizar un vehículo más complejo, un virus «domesticado», como los adenovirus, que actúan como vectores virales. Estos vectores virales son virus modificados genéticamente para que expresen las proteínas que queremos que se produzcan. Al modificarlos, les quitamos también alguna pieza clave de manera que no puedan reproducirse. No hay riesgo de que proliferen.

En la lucha contra la COVID-19 se utilizaron por primera vez vacunas de ARNm, en las que los científicos llevaban casi una década trabajando. En este caso, en lugar de inocular la proteína contra la que queríamos provocar la respuesta inmunitaria, decidimos ir un paso antes. Se introduce en el cuerpo un fragmento de ARNm que contiene la información para fabricar un tramo de la proteína de la espícula, de modo que sean nuestras propias células las que produzcan parte de la proteína más relevante del virus. Esta se libera al medio y provoca la reacción del sistema inmunitario. Para obtener vacunas de ARNm contra la COVID-19, uno de los pasos más complicados fue el desarrollo de una cápsula capaz de proteger al delicado ácido nucleico hasta llegar a las células que debían producir las proteínas codificadas en él.

Finalmente, debemos recordar las vacunas basadas en toxoides, en las que el objetivo es crear una respuesta inmunitaria contra las toxinas producidas por el microorganismo, más que contra este en sí. En este grupo tenemos las de la difteria y del tétanos.

Si bien las vacunas de ARNm fueron las de mayor repercusión en la pandemia de COVID-19, otras farmacéuticas optaron por soluciones más tradicionales, como las vacunas basadas en proteínas, en vectores virales y en virus desactivados. Hay muchos factores que tener en cuenta a la hora de decidir la estrategia de una vacuna: dificultad de desarrollo, condiciones de conservación y transporte, pautas de las dosis a administrar, coste de fabricación, etc. La siguiente tabla recoge los tipos de vacunas desarrolladas para esta enfermedad. He incluido el nombre de los laboratorios para que se pueda identificar de qué tipo son las vacunas más conocidas.

Vacunas contra el SARS-CoV-2 (octubre de 2021)	
Tipo de vacuna	**Fabricante**
ARNm	Moderna Pfizer/BioNtech Curevac
Vectores virales	Astra-Zeneca Johnson and Johnson Gamaleya I.R. (Sputnik V) VECTOR CanSino
Basadas en proteínas	Novavax Chinese Academy of Sciences Center for Genetic Engineering and Biotechnology (Abdala)
Virus inactivados	Sinovac Tech Sinofarm/Chines Academy of Sciences Bharat Biotech Kazakh Research Institute fir Biological Safety Problems Shifa farmed Industrial Group Chumakov Center

Tabla 15-4. Tipos de vacunas desarrolladas contra la COVID-19.

¿POR QUÉ NO HAY APENAS RESISTENCIAS A LAS VACUNAS?

Como hemos comentado, tenemos un serio problema de resistencias a los antimicrobianos, pero no así a las vacunas. Los casos de organismos resistentes a las vacunas son poco frecuentes, pese a que muchas llevan usándose décadas. ¿Cómo es esto posible?

La clave de esta diferencia está en que nuestras dos armas contra las enfermedades infecciosas actúan de manera muy diferente, lo que afecta tanto a la infección en sí misma como a su propagación. Veamos algunos puntos importantes.

1) LAS VACUNAS ACTÚAN DESDE EL MINUTO CERO, LOS ANTIMICROBIANOS SE UTILIZAN UNA VEZ DETECTADA LA INFECCIÓN.

Recordemos que el primer paso de todo agente patógeno en una infección es conseguir un gran número de individuos cuanto antes, de manera que pueda desbancar a nuestro sistema inmunitario. Nada más iniciarse la infección, por tanto, los patógenos intentan reproducirse como locos. Hay dos fenómenos muy importantes asociados a crecer rápidamente en población:

— Para que un patógeno pueda «saltar» a otro huésped, su concentración ha de superar un cierto umbral, llamado *umbral de transmisión*. Si el sistema inmunitario reacciona de inmediato, cortará el crecimiento de la población del microorganismo invasor y este nunca llegará a alcanzar el número de individuos necesario para transmitirse.

— Un rápido crecimiento en el número de patógenos da oportunidades para que aparezcan mutaciones en las sucesivas generaciones. Y, al aparecer mutaciones, siempre existe la posibilidad de que surjan variantes resistentes o con alguna otra ventaja. Cortando el crecimiento de la población de patógenos cuanto antes evitamos que aparezcan esas mutaciones.

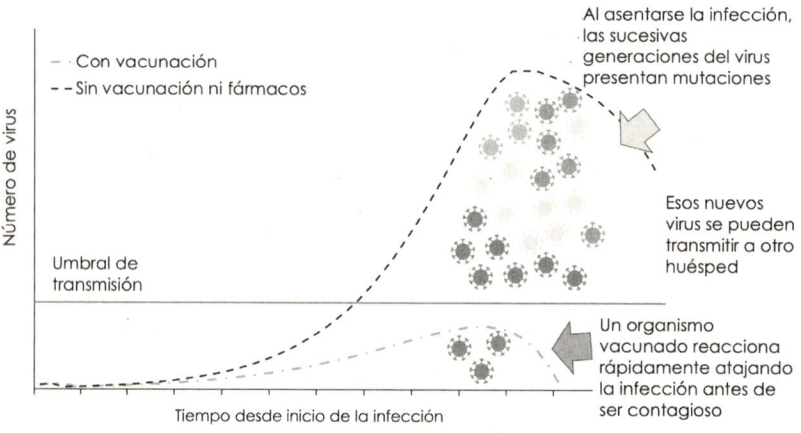

Figura 15-8. Evolución del número y variabilidad genética de un virus en un huésped según esté o no vacunado.

Esto es, la ventaja de haber entrenado a nuestro sistema inmunitario para actuar cuanto antes gracias a las vacunas no solo consiste en evitar caer enfermo. Al atajar rápidamente la infección restamos posibilidades al desarrollo de variantes o cepas nuevas que podrían ser resistentes.

Si, en lugar de confiar en las vacunas, utilizamos un tratamiento con un antimicrobiano, empezaremos a administrarlo una vez la infección es evidente. En este caso, el huésped ha tenido ocasión de transmitir la enfermedad a otras personas. Además, como para alcanzar este punto se necesita tiempo, habrán aparecido mutaciones, alguna de las cuales podría favorecer la resistencia a los fármacos, las cuales, a su vez, podrían haber pasado ya al siguiente huésped.

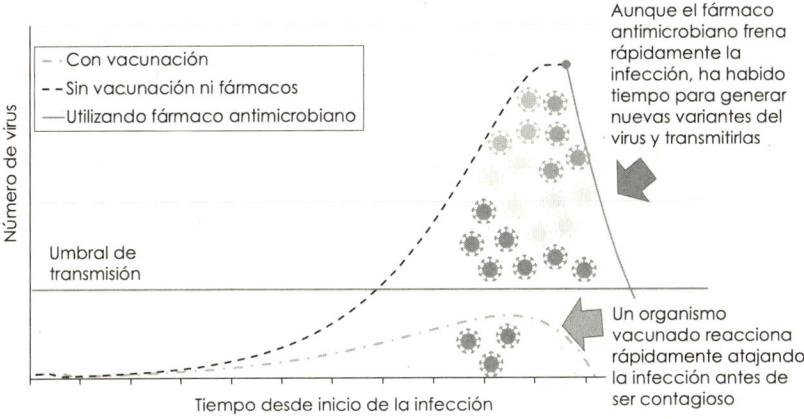

Figura 15-9. Evolución del número y variabilidad genética de un virus en un huésped según esté o no vacunado, administrando un antiviral.

2) LAS VACUNAS ATACAN AL PATÓGENO DE MÚLTIPLES FORMAS, LOS FÁRMACOS LO HACEN SOLO DE UNA MANERA.

Como hemos visto anteriormente, los fármacos antimicrobianos actúan interrumpiendo algún proceso fundamental del patógeno a base de bloquear una molécula (o un orgánulo) esencial en ese proceso. El fármaco antimicrobiano, por tanto, está hecho a medida para encajar con una determinada molécula en un determinado punto de esta. Ese ataque tan focalizado es la principal debilidad de este tipo de fármacos. Para desactivarlos basta un pequeño cambio en la molécula objetivo o en las condiciones que permiten que se adhiera a ella. Podríamos decir que inutilizar un antimicrobiano requiere una sola mutación, siempre que sea en el lugar preciso[193].

---

193 Por supuesto, es necesario que esa mutación no suponga por otro lado una

Por el contrario, las defensas de nuestro sistema inmunitario atacan a los patógenos en muchos puntos. Esto es una consecuencia de la manera en que se generan en respuesta a la aparición de elementos extraños[194].

Los anticuerpos, como los linfocitos T, reaccionan a fragmentos de proteína que les exponen las moléculas MHC-I y MHC-II. El mecanismo es el siguiente: tanto si esas proteínas andan sueltas por el entorno intercelular como si están dentro de una célula, a nuestro organismo no le gusta que haya proteínas ociosas pululando por ahí. Rápidamente son degradadas y troceadas. Esos trozos de proteína son los que capturan las moléculas MHC[195], llevándolos hasta los linfocitos B y T para que los reconozcan y, si no se reconocen como proteínas propias, se desencadene la respuesta inmunitaria.

Ello supone que, para una misma proteína de un mismo patógeno, nuestro cuerpo desarrolla anticuerpos adaptados para bloquear diez, veinte o más puntos diferentes de la molécula llamados epítopos. En el caso del tétanos, se ha comprobado que una solo persona podía tener anticuerpos para cien puntos diferentes de la proteína.

Además, las moléculas MHC tienen una gran variabilidad genética, presentando formas algo distintas en cada ser humano. Ello supone que el fragmento de proteína que encaja con la MHC de una persona para ser presentado a los linfocitos B y desencadenar la producción de anticuerpos, es distinto del que encajará con el complejo MHC en otra persona. Como consecuencia de ello, los anticuerpos generados por la primera persona estarán diseñados para interaccionar con un fragmento de proteína distinto del que encaja con los diseñados por la segunda. Así, si un patógeno lograse una ventaja evolutiva contra

---

merma considerable en las posibilidades de supervivencia. En muchos casos las mutaciones que permiten evitar la acción de un antimicrobiano conllevan una menor capacidad de reproducción u otras desventajas, por lo que, una vez desaparecida la amenaza del antimicrobiano, dejan de ser interesantes. La deriva genética acaba por suprimirlas.

194   Puede que sea hora de repasar el capítulo 9.

195   Las moléculas MHC solo pueden capturar fragmentos de proteína que «encajen» con su forma. Al ser diferentes (la genética se encarga de eso), sus moléculas MHC capturarán fragmentos distintos de los que capturan las mías, casi seguro. Por esa razón nuestros anticuerpos y linfocitos T actuarán de manera algo diferente.

los anticuerpos de un huésped, es posible que tal beneficio se desvanezca al pasar a otro huésped. He centrado la explicación en los anticuerpos, pero lo mismo aplicaría a otras defensas del sistema inmunitario adaptativo, como los linfocitos T.

En consecuencia, la variabilidad genética de nuestro sistema inmunitario es una gran característica que dificulta la aparición de cepas resistentes entre los patógenos que nos atacan. Y como las vacunas basan su efectividad en estimular nuestro sistema inmunitario, de alguna manera heredan esa ventaja. Por un lado, las defensas creadas gracias a las vacunas inutilizan las proteínas del invasor en muchos puntos diferentes. Se necesitarían muchas mutaciones para cambiar la proteína a tal nivel como para que pudiera protegerse en todos esos puntos, y seguramente tanto cambio haría la inviable la supervivencia del patógeno.

Asimismo, las diferencias entre los sistemas inmunitarios y las respuestas desarrolladas por diferentes personas hacen muy difícil que, en caso de que el patógeno logre burlar las defensas desarrolladas en un huésped gracias a las vacunas, este mismo truco sea efectivo en un huésped distinto.

3) OTRAS VENTAJAS DE LAS VACUNAS.

Además de las dos grandes diferencias entre vacunas y antimicrobianos que hemos descrito, hay otras ventajas de las vacunas

a. Los efectos de las vacunas son mediados por respuestas inmunitarias, los de los fármacos por vías químicas. Las vacunas no interaccionan directamente con los patógenos, actúan de forma indirecta. Con ello, el microorganismo no puede probar la efectividad de los cambios inducidos por las mutaciones de manera directa, sino indirectamente.

b. Las vacunas inducen respuestas sistémicas del huésped, lo que minimiza la posibilidad de refugio y la heterogeneidad de condiciones en diferentes áreas del organismo. En otras palabras: cuando la respuesta es generada por el sistema inmunitario el patógeno no tiene dónde esconderse. Una de las mayores dificultades con los fármacos es conseguir que lleguen donde necesitamos que actúen sin ser antes degradados por nuestro propio servicio de «recogida de basura». Puede haber órganos donde la presencia de un antimicrobiano sea insuficiente y los patógenos puedan refugiarse y rearmarse. Eso es más difícil que ocurra cuando el que actúa es el sistema inmunitario.

c. Las respuestas inmunitarias no dependen de la voluntad o el control de los pacientes. No es necesario ser disciplinado en seguir unas pautas de medicación. Una vez vacunado, la protección que nos brinda la vacuna no va a depender de que nos acordemos de tomar el antibiótico a la hora precisa, ni de que acabemos el tratamiento.

d. Las vacunas solo están activas en los huéspedes, pero las medicinas continúan activas en reservorios ambientales, entrenando organismos resistentes. Esto es un verdadero problema, ya que los fármacos antimicrobianos que se liberan al entorno están entrenando microbios para que desarrollen resistencias. Con las vacunas no existe ese riesgo.

e. El sistema inmunitario es altamente específico en sus respuestas, muchos antimicrobianos son de amplio espectro, lo que quiere decir que hay muchos microorganismos cuya supervivencia depende de desarrollar resistencias, y que pueden pasar sus «trucos» a otros microbios de múltiples formas. Ese trabajo en equipo no nos viene nada bien.

UNA ESTRATEGIA PARA CADA ORGANISMO

ALGUNOS MICROBIOS PUEDEN SER CONTROLADOS CON VACUNAS...

Visto lo anterior, parece que las vacunas han de ser la solución a todos nuestros problemas con los agentes infecciosos. Lamentablemente, no es así. El desarrollo de una vacuna contra un patógeno es un proceso largo y complicado. Que fuéramos capaces de desarrollar vacunas contra la COVID-19 en poco más de un año es algo espectacular y totalmente fuera de lo común. Tampoco podemos guiarnos por la facilidad con que, aparentemente, desarrollamos cada año una nueva vacuna para la gripe. Se trata de un virus archiconocido y contamos con una maquinaria bien engrasada que coordina el esfuerzo de multitud de científicos y laboratorios en todo el mundo.

Miremos a otro lado. A enfermedades para las que, pese a haber dedicado billones de euros en investigación, no ha sido posible desarrollar una vacuna. Me temo que la lista no es corta. No hay vacuna contra el SIDA, ni contra el constipado común o la malaria. ¿Por qué? Porque se trata de microorganismos que se caracterizan por la facilidad con la que cambian su aspecto exterior. Llamamos antígenos a esas moléculas de una célula o microorganismo que son detectables por el sistema inmunitario. Con microbios capaces de cambiar sus antígenos sin ninguna dificultad (como es el virus de inmunodeficiencia humana, VIH), o en cuya familia hay una gran variabilidad antigénica (como ocurre con las más de cien variantes del rinovirus, causantes del constipado), no hay forma de desarrollar una vacuna. En el primer caso, quedaría obsoleta antes de empezar. En el segundo, solo podríamos controlar la infección si esta la produce una pequeña parte de la población del virus objetivo.

Para las enfermedades causadas por protozoos, como la malaria, la variabilidad antigénica viene de fábrica con el complejo ciclo vital de estos microorganismos. Al pasar por diferentes fases en su desarrollo, los cambios son tan grandes que resulta muy complicado dar con una vacuna o incluso fármacos capaces de atacarlos. Para más inri, los protozoos son eucariotas, como nosotros. Se nos parecen mucho.

En ocasiones damos con un microorganismo del que hay diferentes cepas con distintos antígenos, cuya peligrosidad varía de unas a otras. En esos casos merece la pena el desarrollo de una vacuna que proteja de las cepas más virulentas. Es, por ejemplo, lo que se hace con la vacuna contra el virus del papiloma humano[196].

Un caso de este tipo es también el del neumococo. Esta bacteria se encuentra muchas veces en la nasofaringe de los niños, causando infecciones benignas. Pero en ocasiones, se rebela y produce enfermedades graves, como la enfermedad neumocócica invasiva. Para prevenir estos casos de mayor impacto, se desarrolló una vacuna capaz de protegernos contra siete de los más de noventa serotipos conocidos. La incidencia de enfermedades graves causadas por el neumococo se ha reducido considerablemente, pero se vio que

---

196   Cuando vas a comprar la vacuna a la farmacia, puedes elegir entre la de tres, la de cinco o la de nueve cepas. Imagine lo que hace una madre, que además sabe un poco de esto de los virus.

empezaban a hacerse más abundantes las variantes no cubiertas por la vacuna. Aun así, la protección proporcionada por la vacuna sigue siendo efectiva en reducir casos graves, y lo que hemos hecho ha sido incluir más cepas. Ahora abarca trece.

…EN OTROS CASOS HAY QUE EMPLEAR ANTIMICROBIANOS

Ya hemos mencionado el caso paradigmático del virus del SIDA como ejemplo de patógeno con el que no es posible el desarrollo de una vacuna. Para salvar el problema del desarrollo de resistencias en esta enfermedad, se trata a los pacientes con un cóctel de fármacos. Se combinan tres antivirales distintos, ya que es muy improbable que un virus llegue a sumar las mutaciones necesarias para escaparse de todos ellos. Para evitar que, además, surjan esas resistencias o puedan propagarse, se sigue una estrategia de mosaico entre la población afectada por esta enfermedad. Esta táctica consiste en dar diferentes combinaciones de antivirales a distintos pacientes. De esta forma, aunque en uno de ellos llegara a aparecer una cepa del VIH resistente a los antivirales que está tomando, ese mismo virus tropezaría con una combinación diferente en caso de pasar a otro huésped. De esta forma se frena la propagación de cepas resistentes entre la población portadora del VIH[197].

La opción de utilizar cócteles de fármacos para salvar el problema de las resistencias se emplea a veces con las enfermedades bacterianas. Por ejemplo, el tratamiento de *Helicobacter pylori* en la actualidad consiste en tomar simultáneamente tres antibióticos. No obstante, esta estrategia no es lo más común. En general, se opta por empezar con un antibiótico de amplio espectro, y solo uno, para pasar a otros más específicos si fuera necesario. Los antibióticos más modernos se reservan como oro en paño para tratar las infecciones más complicadas, lo que es un verdadero problema para su desarrollo. Esencialmente, es difícil convencer a las farmacéuticas de que inviertan millones de euros[198] en inventar un medicamento que

---

197 Si nos paramos a pensarlo, el hecho de que cada uno de nosotros tenga un sistema inmunitario peculiar y diferente hace que contemos con una estrategia de mosaico contra los virus.

198 El coste de desarrollo de un antibiótico es del orden de cientos de millones de euros.

luego vamos a intentar utilizar lo menos posible. Mejor hacer algo para la hipertensión.

Por esa razón, la investigación se vuelca cada vez más a encontrar atajos. Por ejemplo, una de las líneas de investigación en el campo de antibióticos que no hemos mencionado antes es la combinación de dos antibióticos distintos en la misma molécula. Normalmente se combinan antibióticos con principios de acción muy distintos, para atacar así desde distintos frentes.

Los antimicrobianos quedan de esta manera como la última barrera contra nuevas enfermedades. Las llamadas enfermedades emergentes, que están ahora mismo gestándose en distintos hábitats en nuestro mundo, nos van a sorprender como lo hizo el SARS-COV-2. En algunas situaciones, la mejor solución será una vacuna, pero su desarrollo llevará tiempo. Y, como tiempo es lo que no solemos tener en caso de una emergencia como esta, más nos vale inventar nuevos antimicrobianos. Para cualquiera de las dos líneas de trabajo que hemos descrito en este capítulo es esencial que sigamos invirtiendo en ciencia básica, buscando nuevos enfoques que permitan mejorar nuestro conocimiento de las enfermedades, de los agentes que las causan, y de la mejor manera de combatirlos.

16. ¿Con COVID o por COVID?

La primera mitad del siglo XXI ha venido marcada por varios fenómenos. Uno de ellos ha sido la pandemia de COVID-19. Otro, sin duda, la omnipresencia del *big data*. La pandemia ha sido devastadora. Además de dejar millones de víctimas mortales, ha penalizado las economías, ha cambiado costumbres y formas de trabajar y ha alterado considerablemente nuestras vidas durante casi dos años. La clave para detenerla durante meses fue la misma que desde hace siglos utilizamos frente a cualquier brote infeccioso: frenar su expansión a base de aislarnos. No obstante, la abundancia y un buen uso de información nos permitió mucho más: en pocos meses, los médicos mejoraron los tratamientos, en el asombroso plazo de un año tuvimos vacunas contra el temible coronavirus, y, entre tanto, las medidas de aislamiento se fueron aplicando a entornos ajustados a la evolución y presencia de la enfermedad. Nada de eso fue posible en las anteriores pandemias de gripe del siglo XX. Para algo tenía que servir tanto dato…

¿CÓMO SE AFRONTA UNA EPIDEMIA?

Una epidemia, o un brote de una enfermedad infecciosa, es el resultado de un conjunto de fenómenos que tienen lugar a distintas escalas. Para detectar y frenar un brote de este tipo tendremos que actuar a todos estos niveles, como vemos en la figura que sigue.

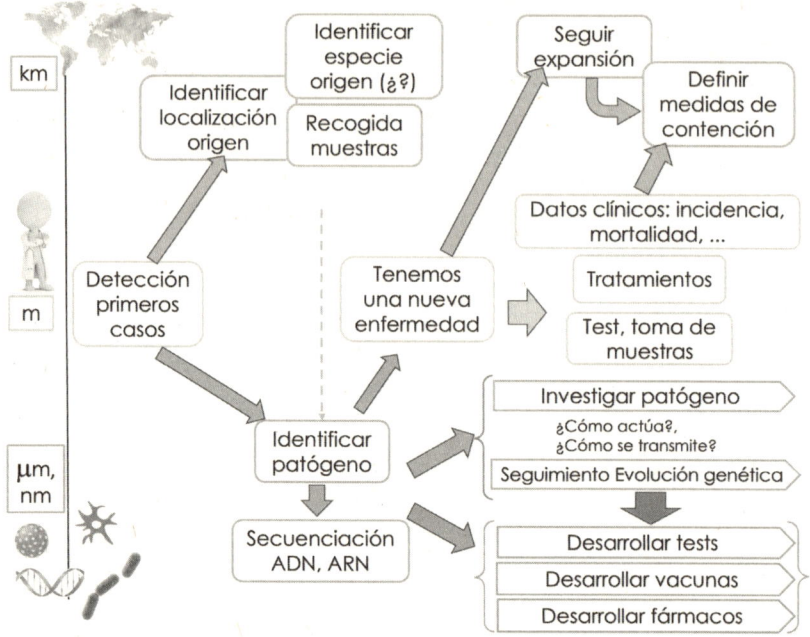

Figura 16-1. Estrategia para afrontar un brote infeccioso. La identificación y respuesta se desenvuelve a varios niveles: epidemiológico, médico y microscópico. Imagen de Mª Teresa Herrero, con elementos de Adobe Stock (ver créditos)

Si bajamos al mundo de los nanómetros, tendremos esos ácidos nucleicos que, al mutar, dotan al patógeno de nuevas capacidades. También tendremos las proteínas que ahora es capaz de producir, y los anticuerpos con los que nuestro sistema inmunitario responde. En este dominio de lo microscópico, intervienen también las herramientas con las que intentamos comprender cómo actúa el microorganismo y de qué manera evoluciona. Y, por supuesto, las que utilizamos para desarrollar test y para combatirlo mediante vacunas o fármacos.

En el ámbito intermedio de los metros tenemos el campo de la medicina. En esa escala se identifica la enfermedad y se aplican tratamientos para ayudar a superarla. Se toman muestras, se realizan test diagnósticos y se hace el seguimiento caso a caso, buscando conocer los efectos sobre nuestro organismo, el curso de la infección, y la mejor manera de acometer la enfermedad. Es el ámbito en el que se recopila más información de cara a comprender la enfermedad y su curso, gracias al esfuerzo de las personas que están en contacto directo con los pacientes.

Y finalmente tenemos la escala de los kilómetros, o lo que es lo mismo, de la epidemiología. Ahí nos encontramos con la búsqueda del origen de la enfermedad, la identificación de los focos iniciales, el seguimiento de cómo se extiende y evoluciona, etc. Y, sobre todo, la propuesta de medidas con las que contener su expansión y limitar su impacto. Los médicos curan enfermos, los epidemiólogos controlan enfermedades.

Los tres niveles de actuación están estrechamente relacionados, no pueden funcionar si no es de manera conjunta. Sobre todo, una vez declarada la enfermedad, donde la maraña de flechas representa el continuo ajuste e intercambio de información entre la investigación pura, la investigación aplicada, la medicina y la epidemiología.

A partir de ese momento, se trata de aprender lo más rápido posible sobre la enfermedad y el agente que la causa. De desarrollar tratamientos y ajustar las medidas de protección conforme a la información disponible. Y de no perder de vista nunca la evolución del patógeno, que ha pasado a engrosar la nómina de microorganismos a vigilar de cerca.

¿Está todo hecho? Ni mucho menos. Diseñar una estrategia para controlar un brote infeccioso, más o menos grande, exige obtener y estudiar montones de datos sobre la enfermedad y el patógeno que la causa. Y hablando de epidemias, tan importante es el cuánto como el dónde.

¿TE GUSTAN LAS MATES?

Te gusten o no, están por todas partes. Las mates, o más bien su uso intensivo como herramienta para comprender el mundo. El estudio de las enfermedades que nos acechan y las decisiones sobre la mejor manera de afrontarlas están dominados por las matemáticas. Unas veces en su forma más pura, como cuando en los primeros capítulos explicábamos el desarrollo de la pandemia mediante funciones exponenciales o ecuaciones diferenciales. Otras veces de manera encubierta, bajo el nombre de estadística, algoritmos, inteligencia artificial o *machine learning*.

En general, las matemáticas, la estadística y las ciencias de los datos nos permiten salvar dos retos: comprender y calibrar qué está pasando, por un lado, y predecir qué podría ocurrir bajo distintos supuestos, por otro. Aunque no lo parezca, ambas tareas son igual de complicadas, sobre todo cuando estamos en una situación que nos sobrepasa.

LA PARTE MÁS COMPLICADA DE PREDECIR EL FUTURO ES SABER QUÉ ESTÁ PASANDO JUSTO AHORA [199].

Olvídense de las profecías de Nostradamus. Cualquiera puede lanzar un montón de generalidades sobre lo que ocurrirá en quinientos años. Lo difícil es entender lo que está pasando ahora. Y eso es lo que hay que hacer, a toda velocidad, cuando aparece un brote infeccioso. Recoger todos los datos posibles y estudiarlos. Sacar conclusiones y tomar decisiones.

EL ARTE DE RECOGER DATOS

Las preguntas clave en una enfermedad infecciosa son pocas, pero muy relevantes:

¿Cuál es la mortalidad de la enfermedad?

¿Cómo se transmite?

¿Cuál es su contagiosidad?

¿Qué tratamiento es más efectivo? ¿Cómo influyen la edad y la presencia de otras enfermedades?

¿Cómo de fiables son las pruebas diagnósticas?

¿Cuál es la prevalencia de la enfermedad en la población?

¿A quién debemos vacunar?

En contra de lo que pueda parecer, conseguir información buena para responder estas cuestiones no es nada fácil. Necesitamos que cientos, miles de personas que a diario están en contacto con los afectados, recojan información de cada caso, de la evolución y sínto-

---

199   Rara vez doy una charla sobre tratamiento de datos que no comience con esta frase. Nuestras predicciones serán un churro a menos que partamos de un buen conocimiento del fenómeno cuya evolución futura intentamos predecir.

mas de la enfermedad, del número de personas diagnosticadas, de la efectividad de medidas de prevención… Una tarea titánica de registro de datos y tratamiento posterior. Es vital.

En definitiva, las decisiones sobre cómo abordar una crisis sanitaria se alimentan de datos, y necesitamos que estos sean buenos, lo que normalmente se trata de una labor extremadamente complicada[200].

¿CON COVID O POR COVID?

En la pandemia de COVID, sumergidos en un mar de datos inconexos, algunas personas se cuestionaban si las cifras de fallecidos estaban sumando de manera incorrecta las muertes debidas a otras causas. Si el paciente había muerto por COVID, es decir, si esta había sido inequívocamente la causa de la muerte. O si había muerto con COVID, esto es, que le pasaban muchas cosas, una de las cuales era esta enfermedad.

Y la verdad es que contar los fallecidos por COVID no era nada fácil. En algunas regiones el criterio era «se considera fallecido por COVID cualquier persona que haya sido diagnosticada con la enfermedad y muera en el periodo de menos de tres[201] meses desde el diagnóstico». En otras zonas había una trazabilidad mejor a partir de los registros de defunciones, pero siempre a criterio de quien consignaba la causa de la muerte. A pesar de la sensación que tenemos de que todo cuanto hacemos o tenemos está registrado en alguna parte, no es lo que ocurre con este dato concreto[202].

En cualquier caso, esta pregunta aparentemente sencilla ilustra lo difícil que es categorizar eventos de cualquier tipo al recoger datos. Los científicos intentan establecer de manera objetiva la forma de clasificar los datos obtenidos, lo que lleva a unas definicio-

---

200 Para quien tenga curiosidad, el libro COVID *by Numbers. Making Sense of the Pandemic with Data*, de David Spiegelhalter y Anthony Masters, recoge de manera exhaustiva los datos recabados en Reino Unido para responder a las cuestiones más relevantes sobre cómo abordar la pandemia. Solo apto para forofos de la estadística, aviso, pero muy interesante.

201 El número de meses variaba en España de una comunidad autónoma a otra.

202 Parece que Google no ha encontrado la manera de vendernos nada por el hecho de controlar justo esa información.

nes larguísimas y enrevesadas. Pero ni aun así pueden evitarse las ambigüedades.

Veamos con un ejemplo las dificultades de atribuir o no un fallecimiento a la COVID-19. Imaginen que están en un ascensor con bastante gente. El ascensor tiene un límite de peso y, al entrar una persona, ese límite se ve superado. Puede que esa persona sea obesa, y entonces todo el mundo le mirará mal. Sin embargo, también puede ocurrir que el último en entrar sea delgado, pero el ascensor tenía tanta gente que ha hecho superar el límite de peso.

La tendencia natural será acusar al último que ha entrado, ¿no? Aunque siendo objetivos, no podemos decir que esa persona sea más culpable de superar el peso límite que cualquiera de los que estaban previamente.

En la figura siguiente intento ilustrar distintas situaciones. Si el ascensor es nuestro estado de salud, cuanto mayores seamos más probable es que, para cuando llegue la infección por COVID (la última persona que intenta subir al ascensor), haya ya «cargas» previas más o menos significativas[203]. Esa infección por COVID puede ser virulenta en mayor o menor grado, y también la naturaleza de cada uno de nosotros es diferente; así que, en nuestro símil, la persona que va a subir puede ser más o menos pesada y unos ascensores soportan más peso que otros. El caso es que la última persona es la que desborda la capacidad del ascensor. ¿Pero realmente podemos considerarla la causa de ese desborde?

Esta pregunta realmente no tiene respuesta. Definir criterios en una situación así es muy complicado, y acaba siendo decisión de una persona clasificar el evento en una u otra casilla. Decidir si la muerte fue por COVID (el último en subirse al ascensor) o por otra causa (algo que teníamos ya previamente).

---

203 En el caso de la COVID-19, se identificaron como factores de riesgo la edad, la diabetes y la obesidad, entre otras cosas.

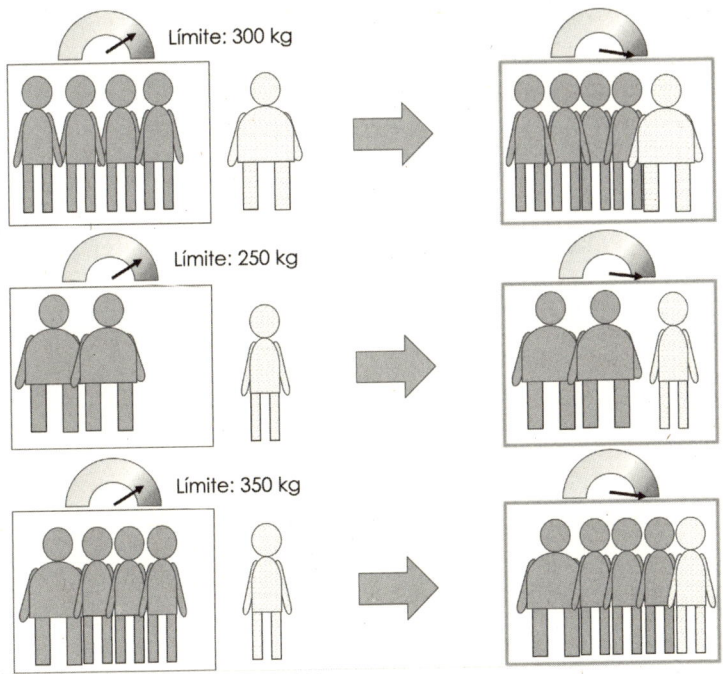

Figura 16-2. Metáfora del ascensor. Los ascensores tienen diferentes límites de peso, y hasta la llegada del último en entrar estaban ya muy cargados.

De hecho, cuando la decisión de cómo categorizar un evento médico depende de humanos, es imposible evitar que estos se vean influenciados por las circunstancias[204]. Por esa razón, es muy importante dar pautas claras en la recogida de datos relativos a una enfermedad y chequear posibles discrepancias.

No existen datos de los que podamos estar 100 % seguros. Hay criterios distintos, hay situaciones diferentes, y sesgos inevitables en quienes los recogen. Por eso es muy importante contrastar los valores que estamos viendo con otros que nos puedan servir de referencia: lo ocurrido con brotes previos de la misma enfermedad, la

---

204 En 2009, una epidemia de gripe A tipo H1N1 causó gran preocupación entre las autoridades sanitarias de todo el mundo. Comenzó en México, donde se registraron gran número de casos, muchos de ellos graves. Sin embargo, la mortalidad e incidencia de esta gripe en otros países fue pequeña. Más adelante, se comprobó que las cifras de mortalidad recogidas sobre los primeros casos eran exageradas. En medio de la psicosis que se produjo en México, se atribuyeron a la gripe muchas muertes de personas que ni siquiera tenían la enfermedad.

relación entre variables distintas (como el cociente entre casos y hospitalizaciones, por ejemplo), los valores medidos en otros países de costumbres parecidas, etc. Todo ello son herramientas que utilizamos para juzgar la bondad de los datos en que los que debemos apoyarnos. Como vimos en el capítulo 2, al comparar las incidencias en Castilla y León y Madrid, siempre hay que tomar con cautela los números y chequear qué puede estar afectando a su validez. Y asumir que el mundo no es perfecto.

LA IMPORTANCIA DE LOS MAPAS

¿CÓMO SE EXTIENDE UNA EPIDEMIA? LOS MAPAS DE INCIDENCIA DE LA COVID-19

Además de recoger exhaustivamente datos sobre la enfermedad, frente a un brote infeccioso o una epidemia es muy importante ubicar geográficamente los casos que van surgiendo. En los primeros momentos para identificar el agente causante y el foco inicial, y más adelante para saber en qué zonas debemos extremar las precauciones de cara a reducir la expansión de la enfermedad.

Las medidas de control de una epidemia como la del COVID-19 o de la gripe no tienen mucho misterio: lo ideal es restringir al máximo los contactos entre personas para evitar que la infección pase de unos a otros. No obstante, tampoco es viable encerrar a toda la población y tirar la llave. Es fundamental mantener las medidas restrictivas acotadas en lo posible a las zonas que, en cada momento, estén más afectadas. Al fin y al cabo, los humanos somos criaturas sociables y las consecuencias del distanciamiento social son graves, tanto por su impacto en la economía como, por supuesto, en la salud mental[205].

Por esta razón, durante la pandemia se llevó a cabo un seguimiento detallado de la incidencia por áreas de salud, concejos o municipios, ajustando las medidas restrictivas a la situación en que se encontrara cada zona en cuanto a incidencia de la enfermedad.

---

205 Por no hablar de que en los países civilizados no se puede encerrar a la gente, ni siquiera en su casa.

Ese seguimiento se realizaba mediante mapas que nos permitían ver, semana a semana, la extensión de la epidemia[206].

La secuencia de estos mapas nos proporciona además la visualización de la expansión de los brotes de unas zonas a otras y aprender de ello. Como ejemplo, he tomado el mapa de incidencia a catorce días de Asturias[207] a lo largo de varias semanas, donde podemos ver claramente cómo se va extendiendo una ola de contagios.

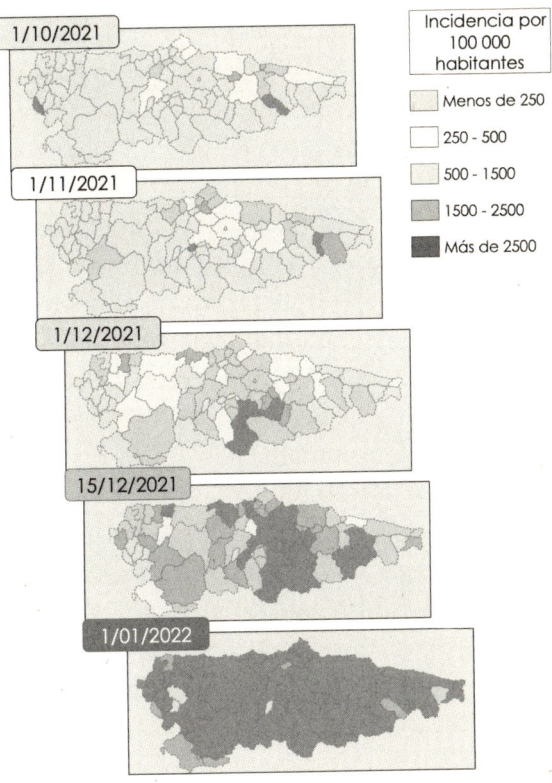

Figura 16-3. Incidencia a catorce días por 100 000 habitantes en Asturias, por zonas. Datos del periodo 1/10/2021-1/01/2022. Fuente: *COVID-19 ASTURIAS (shinyapps.io)(https://dgspasturias. shinyapps.io/panel_de_indicadores_asturias/.)*

206 Yo esperaba con expectación la publicación de los mapas de mi provincia cada semana para ver qué podría hacer en los siguientes siete días.

207 Los datos facilitados por las autoridades del Principado de Asturias para seguimiento de la pandemia de COVID-19 fueron extraordinarios por su calidad y su detalle.

En general, todas las comunidades autónomas elaboraban mapas de este tipo para informar a la población y hacer seguimiento de la situación, como vimos en el capítulo 2 para Madrid y Castilla y León.

MÁS MAPAS, QUE ES LA GUERRA

Además del seguimiento de la incidencia del COVID por zonas, con el que rápidamente nos familiarizamos, los mapas son una herramienta fundamental para estudiar la evolución de cualquier enfermedad. Por ejemplo, la OMS distingue un 18 zonas geográficas dentro de las cuales el virus de la gripe presenta patrones de transmisión similares[208]. Se trata de grandes áreas geográficas, como Norteamérica, Sur de Europa, Norte de Europa, Sur de Asia, etc.

Dentro de cada una de esas zonas encontraremos cepas de gripe estrechamente emparentadas entre sí, por lo que, si surgiera una cepa particularmente virulenta, podemos asumir que su propagación será muy rápida dentro de su zona geográfica. Además, el seguimiento de las cepas de gripe presentes en cada zona y el rastreo de cómo se expanden es muy importante de cara a comprender los patrones de difusión de estas variantes y su evolución.

La localización geográfica de las muestras de virus es particularmente importante en la gripe aviar, por la facilidad con la que se difunde gracias a las aves migratorias y el riesgo ya constatado de salto a humanos. En el seguimiento del virus de gripe aviar es fundamental el análisis geográfico de la ubicación de otras muestras estrechamente relacionadas desde un punto de vista genético, y se estudia gracias a mapas detallados como el que sigue, para el virus H5N1[209].

---

208 Pueden consultarse en: https://www.who.int/publications/m/item/influenza_transmission_zones

209 Estaba tentada de reducir el tamaño del mapa quitando la Antártida, pero hay una muestra recogida en este continente helado y relacionada con otra en Sudamérica que me ha obligado a ampliarlo.

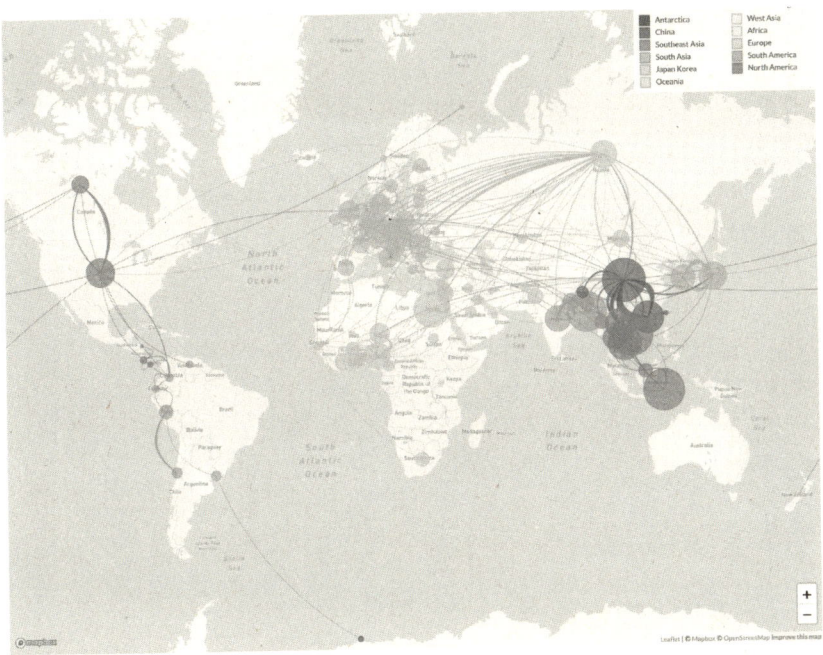

Figura 16-4. Mapa de transmisión de la gripe aviar, cepa H5N1. Marzo de 2024.
Fuente: nextstrain.com, a partir de los datos de GISAID.
https://nextstrain.org/flu/avian/h5n1/ha

Por otro lado, en las enfermedades transmitidas por vectores, lo que interesa es vigilar la distribución geográfica de estos. Son muchas las enfermedades infecciosas transmitidas por mosquitos y otros artrópodos. De ahí que el centro europeo de prevención y control de enfermedades (ECDC) tenga una página titulada «mapas de mosquitos» con mapas como el de la figura 16-10, indicando en qué zonas está establecida, introducida o ausente una especie determinada de mosquito.

El mapa de la siguiente figura es el de la especie *Aedes aegypti*, que transmite el dengue, la fiebre amarilla, el Chikunguña, el Zika y el virus mayaro. La página del ECDC tiene mapas de distribución de garrapatas, moscas, y bastantes bichos inquietantes. Mejor no visitarla si quiere dormir bien.

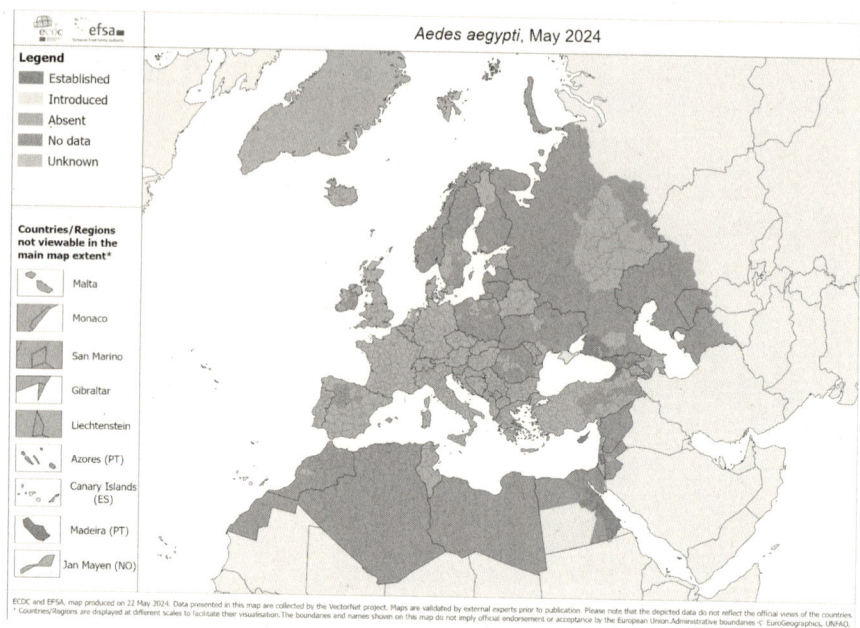

Figura 16-5. Distribución del mosquito *Aedes aegypti* en Europa.
Fuente: ECDC (Centro Europeo de Prevención y Control de Enfermedades).

DANDO UN PASO ATRÁS: *THE BIG PICTURE*

¿CUÁNTA GENTE MURIÓ POR LA PANDEMIA?

Cuando estamos haciendo frente a un brote infeccioso es vital tener información lo más actualizada posible, con toda la dificultad que tiene asegurar su calidad y precisión. Pero cuando ya ha pasado el momento de crisis, toca reflexionar sobre lo ocurrido. Ese paso atrás, que nos permite calibrar el impacto de una crisis de cualquier tipo o de una enfermedad, se aborda con indicadores estadísticos más elaborados.

Desde 2003, en España, se hace un seguimiento de la mortalidad en la población teniendo en cuenta su edad y otros factores característicos, como el género o el lugar de residencia, para valorar cuándo se producen desviaciones respecto a lo que sería de esperar. El índice MoMo, que así se llama, es el que nos permite estimar hasta qué punto las muertes contabilizadas en un determinado periodo están por encima de lo previsto.

Dada la divergencia de criterios a la hora de atribuir fallecimientos a la COVID-19 de unos países a otros y a la falta de medios de muchos de ellos para realizar un seguimiento exhaustivo de datos, se considera que este índice, mucho más objetivo y fácil de obtener, es un buen indicativo del incremento de mortalidad debido a la pandemia, directa o indirectamente.

Utilizando estos datos de exceso de mortalidad[210], se ha estimado que la pandemia de COVID-19 causó, entre 2020 y 2021, unos 18,2 millones de muertos en todo el mundo, muy por encima de los contabilizados oficialmente, que son unos 6 millones. Para tener buenos datos, hacen falta muchos medios, y los países donde estos escasean tienen grandes dificultades incluso para registrar eventos, como podemos ver por la tabla que sigue.

Muertes en exceso y muertes reportadas por COVID en el periodo 2020-2021 en el mundo, por regiones					
	Muertes en exceso por cada 100k hab	Muertes por COVID/100k hab	Muertes en Exceso	Muertes por COVID reportadas	Ratio Muertes en exceso/Muertes por COVID
Centro Europa, Europa del este y Asia central	288,0	125,2	2 340 000	1 170 000	2,0
Países con altos ingresos per cápita	143,3	94,7	2 640 000	1 840 000	1,4
Caribe y Latinoamérica	228,8	125,8	2 860 000	1 520 000	1,9
Norte de África y Oriente Medio	153,3	36,0	1 730 000	374 000	4,6
Sur de Asia	153,7	20,8	5 270 000	558 000	9,5
Sureste asiático, este de Asia y Oceanía	47,7	19,6	1 250 000	329 000	3,8
África subsahariana	139,2	11,7	2 130 00	150 000	14,2

Tabla 16-1. Muertes en exceso y muertes reportadas por COVID para distintas regiones del mundo en los años 2020 y 2021. Fuente: IHME (Institute for Health Metrics and Evaluation. University of Washington). *https://ghdx.healthdata.org/record/ihme-data/ covid_19_excess_mortality*

210   Wang, H., Paulson, K. R., Pease, S. A., & Murray, C. J. (2022). Estimating excess mortality due to the COVID-19 pandemic: a systematic analysis of COVID-19-related mortality, 2020-21. *The Lancet, 399*(10334), 1513-1536.

También en Europa el impacto fue bastante mayor que el oficial, bien porque algunas muertes por COVID no se reportasen como tal, bien porque el COVID fue una causa indirecta. Al fin y al cabo, el efecto inmediato de la pandemia fue paralizar el sistema sanitario, además de sembrar el miedo al contagio. Muchas personas con patologías graves no fueron al médico, o bien tardaron mucho en ser diagnosticadas. El COVID puede que solo fuese la causa directa de unas 98 000 muertes entre 2020 y 2021 en España, pero se estima que de manera indirecta indujo muchas más, hasta llegar a la cifra de 162 000.

Muertes en exceso y muertes reportadas por COVID en el periodo 2020-2021 en Europa					
	Muertes en exceso por cada 100k hab	Muertes por COVID/100k hab	Muertes en Exceso	Muertes por COVID reportadas	Ratio Muertes en exceso/Muertes por COVID
Alemania	120,5	66,4	203 000	112 000	1,82
Andorra	205,5	87,6	328	140	2,35
Austria	107,5	80,7	18 300	13 700	1,33
Bélgica	146,6	126,5	32 800	28 300	1,16
Chipre	32,2	25,7	809	646	1,25
Dinamarca	94,1	29,6	10 400	3270	3,18
España	186,7	114,1	162 000	98 900	1,64
Finlandia	80,8	16,1	8780	1740	5,03
Francia	124,2	97,4	155 000	122 000	1,28
Grecia	127,1	104,1	25 400	20 800	1,22
Irlanda	12,5	63,5	1170	5910	0,2
Islandia	-47,8	5,6	-314	37	-8,49
Israel	51	45,3	9280	8240	1,13
Italia	227,4	120,6	259 000	137 000	1,89
Luxemburgo	89,2	76	1070	915	1,17
Malta	89,9	58,2	735	476	1,54
Mónaco	74,4	53,1	53	38	1,4
Noruega	7,2	12,8	742	1300	0,57
Países Bajos	140	65,8	45 500	21 400	2,13
Portugal	202,2	94,8	40 400	19 000	2,13
Reino Unido	126,8	130,1	169 000	173 000	0,97
San Marino	189,6	160,3	118	100	1,18
Suecia	91,2	77,2	18 100	15 300	1,18
Suiza	93,1	72	15 500	1200	1,29

Tabla 16-2. Muertes en exceso y muertes reportadas por COVID-19 en Europa en los años 2020 y 2021. Fuente: IHME (Institute for Health Metrics and Evaluation. University of Washington). https://ghdx.healthdata.org/record/ihme-data/COVID_19_excess_mortality

La gráfica que sigue muestra claramente el exceso de defunciones en España, no solo en 2020 y 2021, sino también en meses posteriores. Podríamos decir que la curva de defunciones observadas no ha empezado a aproximarse a las esperadas hasta septiembre de 2022.

El efecto de la pandemia se traducirá en un exceso de defunciones, previsiblemente, durante años. Entre otras cosas, por la tardanza en diagnosticar y tratar el cáncer y otras enfermedades graves por el colapso del sistema sanitario, cuestión que han evidenciado estudios en todo el mundo y, por supuesto, en España[211].

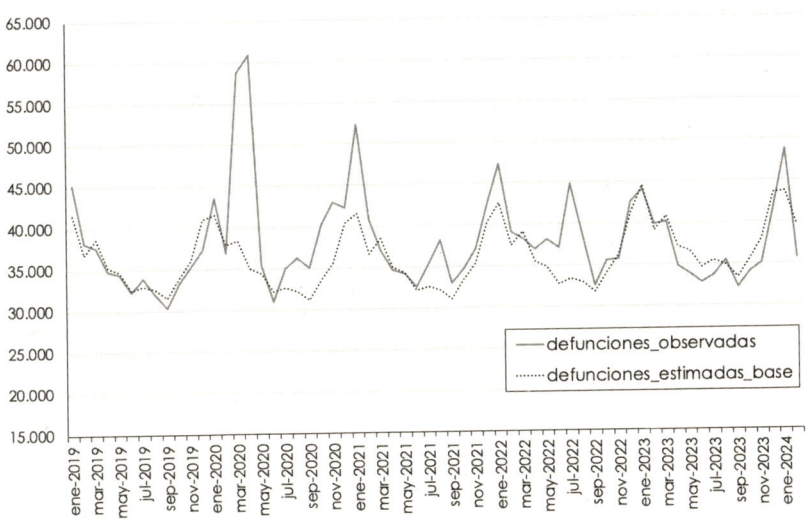

Figura 16-6. Mortalidad observada y esperada en España (enero 2019-febrero 2024). Fuente: Instituto Carlos III. *https://momo.isciii.es/panel_momo/#section-momo*

QUÉ ENFERMEDADES TIENEN MAYOR IMPACTO: EL INDICADOR DALY

En el capítulo dedicado a las zoonosis analizamos el conjunto de enfermedades infecciosas de mayor impacto social. Para las enfermedades contemporáneas (el cólera y la peste se añadieron por su impacto histórico, más que por el actual), la lista salió de una clasi-

211 Garrido-Cantero, G., Longo, F., Hernández-González, J., & Madrid Cancer Registry (RTMAD) Investigators. (2023). Impact of the COVID-19 Pandemic on Cancer Diagnosis in Madrid (Spain) Based on the RTMAD Tumor Registry (2019-2021). *Cancers, 15*(6), 1753.

ficación de enfermedades que se realiza a nivel mundial: el DALY (en español AVAD, Años de Vida Ajustados por Discapacidad).

Este indicador se desarrolló en 1990 a petición del Banco Mundial como forma de evaluar el impacto en la sociedad de distintas enfermedades. Después de mucho pensar, los investigadores inventaron esta medida, que suma los años perdidos por muerte prematura y los que se vive mermado por padecer la enfermedad. Los datos se analizan por tramos de edad y por género, de manera que se parte de la mortandad típica en cada tramo de edad para hombres y mujeres, y con ese valor se compara la mortandad atribuible a cada enfermedad.

El DALY busca reflejar no solo la muerte prematura debido a una afección o accidente, sino también la pérdida de calidad de vida que conlleva el padecerlos. Por ello, la lumbalgia, la diabetes y los trastornos depresivos, por ejemplo, ocupan un puesto muy destacado en los valores DALY en España según el último estudio realizado en 2019.

La tabla que sigue recoge las veinte afecciones de mayor impacto en España en cuanto a pérdida de años de vida o de calidad de vida. He destacado las dos afecciones que estaban en la lista en 2000, pero no en 2019, así como las dos que aparecen de nuevas en este año. Para las que permanecen comparo las posiciones en 2019 y 2000.

Siempre que miramos cifras que reflejan comportamientos humanos aparecen sorpresas. Las afecciones «desaparecidas» de 2000 a 2019 en esta lista de las veinte más importantes son las lesiones de tráfico y los trastornos por consumo de drogas. Indudablemente, en estos diecinueve años nuestra sociedad ha vivido grandes cambios.

Afecciones de mayor impacto en España, medido en DALY. Datos de 2000 y 2019				
	2000	2019	Posición en 2019	Posición en 2000
1	Cardiopatía isquémica	Cardiopatía isquémica	1	1
2	Accidente cerebrovascular	Diabetes mellitus	2	5
3	Lumbalgia	Cáncer de tráquea, bronquios y pulmón	3	6
4	Enfermedad pulmonar obstructiva crónica	Lumbalgia	4	3
5	Diabetes mellitus	Accidente cerebrovascular	5	2
6	Cáncer de tráquea, bronquios y pulmón	Enfermedad pulmonar obstructiva crónica	6	4
7	Lesiones de tráfico	Trastornos depresivos	7	9
8	Dolores de cabeza	Enfermedad de Alzheimer y otras demencias	8	10
9	Trastornos depresivos	Cefaleas	9	8
10	Enfermedad de Alzheimer y otras demencias	Caídas	10	11
11	Caídas	Cáncer de colon y recto	11	12
12	Cáncer de colon y recto	Enfermedades ginecológicas	12	13
13	Enfermedades ginecológicas	Artrosis	13	-
14	Cirrosis y otras enfermedades hepáticas crónicas	Otros trastornos musculoesqueléticos	14	16
15	Trastornos endocrinos, metabólicos sanguíneos e inmunitarios	Pérdida de audición relacionada con la edad y de otro tipo	15	17
16	Otros trastornos musculoesqueléticos	Trastornos endocrinos, metabólicos sanguíneos e inmunitarios	16	15
17	Pérdida de audición relacionada con la edad y de otro tipo	Trastornos de ansiedad	17	20
18	Trastornos por consumo de drogas	Enfermedad renal crónica	18	-
19	Cáncer de mama	Cáncer de mama	19	19
20	Trastornos de ansiedad	Cirrosis y otras enfermedades hepáticas crónicas	20	14

Tabla 16-3. Afecciones con mayor impacto en calidad
de vida en España, años 2000 y 2019.
Fuente: IHME (Institute for Health Metrics and Evaluation.
University of Washington). Global Health Data Exchange.

DISTINGUIR PATRONES

En este mundo nada es sencillo. Para explicar lo que vemos y predecir lo que está por venir tenemos un montón de factores en contra.

En primer lugar, la mayoría de los fenómenos que intentamos
desentrañar ocurren a una escala que los hace inabarcables. O estamos en el ámbito de lo microscópico, o bien en el de los kilómetros.

En segundo lugar, solo podemos captar datos de una pequeña parte de todo lo que está ocurriendo. Las reacciones metabólicas que hemos estudiado y conseguido comprender son una pequeña fracción de todo lo que ocurre en una célula y en un organismo. La red de interrelaciones entre moléculas de todo tipo que dan lugar al comportamiento de un microorganismo o una célula solo se conoce de manera limitada. En general, no estudiamos lo que queremos, sino lo que podemos.

Somos como esa persona que una noche perdió las llaves del coche y las buscaba debajo de una farola. Un transeúnte le pregunta «¿Pero estaba usted cerca de la farola cuando las perdió?» y le responde «no, pero es donde hay luz para buscarlas».

Figura 16-7. La investigación científica se centra en aquello que podemos hacer observable. Una pequeña parte de la realidad.
Imagen de Mª Teresa Herrero, con elementos de Adobe Stock (ver créditos)

Afortunadamente, los progresos científicos van haciendo más amplia la zona iluminada por la farola, gracias a las herramientas y descubrimientos que vamos sumando, pero la complejidad de los fenómenos que nos rodean sigue siendo apabullante.

En tercer lugar, las capacidades de cualquier organismo para afrontar un ataque o un cambio son diferentes, según sus genes, su desarrollo, su entorno y su estado. Y el azar está presente en cada evento de manera determinante. Lo que ocurre a nuestro alrededor es el resultado de millones de interacciones entre seres vivos y objetos a distintas escalas, con características muy diferentes y resultado incierto.

A pesar de todas estas dificultades, hemos desarrollado potentes herramientas para identificar patrones, regularidades, que nos permitan prever lo que va a ocurrir y que nos digan cómo reaccionar. Los instrumentos para ello son la observación minuciosa[212] y la experimentación. Esto es, cuando creamos determinadas condiciones para observar un fenómeno y ver si obedece a una hipótesis.

En esa búsqueda de patrones en medio de muchos datos, nos apoyamos sobre todo en las matemáticas. No es otra cosa lo que hacen los algoritmos de inteligencia artificial de cualquier tipo, ni lo que hacen las técnicas más tradicionales de la estadística. Buscar regularidades y semejanzas.

En los últimos cincuenta años se ha dado un salto cualitativo enorme en la comprensión de la vida, de la evolución, de los microorganismos y de los procesos que tienen lugar en cualquier rincón de nuestro cuerpo. Ello está facilitando el desarrollo de medicamentos, el seguimiento de la evolución de microorganismos patógenos, la comprensión de los procesos metabólicos y muchas cosas más que eran inimaginables hace décadas.

Los científicos se han aliado con matemáticos e informáticos para predecir la cepa de gripe que será dominante meses más tarde, y desarrollar así una vacuna, para decidir qué tramo de una proteína es más susceptible de ser interceptado por anticuerpos y desarrollar así una vacuna de ARN o para caracterizar un cáncer y decidir el tratamiento idóneo.

Y, aun así, el mundo está lleno de incertidumbres, y se resiste a ser predecible.

---

212 Como hacían los astrónomos de la antigüedad con su registro exhaustivo del curso de los objetos celestes, por ejemplo.

ASUMIR REALIDADES

Sydney Brenner, premio nobel de medicina, decía que vivimos ahogados en un mar de datos y sedientos por marcos conceptuales con los que analizarlos. Desde que pronunciara estas palabras han pasado varios lustros, y la biología ha conseguido dar con marcos conceptuales y algoritmos con los que aprovechar esos datos de genes, proteínas y reacciones metabólicas, como hemos visto por el éxito de la secuenciación de ácidos nucleicos, la caracterización de parecidos entre especímenes y el diseño de vacunas.

No obstante, encontrar regularidades y patrones no siempre es posible. Muchas promesas en el ámbito de la medicina y de la ciencia nunca se han materializado.

La relación entre nuestros genes y distintos rasgos y enfermedades es indirecta y compleja. Decodificar el ADN humano no nos ha acercado apenas a la entelequia de una medicina personalizada según nuestros genes particulares[213]. En cuanto a los determinantes genéticos para la enfermedad, de forma intuitiva sabemos que es muy probable que padezcamos las mismas enfermedades que nuestros antecesores, pero encontrar la causa en genes determinados se ha demostrado casi imposible, salvo en casos excepcionales.

Tendemos a pensar en la naturaleza como una imitación de los diseños humanos, con modelos mecanicistas que asemejan los fenómenos naturales a un encaje perfecto entre piezas, como el de un reloj o cualquier creación de ingeniería. La realidad es mucho más dinámica, flexible y compleja.

Los sistemas naturales no son relojes con piezas perfectamente diseñadas y encajadas que desempeñan siempre la misma función exactamente de la misma manera. Yo prefiero imaginarlos como un equipo de fútbol, formado por personas que tienen distintos roles en el equipo y juegan el campo de manera coordinada, pero con gran libertad de movimientos. Quizá sea una visión un poco extrema y

---

213 Sí que se ajustan los tratamientos de muchas enfermedades a las particularidades de cada persona, pero más guiados por sus características o las de su enfermedad, no por sus genes. Por ejemplo, el tratamiento del cáncer se diseña en función de propiedades concretas de los tumores, lo que podemos considerar una personalización.

la vida se mueva entre estos dos ejemplos: piezas que funcionan de manera coordinada, abiertas a que entren otras piezas y que algunas veces fallan, se salen del guion o inventan algo nuevo. Pretender que algo así funcione de manera determinista y predecible es un imposible. Detectar patrones fiables, algo muy difícil.

No cabe duda de que tenemos herramientas y conocimientos para abordar una pandemia mucho mejor que hace una década, y de que continuaremos mejorando estas capacidades. Pero seguimos sin saber predecirlas. Ni las pandemias, ni los terremotos, ni la próxima crisis económica. El tratamiento masivo de información es clave para abordar algunos problemas, pero es inútil frente a muchos otros. Creemos necesitar información cuando lo que realmente buscamos es conocimiento.

La vida, que es aquello que nos rodea y nos ha ocupado fundamentalmente en estas páginas, es dinámica y adaptable. Y, sobre todo, se ha adaptado a convivir con el azar y con los fallos.

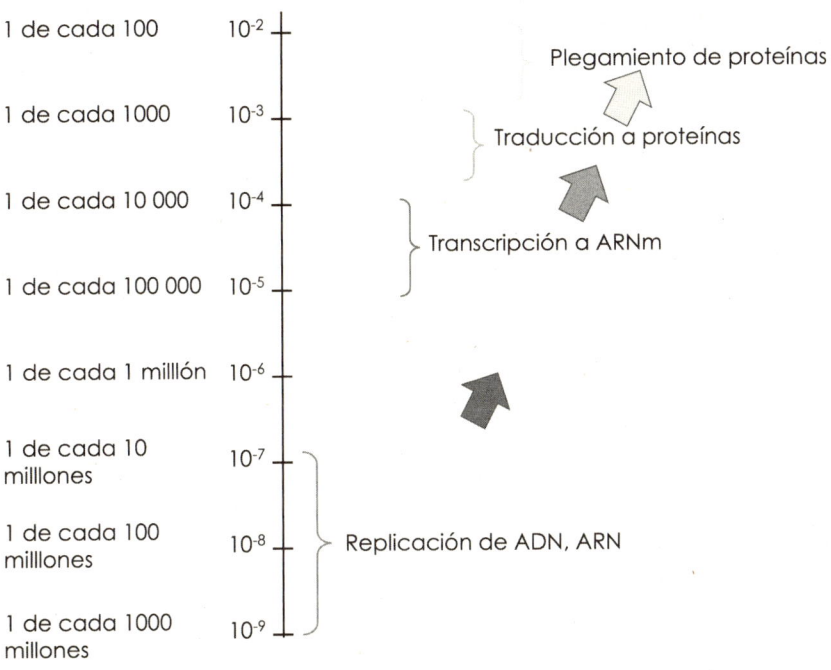

Figura 16-8. Tasa de error en las sucesivas fases de transmisión de información biológica.

Quizá la mejor lección que nos puede dar la vida es esa capacidad. Manejar *gigabytes* de información, aprovecharla, y sobrevivir a miles de errores todos los días.

Navaluenga, 29 de septiembre de 2024

Agradecimientos

Escribir un libro es una aventura y, como para toda aventura, hay que asegurarse de ir con la mejor compañía. El doctor Francisco Pozo ha sido guía, consejero, puntilloso crítico y magnífico conversador. Han pasado más de dos años desde que él y mi buen amigo Juan Dorado aparecieran en mi casa con una curiosa propuesta: «Teresa, ¿Por qué no escribes un libro?». A los dos debo agradecer ese empujoncito y, por supuesto, su ayuda al revisar versión tras versión del manuscrito. Como es costumbre, debo advertir que las incorrecciones que puedan encontrarse en el libro son totalmente cosa mía.

Debo agradecer también su extraordinaria labor al equipo de la editorial Almuzara, y en particular, a mis editores, Antonio y Mariví, por convertir un texto hecho con mucho cariño en un señor libro y hacer que llegue a tanta gente.

Para toda aventura hay que prepararse y llegar equipado, así que hay una buena lista de personas a la que debo mucho. Tuve la inmensa fortuna de nacer en una casa llena de libros y de cariño, y en la que era inexcusable aprender de todo. Gracias a ello, sé instalar un grifo, montar un enchufe, redactar bien, hacer modelos matemáticos y leer artículos infumables en lenguas abstrusas. Excelente bagaje para mirar sin miedo al mundo. ¡Gracias, padres!

Mis hijos, Javier, Pablo y Alfonso me han hecho más tolerante, más paciente, y me han permitido admirar desde un puesto privilegiado la maravilla de ver crecer una persona. Tres veces. Debo agradecerles su paciencia cuando les contaba «cosas científicas», y esos intentos de esconderse cuando me veían sacar el cuaderno para explicar algo, que tanto nos divertían a todos. Pero, sobre todo, les debo la suerte de que todos los días·acaben con un buen rato compartiendo cena e historias.

Last, but not least, queda mi marido, Alfonso, que lleva años animándome a escribir. El mejor compañero de viaje en esta aventura que es nuestra vida. Gracias por enseñarme tantas cosas. Por saber, con solo una mirada, si necesito un café, un paseo, un trozo de chocolate o nadar durante una hora. Por tener siempre la palabra justa para hacerme salir de cualquier bache. Y por tirar con todo cuando yo «desaparezco» para escribir durante horas, hacer mis programitas de agentes o investigar un nuevo tema. Sin él, este libro no existiría.

Bibliografía

EPIDEMIAS

Barry, J. (2020). *La gran gripe: La pandemia más mortal de la historia*. Capitán Swing Libros.

Bartlett, M. S. (1956). Deterministic and stochastic models for recurrent epidemics. *Berkeley Symp. on Math. Statist. and Prob.* 81-109.

Black, F. L. (1966). Measles endemicity in insular populations: critical community size and its evolutionary implication. *J. Theoret. Biol.* Vol. 11.

Taubenberger, J. K., & Morens, D. M. (2006). 1918 Influenza: the mother of all pandemics. *Revista Biomedica, 17*(1), 69-79.

Johnson, S. (2020). *El mapa fantasma: La EPIDEMIA que cambió la ciencia, las ciudades y el mundo moderno.* Capitán Swing Libros.

León, M. D., & Gómez Corral, A. (2020). *Las matemáticas de la pandemia- Manuel de León-*Colección ¿Qué sabemos de? (CSIC-Catarata).

Lloyd, A. L. (2001). Destabilization of epidemic models with the inclusion of realistic distributions of infectious periods. *Proceedings of the Royal Society B: Biological Sciences.* 268(1470), 985-993.

Lopez, A. D., Mathers, C. D., Ezzati, M., Jamison, D. T., & Murray, C. J. L. (n.d.). Global burden of disease and risk factors.

Spiegelhalter, D., & Masters, A. (2021). *COVID by numbers: making sense of the pandemic with data.* Penguin UK.

Wang, H., Paulson, K. R., Pease, S. A., Watson, S., et al. (2022). Estimating excess mortality due to the COVID-19 pandemic: a systematic analysis of COVID-19-related mortality, 2020-21. *The Lancet*. 399(10334), 1513-1536.

LA VIDA

Bray, D. (2009). *Wetware: a computer in every living cell*. Yale University Press.

Capra, F., & Luisi, P. L. (2014). *The systems view of life: A unifying vision*. Cambridge University Press

Davies, P. C. W., & Davies, P. (2000). *The fifth miracle: The search for the origin and meaning of life*. Simon and Schuster.

Davies, P. (2019). *The Demon in the Machine*. University of Chicago Press.

Kauffman, S. A. (2019). *A world beyond physics: the emergence and evolution of life*. Oxford University Press.

Lane, N. (2002). *Oxygen: the molecule that made the world*. Oxford University Press, USA.

Lane, N. (2015). *The vital question: energy, evolution, and the origins of complex life*. WW Norton & Company.

Lázaro, E. (2021). *LA VIDA: Un viaje hacia la complejidad en el Universo*. Editorial Sicomoro.

Postgate, J. (2009) *Las fronteras de la vida*. Ed. Crítica.

Pross, A. (2016). *What is life? How chemistry becomes biology*. Oxford University Press.

LA FÍSICA DE LO MICROSCÓPICO

Falkowski, P. G. (2015). *Life's Engines*. Princeton University Press.

Hoffmann, P. M. (2012). *Life's ratchet: how molecular machines extract order from chaos*. Basic Books.

Lane, N. (2006). *Power, sex, suicide: mitochondria and the meaning of life*. Oxford University Press.

McFadden, J., & Al-Khalili, J. (2019). *Biología al límite: cómo funciona la vida a muy pequeña escala*. RBA.

Wolpert, D., Kempes, C., Stadler, P. F., & Grochow, J. A. (2019). *The energetics of computing in life and machines*. SFI Press.

MOLÉCULAS FUNDAMENTALES

Eisen, J. A., Kaiser, D., & Myers, R. M. (1997). Gastrogenomic delights: A movable feast. *Nat Med*. Vol. 3, Issue 10.

Montoliu, L. (2021). *Editando genes: recorta, pega y colorea: las maravillosas herramientas* CRISPR (Vol. 7). Next Door.

Sjölander, K. (2004). Phylogenomic inference of protein molecular function: Advances and challenges. *Bioinformatics*. Vol. 20, Issue 2, 170-179.

Valpuesta, JM (2021) *Proteínas: Los asombrosos ladrillos de la vida*. Guadalmazán.

Villalba, A. (2022) *Genes. Escribiendo el guion de la vida*. Guadalmazán.

MICROBIOTA

Douglas, A. E. (2018). *Fundamentals of microbiome science: how microbes shape animal biology*. Princeton University Press.

Turney, J. (2015). *I, superorganism: Learning to love your inner ecosystem*. Icon Books Ltd.

EVOLUCIÓN

Avery, J. S. (2021). *Information theory and evolution*. World Scientific.

Jablonka, E., & Lamb, M. J. (2014). *Evolution in four dimensions, revised edition: Genetic, epigenetic, behavioral, and symbolic variation in the history of life*. MIT press.

Koonin, E. V. (2011). *The logic of chance: the nature and origin of biological evolution*. FT press.

Losos, J. (2017). *Improbable destinies: how predictable is evolution?* Penguin UK.

Margulis, L., Sagan, D., & Piqueras, M. (1995). *Microcosmos: Cuatro mil millones de años de evolución desde nuestros ancestros microbianos.* Barcelona: Tusquets.

Maynard Smith, J., Szathmáry, E., & Ros, J. (2001). *Ocho hitos de la evolución: del origen de la vida al nacimiento del lenguaje.* Tusquets.

Quammen, D. (2018). *The tangled tree: a radical new history of life.* Simon and Schuster.

Quintana-Murci, L. (2022). *Humanos.* Deusto.

Sachs, J. L., Skophammer, R. G., & Regus, J. U. (2011). Evolutionary transitions in bacterial symbiosis. *Proceedings of the National Academy of Sciences of the United States of America,* 108 (SUPPL. 2), 10800-10807.

INMUNOLOGÍA

Abbas, A. K., Lichtman, A. H., & Pillai, S. (Eds.). (2020). *Inmunología básica: funciones y trastornos del sistema inmunitario.* Elsevier.

Dettmer, P (2021). *Inmune.* Deusto.

Netea, M. G., Joosten, L. A. B., Latz, E., Mills, K. H. G., Natoli, G., Stunnenberg, H. G., O'Neill, L. A. J., & Xavier, R. J. (2016). Trained immunity: A program of innate immune memory in health and disease. *Science.* Vol. 352, Issue 6284, p. 427.

VIRUS

Cordingley, M. G. (2017). *Viruses. Agents of Evolutionary Invention.* Harvard University Press.

Ebrahim, G. J. (2009). *Virology: principles and applications* J. Carter, V. Saunders (eds).

Lázaro, E. L., & Homs, C. E. (2002). *Virus emergentes: La amenaza oculta* (Vol. 2). Equipo Sirius.

López-Goñi, I. (2020). *Virus y pandemias.* Guadalmazán.

Solé, R., & Elena, S. F. (2018). *Viruses as Complex Adaptive Systems.* Princeton University Press.

ANALIZAR DATOS

Harford, T (2021) *10 reglas para comprender el mundo: Cómo los números pueden explicar (y mejorar) lo que sucede.* ED. CONECTA.

Silver, N. (2012). *The signal and the noise: Why so many predictions fail-but some don't.* Penguin.

CIUDADES Y SISTEMAS COMPLEJOS

Bettencourt, L. M. (2021). *Introduction to urban science: evidence and theory of cities as complex systems.* MIT Press.

West, G. B. (2017). *Scale: the universal laws of growth, innovation, sustainability, and the pace of life, in organisms.* Penguin Press.

VACUNAS, ANTIBIÓTICOS Y ANTIVIRALES

Abdulaziz, L., Elhadi, E., Abdallah, E. A., Alnoor, F. A., & Yousef, B. A. (2022). Antiviral activity of approved antibacterial, anti-fungal, antiprotozoal and anthelmintic drugs: chances for drug repurposing for antiviral drug discovery. *Journal of Experimental Pharmacology.* Vol. 14, 97-115.

Aminov, R. (2017). History of antimicrobial drug discovery: Major classes and health impact. *Biochemical Pharmacology.* Vol. 133, 4-19.

Domalaon, R., Idowu, T., Zhanel, G. G., & Schweizer, F. (2018). Antibiotic hybrids: The next generation of agents and adjuvants against gram-negative pathogens? *Clinical Microbiology Reviews.* Vol. 31, Issue 2.

ECDC. (n.d.). ESAC-NET AER 2020 - Antimicrobial consumption in the EU EEA.

Fernandes, P., & Martens, E. (2017). Antibiotics in late clinical deve-lopment. *Biochemical Pharmacology.* Vol. 133, 152-163.

Hutchings, M., Truman, A., & Wilkinson, B. (2019). Antibiotics: past, present and future. *Current Opinion in Microbiology.* Vol. 51, 72-80.

Katz, L., & Baltz, R. H. (2016). Natural product discovery: past, present, and future. *Journal of Industrial Microbiology and Biotechnology.* Vol. 43, Issues 2-3, 155-17.

Kennedy, D. A., & Read, A. F. (2017). Why does drug resistance readily evolve but vaccine resistance does not? *Proceedings of the Royal Society B: Biological Sciences,* 284(1851).

Kennedy, D. A., & Read, A. F. (2018). Why the evolution of vaccine resistance is less of a concern than the evolution of drug resistance. *In Proceedings of the National Academy of Sciences of the United States of America.* Vol. 115, Issue 51, 12878-12886.

Nicolaou, K. C., & Rigol, S. (2018). A brief history of antibiotics and select advances in their synthesis. *Journal of Antibiotics.* Vol. 71, Issue 2, 153-184.

Rončević, T., Puizina, J., & Tossi, A. (2019). Antimicrobial peptides as anti-infective agents in pre-post-antibiotic era? *International Journal of Molecular Sciences.* Vol. 20, Issue 22.

Stokes, J. M., Yang, K., Swanson, K., Jin, W., Cubillos-Ruiz, A., Donghia, N. M., MacNair, C. R., et al. (2020). A deep learning approach to antibiotic discovery. *Cell,* 180(4), 688-702.e13.

Vikram, A., Woolston, J., & Sulakvelidze, A. (2020). Phage biocontrol applications in food production and processing. *Current Issues in Molecular Biology,* 40, 267-302.

Walsh, C. T., & Wencewicz, T. A. (2014). Prospects for new antibiotics: A molecule-centered perspective. *Journal of Antibiotics.* Vol. 67, Issue 1, 7-22.

COVID-19

Attwood, S. W., Hill, S. C., Aanensen, D. M., Connor, T. R., & Pybus, O. G. (2022). Phylogenetic and phylodynamic approaches to understanding and combating the early SARS-COV-2 pandemic. *Nature Reviews Genetic.* Vol. 23, Issue 9, 547-562.

Carabelli, A. M., Peacock, T. P., Thorne, L. G., Harvey, W. T., Hughes, J., de Silva, T. I., Peacock, et al. (2023). SARS-COV-2 variant biology: immune escape, transmission and fitness. *Nature Reviews Microbiology*. Vol. 21, Issue 3, 162-177.

Du, M., Ma, Y., Deng, J., Liu, M., & Liu, J. (2022). Comparison of long COVID-19 caused by different SARS-COV-2 strains: a systematic review and meta-analysis. *International Journal of Environmental Research and Public Health*. Vol. 19, Issue 23.

Fani, M., Teimoori, A., & Ghafari, S. (2020). Comparison of the COVID-2019 (SARS-COV-2) pathogenesis with SARS-CoV and MERS-CoV infections. *Future Virology*. Vol. 15, Issue 5, 317-323.

Hu, Z., Huang, X., Zhang, J., Fu, S., Ding, D., & Tao, Z. (2022). Differences in clinical characteristics between delta variant and wild-type SARS-COV-2 infected patients. *Frontiers in Medicine*, 8.

Li, Q., Liu, X., Li, L., Hu, X., Cui, G., Sun, R., Zhang, D., Li, J., Li, Y., Zhang, Y., Shen, S., He, P., Li, S., Liu, Y., Yu, Z., & Ren, Z. (2022). Comparison of clinical characteristics between SARS-COV-2 Omicron variant and Delta variant infections in China. *Frontiers in Medicine*, 9.

Markov, P. v., Ghafari, M., Beer, M., Lythgoe, K., Simmonds, P., Stilianakis, N. I., & Katzourakis, A. (2023). The evolution of SARS-COV-2. *Nature Reviews Microbiology*. Vol. 21, Issue 6, 361-379.

World Health Organization. (2022). Methods for the Detection and Characterisation of SARS-COV-2 Variants-Second Update. *Regional Office for Europe: Copenhagen, Denmark*

Sender, R., Bar-On, Y. M., Gleizer, S., Bernsthein, B., Flamholz, A., Phillips, R., & Milo, R. (2020). The total number and mass of SARS-COV-2 virions in an infected person. *MedRxiv: The Preprint Server for Health Sciences*.

Shuai, H., Chan, J. F. W., Hu, B., Chai, Y., Yuen, T. T. T., Yin, F., Huang, X., Yoon, C., Hu, J. C., et al. (2022). Attenuated replication and pathogenicity of SARS-COV-2 B.1.1.529 Omicron. *Nature*, 603(7902), 693-699.

Sumner, M. W., Xie, J., Zemek, R., Winston, K., Freire, G., Burstein, B., Kam, A., Emsley, J., et al. (2023). Comparison of symptoms associated with SARS-COV-2 variants among children in Canada. *JAMA Network Open*, 6(3), E232328.

Watson, O. J., Barnsley, G., Toor, J., Hogan, A. B., Winskill, P., & Ghani, A. C. (2022). Global impact of the first year of COVID-19 vaccination: a mathematical modelling study. *The Lancet Infectious Diseases*, 22(9), 1293-1302.

Xu, J., Zhao, S., Teng, T., Abdalla, A. E., Zhu, W., Xie, L., Wang, Y., & Guo, X. (2020). Systematic comparison of two animal-to-human transmitted human coronaviruses: SARS-COV-2 and SARS-CoV. *Viruses*, 12(2).

ZOONOSIS, ENFERMEDADES EMERGENTES

Han, B. A., Schmidt, J. P., Bowden, S. E., & Drake, J. M. (2015). Rodent reservoirs of future zoonotic diseases. *Proceedings of the National Academy of Sciences*, 112(22), 7039-7044.

Jones, K. E., Patel, N. G., Levy, M. A., Storeygard, A., Balk, D., Gittleman, J. L., & Daszak, P. (2008). Global trends in emerging infectious diseases. *Nature*, 451(7181), 990-993.

Kreuder Johnson, C., Hitchens, P. L., Smiley Evans, T., Goldstein, T., Thomas, K., Clements, A., et al. (2015). Spillover and pandemic properties of zoonotic viruses with high host plasticity. *Scientific Reports*, 5.

Lázaro, E. L., & Homs, C. E. (2002). *Virus emergentes: La amenaza oculta*. Equipo Sirius.

Leggett, H. C., Cornwallis, C. K., & West, S. A. (2012). Mechanisms of pathogenesis, infective dose and virulence in human parasites. *PLoS Pathogens*, 8(2).

Letko, M., Seifert, S. N., Olival, K. J., Plowright, R. K., & Munster, V. J. (2020). Bat-borne virus diversity, spillover and emergence. *Nature Reviews Microbiology*. Vol. 18, Issue 8, 461-471.

May, R. M., Gupta, S., & McLean, A. R. (2001). Infectious disease dynamics: What characterizes a successful invader? *Philosophical Transactions of the Royal Society B: Biological Sciences*, 356(1410), 901-910.

Olival, K. J., Hosseini, P. R., Zambrana-Torrelio, C., Ross, N., Bogich, T. L., & Daszak, P. (2017). Host and viral traits predict zoonotic spillover from mammals. *Nature*, 546(7660), 646-650.

Parrish, C. R., Holmes, E. C., Morens, D. M., Park, E.-C., Burke, D. S., Calisher, C. H., Laughlin, C. A., Saif, L. J., & Daszak, P. (2008). Cross-species virus transmission and the emergence of new epidemic diseases. *Microbiology and Molecular Biology Reviews*, 72(3), 457-470.

Wolfe, N. D., Dunavan, C. P., & Diamond, J. (2007). Origins of major human infectious diseases. *Nature*, 447 (7142), 279-283.

Créditos de imágenes

Todas las imágenes y tablas han sido creadas por mí, Mª Teresa Herrero, en ocasiones apoyándome en contenidos licenciados. Todos los contenidos de Adobe Stock utilizados aparecen en esta lista.

Cuando he utilizado imágenes sin modificar, o la modificación ha consistido solo en rotular en español, los créditos aparecen además directamente bajo la figura, dentro del texto.

FIGURA	CRÉDITOS
	Anatoly Maslennikov@stock.adobe.com
	fotomek@stock.adobe.com
	Texelart@stock.adobe.com
	skvoor@stock.adobe.com
Figura 0-1	diego1012@stock.adobe.com
	3Dmask@stock.adobe.com
	3DMan.eu@stock.adobe.com
	Mego-studio@stock.adobe.com
	ioannis kounadeas@stock.adobe.com
	okufner@stock.adobe.com

Figura 0-2	ink drop@stock.adobe.com
	Anatoly Maslennikov@stock.adobe.com
	Dr_Microbe@stock.adobe.com
	designua@stock.adobe.com
	Lea Lortal@stock.adobe.com
	Macrovector@stock.adobe.com
	molekuul.be@stock.adobe.com
	okufner@stock.adobe.com
Figura 0-3	ink drop@stock.adobe.com
	Anatoly Maslennikov@stock.adobe.com
	Dr_Microbe@stock.adobe.com
	designua@stock.adobe.com
	Lea Lortal@stock.adobe.com
	Macrovector@stock.adobe.com
	molekuul.be@stock.adobe.com
	okufner@stock.adobe.com
Figura 0-4	ink drop@stock.adobe.com
	Anatoly Maslennikov@stock.adobe.com
	Dr_Microbe@stock.adobe.com
	designua@stock.adobe.com
	Lea Lortal@stock.adobe.com
	Macrovector@stock.adobe.com
	molekuul.be@stock.adobe.com
	okufner@stock.adobe.com
Figura 0-5	ink drop@stock.adobe.com
	Anatoly Maslennikov@stock.adobe.com
	Dr_Microbe@stock.adobe.com
	designua@stock.adobe.com
	Lea Lortal@stock.adobe.com
	Macrovector@stock.adobe.com
	molekuul.be@stock.adobe.com
	okufner@stock.adobe.com

Figura 4-2	Mego-studio@stock.adobe.com
	jojje11@stock.adobe.com
	ioannis kounadeas@stock.adobe.com
	Topuria Design@stock.adobe.com
	3Dmask@stock.adobe.com
	Pixel Embargo@stock.adobe.com
Figura 5-1	ioannis kounadeas@stock.adobe.com
	Brad Pict@stock.adobe.com
Figura 5-2	ioannis kounadeas@stock.adobe.com
	Brad Pict@stock.adobe.com
Figura 5-3	Topuria Design@stock.adobe.com
	Brad Pict@stock.adobe.com
Figura 5-6	Mego-studio@stock.adobe.com
Figura 5-7	ioannis kounadeas@stock.adobe.com
Figura 5-8	Kirsty Pargeter@stock.adobe.com
Figura 5-9	ioannis kounadeas@stock.adobe.com
	Brad Pict@stock.adobe.com
	Topuria Design@stock.adobe.com
Figura 5-10	ioannis kounadeas@stock.adobe.com
Figura 5-11	Mego-studio@stock.adobe.com
Figura 5-12	ioannis kounadeas@stock.adobe.com
Tabla 5-1	ioannis kounadeas@stock.adobe.com
	sveta@stock.adobe.com
	rost9@stock.adobe.com
Tabla 5-2	ioannis kounadeas@stock.adobe.com
	sveta@stock.adobe.com
Tabla 5-3	ioannis kounadeas@stock.adobe.com
	sveta@stock.adobe.com
	Mego-studio@stock.adobe.com
Tabla 5-4	ioannis kounadeas@stock.adobe.com
	sveta@stock.adobe.com
	AlexMas@stock.adobe.com

Tabla 5-5	ioannis kounadeas@stock.adobe.com
	sveta@stock.adobe.com
	Brad Pict@stock.adobe.com
Tabla 5-6	ioannis kounadeas@stock.adobe.com
	sveta@stock.adobe.com
	Topuria Design@stock.adobe.com
Tabla 5-7	ioannis kounadeas@stock.adobe.com
	sveta@stock.adobe.com
	rost9@stock.adobe.com
	Mego-studio@stock.adobe.com
	AlexMas@stock.adobe.com
	Brad Pict@stock.adobe.com
	Topuria Design@stock.adobe.com
Tabla 5-8	ioannis kounadeas@stock.adobe.com
	sveta@stock.adobe.com
Figura 5-14	ioannis kounadeas@stock.adobe.com
	sveta@stock.adobe.com
	rost9@stock.adobe.com
	Mego-studio@stock.adobe.com
	AlexMas@stock.adobe.com
	Brad Pict@stock.adobe.com
	Topuria Design@stock.adobe.com
Figura 5-15	ioannis kounadeas@stock.adobe.com
	sveta@stock.adobe.com
	rost9@stock.adobe.com
	Mego-studio@stock.adobe.com
	AlexMas@stock.adobe.com
	Brad Pict@stock.adobe.com
	Topuria Design@stock.adobe.com
Figura 5-18	Mego-studio@stock.adobe.com
Figura 5-19	ioannis kounadeas@stock.adobe.com
Figura 5-20	Kirsty Pargeter@stock.adobe.com
Figura 6-1	Ali@stock.adobe.com
Figura 6-2	Eclipsaire@stock.adobe.com

Figura 6-3	VectorMine@stock.adobe.com
Figura 6-4	Komarov Andrey@stock.adobe.com
	aperturesound@stock.adobe.com
Figura 6-6	waldemarus@stock.adobe.com
Figura 6-7	molekuul.be@stock.adobe.com
Figura 7-2	VectorMine@stock.adobe.com
Figura 7-3	diego1012@stock.adobe.com
Figura 8-2	Olha@stock.adobe.com
Figura 8-3	Walter D@stock.adobe.com
Figura 8-4	IM Studio@stock.adobe.com
Figura 8-5	nosorogua@stock.adobe.com
Figura 8-6	Vlad Kochelaevskiy@stock.adobe.com
Figura 9-1	Lea Lortal@stock.adobe.com
Figura 9-2	Lea Lortal@stock.adobe.com
Figura 9-3	Yves Damin@stock.adobe.com
Tabla 9-1	Lea Lortal@stock.adobe.com
Figura 9-4	Yves Damin@stock.adobe.com
	SpicyTruffel@stock.adobe.com
	Lea Lortal@stock.adobe.com
Figura 9-5	Yves Damin@stock.adobe.com
	Lea Lortal@stock.adobe.com
Figura 9-6	Yves Damin@stock.adobe.com
	SpicyTruffel@stock.adobe.com
	Lea Lortal@stock.adobe.com
Figura 9-7	Yves Damin@stock.adobe.com
	SpicyTruffel@stock.adobe.com
	Lea Lortal@stock.adobe.com
Figura 9-8	Yves Damin@stock.adobe.com
	SpicyTruffel@stock.adobe.com
	Lea Lortal@stock.adobe.com
Figura 9-9	Yves Damin@stock.adobe.com
	SpicyTruffel@stock.adobe.com
	Lea Lortal@stock.adobe.com
Figura 10-1	L.Darin@stock.adobe.com

Figura 11-1	Aldona@stock.adobe.com
Figura 11-2	Olha@stock.adobe.com
Figura 12-1	ink drop@stock.adobe.com
	Anatoly Maslennikov@stock.adobe.com
	Dr_Microbe@stock.adobe.com
	designua@stock.adobe.com
	Lea Lortal@stock.adobe.com
	Macrovector@stock.adobe.com
	molekuul.be@stock.adobe.com
	okufner@stock.adobe.com
Figura 13-1	Arafat@stock.adobe.com
	TATTA@stock.adobe.com
Figura 13-3	Arafat@stock.adobe.com
	TATTA@stock.adobe.com
Figura 13-4	TATTA@stock.adobe.com
Figura 13-5	MilletStudio@stock.adobe.com
Figura 13-6	LoweStock@stock.adobe.com
Tabla 14-1	CDC Centro de Control de enfermedades (USA)
Figura 14-1	CDC Centro de Control de enfermedades (USA)
Tabla 14-2	CDC Centro de Control de enfermedades (USA)
	sveta@stock.adobe.com
	Dr_Microbe@stock.adobe.com
Figura 14-3	Markov@stock.adobe.com
	Arafat@stock.adobe.com
	TATTA@stock.adobe.com
Figura 14-4	Markov@stock.adobe.com
	Arafat@stock.adobe.com
	TATTA@stock.adobe.com
Figura 15-1	Pavlo Syvak@stock.adobe.com
Figura 15-2	designua@stock.adobe.com
Figura 15-3	IM Studio@stock.adobe.com
Figura 15-6	designua@stock.adobe.com

Figura 16-1	okufner@stock.adobe.com
	Anatoly Maslennikov@stock.adobe.com
	designua@stock.adobe.com
	Lea Lortal@stock.adobe.com
	Macrovector@stock.adobe.com
	Dr Microbe@stock.adobe.com
Figura 16-7	F.J. Carneros@stock.adobe.com
	rommma@stock.adobe.com

Tabla de ilustraciones